항공기
감항인증

Aircraft Airworthiness Certification

KMS 항공우주산업시리즈

항공기 감항인증

고준수 · 권태화 지음

KM 경문사

머리말

Preface

라이트 형제의 플라이어(Flter)호가 1903년 12월 최초의 동력비행 성공 이후 1909년 납품하기까지 정해진 규격에 따라 시험을 수행하고 이를 안전하게 비행할 수 있는 기체로서 실용화에 성공했다는 것은 오늘날의 감항인증(堪航認證)의 시초라고 할 수 있다.

1919년 파리협약에서는 '항공기 감항성'을 언급하였으며, 1944년 국제민간항공기구(ICAO)의 시카고 협약에서는 각 국가가 자체적으로 감항인증에 대한 규정을 마련하도록 하였다.

1950년대 항공 기술의 발달과 항공산업의 부흥으로 인해서 이와 관련된 규제는 노후화된 것으로 보였으며, 이로 인해서 많은 공중 충돌사고가 발생하게 되어 급기야 미국에서는 1958년 연방항공법을 승인하고 연방항공청(FAA)을 설립하여 감항인증에 대한 규정을 제정하여 항공기 안전에 대한 대비책을 마련하여 항공기 사고율의 감소에 기여하였다.

감항성은 항공기의 운항에 따른 안정성 확보를 위하여 설계, 생산, 운용의 모든 과정에서 안정성 요구사항에 대한 적합성을 기술적으로 판단하고, 이에 따라 승인, 허가, 제한, 금지 등의 법적 처분을 하는 것을 말한다. ICAO의 1944년의 시카고 협약은 근본적으로 국제항공에 있어서 자유 비행을 지향하되 항공기의 안전을 개별 국가가 확인하여 감항성이 있음을 입증하여 발행하는 감항증명을 개별항공기가 소지하도록 하고, 민간항공에 사용되는 항공기가 아닌 경우에는 이를 국가 항공기로 규정하고 자국의 영역을 벗어나는 국제적인 운항에 있어서 별도의 절차를 명시하였으며, 항공기의 감항성에 대한 표준 및 권고방식은 국제민간항공기구 협약의 부속서 8로 이사회에 의해 채택되었다.

우리나라는 1961년 ICAO의 표준과 권고방식에 따라 항공기의 항행의 안전을 도모하기 위해 항공법을 제정하였으며 2016년 이를 항공안전법으로 개정하였다. 항공안전법의 목적은 국제민간항공협약을 준수하여 국민의 생명과 재산을 보호함을 나타내고 있으며, 우리나라는 2001년 ICAO 항공안전상시평가에서 1등급을 부여받았으며, 2008년에는 미국 FAA와 Part 23급 항공기까지 한미 상호안전협정 BASA를 체결함으로써 우리나라의 항공안전 및 인증 전반에 대한 수준을 인정받고 있다.

이 책은 항공기 감항인증에 대한 전반적인 내용을 포괄적으로 다루고 있는 독자에게 항공기 인증에 대한 개요를 제공하는 것이 목적이다. 제1장에서는 감항인증의 역사와 항공안전의 개념을 소개하는 것으로 감항인증에 대한 전반적인 이해를 도울 수 있도록 하였다. 제2장에서는 국제민간항공기구(ICAO)를 비롯한 국가별 감항당국인 미연방항공청(FAA), 유럽항공안전청(EASA), 그리고 우리나라의 항공안전기술원의 조직구성, 감항인증 체계를 포함한 감항인증의 전반적인 개요를 다루었다. 제3장에서는 형식증명, 제작증명, 감항증명을 포함해서 부품제작자증명, 기술표준품 형식승인 및 감항성 유지와 같은 항공기 인증 종류에 대해서 상세하게 기술하였다. 제4장에서는 실질적인 감항인증 절차 및 이를 위한 기술기준을 각 파트별로 자세히 설명하였다. 제5장에서는 최근 중요성이 높아지고 있는 무인항공기의 인증에 대해서 안전성평가와 기술기준을 중심으로 설명하였으며, 마지막 제6장에서는 민간항공기와는 다른 용어와 절차를 갖는 군용항공기 감항인증에 대한 법령, 절차 및 군용항공기 감항인증기준을 체계적으로 설명하였다.

기술의 발전으로 인해서 각종 무인기가 활성화되고 있으며 개인용 비행체도 곧 등장할 것으로 보이며, 이와 함께 항공기 인증에 대한 범위도 확대될 뿐 아니라 적용되는 규정 및 세부적인 기술기준도 계속적으로 진화하고 있다. 이를 감안하여 이 책은 기존의 규정에 대한 설명과 함께 FAR Part-23, EASA의 기본규정, JARUS의 무인기 규정 외에 국내 기술기준 KAS까지도 최신 개정본을 기반으로 서술하여 최근 감항인증 규정의 추세를 놓치지 않고 이해할 수 있도록 작성되었다. 최근 개인용 비행체로 인해서 관심이 모아지고 있는 eVTOL과 같은 신개념 비행체의 인증 대한 논의도 활발히 진행되고 있는 바 향후 개정본에서는 이에 대한 내용까지도 포함될 수 있을 것이다.

이 책은 항공 관련 전공을 공부하는 학생에게는 감항인증 전반에 대한 개요와 그 중요성에 대해서 인식할 수 있는 계기를 제공할 것이며, 항공기 인증 실무자에게는 감항 인증에 대한 이론적인 배경과 함께 실무적인 참고자료로도 사용될 수 있을 것으로 기대한다.

고준수, 권태화

차례

Contents

Aircraft Airworthiness Certification

01 항공안전과 감항인증

Aviation Safety and Airworthiness Certification

1964년 개발이 시작되어 1969년 12월 FAA로부터 감항인증을 받은 보잉 747은 이후 거듭된 개량을 통해서 2011년 8월 보잉 747-8 모델에 대해서 FAA와 EASA로부터 형식승인을 받았다.

1.1 감항인증 역사

안전하게 비행할 수 있는 데 적합하다는 의미를 갖는 'airworthy'라는 단어는 1820년대 전후로 처음 사용된 것으로 보인다. 라이트 형제의 최초 동력 비행 성공이 1903년인 것을 감안하면 이미 비행기가 등장하기 전부터 사용되었다는 것을 알 수 있다.

항공의 아버지로 부르는 영국의 발명가이자 엔지니어인 조지 케일리(George Cayley)가 1809년부터 1810년까지 3편에 걸쳐서 발표한 논문인 공중 항해(On Aerial Navigation)에서 근대적 개념의 고정익 항공기의 개념을 정립했다. 휜 캠버를 갖는 날개가 각도를 이루어 바람을 맞는다면 날개 플래핑(wing flapping)이 없더라도 보다 높은 중량을 들어 올리는 힘을 발생시킬 수 있다는 것을 발견하였고, 또한 가로안정성의 개념이라고 이해할 수 있는 무게중심을 낮추는 것 또한 아래 그림 1.1과 같이 그의 논문에 분명히 서술되어 있다.

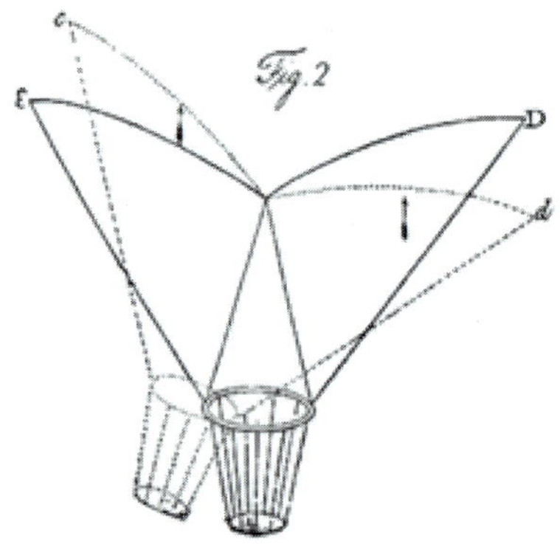

그림 1.1 George Cayley의 공중 항해 개략도

이러한 발견에 힘입어 1903년 12월 17일 오전 10시 30분, 윌버 라이트(Wilbur Wright)와 오빌 라이트(Orville Wright) 형제 중 동생인 오빌 라이트가 조종한 플라이어(Flyer)호는 43km/h의 맞바람을 맞으며 약 12초간 거리 37m에 걸쳐 최초의 동력비행에 성공하게 되었다(그림 1.2).

플라이어호는 자동차용 엔진을 개조한 12마력 4기통 엔진으로 주날개 양쪽에 장착된 두 개의 프로펠러를 구동하는 방식이었고, 꼬리날개가 전방에 부착된 일종의 카나드(canard)를 갖는 복엽기 형상이었다. 같은 날 형과 동생이 번갈아 비행을 했고, 마지막으로 형인 윌버 라이트는 59초간 260m를 비행하였다.

아래 사진은 첫 비행 장면으로, 비행기가 활주하고 이륙하는데 필요했던 레일과 크레이들(cradle), 그리고 비행기가 균형을 잡을 수 있도록 옆에서 날개를 잡고 달려갔던 윌버 라이트를 볼 수 있다. 당시 비행 상태는 32km/h 정도의 맞바람 상태였고, 비행속도는 대기속도 기준으로는 약 48km/h, 따라서 지면을 기준으로 하면 약 16km/h로 사람이 빠르지 않게 달리는 정도의 속도였다.

그림 1.2 라이트 형제의 최초 동력 비행(12초, 37m)

라이트 형제의 업적은 지속 가능하고 조종 가능한 동력비행을 최초로 성공시켰다는 것뿐만 아니라, 이를 안전하게 비행할 수 있는 공식적인 기체로써 실용화에 성공했다는 것에서도 찾을 수 있다. 라이트 형제의 플라이어호의 가능성에 대해서 가장 먼저 인식했던 곳은 미 육군이었다.

1907년 12월 23일, 미 육군 통신대(Signal Corps of US Army)에서는 공기보다 무거운 비행체에 대한 규격(specification)을 제시하였고, 이 내용이 1908년 1월 3일 라이트 형제에게 전달되었다.

이러한 규격이 라이트 형제의 플라이어호를 염두를 둔 것이기는 했으나, 실제로 당시 플라이어호는 이러한 규격을 만족하지 못하는 상태였다. 예를 들어서, 규격에서 제시된 요구조건과는 달리 플라이어호는 1인승에 56km/h를 넘지 못했으며, 단일 비행에서 비행거리 39km를 넘어선 적이 없었다. 총 14개 항목으로 구성되었던 통신대 규격서 No.486의 일부 내용을 요약하면 다음과 같으며 플라이어호의 특허도면은 그림 1.3과 같이 나타내고 있다.

- 도면을 포함한 엔진, 재료 외에 각종 사양을 제시해야 함
- 운영 상태까지 1시간 이내로 신속한 조립 및 분해가 가능해야 함
- 두 명(총 159kg)의 인원과 201km를 비행할 수 있는 연료를 탑재해야 함
- 최소한 64km/h로 비행할 수 있어야 함(속도에 대한 페널티 및 보너스 포함)

- 속도는 정풍 및 배풍 상태로 8km 거리에 대한 평균으로 측정함
- 1시간 이상 비행이 가능해야 하며, 다시 비행할 수 있는 상태로 출발지점으로 귀환할 수 있어야 함
- 속도와 비행시간 측정을 위해서 각각 세 번의 기회가 주어지며, 두 테스트는 30일 이내에 완수되어야 함
- 이륙 장치는 단순하고 이동성을 가져야 하며, 특별히 마련되지 않은 필드에 착륙할 수 있어야 함
- 추진 장치의 고장시 안전한 강하가 가능하도록 하는 장치를 가져야 함
- 적절한 기간 이내에 이를 사용할 수 있도록 조작과 구조가 충분히 간단해야 함
- 모든 특허장치를 사용할 수 있도록 하는 법적 권리에 대한 증명을 제공해야 함
- 속도 64km/h에 대한 금액의 10%에 해당하는 수표를 담보로 제공해야 함
- 제시된 가격에는 비행체를 취급하고 운영하는 두 명의 교육훈련 비용이 포함됨
- 수주 이후 납품 하는데 까지 필요한 시간을 명시해야 함

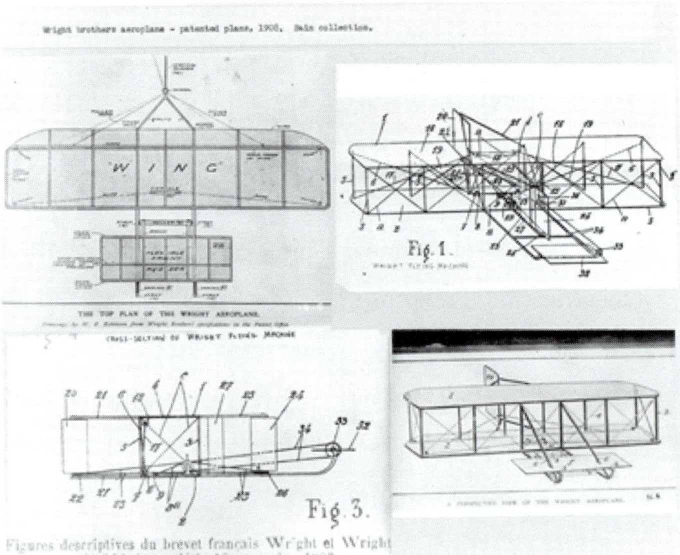

그림 1.3 플라이어호 특허 도면

이 중에서 특이한 내용으로는 네 번째 항목에서 최소 기준이 되는 속도로 64km/h를 지정한 것과 함께 속도에 따른 페널티(penalty) 및 보너스(incentive)를 명시하고 있다는 점이다. 실제로 라이트 형제의 경우 수주가격이었던 25,000달러 외에 평균 69km/h의 속도를 기록한 것으로 5,000달러의 보너스를 추가로 받았다.

라이트 형제는 이러한 요구조건을 만족하기 위해서 계속적인 개선을 거듭한 끝에 1908년 8월 20일 첫 시험 비행에 성공하였다. 이후 9월 17일 두 번째 시험에서는, 고도 약 46m에서 다섯 번째 장주를 도는 과정에서 오른쪽 프로펠러가 파손되면서, 러더(rudder)를 고정하고 있던 와이어가 끊어져서 기체가 균형을 잃게 되었다. 조종을 했던 동생인 오빌 라이트는 엔진을 정지시키고 약 23m까지 활공을 했지만, 결국 기수가 지면으로 향하면서 추락하였다(그림 1.4). 당시 조종을 했던 오빌 라이트는 헬멧을 착용하고 있었지만 동승자였던 토마스 셀프리지(Thomas Selfridge) 중위는 헬멧을 착용하지 않은 상태였다. 이로 인해서 셀프리지 중위는 안타깝게도 항공기 사고로 인한 최초의 사망자가 되었다.

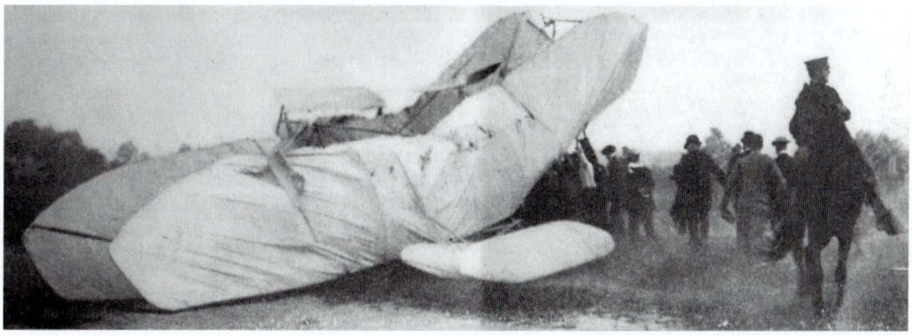

그림 1.4 플라이어호 사고

이와 같은 사고에도 불구하고 육군에서는 플라이어호의 가능성을 인식하고, 1909년 7월 30일 마지막 속도 비행시험을 마치고 30,000달러의 금액으로 납품에 성공하게 되었다. 플라이어 모델 A(그림 1.5)의 주요 사양은 다음과 같다.

- 날개 스팬: 11.1m(36.5ft)
- 날개 시위: 1.17m(5.8ft)
- 날개 면적: 38.6m^2(415ft^2)
- 총 중량(조종사 제외): 333.4kg(735lb)
- 추진 기관: 33마력 4기통 엔진
- 평균 속도: 68km/h(42mph)
- 최고 속도: 72km/h(45mph)

이러한 과정이 1903년 12월 최초의 동력비행 성공 이후 1909년 납품에 이르기까지 약 5년여 만에 정해진 규격에 따른 시험에 통과하고 실용화에 성공했다는 것은 바로 오늘날 감항인증(airworthiness certification)의 시초라고 할 수 있을 것이다.

그림 1.5 플라이어 모델 A

윌버 라이트는 프랑스로 넘어가서 30마력 엔진이 장착된 라이트 모델 A(Wright Model A)로 비행시간 약 2시간 20분에 비행거리 약 125km를 기록하였으며, 프랑스에서는 이 기체를 양산하기 시작하였다. 이후 프랑스를 비롯한 유럽이 항공의 중심지가 되는 계기가 되면서, 향후 항공이 새로운 교통수단이 될 것으로 예상되었다. 그 결과 1910년 18개 유럽 국가에서 참석한 최초의 항공관련 회의가 개최되었다.

이후 1차 세계대전을 거치면서 우편물을 포함한 각종 물자의 운송과 승객의 운송수단으로써의 가치를 인정받게 되었고, 항공기의 특성상 하늘을 통해서 국경을 통과하는 문제로 인해서 국가별 영공에 대한 주권문제가 제기되었다. 이를 위해서 1919년 파리 협약(Paris Convention 1999)으로 부르는 '공중 항행 규정에 관한 협약(Convention Relating to the Regulation of Aerial Navigation)'이 국제민간항공기구(ICAO; International Civil Aviation Organization)의 전신인 국제 공중항해 위원회(ICAN; International Commission for Air Navigation)의 후원하에 체결되었다.

총 9개의 장으로 이루어진 1919년 파리 협약은 주로 영공에 대한 절대적인 통치권을 인정하는 내용이지만, 이 중에서 제3장이 바로 감항성 및 기능성 인증(Certificates of Airworthiness and Competency)을 다루고 있다. 3장의 11절을 보면 다음과 같이 서술하고 있다.(그림 1.6)

> "국가간 운항(international navigation)에 관여하는 모든 항공기에는, 부속서 B에 서술된 조건에 따라서, 항공기가 소속된 국가에서 발행(issue)하는 또는 제시(render)하는 감항증명서(airworthiness certificate)가 제공되어야 한다."

CHAPTER Ⅲ

Certificate of Airworthiness and Competency

ARTICLE Ⅱ

Every aircraft engaged in international navigation shall, in accordance with the conditions laid down in Annex (B), be provided with a certificate of airworthiness issue or render valid by the state whose nationality it possesses.

그림 1.6 파리 협약(Paris Convention) 1919

1919년 파리 협약을 비준하지 않았던 미국의 경우, 항공과 관련해서 최초로 의회에서 승인된 규정은 1925년 항공 우편법(The Air Mail Act)으로, 이는 기술 또는 안전과 관련된 내용이 아닌 우편물 배달 업체의 선정과 요금에 치중된 규정이었다. 이로 인해서 항공 산업의 부흥을 가져오는 계기가 되었다고 볼 수 있다.

1년 후인 1926년 설립된 연방 규정인 항공 산업법(Air Commerce Act)을 보면, 항공기, 승무원, 항행시설뿐 아니라 감항성(airworthiness)을 위한 항공기의 점검이 필요하다는 구체적인 내용까지 담고 있다. 여기에는 사고조사에 대한 내용까지 포함되었다.

이후 1944년 흔히 시카고 조약으로 알려진 국제 민간 항공 조약(The Convention on International Civil Aviation)을 통해서 국제 민간항공기구(ICAO; International Civil Aviation Organization)가 설립되었고, 이 조약의 부속서 8장에서는 항공기의 감항성(airworthiness of aircraft)을 다루고 있다. 이 시카고 조약에 기반해서 각 국가에서는 자체적으로 감항인증에 대한 규정을 마련하게 되었다. 그림 1.7은 1944년 시카고 조약 당시 모습을 나타내고 있다.

그림 1.7 1944년 시카고 조약 당시 모습

그림 1.8 United Flight 718과 TWA Flight 2의 공중 충돌 사고(1956년)

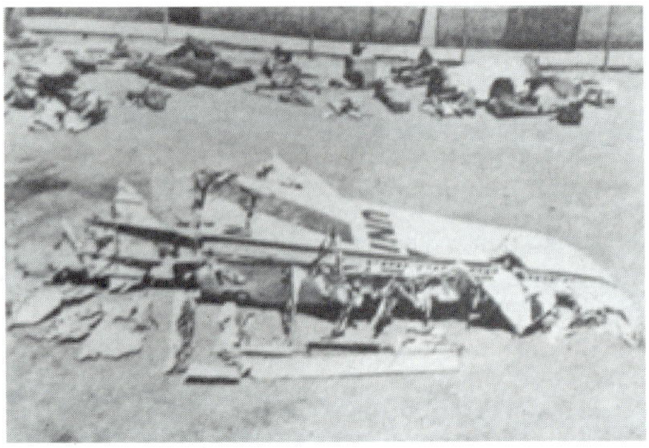

그림 1.9 United Air 767과 F-100 전투기의 공중 충돌 사고(1958년)

1950년대 항공 기술의 발달과 항공산업의 부흥으로 인해서 이와 관련된 규제는 노후화된 것으로 보였으며, 이로 인해서 많은 공중 충돌(mid-air collision)사고가 발생하게 되었다. 대표적인 경우로써, 1956년 United Flight 718이 그랜드캐니언(Grand Canyon) 상공에서 TWA Flight 2와 충돌하는 사고로 인해서 128명의 사상자가 발생했고(그림 1.8), 1958년에는 매릴랜드 브런즈윅(Maryland Brunswick)에서 군용기인 F-100과 민항기인 United Air 767이 공중에서 충돌하는 사고가 발생했다(그림 1.9).

이로 인해서 미국에서는 1958년 연방 항공법(The Federal Aviation Act)이 승인되면서 이후 FAA(연방항공청; Federal Aviation Administration)의 전신인 FAA(연방항공국, Federal Aviation Agency)가 설립되었다. 흥미로운 점은, 같은 해인 1958년 NASA가 설립되었다는 것이다. 물론 이의 전신인 NACA(미 항공공학 자문위원회; National Advisory Committee for Aeronautics)가 존재했었고, NASA(미 항공우주국; National Aeronautics and Space Administration)의 설립은 러시아의 우주선 발사로 인한 자극이 주요 원인이었으나, 민간 항공과 우주 공간의 평화로운 이용이라는 목표로 NASA로 변경되었다.

이와 같은 역사를 돌이켜보면, 기술의 진보로 인해서 항공의 발전이 이루어졌지만, 규제의 미비로 인해서 사고로 이어지고, 이를 통해서 규정이 제정되고 또한 이러한 규제를 극복하기 위해서 새로운 기술이 발전하는 식으로 서로 독립되는 것이 아니라 밀접한 관계를 가지고 있다는 것을 이해할 수 있다. 이러한 맥락에서, 감항인증이란 단순히 관리적인(administrative) 측면에서의 규정(regulation)이 아닌 기술적인(technical) 측면과도 관련된다는 것을 알 수 있다. 기술적인 측면이란 특히 안전과 직접적으로 관련된 것으로, 대표적인 사례로는 코멧(Comet) 여객기를 들 수 있다.

1949년 첫 비행에 성공하고 1952년 운영이 시작되었던 드 하빌랜드(de Havilland)의

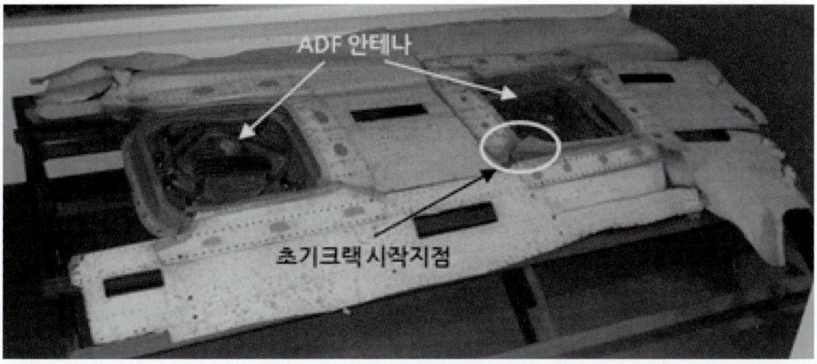

그림 1.10 드 하빌랜드 코멧(de Havilland Comet) 사고 잔해

DH 106 코멧(Comet)은 세계 최초의 제트 여객기로, 최초로 여압객실을 갖추고 있었다. 그러나 이 여객기는 운영이 시작되고 얼마 지나지 않아서 두 대의 기체가 비행 중 공중에서 분해되는 참사를 겪게 되었다. 그림 1.10은 코멧의 잔해물과 사고의 원인이 되었던 부위를 보여주고 있다.

이의 원인은 당시 완벽하게 이해되지 못했던 피로(fatigue)와 제조공법, 제작결함이 복합된 원인이었다. 실제로, 당시 설계팀에서는 여압으로 인한 응력의 변화에 대비하기 위해서 개발 과정에서 충분한 시험을 마친 상태였다. 당시 영국의 구조설계 규정이었던 1949년 영국 민간감항 요구조건(BCAR; British Civil Airworthiness Requirement)에 따르면, 영구변형이 일어나지 않는 압력, 즉 내압(耐壓; proof pressure)의 기준 1⅓P였고, 설계 압력(design pressure)은 2P였으나, 드 하빌랜드에서는 이보다 강화된 2P의 내압과 2.5P 설계압력을 적용하였다. 당시 철강에 대한 피로임계가 아닌 알루미늄 합금에 대해서는 알려지지 않았기 때문에 제조사나 감항당국 모두 이와 같은 강화된 설계기준이 충분한 방법으로 예상했으며, 피로에 대해서는 16,000사이클의 1.25P를 적용하였다. 당시 항공기의 해당 수명은 15,000사이클이었고, 이는 약 10년의 운영 기간에 해당한다.

1954년 1월 180여 미터 깊이의 바다로 추락했던 G-ALYP의 잔해의 일부를 수거해서 조사한 결과, 자동 방향탐지(ADF; Automatic Direction Finder) 안테나를 위한 직사각형 형태의 컷-아웃(cutout) 주위에 리벳으로 체결된 창의 리벳홀에서 제작과정에서 발생한 크랙과 이를 멈추게 하는 정지 구멍(stopping hole)이 발견되었으며, 이 주위에서 응력이 집중되면서 피로파괴로 이어진 것으로 잠정적인 결론을 내렸다.

많은 자료상에서 이후 업데이트된 코멧의 컷-아웃 형상이 직사각형이 아닌 타원형으로 변형된 것을 사례로 코멧의 피로파괴가 좁은 각도를 갖는 직사각형 모서리에 응력이 집중된 것이라고 설명하고 있으나, 실제로 모서리에서의 응력집중으로 인한 영향보다는 컷-아웃 주위에 집중된 리벳홀, 컷-아웃과 함께 제작과정에서부터 생성된 크랙으로 인한 복합된 영향이라고 보는 것이 적절하다.

이로 인해서 코멧은 다시는 운영에 투입될 수 없었으나, 이후 다른 모든 여객기에서 표준인 여압객실을 갖는 여객기의 설계에 결정적인 영향을 미치게 되었다. 이는 바로 크랙이 발생하더라도 영구 파손으로 이어지지 않도록 충분한 여유를 주는 안전수명설계(safe life design) 개념이 아닌, 하중의 전달 경로를 이중으로 만들어 하나가 파손이 되더라도 다른 하나만으로 견딜 수 있도록 하는 고장안전설계(fail safe design)로 이동하는 계기가 되었다. 기술적인 부분만이 아니라 이로 인해서 여압과 관련된 감항규정에도 영향을 미치게 되었다.

조지 케일리가 그의 논문에서 선박의 복원력을 예로 들면서 안정성을 위해서 무게중심을 낮춰야 한다고 주장하고 있고, 이는 분명 현대적인 개념으로써 가로안정성에 해당하는 것이 맞지만, 당시의 상황으로 본다면 사고로 이어지는 위험한 상황에 처하지 않고 공중 항해(aerial navigation)를 이루고자 하는 인간의 기본적인 바람의 표현으로써 안전을 위한 것이라고 볼 수도 있을 것이다.

결국, 안전성이 담보되지 않는 비행이란 의미가 없으며, 이를 위한 기본적인 조건인 감항성을 갖추었는가를 판단하는 행위인 감항인증은 무엇보다도 중요하다고 할 수 있을 것이다. 항공기 사고에 대한 여러 종류의 통계가 있으나, 어느 것을 참고하더라도 뚜렷한 감소세가 지속되고 있음을 분명히 이해할 수 있다. 이러한 이유로는 여러 가지 첨단 기술의 발전으로 인한 기여뿐 아니라 보다 체계적인 감항인증과 같은 절차의 역할 또한 무시할 수 없을 것이다.

그림 1.11은 보잉사에서 집계한 제트 민간 항공기에 대한 연도별 사고의 추세를 보여주고 있다. 여기서 치명적 사고는 치명적인 부상(fatal injury)을 초래하는 사고를 의미하며, 기체 손실 사고는 수리가 불가능한 상태로 파손된 사고뿐 아니라 기체의 위치를 파악할 수 없거

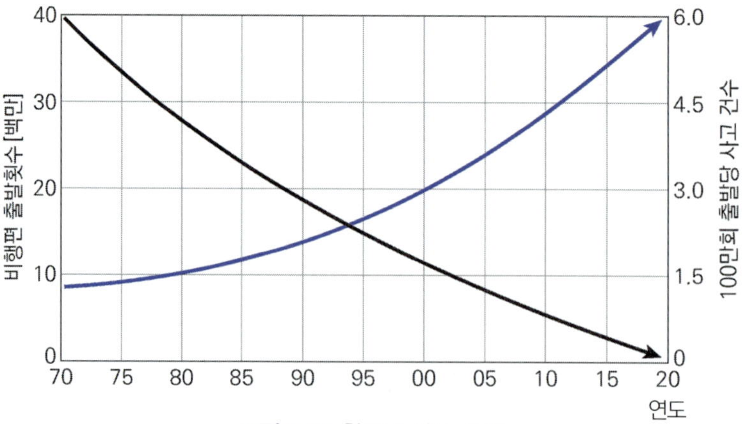

그림 1.11 항공기 사고 추세

나 접근이 불가능한 사고를 포함한다. 그래프에서 볼 수 있듯이 대략 1970년대 이후로 명백한 사고율의 감소 추세가 지속되고 있음을 알 수 있다.

1952년 최초의 제트 여객기인 코멧이 운영에 투입된 이후 2018년 기준으로 연간 3천 5백만회 이상의 비행이 이루어진다는 것을 고려해야 한다. 이러한 사고율의 감소에는 기술의 발전 중에서도 안전을 위한 시스템의 영향을 무시할 수 없겠지만, 무엇보다도 안전에 대한 효과적인 규제, 훈련방법의 개선과 같은 제도의 역할이 무엇보다도 중요했다고 볼 수 있으며, 바로 이러한 부분에서 감항인증의 중요성을 다시 한 번 인식할 수 있을 것이다.

1.2 항공안전

전 세계적으로 민간 항공 교통 분야가 급속도로 성장하고 항공사들의 숫자가 급증함에 따라 각국 당국들은 자국의 항공기 운영자들뿐만 아니라 자국의 영토 내에서 운항하고 있는 외국 항공기에 대해서도 항공안전통제를 강화하게 되었다. 공중을 나는 항공기의 사고는 자동차나 선박 등의 타 운송 수단의 경우와 달리 해당 항공기뿐만 아니라 인접 공간에 심각한 인적, 물적 피해를 야기할 수 있다.

모든 인간 활동은 '안전'과 연관이 되어 있으며 궁극적으로 안전을 추구하는 방향으로 조직되고 운영되어야 한다. 인간 활동 중에 발생하는 각종 안전사고들은 심각한 인적, 물적 피해를 일으켜 사회적으로 큰 손실을 야기할 수 있기 때문에 인간 사회는 윤리적, 실용적인 차원에서 안전을 추구하게 된다. 이런 이유로 조금이라도 인적, 물적 피해를 야기할 수 있다고 간주되는 활동들은 국가적 차원에서 각종 규제들을 통해 통제되어야 하며, 이러한 피해를 미연에 방지하기 위해서는 항공기의 설계 초기부터 생산 운항 및 후속 유지까지 철저한 인증제도를 갖추고 있어야 한다.

1.2.1 항공안전 3대 요소

항공안전이라는 개념을 제대로 이해하기 위해서는 먼저 안전과 관련된 3대 요소인 인간, 환경 및 기계에 대해 정확히 인지하고 있어야 한다. 이러한 항공안전 연결고리를 그림 1.12

에 나타내었다. 여기서 중요한 것은 안전의 3대 요소가 개별적으로 존재하는 것이 아니라 상호 연관되어 있다는 점이다. 항공기가 아무리 성능이 뛰어나도 조종사의 실수로 인해 사고가 일어날 수 있으며, 마찬가지로 조종사의 실력이 아무리 뛰어나다 하더라도 항공기 자체에 결함이 있으면 사고가 발생할 수 있는 것과 같은 이치이다.

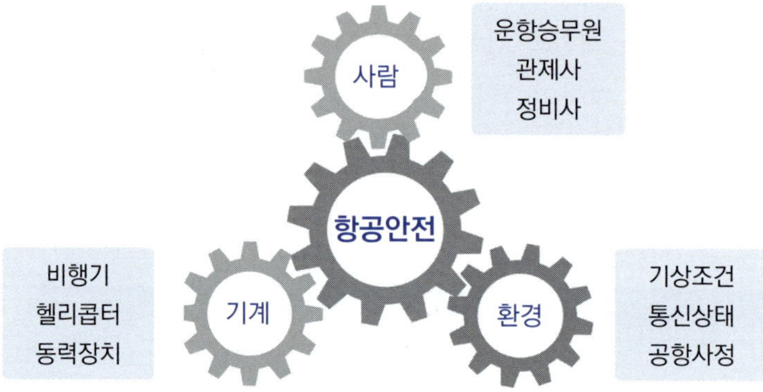

그림 1.12 항공안전 연결고리

(1) 인적요소

항공운영의 주체이며 항공기 운항에 직접적으로 관여하는 운항 승무원, 지상요원, 관제사, 기상예보관 등을 포함한다. 광범위한 의미로는 설계, 제작, 정비, 운영 및 관리 등과 같은 항공에 종사하는 모든 사람들을 포함한다. 항공종사자들은 그들의 실수에 대한 결과를 인식하고 회피하는 데 노력해야 한다. 항공운항 관련 사고나 재난이 발생하는 것을 예방하기 위해서는 고도로 숙달된 인력확보가 절대적으로 필요하다. 이러한 숙달된 인력들을 확보하기 위해서는 잠재력이 있는 인재들을 선발하여 그들에게 적절한 훈련 및 교육을 시키고 이들을 적재적소에 배치하여 본인의 역량을 제대로 발휘할 수 있도록 하여야 하여 잠재적 항공위험을 제거할 수 있도록 하여야 한다.

(2) 환경요소

항공기의 비행에 영향을 끼칠 수 있는 모든 외부적 요소들을 지칭한다. 기상조건, 항공 교통 상황, 통신상태, 비행장의 사정 등이 여기에 포함된다. 항공기의 안전을 지키기 위해서는 항공기에 부정적 영향을 줄 수 있는 환경은 회피하면서 비행에 도움이 될 만한 각종 환경 정보들을 파악해야만 한다.

사고 예방의 관점에서 보면 환경은 자연적 환경과 인공적 환경의 두 부분으로 구분된다. 자연적 환경요소는 기상, 지형과 관계되며 기온, 바람, 비, 착빙, 번개, 화산폭발 등이 대표적인 것으로 인간의 통제가 불가능한 일들이다. 이러한 환경은 커다란 위험성을 내포하여 제거할 수 없으며 사라지지 않기 때문에 회피하거나 반드시 고려되어야 한다. 인공적 환경은 물질적인 부분과 비물질적인 부분으로 구분된다. 물질적인 환경은 항공환경의 부분을 형성하는 인공물을 포함하는데 항공교통관제(ATC; Air Traffic Control) 시설, 비행장, 항행안전시설, 착륙시설과 비행장조명시설이 인공 물질적 환경의 예이다. 비물질적인 환경은 시스템의 작동방식에 대한 절차를 포함하며, 시스템 소프트웨어로 불린다. 이러한 부분의 환경요소에는 국가의 항공법규, 관련 절차와 규정, 표준운영절차, 훈련절차 등이 포함된다.

(3) 기계요소

항공안전에 있어서 기계요소인 항공기의 설계, 제작, 그리고 운항 효율성이 차지하는 비중은 매우 크다. 그러므로 현대 항공기 설계는 감항성(堪航性; airworthiness)을 고려하여 이러한 위험요소의 영향을 최소화하는 것을 목표로 하고 있다. 예를 들어 훌륭한 설계는 장비 오류를 찾아내는 것만이 아니라 그것이 일어나지 않도록 보장함으로써 한 가지 오류가 사고에 직결되지 않도록 하는 것이다. 이러한 목표는 보통 핵심부품과 장비에 페일-세이프(fail-safe) 개념을 도입하여 달성할 수 있을 것이다. 즉 설계자는 실수와 오류를 유발할 수 있는 장비의 사용과 작동을 최소화하여야 하며 이러한 목적에 부합되도록 새로운 기종의 항공기가 개발되는 동안에 시스템 안전 프로그램을 적용하여 시험하기도 한다.

항공기 인증은 위에 언급된 안전의 3대 요소 중 '기계' 분야에서 다루고 있는 항공기, 엔진 및 프로펠러 등에 대한 기술기준과 이 기준을 바탕으로 항공기를 설계에서 제작까지 검증을 하며, 제작자와 운영조직에 대해 책임을 지는 사람들과 관련이 있다.

1.2.2 위험요소(Hazard)와 안전위험도(Safety Risk)

'안전'이란 우리의 마음 깊숙이 배어 있는 개념으로, 흔히 '위험이 존재하지 않는 상태'로 정의된다. 따라서 안전(safety)이란 위험요소(hazard)를 지속적으로 찾아내거나 지속적인 위험관리(risk management)를 통하여 인명피해나 재산상의 손실을 가져올 수 있는 위험을 수용 가능한 수준 이하로 유지하는 상태를 말한다. 안전 위험 발생 위험성은 사건(accident)/사고(incident)와 같은 불안전 사태의 발생한 이후에 확인되거나, 실제로 안전 사건이 발생하기에 앞서서 안전 관리 시스템(SMS; Safety Management System)을 통해 식별될 수 있다. 식별된 안전 위험과 연관된 위험성은 반드시 평가되어야 한다. 해당 위험성의 특성을 분명하게 이해하면, 해당 위험성의 수용 가능성을 확정 지을 수 있게 되며 수용할 수 없는 위험성들에 대해서는 별도의 조치가 취해져야 한다. 안전 관리의 관심사는 인명 손실, 자산의 피해, 재정적/환경적/사회적 손실을 최소화하는 것에 있으며, 안전 관리는 위험 식별 및 위험성 관리에 대한 시스템적 접근법에 초점을 두고 있다.

(1) 위험요소

위험요소 식별 및 안전위험도(safety risk) 관리는 안전 관리시스템과 관련된 핵심 프로세스이다. 안전관리 시스템은 기술적 측면에서의 안전 사항과 관심 대상 시스템의 구성 요소와 시스템 설계 및 운영 간에 인간 요소를 중요한 안전 고려사항으로서 포함시킨다.

위험요소와 안전위험도와의 차이점은 자주 혼란을 불러일으킨다. 따라서 적절하고 효과적인 안전 관리 시스템을 개발하기 위해서는, 무엇이 위험요소(hazard)이고 무엇이 안전위험도(risk)인지를 분명하게 이해하고 있어야 한다. 위험요소(hazard)란 사고(accident)의 전제 조건이며, 계획되지 않거나 원하지 않은 상황으로 이어질 수 있는 조건들을 말한다. 즉, 사람들에게 부상을 입히거나, 장비 또는 구조물에 손상을 주거나, 자재의 손실, 명시된 기능의 수행 능력 감소를 초래할 수 있는 가능성이 있는 조건 또는 대상으로 정의된다. 이러한 위험요소는 운영환경에서의 고장 및 오작동에 따라 재해(harm)를 발생시킨다(그림 1.13).

반드시 시스템의 구성 요소에 손상을 입히거나 부정적인 영향을 초래하는 것만이 위험인 것은 아니다. 다만, 위험이 서비스 배달과 관련된 시스템의 운영과 결부되게 되면 해당 위험의 부정적면이 많이 주목 받게 된다.

예를 들어 바람은 위험요소가 된다. 바람이 불게 되면, 인원이 부상을 입거나, 장비 또는 구조물에 손상이 가해지거나, 자재의 손실, 명시된 기능의 수행 능력이 감소될 수 있다. 수송류 비행기 경우 풍속 37km/h의 바람 그 자체는 항공 운항 중에 손상이나 피해를 일으키

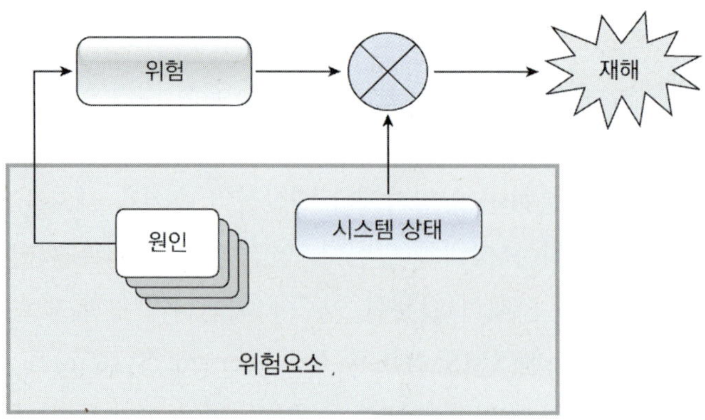

그림 1.13 위험요소 및 재해 모델

지는 않는다. 사실, 활주로가 향하는 방향과 같은 방향으로 직접 불어오는 37km/h의 바람은 오히려 비행기가 이륙을 보다 쉽게 할 수 있도록 도와준다. 그러나 비행기가 활주로에 이착륙하는 방향의 90도 방향으로 불어오는 바람은 측풍이 되어, 항공기의 이착륙에 잠재적인 위험을 초래한다. 이러한 위험요소의 부정적인 면은 한 개 이상의 결과들을 통해 현실화된다. 상기 언급한 측풍의 경우, 심각한 상황에서는 비행기 기체 좌·우측면의 조종을 상실하여 활주로를 이탈하는 경우가 종종 발생한다. 이보다도 더 심각한 경우에는, 기체가 한쪽으로 쏠리게 되어 랜딩 기어 자체에 손상이 가해질 수 있다.

또 다른 예로는 조류 충돌을 생각할 수 있다. 비행운항 중 새떼를 종종 만날 수 있으며 수송류 비행기 경우 3.6kg의 조류가 스태빌라이저(stabilizer)와 충돌할 경우에는 위험요소가 될 수 있다. 만약 비행기가 조류 충돌로 스태빌라이저 또는 조종계통을 파손시키면 종축 또는 횡축의 비행조종이 상실될 수 있어 큰 재해를 야기할 수 있다. 물론 비행기 기술기준에는 조류가 충돌한 후에도 안전하게 비행을 계속하고 착륙할 수 있도록 설계하여야 한다는 기준이 있어 이러한 상황을 미연에 방지할 수 있다.

위험요소는 실제 사건/사고가 발생한 이후에 식별되거나, 특정 위험요소 때문에 사건/사고가 발생하기 전에 위험을 식별하는 예방적 프로세스를 통해 식별될 수 있다. 위험요소 식별은 조직 내에서와 조직 외적인 요소에 의한다. 조직 내부적인 위험 식별시스템은 비행 자료 분석, 업체 자체 보고, 안전 조사 및 감사, 일반 운항 관리 체계, 추세 분석, 훈련 피드백, 사건 조사 등이 있다. 조직 외적인 식별사항은 국가가 행하는 필수 사고보고, 국가 감사 및 정보 교환 시스템이 있다. 그림 1.14는 사람의 실수, 뇌우나 조류 충돌 등의 환경, 설계의 오류, 서브시스템/구성품의 오작동, 고장에 기인한 위험요소의 사례를 나타내고 있다.

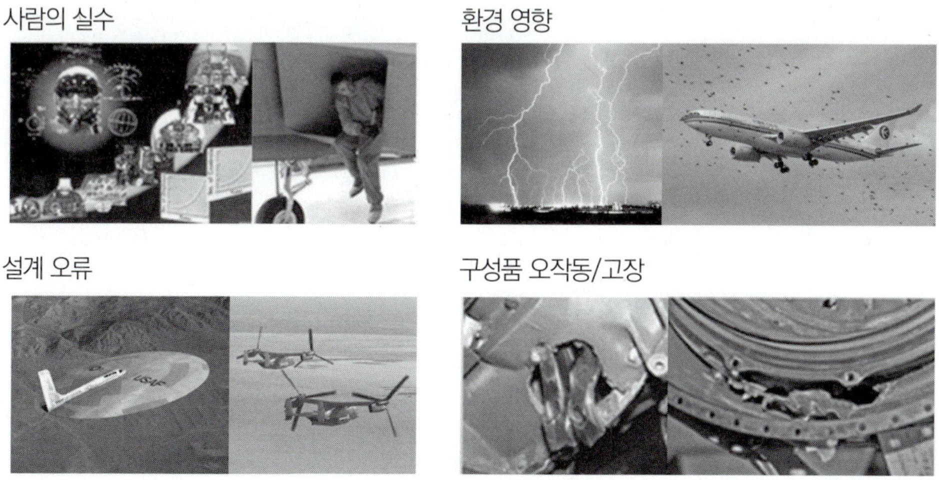

그림 1.14 위험요소 사례

(2) 재해(Harm)

재해는 의도하지 않은 항공기나 자산의 손실, 사람의 사망, 상해, 직업병 또는 환경에 손상을 초래하는 사고나 사고의 결과로 심각도로 표현할 수 있다(그림 1.15).

그림 1.15 재해의 사례

(3) 안전위험도(Safety Risk)

안전위험도는 예측할 수 있는 가장 최악의 상황을 가정하여 위험 결과의 발생확률(probability)과 심각도(severity)를 평가하는 것으로 정의된다. 앞에서 언급한 '측풍'을 예로 들면, 위험요소 → 재해(사고) 결과 → 안전 위험도의 3요소가 하나의 연결고리를 가지게 된다.

- 활주로를 직접적으로 가로지르는 37km/h 풍속의 바람은 위험요소임
- 조종사가 이착륙 중에 항공기를 통제할 수 없어서 활주로의 측면으로 이탈을 하게 되는 것은 위험의 결과인 재해(harm)임
- 활주로 측면 이탈 결과를 평가하여 해당 결과의 가능성 및 심각도를 확인하는 것은 안전 위험도(safety risk)임

안전 위험도 관리(SRM; Safety Risk Management) 절차는 위험 결과에 대한 안전 위험성을 평가하여 이들을 충분히 실용적일 정도로 낮은 수준으로 완화하는 것을 목표로 하고 있다. 미 연방항공청(FAA)에서는 안전 위험도 관리를 체계분석, 위험 요소 식별, 안전 위험도 분석, 안전 위험도 평가 및 안전 위험도 제어 등의 5단계 접근법을 제시하고 있다(그림

1.16).

- 체계분석: 항공기등 운영시스템 자료 확보
- 위험요소 식별: 사고위험에 대한 위험요소 식별
- 안전위험도 분석: 고장 및 사고에 대한 심각도 및 발생 확률계산
- 안전위험도 평가 및 완화: 위험성 완화, 상황변경 및 적절한 조치
- 안전위험도 제어: 안전위험도 수준결정, 안전성 평가 및 피드백을 통한 안전성 재확보

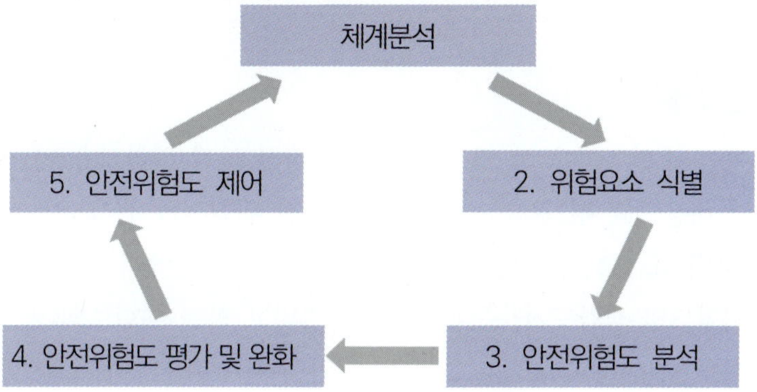

그림 1.16 안전위험도 관리(FAA)

(4) 심각도

위험 결과의 심각도(severity)를 평가하기 위해서는 인명손실, 항공기등 장비 파손, 환경 손상 등을 고려할 수 있다. 안전 위험도의 심각도를 표 1.1과 같이 분류할 수 있다.

표 1.1 심각도

심각도	수 준	내 용
재난적 (Catastrophic)	1	- 항공기의 손실로 인한 다수의 사망자 발생 (또는 탑승자 모두에게 치명적인 손상)
위험한 (Hazardous)	2	- 다수의 심각한 부상 - 상대적으로 소수의 사람(1~2명)에게 치명적인 상해 또는 심각한 기체 손실 (인명피해 없음)
중대 (Major)	3	- 신체적 고통이나 부상 - 항공기/장비에 대한 상당한 손상
경미 (Minor)	4	- 사람에 대한 신체적 불편 - 항공기/장비에 약간의 손상
영향없음 (Minimal)	5	- 안전에 아무 영향 없음

(5) 발생확률

일단, 위험한 사건/사고 또는 재해의 안전 위험도를 평가하고 난 뒤에는 그 다음 단계로 해당 위험 결과 발생 가능성을 평가하는 프로세스를 진행하게 된다. 안전 위험도 발생확률(probability)은 위험한 사건/사고 또는 조건이 발생할 가능성(likelihood)으로 정의된다. 안전 위험도 발생확률은 현재의 고장의 과거 발생여부, 동일한 형식을 가진 타장비의 결함, 문제되는 절차를 따른 인원수, 문제 장비 절차의 사용시간 및 조직 내에 큰 위협을 초래할 수 있는 관리 및 규정의 존재 여부를 고려하여 확인될 수 있다. 안전 위험성의 발생확률을 다음과 같이 분류할 수 있다.

(6) 안전 위험도 허용

심각도, 발생 확률 측면에서 고장 및 사고결과에 대한 안전 위험성을 평가하고 난 뒤에는, 해당 위험 결과의 허용도를 평가하게 된다. 이는 안전 위험성의 심각도를 나타낸 표 1.1과, 발생가능성을 나타낸 표 1.2를 안전 위험성 평가 매트릭스 상에서 조합하여 구할 수 있다. 예를 들어, 안전위험도의 심각도가 '중대 (3)'로 평가되고 안전 위험도의 발생가능성이 '가능 (B)'으로 평가되면, 안전위험도 결과는 그림 1.17의 위험도 매트릭스 상에서 안전 위험성은 (3B)의 지표를 가진다. 이 경우 그림 1.17에서 보면 '높은 위험도(medium risk)'로 분류되어 현 상황하에서는 수용 불가능한 고장/사고로 나타난다.

표 1.2 발생확률(수송류 및 소형 항공기)

발생가능성	수준	구분	수송류 항공기	일반/소형 항공기
빈번 (Frequent)	A	정성	빈번	빈번
		정량	매년 10회 이상	매년 100회 이상 (매월 10회 이상 발생)
가능 (Probable)	B	정성	종종	종종
		정량	매년 10회 미만	매년 10회~100회 (매월 1회~10회)
가끔 (Remote)	C	정성	가끔	가끔
		정량	1년~3년마다 1회	1개월~1년마다 1회
극히 희박 (Extremely Remote)	D	정성	거의 발생하지 않을 것으로 예상됨	거의 발생하지 않을 것으로 예상됨
		정량	3년에서 10년마다 1회	1년~10년마다 1회
극히 불가능 (Extremely Improbable)	E	정성	일어날 확률은 낮지만, 불가능하지는 않음	거의 발생하지 않을 것으로 예상됨
		정량	10년에 1회 미만	매 10년에 1회 미만

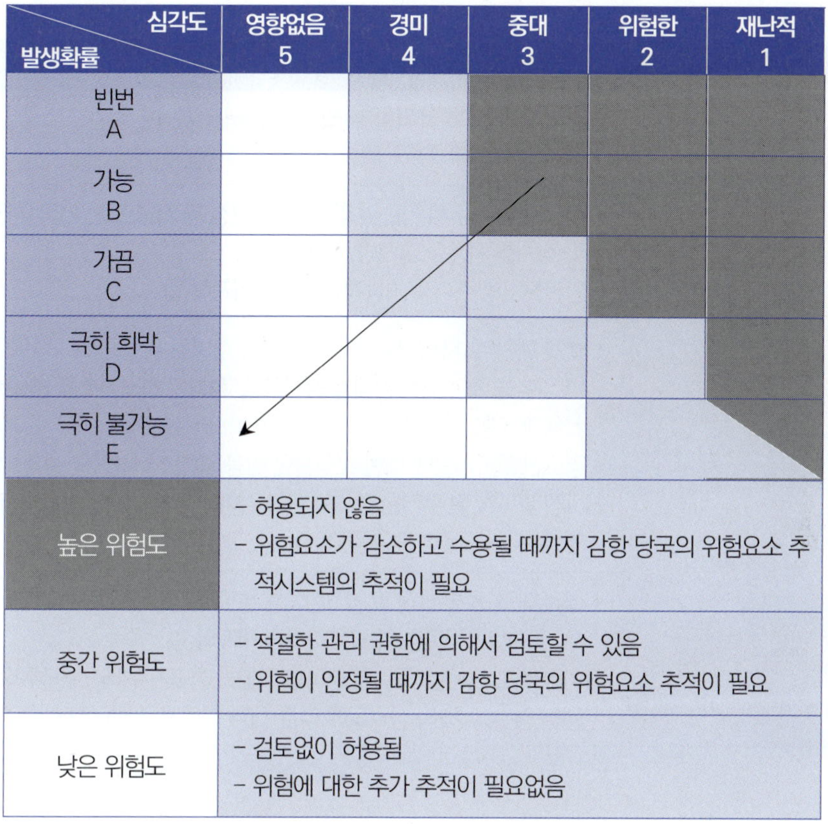

그림 1.17 안전 위험도 허용 매트릭스

(7) 안전 위험도 통제/완화

항공안전 관리 절차의 마지막 단계에서는 위험 결과 또는 안전 위험도를 조직적으로 통제하기 위해 통제/완화 전략들이 반드시 사용되어야 된다. 일반적으로 통제와 완화는 상호 교환적으로 사용될 수 있는 용어들이다. 통제와 완화 양쪽 모두 위험을 설명하기 위한 수단들을 지정하고 위험 결과의 안전 위험가능성과 심각도를 조직적인 통제하로 가져오는 것에 의도를 두고 있다.

위의 예에서 위험 결과의 안전 위험성이 '현 상황하에서는 수용 불가'인 3B로 평가되었다. 이에 따라 그림 1.17에서 우측 회색 색인의 높은 위험도를 좌측 하늘색과 흰색의 화살표 방향인 '허용할 수 있는 영역'으로 내려 보내기 위한 노력을 기울여야 한다.

항공기 전순기 설계(lifecycle design) 및 개발에서 위험요소를 제거하고, 통제 및 완화에 대한 안전 우선순위는 다음 표 1.3의 네 가지 순서로 분류할 수 있다.

표 1.3 위험안전 순위

항목	우선순위	정의
최소한의 위험 고려설계	1	- 위험 제거 설계, 제거할 수 없는 경우 허용 가능한 수준으로 줄일 수 있도록 설계 방안 강구
안전장치 통합	2	- 식별된 위험을 제거할 수 없는 경우, 고정형, 자동 또는 기타 안전설계 기능 및 장치를 사용한 설계방안 강구 - 안전장치의 주기적 기능점검이 이루어져야 함
경고 장치 구비	3	- 설계 대안이나 안전장치가 없는 경우, 식별된 위험을 효과적으로 제거하거나 위험을 줄이려면, 상태를 감지하고, 적절한 경고신호를 발생하는 장치를 사용해야 함 - 경고신호는 사람에 대한 부적절한 반응을 최소화하도록 설계해야 함. - 고전압 노출 및 무거운 물체에 대한 위험에 대해 경고표시 및 플레카드가 운영 및 지원 요원에게 제공되어야 함
절차개발 및 훈련	4	- 설계 대안, 특별 안전 및 경고장치를 통해 위험을 제거하기가 매우 어려운 경우, 적절한 안전절차와 교육이 이루어져야 함. - 치명적인, 위험한. 중대한 경미한 위험을 줄이기 위해 안전절차와 교육이 수행될 경우, 각각의 심각도에 따른 해당 책임자가 담당해야 함

1.2.3 항공안전 대책

(1) 항공안전프로그램

국제민간항공기구(ICAO; International Civil Aviation Organization)에서는 항공안전을 확보하고 안전 목표를 달성하기 위하여 국가는 항공과 관련된 제반 법과 규정, 기준, 절차 및 안전 활동을 포함한 종합적인 안전관리체계인 '항공안전프로그램(ASP; Aviation Safety Program)'을 수립하여 관리·감독하도록 하고 있다.

국제민간항공기구의 '안전관리(부속서 19)'와 Doc 9859 안전관리지침서(SMM; Safety Management Manual)에서는 항공안전관리를 위한 기본적인 사항과 항공사, 항공교통업무기관, 공항운영자, 항행안전시설 설치 및 관리자 등 항공서비스제공자가 준수해야 하는 세부적인 요건을 아래와 같이 정하고 있다.

- 국가의 항공안전에 관한 목표
- 항공안전 목표를 달성하기 위한 항공기 운항, 항공교통업무, 항행시설 운영, 공항 운영 및 항공기 설계·제작·정비 등 세부 분야별 활동에 관한 사항

- 항공기사고, 항공기준사고 및 항공안전장애 등에 대한 보고체계에 관한 사항
- 항공안전을 위한 조사활동 및 안전 감독에 관한 사항
- 잠재적인 항공안전 위해요인의 식별 및 개선조치의 이행에 관한 사항
- 정기적인 안전평가에 관한 사항 등

(2) 항공안전관리시스템

모든 항공서비스제공자는 국가의 항공안전프로그램에 따라 자체적인 안전관리를 위하여 요구되는 조직, 책임과 의무, 안전정책, 안전관리절차 등을 포함하는 '안전관리시스템(SMS; Safety Management System)'을 수립하고 아래와 같은 기준에 따라 안전관리시스템의 성과목표와 지표를 설정하여야 한다.

- 매년 국토교통부장관이 제시한 안전 목표를 달성하기 위하여 안전 목표와 활동을 계획하고, 공통안전지표를 기반으로 안전성과지표(SPI; Safety Performance Indicator)를 설정하여 관리하여야 한다. 다만, 필요할 경우 자체 관리중인 지표를 활용할 수 있음
- 안전관리 시스템의 기준에 따라 자체적으로 국가의 안전목표 달성을 위한 성과관리를 수행해야 함
- 안전성과 목표는 제 각기 특수한 운영 환경과 위험에 대응되는 자원의 가용성을 고려하여 결정되어야 하며 안전관리시스템의 성과를 표현하는 안전성과 지표는 정부와 각각의 서비스 제공자가 협의하여 결정함
- 안전성과 목표를 설정하는 경우 현재 항공교통부문의 안전위험도 수준, 시스템 향상 비용 및 이익분석, 항공산업의 안전에 대한 국민적 기대와 같은 다양한 요소들을 고려해야 함

02 감항인증 개요
Overview of Airworthiness Certification

1990년 보잉747에 대항하기 위한 초대형기 프로젝트가 에어버스에서 발표되었고, 1994년 A3XX로 명명된 프로젝트가 착수되었다. 이후 2000년 12월 A380 프로그램으로 2005년 1월 초도비행에 성공하였으며, 2006년 12월 EASA와 FAA로부터 형식승인을 받았다.

2.1 감항성 및 감항증명

항공기 또는 항공기의 부품에 적용되는 '감항성(堪航性; airworthiness)'은 항공기가 안전하게 비행할 수 있는 성능으로 정의되며 특정 항공기 또는 항공기에 사용된 부품이 허용 한계 내의 안전한 조건에서 비행할 수 있는 필수 요건들을 보유하고 있는 것을 뜻한다.

감항성을 법적으로 보장해주는 감항증명(堪航證明; Airworthiness Certificate)이란 항공기, 엔진 및 프로펠러 등 또는 부품제조자의 제품이 비행안전상에 적합한지를 확인하고 승인하는 법적인 용어다.

'감항성'의 정의를 보다 정확하게 파악하기 위해서는 '안전한 조건', '필수 요건의 보유', 그리고 '허용 한계'라는 세 가지 요소가 무엇을 의미하는지 명확하게 이해해야 한다.

(1) 안전한 조건

이는 정상적인 비행, 만족스러운 비행 결과와 관련된 용어이다. 여기서 '안전'이란 사전상의 정의에 따르면 사망, 부상, 질병, 장비 손상, 재산 피해, 환경 훼손 등을 야기할 수 있는 요인들로부터 자유로워지는 것을 말한다.

(2) 필수 요건의 보유

이는 항공기나 항공기의 부품들이 위에서 언급된 '안전한 조건'에서 비행할 수 있도록 면밀히 연구되고 검증된 조건들에 따라 설계되고 생산되었다는 것을 말한다. 항공기와 항공기 부품의 생산과 관련된 각종 규정들은 사망, 부상, 기타 피해들을 야기할 수 있는 각종 요인들을 제거하거나 완화함으로써 항공기와 부품들의 안전성을 높이는 데 초점을 두고 있다. 해당 규정들은 각국의 지정된 감항당국(Airworthiness Authority)에 의해 제정된 다음과 같은 기술기준들을 정의하고 있다.

- 항공기 설계 요구조건(중량, 기체강도, 비행특성)
- 세부계통 설계 요구조건(조종계통, 착륙장치, 엔진, 항공전자계통)
- 설계에 대한 입증 기준
- 비행 및 정비교범
- 감항성 유지

해당 기술기준들은 항공기의 종류에 따라 다르다. 따라서 소형비행기를 설계할 때 수송류 비행기 또는 헬리콥터와 동일한 설계 규정을 적용하지 않는다. 항공 기술과 지식은 불변하는 것이 아니라 시간이 흐르면서 발전하며 그 내용도 지속적으로 최신화되고 변하게 된다. 해당 기술기준들이 항공 기술과 지식의 발전 등 시대의 흐름에 따라가지 못한다면, 이 규정은 오히려 항공산업의 발전을 저해하는 요인으로 전락해버릴 것이다. 최근 중량과 엔진형식 적용방식에서 성능과 위험도 기반으로 개정한 소형비행기 기술기준은 좋은 예라고 할 수 있다.

이외에도 항공 사고 발생 시, 해당 사고를 분석하여 얻은 교훈들을 토대로 새로운 조항들이 위 규정들에 추가되기도 하는데 추가된 내용들은 항공기의 설계에 영향을 주어 장래에 발생할 수 있는 사고들을 예방하거나 그 피해를 최소화하는 데 도움을 준다. 해당 기술기준은 위에서 언급된 것처럼 지속적인 수정과 개정 과정을 거치기 때문에 이 규정들을 완전하게 준수하여 항공기를 설계하는 것은 더 많은 비용을 초래할 수 있다. 하지만 이 모든 것은 비행의 안전성을 개선시키기 위한 대가로 간주되어야 할 것이다.

(3) 허용 한계

각 항공기들은 기체의 비행 속도 및 구조적 하중을 고려하여 특정한 '비행영역(flight envelope)' 내에서 비행할 수 있도록 설계되며, 같은 항공기라고 하더라도 운항목적에 따라 최대 허용 중량이 달라진다. 이외에도 주·야간 비행, 혹한 조건하의 비행, 계기 비행 등의 여러 운항 조건들에 따라 준수하여야 할 각종 규칙들이 제정되어 있다. 허용한계를 초과하여 항공기를 운항하는 행위에는 너무 많은 화물을 실은 채 과적 운항을 하거나, 곡예비행에 적합하지 않게 설계된 항공기로 곡예비행을 하거나, 적절한 방한 조치를 취하지 않은 채 혹한 조건에서 비행을 하거나, 명시된 최고속도 이상으로 비행하는 것 등이 있다. 이런 행위는 안전사고를 유발할 확률이 높기 때문에 매우 위험하므로 조종사들은 초기 훈련단계에서부터 항공기의 허용 한계에 관한 철저한 교육을 받아야 한다.

일반적으로 양산하려는 항공기는 형식증명과 제작증명의 과정을 거쳐 최종적으로 감항증명을 받아야 항공기를 운항할 수 있다. 형식증명은 항공기등의 감항기준, 환경기준, 지속 감항성 유지를 위한 기준, 식별 표시 방법, 인증절차가 포함된 '항공기기술기준'에 따라 적합 여부를 검사하여 적합성을 인증하는 것이며, 제작증명은 항공기등을 제작할 수 있는 기술, 설비, 인력 및 품질관리체계 등을 갖추고 있음을 인증하는 것을 말한다. 이렇게 인증을 받은 항공기를 감항성이 있는 상태로 유지하기 위해서는 감항성 유지관리가 요구된다. 군용 항공기에서는 '감항증명(서)' 대신 '감항인증(서)' 용어를 사용하고 있다.

2.2 세계 감항증명 체계

2.2.1 국제민간항공기구(ICAO)

2차 세계대전 이후 많은 사람과 물건들을 운송할 수 있는 장거리 항공기 운항이 현실화되어 국제민간항공의 안전하고, 효율적이고, 지속적인 발전과 항로, 공항 및 항공시설의 발전을 촉진시키기 위해 1944년 12월 7일 미국은 52개국과 협조하여 국제민간항공협약(Convention on International Civil Aviation)을 체결하였다. 본 시카고 협약(Chicago Convention) 조약에 따라 국제민간항공기구(ICAO; International Civil Aviation Organization)가 1947년 4월 4일 설립되었으며, 1947년 10월에 국제연합(UN; United Nations) 산하의 전문기관으로 편입되어 국제 항공운송에 필요한 정책, 기술, 안전에 대한 연구를 수행해 왔다. ICAO는 국제민간 항공분야의 준 입법·사법·행정적 역할을 수행하고 본부는 캐나다 몬트리올에 있으며, 현재 회원국은 193개국에 이른다.

ICAO는 193개 회원국 및 산업체와 협력하여 민간항공분야를 안전하고 효율적이며 경제적으로 지속 가능하며 환경에 책임을 질 수 있도록 국제 표준 및 권고(SARPs; Standards and Recommended Practices)와 정책을 합의 채택하였다. 이 SARPs 및 정책은 ICAO 회원국이 현지 민간 항공 운영 및 규정을 국제 표준에 부합하도록 하기 위해 사용되며, 이로 인해 매일 100,000편 이상의 항공기가 전 세계 모든 지역에서 안전하고 안정적으로 운항할 수 있다.

이외에도 ICAO는 회원국과 산업체가 다양한 항공 개발 목표를 달성하도록 지원하며, 안전한 항공운항을 위한 다자간 전략구축을 위한 계획을 수립하고 항공운송 성과지표에 대한 관리 보고, 안전 및 보안 분야에서 각 국가의 항공 감독기능을 점검한다.

ICAO는 전세계에서 발생되는 항공기 사고를 예방하기 위하여 항공안전평가 제도(USOAP; Universal Safety Oversight Audit Program)를 운영하고 있다. 각 회원국이 안전감독시스템의 핵심요소를 효과적이고 일관되게 구현했는지를 평가하여 각 회원국이 ICAO의 SARPs와 관련절차와 지침을 이행할 수 있도록 한다. 항공안전 상시평가(USOAP-CMA; Continuous Monitoring Approach)를 개발하여 다양한 위험지표를 활용하여 항공안전 실태를 감시하고, 국가의 제출자료, 산업동향, 사고발생율, ICAO 정보요구서 등을 평가에 활용하고 있다. 각 회원국은 이러한 제반 평가자료와 증빙자료를 ICAO 웹사이트에 수시로 입력시키고 항상

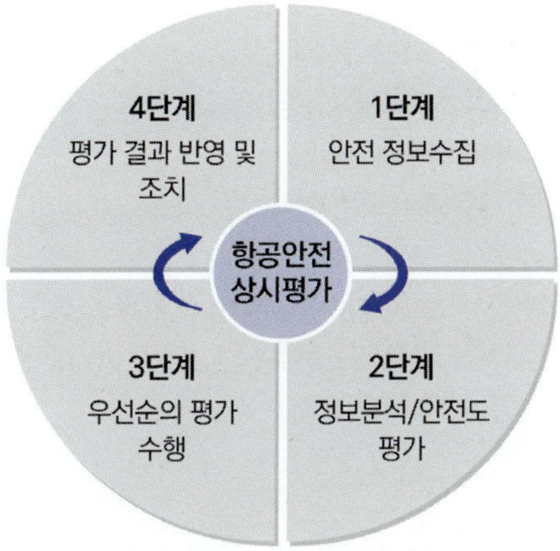

그림 2.1 항공안전평가 제도 개념도

갱신시키는 등 모든 질문항목에 대한 답변을 정확하고 완벽하게 유지함으로써 우수한 항공안전등급을 부여받아 국적사의 노선, 보험료, 항공시간 제휴 등 국가산업전반에 큰 역할을 기대할 수 있다. 그림 2.1에는 항공안전평가 제도의 개념도를 나타내고 있다.

국제 항공 분야의 표준화는 기본적으로 존재하고 있던 기존의 국제민간항공협약에 19개의 부속서(annex)를 추가, 채택, 수정함으로써 이루어졌으며, 이렇게 만들어진 국제표준 및 권고(SARPs)는 '국제표준(international standards)과 권고사항(recommended practices)'으로 나누어진다. '국제표준'과 '권고사항'은 '모든 회원국들이 반드시 동일한 표준을 지켜야 할 정도로 중요한지'의 여부에 따라 구분된다. '국제표준'은 '권고사항'에 비해 상대적으로 중요한 사항으로 국제민간항공기구의 회원국들이 공동으로 준수하기로 의견을 모은 사항이다. 만약 자국의 표준과 국제민간항공기구의 국제표준 간에 상이한 점이 있을 시에는 이를 국제민간항공기구에 통보해야 한다. 반면에 '권고사항'은 그에 따르는 것이 바람직하기는 하나 필수적이지는 않은 것들로, '국제표준'에 비해 그 중요성이 상대적으로 적은 것으로 간주되는 사항들이다. 각 회원국가는 항공기, 인원, 항공로 및 부속 업무에 관한 규칙·표준, 절차와 조직의 실행가능한 최고도의 통일성을 확보하는데 협력하여야 하며, 운항이 촉진되고 개선되도록 하며, 국제표준과 권고되는 방식과 절차에 따라 이를 채택하고 수시로 개정하여야 한다. 따라서 국제민간항공조약의 규정에 따라 국제민간항공기구 회원 국가들은 가능한 한 국제표준을 준수하도록 요구받으며 감항증명 관련 조약은 표 2.1과 같다.

표 2.1 ICAO 감항증명 조약

제29조 (항공기에 비치할 서류): 항공기에 비치해야 할 서류는 등록증명서, 감항증명서, 조종사 자격증, 비행 일지 및 승객 명단/ 출발지/ 목적지 등임
제31조 (감항증명서): 국제항공에 사용되는 모든 항공기는 정부가 발급하고 유효하다고 인정하는 감항증명서를 비치해야 함
제33조 (증명서 및 자격증의 국가간 상호 인정): 항공기 등록국이 발급하고 유효하다고 인정한 감항증명서, 조종사 자격증 등은 다른 국가에서도 상호 인정. 다만 이러한 증명서의 인정요건 및 기준이 국제기준과 동등하거나 그 이상이라고 인정되는 경우에 한함

국제민간항공기구의 감항증명 조약에 추가로 국제표준인 19개의 부속서(annex)가 표 2.2에 나와 있으며. 국제적으로 통용될 수 있는 사람, 환경, 항공기 및 부수 서비스에 관한 규정 및 절차를 명시하고 있다. 본 부속서는 항공기술 발전에 따라 지속적으로 개정 및 수정이 이루어지고 있다.

표 2.2 국제민간항공기구 부속서

부속서 (Annex)	제 목	내 용
부속서 1	항공종사자 면허 (Personal Licensing)	- 항공승무원, 관제사의 항공의료기준 - 항공승무원, 관제사 및 정비요원의 면허부여
부속서 2	항공규칙 (Rules of the Air)	- 육안, 계기비행 규칙 - 항공기 비행 및 기동(공해상에서도 적용)
부속서 3	국제항공항행용기상업무 (Meteorological Service for International Air Navigation)	- 국제 운항을 위한 기상 서비스 제공 - 항공기로부터 관측된 기상보고
부속서 4	항공도(Aeronautical Charts)	- 제반운항에 사용되는 항공도 규격
부속서 5	공중 및 지상업무에 사용하기 위한 측정 단위 (Units of Measurement to be used in Air and Ground Operation)	- 공중 및 지상에서 사용되는 치수 단위 체계
부속서 6	항공기 운항(Operation of Aircraft)	- 국제적으로 운항시 최소 안전수준 규격
제1장	국제상업항공운송-비행기 (International Commercial Air Transport-Aeroplanes)	- 항공기 접근 지점 표시, 등화특성 - 항공기 감항성 확인 - 조종사 노선 및 공항등급 - 운항관리사 자격 요건 - 비행계획서, 운항지시 - 승무원 비행근무시간, 휴식시간

부속서 (Annex)	제 목	내 용
		- 산소공급시스템 규정, 고광도 충돌방지등 설치 - 장거리 비행시 생존장비 휴대
제2장	국제일반항공-비행기 (International General Aviation Aeroplanes)	- 일반 항공기의 국제표준 및 권고사항 - 대형항공기 운항에 대한 적절한 안전수준 고려사항 - 부속서 8(항공기 감항성)의 표준성능표 적용
제3장	국제운항-헬기(International Operations-Helicopter)	- 헬기운항 규정 - 비행자료 기록장치, 조종실 음성녹음기
부속서 7	항공기 국적 및 등록기호(Aircraft Nationality and Registration Marks)	- 항공기 등록 및 식별요구사항
부속서 8	항공기 감항성 (Airworthiness of Aircraft)	- 항공기 감항증명과 검사 - 항공기 최저 감항기준 - 각 국가가 필요하다고 생각되는 감항성 상세 규정
부속서 9	출입국 간소화 (Facilitation)	- 국경통과절차 표준화, 단순화 - 모든 여객 편의를 위한 최소한의 시설 제공
부속서 10	항공통신 (Aeronautical Telecommunications)	- 통신장비 및 통신절차
제1권	무선항법보조시설 (Radio Navigation Aids)	- 무선항법보조시설
제2권	PANS를 포함한 통신절차 (Communication Procedure including those with PANS Status)	- 통신절차(운항업무(PANS, Procedures for Ar Navigation Services)) 포함)
제3권	통신시스템(Communicational Systems) 제1장 디지털 데이터통신시스템 (Part I. Digital Data Communication System) 제2장 음성통신시스템(Part II Voice Communication System)	- 통신시스템
제4권	감시레이더 및 충돌 회피 시스템 (Surveillance RADAR and Collision)	- 감시레이더 및 충돌 회피 시스템
제5권	항공무선 주파수 스펙트럼 이용 (Avoidance Systems Aeronautical Radio Frequency Spectrum Utilization)	- 항공 무선주파수대역 운영

부속서 (Annex)	제 목	내 용
부속서 11	항공교통업무(Air Traffic Services)	- 항공관제, 비행정보 및 경고서비스 설립 및 운영 - 안전하고, 질서있고 신속한 항공교통을 증진하는데 필요한 공역, 조직 및 업무설정
부속서 12	수색 및 구조(Search and Rescue)	- 탐색 및 구조에 필요한 시설 및 서비스의 조직과 운영
부속서 13	항공기 사고조사(Aircraft Accident Investigation)	- 항공기 사고통보, 조사 및 보고 - 감항증명을 최초로 승인한 국가가 사고조사에 협조할 수 있도록 전문가 참여 절차
부속서 14	비행장(Aerodromes)	- 비행장 설계 및 장비 규격
제1권	비행장 설계 및 운용(Aerodrome Design and Operations)	- 공항 계획, 설계 및 운영
제2권	헬기장(Heliports)	- 헬기장 계획, 설계 및 운영 규정
부속서 15	항공정보업무 (Aeronautical Information Services)	- 비행운항에 필요한 항공정보의 수집 및 배포
부속서 16	환경보호 (Environmental Protection)	- 항공기 소음증명, 소음감시 및 소음 노출, 엔진 배출 관련 환경보호 제반 사항
제1권	항공기 소음 (Aircraft Noise)	- 공항주변 항공기 소음, 소음의 정의 측정방법, 소음증명, 소음경감운영절차
제2권	항공기 엔진 배출 (Aircraft Engine Emissions)	- 방출된 연료 통제, 아음속 터보제트, 터보 팬 엔진 매연 및 가스 배출 사항이 증명 형식으로 제시
부속서 17	항공보안(Security)	- 불법적인 간섭행위에 대한 국제 민간 항공보호
부속서 18	위험물 안전수송 (The Safe Transport of Dangerous Goods by Air)	- 과도한 위험으로부터 항공기와 탑승자를 보호하는 안전 수준 제공 - 국제원자력 연구소의 방사능 물질 안전수공 규정 기반
부속서 19	안전관리 (Safety Management)	- 안전관리 계획 (SMP; Safety Management Plan) · 안전위해성 식별 및 위험도 평가 과정 · 안전수준유지에 필요한 조치 및 이행절차 · 안전관리업무의 지속적 감시 및 평가

항공기 감항증명과 직·간접적으로 관계되는 부속서는 부속서 6 '항공기 운항', 부속서(annex) 8 '항공기의 감항성(Airworthiness of Aircraft)', 부속서 13 '항공기 사고조사', 부

속서 16 '환경보호', 부속서 19 '안전관리' 등이 있으며, 국제민간항공기구의 감항성 표준은 개별 항공기의 증명에 대한 기준으로서 각국은 이에 따라 자국의 광범위하고 상세한 감항성 기준을 제정하거나 또는 다른 나라가 제정한 기준을 채택해야 한다. 부속서 8에는 항공기의 감항증명과 검사를 위한 통일된 절차를 규정하고 있으며, 주요사항을 표 2.3에 나타내었다. 부속서 8의 제I부는 용어 정의, 제II부는 형식증명, 제작증명, 감항증명, 감항성 유지, 안전관리, 정비조직인증 등 인증의 종류별 절차, 제III부는 5,670kg을 초과하는 대형 비행기의 감항기준, 제IV부는 헬리콥터, 제V부는 소형비행기, 제VI부는 엔진, 제VII부는 프로펠러의 감항기준을 규정하고 있다(표 2.3).

표 2.3 부속서 8 감항인증 관련 주요내용

Chapter 1. 형식증명

1.1 적용

주기: 통상적으로 형식증명서는 해당 항공기에 대한 계속 생산을 할 의향이 있을 경우 항공기 제작사에 의해 제출됨.

1.2 해당 감항성 요구도의 설계관점

1.2.1 조약국에서 사용한 해당 감항요구조건의 설계관점 ~ 요구조건과의 적합성은 본 부속서 표준에 충족하여야 한다.

1.2.4 특정항공기 설계특징이 해당 감항성 요구사항에 대한 설계측면을 제공하는 경우~최소한 동등한 안전 수준에 도달하도록, 조약국은 추가 요구조건을 고려하여야 함.

1.2.5 본 부록의 제 IIIB, IVB 및 V부에 따른 항공기 설계는 1987년 몬트리올 '오존층 파괴' 물질에 명시되지 않은 '소화제(消火劑)'를 사용해야 한다.

1.4 형식증명

1.4.1 설계국가는 항공기 형식이 해당 감항요구조건의 설계 측면을 충족한다는 충족 증거를 받음에 따라 설계를 정의하며 해당 항공기 형식의 설계 승인을 의미하는 형식증명서를 발행한다.

주기: 일부 조약국들은 또한 엔진 및 프로펠러에 대한 형식증명서도 발행함

1.4.2 설계 국가가 아닌 조약국이 어떤 항공기에 대한 형식인증서를 발행하는 경우는 해당 항공기 형식이 해당 감항요구조건의 설계 측면을 충족한다는 충분한 증거를 기반으로 해야 한다.

13.2 감항증명서의 발행 및 유효성 유지

3.2.1 감항증명서는 항공기가 해당 감항성 요구도의 설계 측면을 충족함에 대한 충분한 증거에 기반하여 조약 국가들에 의해 발행되어야 한다.

표 2.4 부속서 8 목차 및 내용

목차	제목	구성내용
제1부	정의	항공인증용어 정의, 표준대기
제2부	감항증명 및 감항성 유지 절차	형식증명서, 제작, 감항증명서, 감항성 유지, 안전관리
제3부	대형비행기	일반, 비행, 구조, 설계/제작, 추진기관, 시스템/장비 운영한계, 시스템 S/W, 계기, 내추락성
제4부	헬리콥터	일반, 비행, 구조, 설계/제작, 로터/엔진, 시스템/장비, 시스템 S/W, 내추락성, 운항환경
제5부	소형비행기	일반, 비행, 구조, 설계/제작, 추진기관, 시스템/장비, 운영한계, 시스템 S/W, 내추락성, 운항환경
제6부	엔진	일반, 설계/제작, 시험
제7부	프로펠러	일반, 설계/제작, 시험/검사

부속서 8에 대한 참고 자료로는 ICAO Doc 9760 '감항성 매뉴얼(airworthiness manual)'이 있으며, 항공기 감항성 및 감항성 유지에 관한 국제적 의무 및 책임에 관한 감항시스템 구축 및 이행에 관한 지침을 제공한다. 또한 항공기 등록, 운영규정, 민간 항공시스템 및 안전 감시기능, 기술요원 자격 및 훈련, 안전 기술지침, 도구, 안전-필수 정보제공, 면허, 인증, 담당기관의 책임, 안전문제 해결책에 대한 국가가 수행할 안전감시시스템을 제공한다. 감항인증 관련 주요사항은 표 2.5에 나와 있으며, 목차 및 내용은 표 2.6에 나와 있다.

표 2.5 ICAO Doc 9760 감항인증 관련 주요내용

1.1 일반(Part V, Chapter 1)

1.1.1 주요법안 또는 법률은 국제 민간항공협약 제12조(부속서 2. 항공규칙(Rules of the Air)에 의해 요구되는 범위내에서 가능한 한 일정해야 함 ~ 민간항공당국은 예산지원을 받아 조직이 적절하게 운영되고, 그 책무를 수행할 수 있도록 인원과 권한을 부여받아야 한다. 조약국은 항공산업을 평가하고 해당 산업계의 요구를 충족시킬 수 있도록 충분한 자격을 갖춘 인력을 확보해야 함.

4.3 형식설계, 확인 및 수락(Part III, Chapter 4)
4.3.1 ~ 이러한 요구조건을 만족시키기 위해서, 조약국은 항공기 설계가 감항 요구조건을 만족시킨다는 충분한 증거를 가지고 있어야 한다. 이는 세 가지 방법으로 달성될 수 있다.
a) 형식증명
b) 형식 확인
c) 형식 수락
4.3.4 등록국이 이미 설계국이 수행한 것과 동일한 수준으로 적합성을 입증하거나 장려하지 않음

표 2.6 ICAO Doc 9760 목차 및 내용

목차	제목	내 용
제1부	정의 및 약어	- 정의, 약어
제2부	감항조직 구조 및 국가 책임	- 감항조직 책임설정 - 감항조직 주요 책임 - 감항기술부(AED, Airworthiness Engineering Division) - 감항감시부(AID, Airworthiness Inspection Division) - 감항기술도서 및 기록
제3부	등록 국가	- 등록국가 주요 책임 - 항공기 등록정보 - 정비 프로그램 - 등록국의 유지감항 - 감항증명(COA; Certificate of Airworthiness) 발급 - 정비조직 인증(AMO; Approved Maintenance Organization)
제4부	운영 국가	- 항공운영자 주요 책임 - 항공운영자 인증(AOC; Air Operator Certification) - 정비교범 관리(MCM; Maintenance Control Manual) - 항공운영자 유지감항 - 연장시간 전환운영(ETDO; Extended Time Diversion Operations) - 정비교범 관리 승인 절차 연습
제5부	설계 및 제작 국가	- 감항입법체계 - 형식인증 활동 - 항공기 정비 - 생산승인/인증 - 설계국가가 아닌 제작국가의 추가 요구조건 - 설계 및 제작 국가의 유지감항 책임 - 수출 감항증명 발급

2.2.2 미 연방항공청(FAA)

1926년 항공 산업법(Air Commerce Act)을 제정하여 미국 상무부가 항공상거래 육성, 항공교통 규칙 발급 및 시행, 조종사 면허, 항공기 인증, 항공지도 설정, 항공 항법 보조 및 운영 및 유지를 담당하도록 하였다. 민간 항공 책임을 이행하기 위해 미국 상무부는 처음에 안전 규정 및 조종사 및 항공기 인증과 같은 기능에 집중하였다.

1938년 민간 항공법령을 제정하여 연방 민간 항공 책임을 상무부에서 새로운 독립 기관인 민간 항공당국(CAA; Civil Aeronautics Authority)으로 이전하여, 항공 여객요금을 규제하고 여객기가 제공할 노선을 결정할 권한을 부여함으로써 CAA의 역할을 확대하였다.

1940년 2차 세계대전 발발시점에 CAA는 공항에서 이착륙에 대한 항공교통관제(ATC; Air Traffic Control) 책임을 가지게 되었으며 1946년에는 공항프로그램 관리 업무를 관장하였다.

1950년대에 제트 항공사들의 출현이 점차 증가되고 일련의 항공기 공중 충돌 사고로 인해 재산과 인명피해가 발생하자 미국에서는 1958년 연방항공법(Federal Aviation Act of 1958)을 도입하였다. 이 법령에 따라 연방 항공국(FAA; Federal Aviation Agency)이라는 새로운 독립적인 기관이 발족되어 항공안전에 대한 책임과 권한을 관장하도록 하였다.

1966년에 미 의회는 주요 연방수송 분야 업무들을 통합할 내각 부서를 구성할 것을 인가하였고, 그 결과 미 교통부(DOT; Department of Transportation)가 구성되어 1967년 4월 1일부터 전담 업무를 수행하기 시작했다. 이 시점에 FAA는 미 교통부 내의 여러 부서 중 하나가 되면서 '연방항공청(FAA; Federal Aviation Administration)'이라는 새로운 명칭을 부여받았다.

FAA 임무의 첫째는 항공기 안전관련 규정을 제정하고, 둘째는 항공기 설계, 생산 공정 품질 및 최종제품에 대한 인증업무 관리를 수행하고, 셋째는 지속적인 항공기 운용 안정성 확보를 위한 안전 활동에 대한 감독 및 관련사항에 대한 조치를 취하고, 넷째로는 국제 협력을 위하여 외국 감항당국과의 협력관계를 유지하는 것 등이다. FAA는 민간 항공 분야의 안전을 책임지고 있으며 주요 활동은 다음과 같다.

- 안전 증진을 위한 민간항공 부문의 규제와 상업용 우주 운항의 규제 관할
- 항공 항법시설의 기하학적 및 비행검사 표준 체계 규제
- 새로운 항공 기술을 포함한 민간 항공의 연구 개발
- 조종사 면장 발급, 정지 또는 해지
- 비행표준지역사무소(FSDO; Flight Standards District Office)를 통한 미국 항공안전을 증진하기 위한 민간 항공 규제
- 민간 항공기와 군용 항공기 모두를 위한 항공교통관제(ATC) 시스템과 항행 시스템의 개발 및 운영
- 미국 공역(NAS; National Airspace System) 및 민간항공 연구개발
- 항공기 소음 및 기타 환경 영향성을 통제하기 위한 프로그램 개발 및 수행

(1) FAA의 조직구조

FAA 본부는 워싱턴에 위치하며, 공항(ARP; Airports), 항공교통관제(ATO; Air Traffic Organization), 항공안전(AVS; Aviation Safety), 상용 우주 운송(AST; Commercial Space Transportation), 보안 및 위해물질(ASH; Security and Hazardous Materials Safety)의 5개 사업부서와 9개의 행정관리부서(Staff Office)로 조직되어 있다. 항공기 인증업무는 항공안전 본부(AVS) 산하 항공기 인증본부(AIR; Aircraft Certification Service)에서 관장하고 있다.

항공기 인증본부(AIR)의 경우, 이전까지는 소형항공기 전담본부, 수송항공기 전담본부, 회전익항공기 전담본부 및 엔진 및 프로펠러 전담본부 등 미국을 4개의 지역별로 구분하여 각 제품에 해당하는 형식승인 정책 및 규정의 개발뿐 아니라 해당 전담본부가 담당하는 지역에 대한 감항인증 전반을 관리해 왔다. 그러나 이와 같은 항공기등(products)에 기반한 조직구성은 2017년 7월 23일자로 기능별 조직으로 개편되었다.

이러한 AIR의 기능별 구조는 조직개선 본부(AIR-300; Organizational Performance Division), 국제 본부(AIR-400; International Division), 정책 및 혁신 본부(AIR-600; Policy and Innovation Division), 감항성 및 적합성 인증 본부(AIR-700; Compliance and Airworthiness Division), 체계감사 본부(AIR-800; System Oversight Division), 그리고 자산운영 본부(AIR-900; Enterprise Operations Division)의 6개의 본부로 구성되어 있다(그림 2.2).

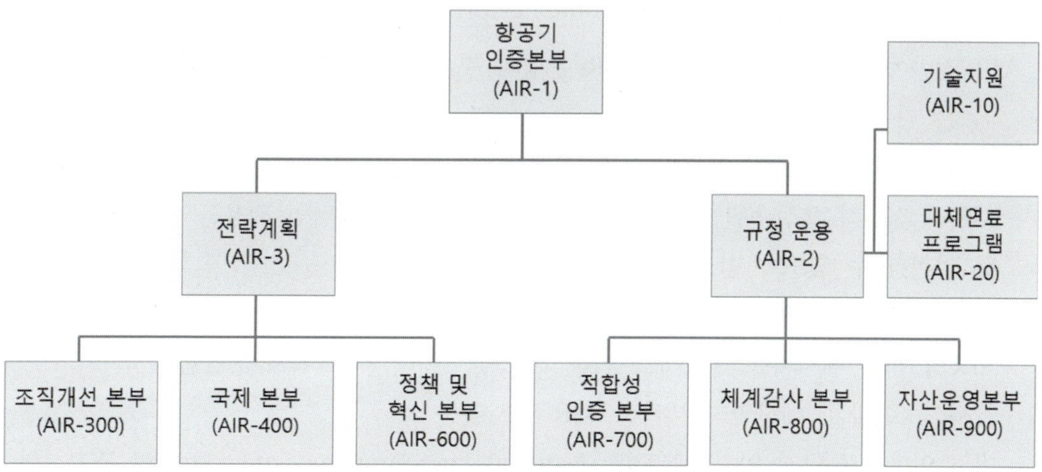

그림 2.2 항공기 인증본부 조직 구조

AIR은 아래와 같이 8개의 기능을 가진다.

- 산업체와 제휴하여 신기술에 대한 안전요건을 개발하여 항공우주혁신을 이룩함
- AIR 규정을 개발·유지하고, 전반적인 비행 안전을 관리하고, 규제 준수를 위한 정책 및 교육 도구를 제공함
- 설계 승인, 생산 승인 및 감항증명서 발급, 지속안전운영(COS; Continued Operational Safety) 프로세스 실행 및 비행 시험 지원
- FAA 승인, 인증서, BASA 파트너, 관리 위임지정인 및 대표단 프로그램과 관련된 시스템 감독
- AIR의 전반적인 내부 상태를 관리, 평가하고 조직 내에서 계획 및 변경 관리를 위한 전략적 리더십을 제공함
- 인사, 재무관리, 인력개발, 정보기술(IT) 지원, 정보관리 등 AIR 전반에 걸쳐 성공을 가능하게 하는 핵심 서비스를 제공함
- 국가 공역 시스템의 안전성을 높이기 위해 AIR와 항공 표준 서비스(AFS; Flight Standard Service) 간의 협력
- 타 FAA 기관, 타 미국 정부 기관, ICAO 및 CAA와 협력하여 국제 항공운송 시스템의 안전을 유지하고 강화시킴

AIR의 각 본부별 역할은 다음과 같다.

조직개선 본부(AIR-300; Organizational Performance Division)

AIR 전반에 걸친 협력을 통해서 AIR 운영의 지속적인 개선을 지원한다. AIR-300의 주요 기능은 다음과 같다.

- 다른 본부와 협력하여 AIR의 조직 건전성에 대한 평가기준을 개발, 추적 및 분석함
- AIR의 전략적 우선순위를 관리하고, AIR 청사진의 효과적인 적용을 통해서 전략목표를 성취할 수 있도록 함
- 대상 연구를 수행하고 AIR의 효율성과 효과 개선을 위한 권장사항을 제공함
- AIR의 핵심 메시지를 개발하고 이를 내·외부 이해관계자에게 전달함
- 감사실, 회계실, 예산관리실 관련 AIR 감사활동 조정
- 미국 연방 교통안전 위원회(NTSB; National Transportation Safety Board) 권고사항에 대한 AIR의 대응책 조정 및 추적
- AIR 규제제정 프로그램 관리

- AIR의 품질관리 시스템 인증 유지
- AIR 내의 변화 관리를 제도화함

국제 본부(AIR-400; International Division)

AIR의 국제업무에 초점을 맞추어 다른 FAA 조직, 국제민간항공기구(ICAO) 및 타 민간항공 기구와의 협력 지원을 제공한다.

- 국제항공협정 및 업무절차의 초기 및 지속적인 범위 결정을 위한 평가관리
- 감항성에 대한 상호협정 및 유사 국제항공협정의 협상, 수립 및 관리
- 국제항공협정 및 업무 절차의 이행을 위한 정책, 지침서 개발 및 발간
- BASA 관련국과 관리회의 계획 및 시행, 후속조치사항 종결을 위한 AIR 관계자와의 협조
- ICAO 및 국제항공기관(IGIA; Interagency Group for International Aviation)과의 업무에 AIR을 대표함
- 국제협의, 회의, 기술지원 및 기타 이벤트의 계획 및 실행 촉진
- 항공안전실, FAA, 교통부 및 기타 미국 정부기관 및 국제적 책임을 가진 기관과 협조함

정책 및 혁신 본부(AIR-600; Policy and Innovation Division)

항공우주제품 인증을 위한 명확한 방법을 개발하여 항공우주 혁신을 지원하고, 다음과 같은 기능을 담당한다.

- AIR 규정, 지침서 개발 및 유지 관리
- AIR를 위한 연구개발 활동을 조직함
- 혁신기술 중심의 산업체와 정부 위원회 연락 지원
- 과학기술 고문과 경력 기술전문가 프로그램 유지 및 관리
- AIR-600 조직 안전 연구의 수행 및 안전 요구 평가

감항성 및 적합성 인증 본부(AIR-700; Compliance and Airworthiness Division)

국내 및 해외 제작사에 대한 모든 설계 승인뿐 아니라 제작 및 감항증명서를 발행하고, 지속안전운영(COS; Continued Operational Safety) 프로세스를 실행하며, 비행시험을 지원한다.

- 국내 신청자에 대한 설계 승인서를 발급 및 해외 설계 승인에 대한 검증 수행
- 항공기등과 제품의 COS와 관련된 프로세스 실행

- 각 본부에 대한 위험기반 의사결정이 가능하도록 제품안전지식의 상호 공유를 통해 전반적인 조직 안전을 도모함
- 필요시 적합성 인증과 집행 활동을 수행함
- FAA를 대신해서 작업할 수 있는 기술 위임인과 특정 위임조직을 지정하고, 감독하고 갱신함
- AIR-700, AIR-600 및 AIR-800 본부 지원을 위한 비행시험 기술을 제공하고, AIR 비행시험 프로그램을 관리함

체계감사 본부 (AIR-800; System Oversight Division)

모든 FAA 승인, 증명 및 위임 프로그램을 감독하며 AIR-800의 주요기능은 다음과 같다.

- 제작 위임인 및 특정 위임조직의 임명, 감독 및 갱신
- 필요시 적합성 인증 및 집행활동 수행
- FAA의 공통 감독 철학을 사용하여 미국외에 위치한 설계승인보유자와 생산 승인보유자를 감독함
- 안전관리시스템(SMS; Safety Management System)이 구현된 조직의 설계 및 생산 활동을 감독함
- 타 AIR 부서와 긴밀히 협력하여 상호 합의를 통해 인정된 시스템을 수행하고 유지하며 예상되는 안전 결과를 제공하는지 확인함
- 제작승인, 감항증명서 및 특별 비행 허가서를 발행함

자산운영 본부 (AIR-900; Enterprise Operations Division)

인력지원, 재정관리, 인력개발 및 정보관리를 포함하여 원활한 AIR 활동을 위한 핵심 서비스를 제공한다.

- AIR의 재무, 인적자원, 정보자원 및 물리적 자산의 감독 유지
- AIR의 임무 요구조건에 대한 자원의 가용성, 이의 효과적인 분배 및 사용하기 위한 과정과 도구를 확립함
- 고도로 숙련된 인력을 확보, 유지하고, AIR 인력의 지식, 기술 및 능력을 지속적으로 개발 지원할 수 있는 장치를 확립함
- AIR 인력 지원을 위한 재정 및 물리적인 자원 배분을 통한 AIR 인력의 지식, 기술 및 능력의 효율성을 극대화함

- 종합정보 관리 전략을 수립함
- AIR의 자료와 정보를 사용하여 임무 달성 능력을 향상시키는 도구를 구현하고 지원함

AIR에 대한 보다 효율적이고 효과적인 운영을 위해 FAA는 장기적인 개혁 전략에 의해 조직의 재정비를 진행하고 있다. FAA는 조직 재구성에 대한 단계적인 접근방법을 실행하고 있으며, 이는 조직의 재정렬과 개선의 2축으로 이루어진다.

미 전역에 대한 효율적인 지역별 관리를 위해서 FAA는 업무에 따른 현장 및 지역 사무소를 운영하고 있다. 항공기인증실(ACO; Aircraft Certification Office)은 설계승인 및 인증관리, 미국내 생산품 승인, 기술 및 분석사항, 항공기 사고, 준사고 및 서비스의 조사와 보고, 위임엔지니어(DER; Delegated Engineering Representative) 감독을 지원하는 임무를 가지며, 앵커리지, 애틀랜타, 보스턴, 시카고, 덴버, 포트워스, LA, 뉴욕, 시애틀, 위치타에 위치한 총 10개의 지역 사무소를 운영하고 있다. 제조검사지구사무소(MIDO; Manufacturing Inspection District Office)는 제조와 관련된 제작승인 및 인증, 감항성 인증, 제조시설 승인 발행, 제작 위임지정인 감독, 설계 승인 과정에서 항공기인증실을 지원하는 임무를 가지며, 애틀랜타, 보스턴, 클리블랜드, 엔필드, 파밍데일, 포트워스, LA, 미네아폴리스, 뉴컴버랜드, 오클라호마 시티, 올란도, 피닉스, 새들브룩, 샌 안토니오, 시애틀, 밴 누이스, 반달리아, 위치타에 위치한 총 18개의 지역 사무소를 운영하고 있다.

FAA는 매년 목표 대비 달성실적을 항공안전(AVS; Aviation Safety), 항공교통조직(ATO; Air Traffic Organization), 정책, 국제정세 및 환경(APL; International Affairs and

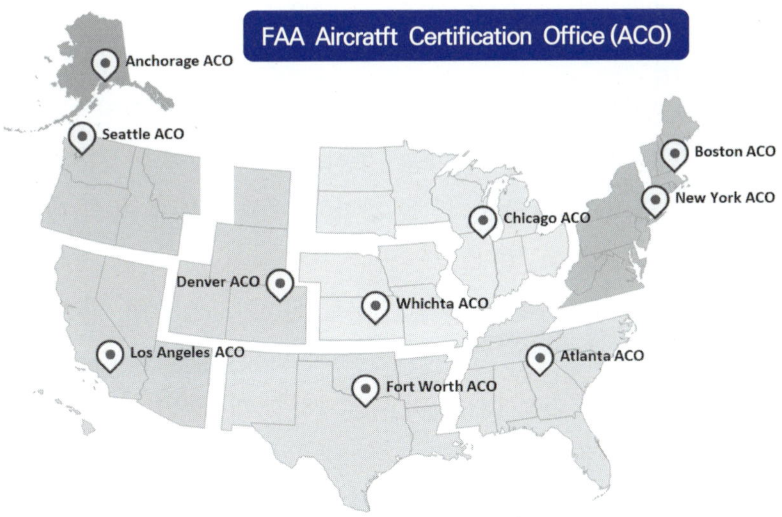

그림 2.3 항공기인증실(ACO)지역별 사무소

Environment) 분야 등으로 구분하여 포트폴리오 형식으로 작성하였다. 각 목표설정은 매년 갱신되며 새로운 목표가 설정되면 각 목표설정 초기에 '성과 측정 분석(PMP; Performance Measure Profiles)'으로 지정되어 항공안전에 대한 대비책을 강구하고 있다. 2019년도 항공안전분야의 상용 여객기 치사율과 일반 항공기 사고율 포트폴리오를 보면 매년 치사율과 사고율을 감소시키는 노력을 경주함을 알 수 있다(표 2.7, 표 2.8).

- 상용 여객기 치사율

성능지표; 2008~2025년도 18년 동안 승객 1억 명당 사망자수 50% 이하로 2025년도는 4.4명/1억명 치사율 목표

표 2.7 상용여객기 치사율

	2015	2016	2017	2018	2019	2025
목표(명)	6.9	6.7	6.4	6.2	5.9	4.4
치사율(%)	0.1	0.6	0.3	0.1	-	-

- 일반 항공기 사고율

성능지표; 2028년도 10만 시간당 사고율 0.89시간 이하 목표

표 2.8 일반항공기 치사율

	2015	2016	2017	2018	2019
목표(명)	1.04	1.02	1.01	1.0	0.98
치사율(%)	0.99	0.89	0.83	0.89	-

FAA는 4년 주기로 민간항공 운송 관련 사망자를 줄이기 위한 '안전 분야', 항공안전 및 이동성을 보장할 수 있는 '인프라 분야', 항공우주시스템의 안전성과 성능을 향상시키는 '혁신 분야', 규제 부담을 줄이고 효율성, 책임을 강화하는 '책임 분야' 등의 네 분야로 구분하여 목표와 이행 전략을 수립하고 있다.

네 분야 중 '안전 분야'를 FAA의 핵심적인 임무로 설정하고 있으며, 안전위험을 완화하기 위한 규제감독을 수행하고 항공관련 사망자를 줄이기 위한 기술적인 해결책 및 모범사례를 홍보하고 있다. 급변하는 항공 환경에서 안전을 유지하고 개선하기 위해서는 최고의 경계태세와 새로운 감시 방법이 요구된다. 안전관리 시스템(SMS; Safety Management System)을 사용하여 안전관리 자료를 수집 및 분석을 통해 위험요소를 식별하고 안전위험을 해결할 수

있으며 규제적인 아닌 성능기반 방법을 도입하고 있다.

'안전 분야'의 전략목표는 체계적인 안전 접근 방법이다. 즉 데이터 중심의 체계적인 안전 접근 방식을 사용하여 위험을 식별하고 표준 및 프로그램을 강화하며 효율성을 평가함으로써 위험을 완화하고 인프라 및 행동 변화를 유도한다. FAA는 SMS의 일환으로 데이터 중심 안전 접근 방식을 활용하고 있으며, 데이터 분석을 통해 사고 및 사망자의 원인을 식별하고 위험을 완화하며 긍정적이고 점진적으로 인프라 및 행동 변화를 유도할 수 있다. 제조업체와 운영자가 수집하고 공유하는 데이터 품질의 지속적인 개선을 통해 데이터 중심 안전 접근의 효율성이 향상된다. 위험을 식별하고 위험을 완화하기 위한 보다 효과적인 수단을 찾는데 사용되는 항공 안전 분석의 개선도 중요하다.

FAA는 상업 및 일반 항공 관련 사망자와 중상을 줄이기 위해 데이터 중심 분석 프로그램을 사용하여 다음과 같은 다년간 전략을 수립하였다.

- FAA, 미 국토부, NASA 및 Eurocontrol과의 정량화된 통합 안전 평가 모델의 공동 개발을 통해 산업 및 국제 파트너를 포함하여 모든 이해 관계자 간에 조화롭고 안전한 데이터 공유를 향상시킴
- 활주로 침수 및 차량/보행자 이탈 또는 조종사 실수로 인한 잘못된 운영을 줄임으로써 활주로 안전 영역을 개선하고 표면 안전을 향상시킴
- 안전하지 않은 화물 적재 관행으로 인한 항공기 운영의 위험을 기관 간 조정 및 산업체 협조를 통해 해결함
- 점점 더 복잡한 무인항공기시스템(UAS; Unmanned Aircraft System) 운영뿐만 아니라 상업용 우주 운송 발사 및 재진입 활동을 미국 공역(NAS; National Air Space)에 안전하게 통합함. FAA는 업체의 무인 항공기 안전팀과 협조하여 무인운영으로 인한 추가 안전 위험을 완화하기 위해 안전 강화 기능을 개발 및 보급함
- 상호 협조를 통해 전략적으로 중요한 국가 또는 지역의 안전 감독 기능을 지속적으로 개선하는데 중점을 둠

FAA는 2022년까지 상업 및 일반 항공 모두 항공 운항 규모를 증가시키고, 사고 및 사고 비율을 상대적으로 감소시킨다. 미국 공역(NAS)에는 더 많은 운항과 복잡성이 있지만 공역 현대화 시범시스템인 넥스젠(NextGen; Next Generation Air Transportation System) 인프라의 활용을 통해 항공기는 목적지까지 안전하게 도착한다. 성공적인 FAA 무인 항공기 조종사 프로그램을 통해 소형 무인항공기 운영을 다양한 상업 및 공공 서비스로 안전하게 확장하도록 한다.

FAA는 항공 공동체가 보다 더 큰 무인 항공기를 국가의 영공에 통합하는 것과 가시선 바깥(BVLOS; Beyond Visual Line of Sight), 야간 및 사람 상공에 대한 비행 운영을 포함하는 것에 대한 선도적인 역할을 담당한다.

산업체와 모든 이해 관계자 간의 파트너십 증가는 데이터 사용을 통해 위험을 효과적으로 식별, 분석 및 완화함으로써 FAA 자원을 극대화한다. 항공 산업의 효율성을 개선하기 위해 '빅 데이터'를 계속 사용함에 따라 FAA는 미래의 사건과 사고에 기여하는 요인을 식별하고 완화하는 데이터 분석을 수행한다.

2022년까지 FAA는 신규 사업자와, 운영을 확장하고자 하는 기존 사업자를 위해 안전 데이터 보고 및 분석을 가능하게 하는 데 필요한 인프라와 제반장치를 개발할 것이다. FAA는 또한 다른 연방 기관과 협력하여 데이터의 이용을 향상시키기 위해, 데이터 공유 계약을 간소화하는 방법을 채택할 것이다. 활주로, 항공화물 및 UAS 및 상업용 우주 운영 전반에 걸쳐 안전 위험을 줄이기 위한 노력을 기울이면 안전한 성장을 지속할 수 있다. 세계적으로 FAA는 국제 파트너와 협력하여 FAA 성능 표준, 지침 및 정책의 채택을 장려할 것이다. 마지막으로, 감독 및 규제 기능을 향상시키기 위해 FAA는 공정 표준화를 통해 효율성을 향상시켜 FAA와 규제 당사자 간의 사전 협업을 촉진한다.

미국은 14 CFR(Code of Federal Regulations) '항공우주(Aeronautics and Space)'에서 감항성 및 감항증명 체계와 절차에 대한 내용을 법제화하고 있다. Part 21에서는 인증절차를 규정하고 있고 비행기의 기술기준은 Part 23, Part 25에 헬리콥터의 기술기준은 Part 27, Part 29에 규정되어 있다

(2) 위임지정인 제도

FAA는 미국 전 지역에 걸쳐 항공 산업이 광범위하게 발달되고 있고, 다양한 항공기들이 수시로 개발되고 있어 이들에 대한 모든 업무를 미 연방항공청 단독으로 수행하기에는 자체의 인증제도 구성원으로서는 감당하기 어렵다고 판단했다. 이에 대한 개선책으로 상당 부분의 업무를 업체 요원에게나 특정업체에 위임하는 위임지정인 제도를 공식적으로 운영하고 있다.

FAA와 신청자는 피지정인의 지정, 절차, 감독 규정 및 정책에 따라 모든 피지정인 활동을 관리할 것에 동의하여야 한다. FAA와 관련자는 피지정인 시스템에 문제가 없고 이 시스템이 원활하게 기능을 수행할 것이라는 신뢰를 가져야 한다. FAA와 신청자 모두 피지정인과 신청자 경영진 간 그리고 피지정인과 FAA 담당부서들 간의 열린 의사소통 환경을 조성하여야 하며, FAA는 피지정인들을 독려할 수 있어야 한다. 신청인은 피지정인이 외부

의 부당한 압력을 받지 않고 FAA의 지원과 함께 충족성 및 합치성에 대한 판단을 할 수 있는 업무환경을 조성하여야 한다. FAA 직원과 피지정인들은 그들의 목적이 설계에 관여하는 것이 아니라 규정들에 대한 충족성 여부를 판단하는 것임을 명확하게 알고 있어야 한다.

위임지정인 제도(Designation)는 감항 적합성 입증 또는 실질적인 검사 및 시험 업무를 업체의 특정요원에게 권한을 위임하는 제도이다. 이들 위임지정인(Designee)은 다시 엔지니어업무를 위임하는 위임엔지니어(DER; Delegated Engineering Representative), 공정검사업무를 위임하는 위임제조검사원 (DMIR; Delegated Manufacturing Inspection Representative), 감항검사 및 시험을 위임하는 위임감항검사원-제작(DAR-F; Delegated Airworthiness Representative-Manufacturing)과 위임감항검사원-정비(DAR-T; Delegated Airworthiness Representative-Maintenance) 등 네 가지로 구분할 수 있다. 이들 위임지정인들은 업체 소속 요원이나 실질적으로 임명, 교육 및 업무관리는 미연방항공청에서 직접 관장함으로써 업체 내에서 직무의 독립성을 보장하고 있다.

위임엔지니어 (DER)

DER은 본인의 권한 내에서 엔지니어링 기술 자료를 승인하며, 항공기인증실(ACO; Aircraft Certification Office)의 인가를 받은 경우에는 FAA 충족시험의 참관인 및 충족성 검사를 수행한다. DER은 FAA Order 8110.4 C '형식증명' 절차를 따라야 하며 DER의 구체적인 역할, 인가된 활동 영역, 책임은 ACO와 DER 간의 협정에 따라 확정된다.

- 위임엔지니어(DER): 개인이 자신의 고용주를 위한 회사 DER로 활동하도록 임명될 수 있으며 자신이 소속된 회사 기술 데이터를 승인하거나 FAA에 승인을 건의할 수 있다. 회사에 소속된 DER들은 FAA와 회사 간에 합의된 내용에 따라 각각 다른 관리수준에서 그들의 FAA 기능을 수행할 수 있다. 어떤 경우에는 DER이 개인적으로 기술적 자료를 평가하고 승인할 수도 있다. 또 어떤 경우에는 DER이 회사의 경영 시스템을 통해 타인이 수행한 기술적 데이터에 대한 평가가 제대로 이루어졌는지를 확인할 수도 있다. 이런 경우에 DER은 해당 데이터가 적용 규정을 충족함을 인증함으로써 승인하게 된다.
- 컨설턴트 위임엔지니어(DER): 개인이 자신의 고객을 위해 FAA에 제출할 기술 데이터에 대한 승인이나 승인 요청을 하는 독립적인(자가형) 컨설턴트 DER로 임명될 수도 있다.
- DER의 지정: DER 들은 자신들에게 지정된 뚜렷한 영역 내에서 활동하는 전문가들이다. 이 전문가 목록에는 구조, 동력장치, 시스템 및 장비, Radio, 엔진, 프로펠러, 비행

분석, 비행시험 조종사, 음향전문가 등을 포함한다.

Order 8110.37F(DER Handbook)는 각 DER들의 전문 항목들을 규정하고 있다. 다만, 위의 목록에 구체화되지 않은 분야에 대해서는 일부 '특별' 위임/인가도 존재한다. 아래의 내용들은 바로 이들 '특별' 위임 분야의 예이다.

- 행정/관리 DER: 자격 있는 인원이 신청자 인증 프로그램의 행정 코디네이터 또는 관리자로 임명될 수 있다. 이러한 임명을 통해 FAA는 인증 프로그램과 관련된 일반적인 행정 업무, 기술적 협조 업무, 지도 업무로부터 자유로워지게 된다.
- 행정 DER: 일반적으로 회사 DER이 기술 분야 DER 업무 조직, 문서수발, 회의일정, 합치성 검사 그리고 공식 시험에 FAA 참관을 포함한 FAA 협조 업무의 담당자로서의 역할을 수행한다.
- 관리 DER: 일반적으로 컨설턴트 DER이 FAA 프로그램 관리자와 유사한 FAA 인증 관리 의무들을 수행한다. 여기에는 인증 프로그램의 조직, 지시, 감독과 기술평가 업무 관리 및 충족 확인업무를 포함한다. 컨설턴트 DER은 FAA의 승인을 받아야 하는 부분을 제외하고 충족되어야 하는 모든 기술 자료들이 담당 DER에 의해 검토되고 승인되는 것을 확인한다.

위임제조검사원(DMIR)

FAR 21.123(형식증명하에서의 생산)에 따르면, 형식증명하에서만 생산되는 제품을 제조하는 회사는 다음의 사항을 지켜야 한다.

- 각 제품들이 행정관의 검사를 받을 수 있도록 함
- 행정관이 해당 제품과 부품들이 형식설계에 부합하는지 여부를 확인 하는데 필요로 하는 기술적 데이터 및 도면을 제작 장소에 비치하여야 함
- 제조사가 위치한 지역을 담당하는 항공기 인증부서 담당자에 의해 별도로 인가된 경우를 제외하고, 형식증명서 발행일로부터 6개월 이상이 지난 뒤에 생산된 제품들에 대한 승인된 제품검사 시스템(APIS; Approved Production Inspection System)을 구축하고 유지함. 이를 통해 각 제품이 형식설계에 합치 및 안전운항에 적합한지 여부를 확인하게 됨

상기 항에서 요구되는 바와 같이 APIS가 구축되면 행정관에게 시스템에 대한 설명과 Part 21.125(제작검사 체계)(b)에서 요구되는 결정과 관련된 수단들을 기술하고 있는 매뉴

얼을 제출한다.

FAR 21의 Subpart F(TC에 의한 제작)에 따른 제품 또는 부품의 제조사에게는 그 어떠한 특권도 주어지지 않는다. 그러나 APIS 보유자는 APIS가 구축된 직후부터 FAA 행정관을 대표하여 조직 DAR(ODAR; Organizational Design Airworthiness Representative)의 역할을 수행할 수 있도록 인가받을 수 있다.

제조사가 FAR 21 Subpart G(항공기등, 장비품 및 부품의 제작조직승인)에 따른 제작 인증을 신청한 경우가 아니라면 형식증명서를 발급받은 제조사에게는 생산검사 시스템을 구축하고 실행할 수 있도록 FAR 21.123(형식증명하에서의 생산)(c)에 따라 6개월의 시간이 주어진다. 이 6개월의 기간 동안에 생산된 각 완제품 또는 부품은 감항증명서 발행 전에 FAA의 검사를 받아야 한다. 이 절차는 보통 시간이 많이 걸리고 생산성이 크게 떨어지므로 제조사로서는 최대한 빨리 승인될 수 있는 생산검사시스템을 개발하여 시행하는 것이 유리하다. 제조사의 개별적 제조, 조립, 검사 공정이 규정을 충족하는 것으로 확인되면, 해당 공정들이 순차적으로 FAA에 의해 인가될 수도 있다.

제조사 생산검사시스템의 특정 영역이 규정에 충족하는 것으로 확인이 끝나면, 그때부터 FAA에서 자체적인 검사를 줄이고 제조사의 생산검사시스템에 의존하게 된다. 제조사 생산검사시스템 전체가 규정에 부합하는 것으로 확인되면, 담당 ACO에서 생산검사시스템에 대한 승인서한(Letter of Approval of Production Inspection System)을 발부하게 된다. 이후에도 생산검사시스템이 지속적으로 관련 규정에 맞게 운영되고 있는지 감시하기 위한 후속적인 FAA 검사가 이루어진다.

Part 21.130의 합치성 확인서가 수령되면, FAA는 완제품을 검사하고 해당 완제품이 형식설계에 합치하며 안전한 운항조건에 있는지 여부를 결정한다. 답이 '예'일 경우 감항증명서가 항공기에 대해 발행되거나 엔진이나 프로펠러에 대해서는 감항성 승인표(FAA Form 8130-3)가 발행된다(그림 2.4). 생산검사시스템이 인가되면, 제조사는 감항증명서 또는 감항성 승인표를 발행하는 DMIR 로서의 역할을 수행하는 인력들을 고용할 수 있다.

위임감항검사원(DAR; Delegated Airworthiness Representative)

FAA DAR(위임감항검사원)은 DER과 마찬가지로 FAA를 대신하여 특정 인증 기능을 수행할 수 있는 권한을 부여받는다. 이러한 승인은 항공기 제작, 항공기 엔지니어링 또는 항공기 유지관리와 같은 특정 항공 분야에서의 지식과 경험을 토대로 부여된다.

FAA는 감항성 승인을 발행할 목적으로 항공기 또는 항공기 부품의 시험 및 검사와 관련된 문제를 위임하고 있으며, FAA에 의해 위임지정 된 사람은 항공기, 항공기 엔진 또는 부

1. Approving Civil Aviation Authority/Country: FAA/United States	2. **AUTHORIZED RELEASE CERTIFICATE** FAA Form 8130-3, AIRWORTHINESS APPROVAL TAG				3. Form Tracking Number:
4. Organization Name and Address:					5. Work Order/Contract/Invoice Number:
6. Item:	7. Description:	8. Part Number:	9. Quantity:	10. Serial Number:	11. Status/Work:
12. Remarks:					

13a. Certifies the items identified above were manufactured in conformity to: ☐ Approved design data and are in a condition for safe operation. ☐ Non-approved design data specified in Block 12.	14a. ☐ 14 CFR 43.9 Return to Service ☐ Other regulation specified in Block 12 Certifies that unless otherwise specified in Block 12, the work identified in Block 11 and described in Block 12 was accomplished in accordance with Title 14, Code of Federal Regulations, part 43 and in respect to that work, the items are approved for return to service.

13b. Authorized Signature:	13c. Approval/Authorization No.:	14b. Authorized Signature:	14c. Approval/Certificate No.:
13d. Name (Typed or Printed):	13e. Date (dd/mmm/yyyy):	14d. Name (Typed or Printed):	14e. Date (dd/mmm/yyyy):

User/Installer Responsibilities

It is important to understand that the existence of this document alone does not automatically constitute authority to install the aircraft engine/propeller/article.

Where the user/installer performs work in accordance with the national regulations of an airworthiness authority different than the airworthiness authority of the country specified in Block 1, it is essential that the user/installer ensures that his/her airworthiness authority accepts aircraft engine(s)/propeller(s)/article(s) from the airworthiness authority of the country specified in Block 1.

Statements in Blocks 13a and 14a do not constitute installation certification. In all cases, aircraft maintenance records must contain an installation certification issued in accordance with the national regulations by the user/installer before the aircraft may be flown.

FAA Form 8130-3 (02-14) NSN: 0052-00-012-9005

그림 2.4 공인 허가 증명서(FAA Form 8130-3)

품이 승인된 형식설계를 준수하고 안전한 작동을 위한 조건에 부합하며 기타 특정 요구 사항을 충족하는지 결정해야 한다. DAR은 또한 모든 공식 문서 및 서류의 완전성, 정확성 및 처리에 대한 책임이 있으며 DAR은 통상 정비 DAR과 제작 DAR로 구분된다.

- 위임감항검사원(DAR)-정비: 항공기 및 동력 장치(A&P) 등급으로 정비공의 자격증을 소지한 사람 또는 수리 자격증을 소지하고 정비소에 고용된 사람임. 정비 DAR은 중고 항공기에 대해 주기적인 감항 인증을 수행함
- 위임감항검사원(DAR)-제조: 항공기 제조 분야에서 항공 지식과 경험을 보유하고 있으며 특정 자격 요건을 갖추고 있음. 제조 DAR은 감항 인증서가 원래 항공기나 감항증명을 발행한 적이 없는 신규 항공기에 대해 원래의 감항증명을 발행함. FAA에서 발행한 DAR 디렉터리가 있으며 DAR의 지역, 담당 권한 등이 기술되어 있음

각 위임지정인 별 자격 및 권한을 요약하면 표 2.9와 같다.

표 2.9 위임지정인 경력 및 자격

<table>
<tr><th>구분</th><th>위임 엔지니어
(DER; Delegated Engineering Representative)</th><th>위임제조검사원
(DMIR; Delegated Manufacturing Inspection Representative)</th><th>위임감항검사원-제조
(DAR; Delegated Airworthiness Representative-Manufacturing)</th><th>위임감항검사원-정비
(DAR; Delegated Airworthiness Representative_Maintenance)</th></tr>
<tr><td rowspan="2">경력</td><td colspan="4">• 위임체계 및 FAA 인증절차에 대한 충분한 이해
• 이해도, 판단력 및 협력성 구비</td></tr>
<tr><td>최소 8년 이상 Engineering 경력</td><td>제작승인소지자(PAH; Production Approval Holders)</td><td>제작승인소지자(PAH; Production Approval Holders)</td><td>항공기체, 엔진 정비 면장 소지자</td></tr>
<tr><td>책임</td><td>- 형식증명등 관련 적합성 입증</td><td>- 공정에 대한 합치성 검사
- 항공기, 부품 감항증명서 발급</td><td>- 감항증명서 발급에 필요한 검사 및 시험</td><td>- 감항증명서 발급에 필요한 검사 및 시험</td></tr>
</table>

(3) 항공안전협정(BASA)

FAA는 미국 내에서 발생한 비행 안전과 관련된 모든 문제들에 독자적으로 관여함은 물론 해외 민간 항공 활동을 장려하고 있다. 항공 분야와 관련된 국제적인 회의에 참여하여 항공 정보들을 외국 당국들과 교환하고 있으며 정비, 항공 운항, 환경 인증을 포함한 감항성과 관련된 기술 협력을 증진시키고 있다. FAA는 현재 ICAO를 포함한 세계 188개국과 긴밀한 협조체계를 유지하고 있다.

FAA는 두 국가 간에 상호 항공안전협정(BASA: Bilateral Aviation Safety Agreement)을 체결하여 수입/수출되는 항공기, 엔진 및 프로펠러, 장비품 및 부품에 대한 상호 감항인증을 촉진하고 있다. 이는 '외국에서 생산된 항공기에 대한 표준감항증명은 미국과의 협정을 체결한 국가에 해당함'이라고 명시된 미연방규정 FAR Part 21.183(일반, 유틸리티, 곡예, 통근 및 운송용 항공기에 대한 표준 항공 감항증명서 발급; 유인 자유 기구; 특수 항공기)(c)에 의한 것이다,

BASA는 아래와 같은 사항에 대해서, 다른 나라 국가에서 설계·생산·운영되는 항공기의 감항성 확인을 어떻게 할 것인가를 판단하여 그 국가의 인증체제를 인정하고, 인증활동 위임에 대한 국가 간 협정이다.

- 설계국가처럼 설계확인을 면밀하게 할 수 있는가?

- 제조국가처럼 양산품질에 대한 확인을 면밀하게 할 수 있는가?
- 중복적인 인증에 따른 과도한 인증비용 절감이 되는가?
- 다른 국가에서 인증집행에 따른 국가의 주권 문제는 없는가?

BASA는 기본협정과 부속서 등의 '비용부담 협약서', 미 국무부와 각국의 외교부와의 협정인 '행정협정문서'와 행정협정에서 위임된 세부 기술사항에 대해 공동개발하는 '이행절차문서(IPA; Implementation Procedures for Airworthiness)의 세 가지의 협정문서로 구분된다. 다만 유럽연합(EU; European Union) 국가와는 IPA 대신에 기술구현절차문서(TIP; Technical Implementation Procedures)가 적용되며 유럽연합 해당국가가 EU의 제한된 책임을 가진다는 경우를 상세하게 설명하는 내용이 추가로 포함된다.

그림 2.5는 미국 FAA와 우리나라 민간항공당국(KOCA; Korean Office of Civil Aviation)이 수행한 BASA에 대한 추진 절차도를 나타내고 있으며 FAA는 그림 2.6과 같

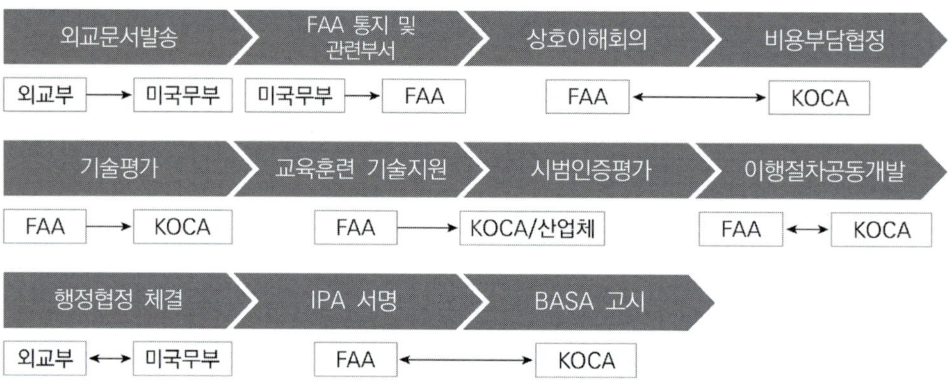

그림 2.5 BASA 추진 절차도(미국-한국)

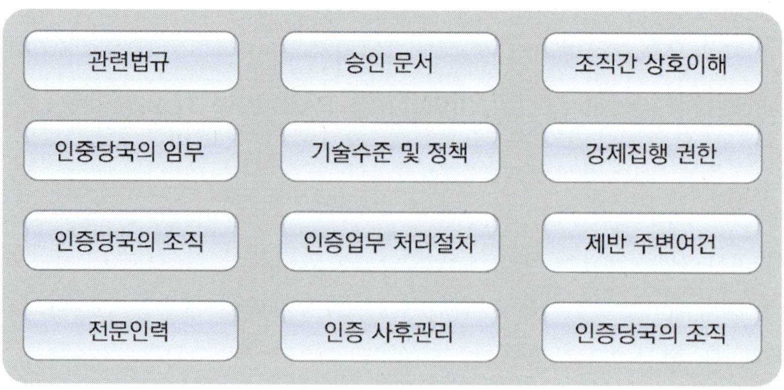

그림 2.6 미연방항공청(FAA) 기술평가 항목

이 12개 항목의 기술평가를 수행하고 있다.

BASA-IPA는 양국 정부의 교통부, 외교부와 국무부가 관여되어 있으며 일반적으로 아래와 같은 8단계를 거쳐 이루어진다.

절차 착수: 외교문서 발송

- 해당 국가의 외교부 미국무부에 외교문서(BASA 요망사항, 협정 필요성) 발송
- 미국무부는 FAA에 통보 및 FAA 의견 접수

국제항공승인을 위한 FAA 통보 및 관계부처 협의

- 기술평가 진행전 재무부, 상무부, 주정부, 국방부, 미국 무역대표부, 교통안전위원회 및 연방통신위원회로 구성된 국제항공 관계부처의 BASA 타당성 협의 및 승인

상호인증체계 이해(Familiarization)

- 상호 항공기 인증체계파악(상대국 방문)
- 감항성에 대한 이행절차 및 BASA-IPA에 요구되는 민간항공제품 여부
- 국가항공기 인증표준, 관행 및 절차 에 대한 독립적인 감항당국 여부
- ICAO의 최소 표준을 충족하고 FAA의 1등급 국제항공안전 평가 프로그램을 획득해야 함

계약협상

- FAA의 기술평가에 따른 여비 및 일비 지불(BASA 체결 전 서명)

기술평가

- 상호 항공기 인증체계에 대한 기술적 평가 및 적합성 검토(3~7년 소요)
- 해당청감항당국의 규정 검토, 형식/제작/감항증명 시스템, 유지감항 시스템 검토
- 해당 감항당국의 미국 감항인증 표준에 대한 이해도 및 적용성 평가
- IPA 및 항공제품의 범위에 따라 시범 인증 프로젝트(shadow certification project)를 수행할 수 있음(민간항공제품 의 형식설계 검토 및 설계자료 및 인증계획 검토)

행정협정 협상

- FAA 기술평가 결과 해당 감항당국의 항공인증시스템이 미국 시스템에 상응하는 결과를 도출할 경우, FAA는 미국무부에 BASA-행정협상을 건의함(수개월~수년 소요)

IPA 협상

- 외교적으로 행정협정이 논의중과 동시에, FAA와 감항당국은 IPA를 공동으로 개발함 (워싱턴 D.C.)
- IPA 범위는 감항당국 해당국가에서 양산되는 항공제품의 유형과 FAA의 감항당국의 신뢰도에 따라 다름

BASA-IPA

- 두 정부 간 BASA 행정 합의는 IPA의 서명 전에 체결되어야 함
- FAA와 감항당국의 서명시에만 유효하고, 서명 후에는 BASA-IPA 지침에 따름
- 시범인증프로젝트가 성공적일 경우, FAA는 설계승인서를 발행할 수 있음

표 2.10 우리나라의 미국 수출품목

Products/Article Type	Import Eligible Designs & Design Changes		KAS Ref.	Design Approval Type		Export Record
				KOCA	FAA	
PRODUCTS	TC	STC				
Normal Airplanes	✓ Note 1	[RES]	Part 23	TC	Validated TC or STC	AAIR Form 9
Utility Airplanes	✓ Note 1	[RES]				
Acrobatic Airplanes	✓ Note 1	[RES]				
Commuter Airplanes	[RES]	[RES]				
Transport Airplanes	[RES]	[RES]	Part 25			
Normal Rotorcraft	[RES]	[RES]	Part 27			
Transport Rotorcraft	[RES]	[RES]	Part 29			
Airships	[RES]	[RES]	Part 30			
Very Light Airplanes	✓ Note 1	[RES]	Part VLA			
Gliders	[RES]	[RES]	Part 22			
Powered Lift	[RES]	[RES]	None			
Manned Free Balloons	[RES]	[RES]	None			
Primary	*	*	Part 21	* Import Requires Special Arrangement		
Restricted	*	*				
Surplus Military	*	*				
Engines (New)	[RES]	[RES]	Part 33	N/A	N/A	N/A
Engines (Rebuilt)	[RES]	[RES]				
Engines (Overhauled)	[RES]	[RES]				
Propellers	[RES]	[RES]	Part 35			
ARTICLES						
TSO	✓		Part 21	KTSOA	TSOA	AAIR Form 10
PMA	[RES]			N/A	N/A	N/A
Replacement and Modification Parts	✓ Note 2			Original Approval	Original Approval	AAIR Form 10
Standard Parts	[RES]			None	None	No KOCA Form

주기 1. FAA는 IPA 부록과 FAA/KOCA 간의 미국의 형식인증기준을 준수함
주기 2. 상기 비행기와 TSO에 대한 원 제작인증 소지자에 의한 교체 및 수리부품

- 감항당국이 다른 종류의 항공제품을 포함하고자 할 경우 시범인증 프로젝트와 연계 2단계 IPA를 수행할 수 있음

FAA는 EASA를 포함한 세계 48개의 나라들과 상호 항공안전 협정을 맺고 있으며 우리나라와는 2014년 10월 28일 IPA를 체결하였다. 본 IPA에 의하면 미국이 우리나라에게 수출할 수 있는 항공제품은 소형, 수송류 비행기와 소형, 대형 회전익 항공기등과 엔진, 프로펠러와 기술표준품(TSO; Technical Standard Organization), 부품제작자 승인(PMA; Parts Manufacturer Approval) 등이 포함되어 있다. 반면에 우리나라가 미국에 수출할 수 있는 항공제품과 부품은 표 2.10에 나타난 바와 같이 소형 항공기급과 경량항공기(VLA; Very Light Aircraft)와 TSO 품목 등 제한적이다. 이는 우리나라 KAI(한국항공우주; Korea Aerospace Industries)가 FAA의 소형비행기인증기준(Part 23)에 부합되게 개발한 4인승 민간항공기 KC-100에 의한 것이다.

2.2.3 유럽항공안전청(EASA)

유럽항공안전청(EASA; European Aviation Safety Agency)은 독립적인 유럽 공동체 조직으로 법적 지위와 법률, 행정, 재정 부문에서의 재량권을 가지고 있다. EASA는 유럽 공동체 내에서 공통된 항공 안전 규정과 환경 규정을 적용하기 위한 목적으로 2002년 7월 15일에 유럽 의회와 유럽 평의회에서 법률 (EC) No. 1592/2002를 채택하면서 2003년 9월 28일 창설되었다. 그림 2.7은 EASA의 설립 과정을 대략적으로 나타내고 있다.

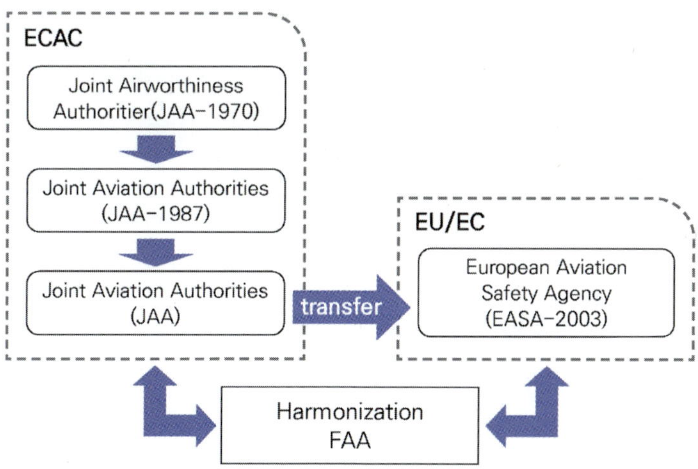

그림 2.7 EASA 설립 과정

그림 2.8 EASA 회원국

EASA 본부는 독일 콜로뉴(Colognue)에 위치하고 있고 회원국은 유럽연합 28개국과 스위스, 노르웨이, 아이슬란드 및 리히텐슈타인을 포함하여 총 32국가이다(그림 2.8). 각 회원국 국가감항당국(NAA; National Aviation Authorities)에서는 유럽연합 법안을 구현하고 제작, 정비, 운영/면허 및 항공 교통 관제 /공항에 관한 감독을 수행한다. EASA의 주요 업무들은 다음과 같다.

- 규칙 제정; 항공 안전 규정 제정 과정에서 규정 초안을 작성하고, 유럽위원회와 회원국들 에게 기술적 조언 제공
- 각 유럽 회원국 내에서 유럽항공안전 법률의 통일된 적용을 위해 감독, 교육 및 표준화 프로그램 운영
- 항공기, 엔진, 및 부품들에 대한 안전 환경 형식증명 수행
- 유럽연합 이외의 전 세계적인 항공기 설계 조직과 이들의 생산 및 정비조직을 승인
- 항공기운항에 대한 조직 및 인력 인증
- 항공교통관리(ATM; Air Traffic Management) 및 항공항법지원 업무(ANS; Air Navigation Services) 인증
- EASA 소관 항공교통관제(ATC; Air Traffic Control) 훈련조직, 비유럽연합 ATM/ANS 및 범유럽 서비스업체인가 및 감시
- 제3국(비EU) 운영 권한
- 항공교통관제(ATC; Air Traffic Control) 훈련조직의 인증 및 감독

- 유럽 국가간 프로그램 협조, 비유럽연합 국가 항공기의 유럽공항 사용에 대한 안전성 평가

(1) EASA 인증 범위

EASA의 인증조직은 인증총책임자 아래에 대형항공기, 일반항공기, 수직이착륙 항공기, 환경 및 추진계통, 인증전력 및 프로그램본부, 설계조직/유럽기술표준품(ETSO; European Technical Standard Order)의 6개 본부로 구성되어 있다(그림 2.9).

EASA에서는 크게 항공기등에 대한 인증과 조직에 대한 인증 두 가지로 구분하여 인증서를 발행하고 있다. 기관에 대한 인증 절차를 마련해 둔 것은, 업체 또는 기관이 인증 과정을 보다 효율적으로 수행할 수 있다는 장점이 있다. 항공기등에 대한 인증과 함께 업체 또는 기관에 대한 인증을 발행함으로써, 매번 인증을 받는 것이 아니라 한 번의 인증으로 항공기등을 생산할 수 있는 장점이 있다. 설계와 생산, 유지, 교육과 관련한 기관에 대한 인증서를 발행하는 것이 특징적이다.

항공기등에 대한 인증

- 형식증명(TC; Type Certification)
- 부가형식증명(STC; Supplemental Type Certification)
- 유럽 표준품(ETSO-Authorization), 개조/수리, 적절한 조치 및 감항지시서(Airworthiness Directives)

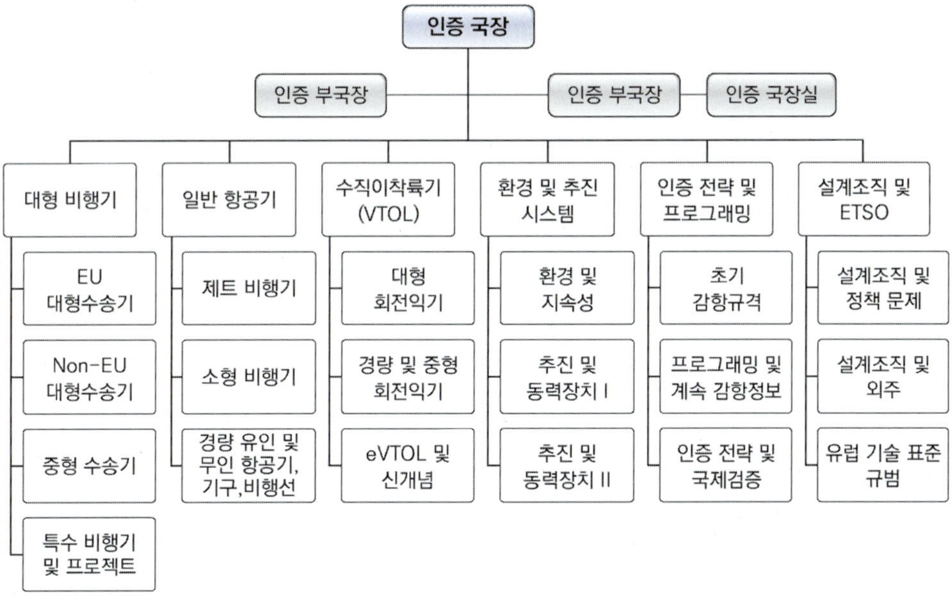

그림 2.9 EASA 인증 본부 구성도

표 2 인증기술기준 비교

분야	KAS	FAA FAR	EASA CS
정의 및 약어	Part 1	Part 1	CS-Definition
활공기 및 동력활공기	Part 22	AC 21.17-2A	CS-22
보통인 비행기	Part 23	Part 23	CS-23
대형비행기	Part 25	Par 25	CS-25
소형 회전익항공기	Part 27	Part 27	CS-27
대형회전익항공기	Part 29	Part 29	CS-29
비행선	Part 30	AC 21.17-1A	-
유인자유기구	-	Part 31	-
엔진	Part 33	Part 33	CS-E
항공기 엔진의 연료 배기가스 배출기준	Part 34	Part 34	CS-34
프로펠러	Part 35	Part 35	CS-P
항공기 소음	Part 36	Part 36	CS-36
경량비행기	VLA	AC21.17-3	CS-VLA
경량 회전익 항공기	VLR	-	CS-VLR
보조 동력 장치	-	TSO에 포함	CS-APU
기술 표준품	KTSO	TSO	ETSO

조직에 대한 인증

- EU 회원국과 외국의 설계 조직에 대한 인증
- EU 이외 국가의 생산 조직에 대한 인증
- EU 이외 국가의 운영유지 및 교육기관에 대한 인증

EASA에서는 기본적인 규정을 마련해놓고, 각각의 세부규정과 개정된 규정을 세분화하여 분류하고 있다. 특히 설계 조직과 생산 조직, 유지 조직, 교육 조직에 대한 인증 과정과 이와 관련한 규정을 마련해 놓음으로써, 인증을 받은 조직 또는 기관에서 수행한 결과물들에 관해서만 인증을 받을 수 있도록 하였다. 이는 어떤 회사나 기관, 조직이든지 인증기관으로 선정될 수 있는 자격은 있으나, 모두가 인증을 받을 수 있는 것이 아님을 의미한다. 예를 들어 설계조직인증(DOA; Design Organization Approval)의 경우, 국가별로 분류하여 회사마다 해당 항공기등에 대한 설계 조직 인증 승인에 대한 번호를 부여하여 관리하고 있으며, 이와 관련한 규정을 마련해 놓고 있다.

(2) EASA 항공법령 체계

유럽연합(EU)이 적용하는 주요 항공법의 형태는 조약(treaties), 지침(directives), 규정(regulations) 및 항공당국의 결정(decisions) 등 네 가지로 나누어진다. 항공안전의 증진을 위하여 실질적으로 항공법의 역할을 하는 EU의 규정(regulation)은 기본 규정(BR; Basic Regulation), 이행 규정(IR; Implementing Regulation) 및 인증표준(CS; Certification Specification)과 규정의 준수방식(AMC/GM)으로 분류된다(그림 2.10). EASA에서는 기본적인 법률을 마련해놓고, 각각의 세부규정과 개정된 규정을 세분화하여 분류하고 있다. 특히 설계 조직과 생산 조직에 대한 인증 과정과 이와 관련한 규정을 마련해 놓음으로써, 인증을 받은 조직 또는 기관에서 수행한 결과물들에 대해서만 인증을 받을 수 있도록 하였다.

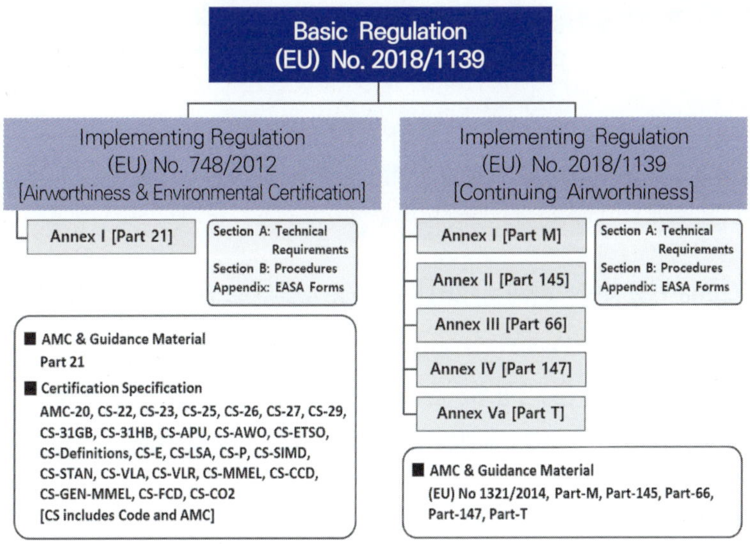

그림 2.10 EASA 항공 법령 체계

기본규정(BR; Basic Regulation)

2008년에 제정된 (EC) No 216/2008을 대체하여, 2018년 7월에 제정되었으며 '감항성'을 규율하는 기본 규정으로써 6개의 장, 141개의 조항 및 9개의 부속서로 구성되어 있다. BR은 항공안전증진과 관련하여 EU 및 EASA가 적용하는 항공안전관련 규정으로, 회원국에게 법적 구속력을 가지며 우리나라의 항공안전법에 해당한다. 즉 BR은 항공안전 분야의 전반적인 문제에 대한 기본적인 권리, 의무의 요건을 규정하고 있으며, 좁은 의미로는 BR이 EU의 항공안전법이라 할 수 있다.

BR은 민간항공 분야의 안전 및 환경 지속성과 관련된 규정들에 대한 공동의 요구체계를 확립하며, BR의 시행에 필요한 규칙들의 제정권한은 유럽위원회가 가진다. 기존의 BR은

표 2.12 (EU) 2018/1139 Article 1

1. EU 내 높은 수준의 민간항공 안전을 확립하고 유지함 2. 이규정의 목표는 다음과 같음 a) EU의 광범위한 항공 정책 및 민간 항공 부문의 전반적인 성과 개선에 기여함 b) 상품, 사람, 서비스 및 자본의 자유로운 이동을 촉진하고 항공관련 사람에게 공평한 경쟁의 장을 제공하여 항공 산업의 경쟁력을 향상시킴 c) 높은 수준의 획일적인 환경 보호에 기여함 d) 제3국 항공 당국과의 적절한 협력을 확립하고, 인증서 및 기타 관련 문서의 상호 인정을 촉진함으로써 전 세계적으로 상품, 서비스 및 인력의 이동을 촉진시킴 e) 특히 중복화를 피하고 규제, 인증 및 감독 프로세스 효율성 증진과 함께 EU 및 국가 차원에서 관련 자원을 효율적으로 사용함으로써 비용대 효과성을 증진시킴 f) 고도의 균일 한 민간 항공 보안을 확립하고 유지하는데 기여함 g) 시카고 협약에 따라 회원국의 공통 해석 및 통일화와 적시에 이행할 수 있도록 함 h) 제3국 및 국제기구와의 적절한 협력을 확립함으로써 민간 항공 표준 및 민간 항공 규정에 관한 EU의 견해를 전 세계에 홍보 i) 특히 규제, 인증 및 감독 프로세스에서 연구 및 혁신을 촉진시킴 j) 기술 및 운영상의 상호 운용성과 행정적 모범 사례를 공유하고 장려함 k) 민간 항공의 안전성에 대해 승객이 신뢰를 가지도록 함

(EC) No 216/2008이었지만, 현재는 2018년 7월 4일부로 (EU) 2018/1139로 대체되었다. (EU) 2018/1139에서는 EASA 목표를 Article 1에 다음과 같이 개략적으로 설명하고 있다.

기존의 (EC) No 216/2008은 감항성, 운영, 환경, 면허, 공항, 공중통제/공중항법시스템의 항공안전만을 다루고 있었으나, 새로 채택된 (EU) 2018/1139은 사이버 보안, 지상 취급 서비스

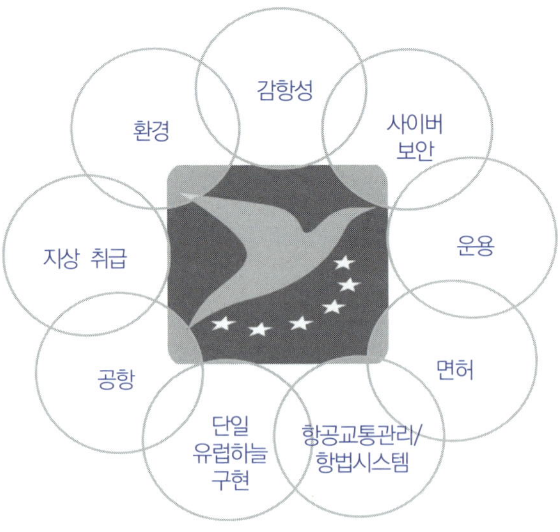

그림 2.11 기본규정 범위[EASA]

및 단일유럽하늘(SES; Single European Sky) 구현 등을 추가하여 항공안전은 물론 항공보안, 디지털 역량 확보, 상호 운영성 및 드론 시스템을 포함함으로써 항공 전체분야를 다루고 있다.

그림 2.11에는 EASA의 (EU) No 2018/1139에서 다루고 있는 항공분야를 나타내고 있다. 이 기본 항공 규정은 유럽연합 내의 감독하에 개인 또는 법인에 의해 통제되는 항공기등, 부품, 장비의 설계 및 생산에 대해 적용된다. 이런 사항을 반영하여 항공기, 엔진, 프로펠러, 장비품 및 부품의 인증절차를 기술한 EASA 부속서 I (Part 21)의 개정판에는 다음 항목이 포함되어 있다.

- 기본 법규에 모든 무인항공기를 포함
- 소형 기구/비행선 및 동력 세일플레인을 포함
- Gyroplane의 중량을 600kg까지 확대

이행규정 (IR; Implementing Regulation)

2003년에 제정된 (EC) No. 216/2008의 감항성 및 환경 인증(airworthiness and environmental certification)의 이행규정은 여러 차례 개정이 되었으며 현재는 '최초 감항성'의 (EU) No. 748/2012와 '감항성유지'을 규정하는 (EC) No. 1321/2014 규정으로 구성되어 있다.

초기 감항성의 부속서 I는 Part 21 '항공기등, 부품 및 장비품, 설계/제작 조직 인증'으로서 기술 요구사항을 다루는 섹션(Section) A와 감항당국의 절차를 다루는 Section B로 나누어진다.

Section A에는 항공기등의 주체들이 준수해야 하는 요구도를 자세히 기술하고 있으며, 총 15개의 서브파트(Subpart)로 구성된다(표 2.13).

표 2.13 EASA 부속서 I Part 21 항공기등, 장비품 및 부품 인증절차

Subpart	EASA Part 21
A	일반(general provisions)
B	형식증명(Type Certificates and Restricted Type-Certificates)
C	미적용
D	형식증명, 제한형식증명에 대한 변경(changes to Type Certificates and Restricted Type-Certificates)
E	부가형식증명(Supplemental Type Certificates)
F	생산조직승인이 없는 형식증명하에서의 생산(production without Production Organization Approval)
G	항공기등, 장비품 및 부품 의 생산조직승인(Production Organization Approval for products, parts and appliances)

Subpart	EASA Part 21
H	감항증명 및 제한형식증명(Certificates of Airworthiness and Restricted Certificates of Airworthiness)
I	소음증명(noise certificates)
J	설계조직승인(Design Organization Approval)
K	부품 및 장비품(parts and appliances)
L	미적용
M	수리(repairs)
N	미적용
O	ETSO(European Technical Standard Order Authorization)
P	비행허가(permit to fly)
Q	항공기등, 부품 및 장비품 식별(Identification of Products, Parts, and Appliances)

BR의 하위효력 중 또 다른 이행 규정인 (EU) No. 1321/2014는 항공기, 항공산업과 관련된 제품, 부품, 장비의 유지/감항 및 해당 업무를 수행하는 인원 또는 조직의 허가에 관하여 규정하고 있다. 이행규정 (EU) No. 1321/2014에 첨부되는 부속서는 표 2.14와 같다.

표 2.14 (EU) No 1321/2014 부속서

대분류	소분류	내 용
부속서 I	Part M	감항성 유지를 위한 조치(예: 정비활동 등)들과 감항성 유지 및 관리 업무의 수행 인원 또는 조직의 충족 요건 등
부속서 II	Part 145	항공기 및 부품 등의 정비 승인서를 발급받거나 또는 유지하고자 하는 조직이 충족해야 하는 요구도 등
부속서 III	Part 66	비행기 및 헬리콥터의 정비면허를 발급받기 위해 충족시켜야 하는 요구도(체계) 등 및 해당 정비 면허의 유효 조건 및 사용 조건 등
부속서 IV	Part 147	Part 66에 명시된 사항들에 대한 훈련 및 평가 활동을 수행할 수 있도록 인가받고자 하는 조직들이 충족해야 하는 요구도 등
부속서 Va	Part-T	항공기의 계속감항성이 부속서 IV의 필수 요구조건에 부합되도록 하고, 이를 관리하는 인력 및 조직이 만족해야 할 조건을 명시함

(3) 설계조직승인(DOA)

우리나라와 달리 유럽에서는 설계조직승인(DOA; Design Organization Approval) 및 생산조직승인(POA; Production Organization Approval)이 있어야 항공기 개발 및 생산을 진행할 수 있다. DOA는 EASA Part 21 Subpart J에 따른 설계보증체계(DAS; Design Assurance System)를 갖추고 있는 조직에 대하여 발행한다. EASA 형식증명(TC)을 받기 위해서는 신

청자는 필히 DOA를 보유해야 하며 EU 국가인 경우 DOA신청과 POA 신청을 동시에 진행할 수 있다. 그림 2.12는 DOA 절차도를 나타내고 있다.

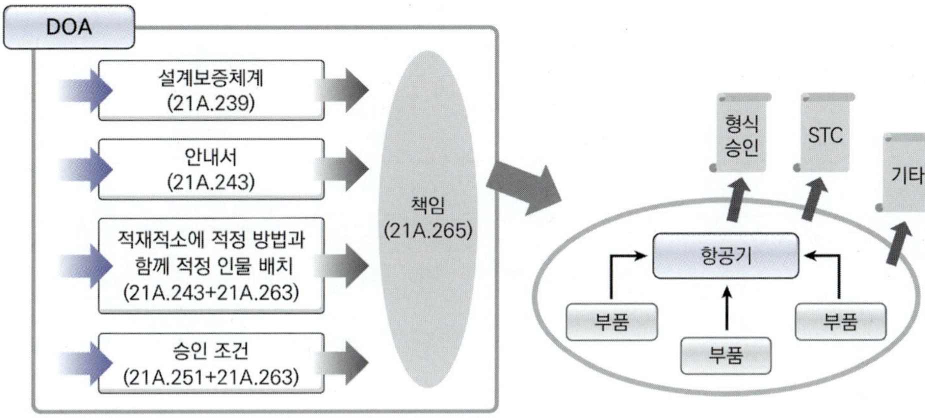

그림 2.12 DOA 절차

실제 인증과정에서 EASA는 적합성입증 과정에서 DOA의 책임 아래 전반적 인증을 수행하도록 하고 있으며, 항공기등의 안전성확보를 위해 필요하거나 신기술 적용 등의 분야에 한정하여 인증기준(CS; Certification Specification)에 대한 적합성을 직접 판단하고 있다.

EASA 회원국의 경우 관할 당국은 EASA 또는 각국의 감항당국이 관리감독을 수행하나, EASA 비회원국의 경우 국내 업체가 DOA를 획득하더라도, EASA가 관할당국이 된다. 표 2.15에는 EASA와 회원국 국가감항당국(NAA; National Aviation Authority) 간의 업무 분장을 나타내고 있다.

표 2.15 EASA와 NAA간의 업무 분장

구분	TC/STC/ETSO	DOA	POA	AC/Noise
EASA 회원국	EASA	EASA	NAA	NAA
EASA 비회원국	EASA	EASA	EASA	-

DOA에 대한 최초 승인을 획득하게 되면, DOA 소지자는 3년을 주기로 매년 1~2회 EASA 감독하에 전체 DOA 시스템이 EASA Part 21에 적합한지에 대해 평가를 받아야 한다. 그림 2.13에는 이러한 DOA 평가 주기를 나타내고 있다.

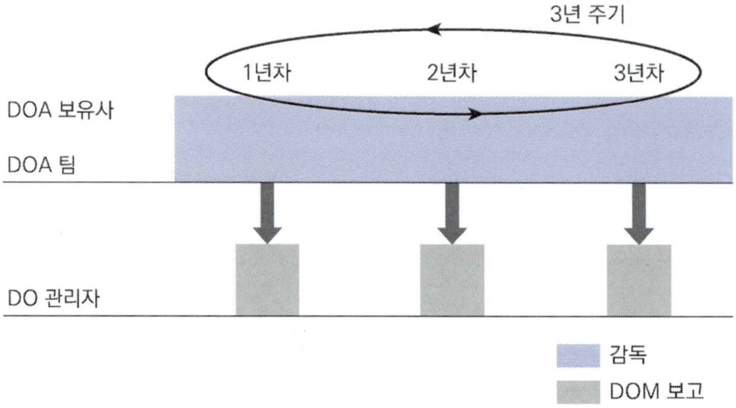

그림 2.13 DOA 평가 주기

DOA 기술요구조건

설계보증 체계(DAS)는 조직의 구성, 책임, 절차 그리고 자원 등 설계조직이 기능을 제대로 할 수 있도록 만든 체계이다.

설계보증이란 조직의 능력이 온전히 발휘되기 위한 체계적인 활동으로서 아래와 같은 임무를 수행한다.

- 제품이나 부품을 관계된 인증규정(CS)이나 환경보호 요구사항에 부합하도록 설계한다.
- 관련규정 및 환경보호 요구사항에 적합한지 입증시켜야 한다.
- 인증 당국자에게 이런 적합성을 시연하여야 한다.

인증규정(CS)과 환경보호 요구사항(environmental protection requirements)의 분석에서 시작하여 형식증명서가 발행되는 순간까지의 모든 인증 프로세스는 그림 2.14와 같다. Part 21의 모든 요구사항에 대한 적합성을 검증하여야 DOA를 획득할 수 있다.

그림 2.14 DOA 승인을 위한 평가 절차

EASA는 신청 설계조직의 책임자. 인증 책임자, 객관적 시스템 관리자의 자질과 경험을 양식에 의해 작성토록 하고 있으며, 설계조직 지침서와 절차를 EASA 당국에 제출하여 신청서가 접수된 후에 EASA DOA팀장(DOATL; DOA Team Leader)이 선정되고 그림 2.15의 절차에 따라 DOA 인증서가 발급된다.

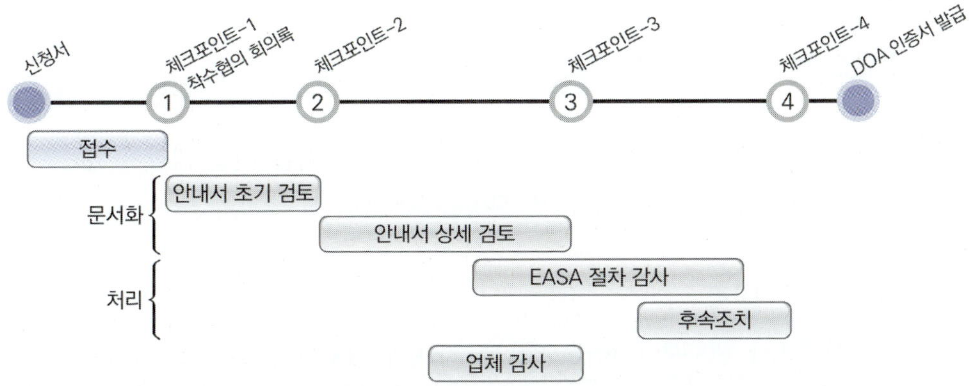

그림 2.15 DOA 인증 절차도

21.A.239 (설계보증 체계: Design Assurance System)

설계 조직은 취급하는 제품, 부품 및 기기의 설계 및 설계변경의 통제 및 감독을 위한 설계 보증체계를 수립하고 조직을 유지할 수 있는 능력이 있음을 입증해야 하며, 아래와 같은 사항을 수행할 수 있는 설계보증체계를 갖추어야 한다.

- 항공기등, 부품 및 기기의 설계 및 설계변경 또는 수리 방법이 해당 형식인증 기준과 환경보호 요구사항을 충족함을 보장
- Part 21 규정에 대한 적절한 준비가 이루어짐
- 체계의 문서화 절차 준수 및 적절성에 대한 독립적인 감시체계 확보

설계 보증 체계는 조직이 당국에 제출하는 일치문서 및 관련 문서가 기준에 따른 작성 준수 여부에 대해 독립적 검사 기능을 포함해야 하고 설계 보증체계가 설계된 부품 또는 기기 또는 협력업체 및 하도급 업체가 수행하는 작업의 수락가능성을 설명하는 방법을 문서로 지정해야 한다.

21.A.243 (자료: Design Organization Handbook)

조직 및 제품 또는 설계 변경 대상 제품에 대한 직접 또는 상호 참조와 관련된 절차를 기술한 핸드북을 당국에 제공해야 하며 비행시험 기관이 발급 허가 과정에 참여하는 것을 포함한 비행시험을 위한 조직의 절차에 대한 설명이 있어야 한다.

- 설계 조직 구성, 역량, 통화 및 비행시간 제한을 포함하는 운항 정책
- 승무원 이외의 사람의 운송 및 비행시험 훈련 절차
- 위험 및 안전 관리 및 관련 방법론에 대한 정책

- 운송할 기구와 장비를 확인하는 절차
- 비행 시험을 위해 생산되어야 하는 서류 목록

설계 조직은 조직의 감항과 환경 보호에 영향을 미치는 결정을 내릴 책임이 있는 관리 요원 및 기타 자격자의 자격과 경험에 대한 설명을 해야 한다.

21.A.245 (DOA 승인요건)

설계조직은 설계조직 핸드북에 따라 제출된 자료에 기초하여 설계보증체계를 준수하고 다음 사항을 입증해야 한다.

- 모든 기술부서의 직원은 충분한 인원수와 경험을 갖추고, 할당된 책임을 완수할 수 있도록 적절한 권한을 부여받으며 또한 시설, 설비 및 장비가 직원이 감항성, 운영 적합성 및 제품의 환경 보호 목적의 해당업무를 수행할 수 있도록 하기에 충분해야 함
- 감항성, 운영 적합성 및 환경 보호 문제와 관련하여 부서 간 및 부서 내 충분하고 효율적인 협조가 있어야 함

21.A.249 (DOA 양도: transferability)

설계보증체계 변경의 소유권 변경을 제외하고는 설계조직 승인을 양도할 수 없다.

21.A.258 (DOA 결함)

설계 기관의 승인보유자가 본 Part 21의 해당 요구 사항을 준수하지 않은 결함이 발견된 경우, 그 결함은 다음과 같이 분류되며, 1급 결함 또는 2급 결함 경우, 설계 조직의 승인은 부분적 또는 전체적인 제한, 정지 또는 취소할 수 있다.

- 1급 결함: 본 Part 21의 이행 요구 사항 불만족 사항으로서 통제되지 않은 불이행을 야기할 수 있거나 항공기의 안전성에 영향을 미칠 수 있는 항목으로 서면으로 결함내용을 확인한 후 21일 이내에 당국이 만족할만한 시정 조치를 취해야 함
- 2급 결함: 본 Part 21 규정을 준수하지 않는 것으로 1급 결함으로 분류되지 않은 항목으로 당국에 의해 허용된 시정 조치 기간은 처음 3개월을 초과하지 않아야 함. 3개월 기간을 추가 연장할 수 있음
- 3급 결함: 객관적인 증거에 의해 1급, 2급 결함의 규정을 준수하지 않는 잠재적인 문제를 포함하고 있는 것으로 확인된 모든 항목을 말함

21.A.263 (DOA 권한)

설계조직승인 보유자는 Part 21 및 승인 범위 내에서 설계 활동을 수행할 수 있다. 다음 사항의 취득을 위해 신청자가 제출한 적합성 문서를 당국은 추가 확인 없이 승인해야 한다.

- 비행 허가에 필요한 비행 조건의 승인
- 형식인증 또는 형식인증서의 주요 변경 승인
- 부가 형식증명서
- ETSO 인증
- 주요 수리 설계 승인

(4) 생산조직승인(POA)

POA는 항공기 및 항공제품을 생산하기 위해 일반적으로 요구되는 자격으로 우리나라의 제작증명에 해당된다. 생산 조직이 EASA 회원국에 위치할 경우 해당 기관에 POA를 신청해야 하며, 해당 회원국의 국가감항당국(NAA; National Aviation Authority)은 기본적으로 인증기관이 되며 관할 기관이 EASA에 신청서를 처리하도록 요청한 경우는 EASA가 인증기관이 된다. 생산 조직이 EASA 외부에 있을 경우에는 회원국(competent authority)은 EASA가 관할 기관이 되며 EASA 생산조직 승인(POA) 부서가 POA 관련 업무를 수행한다.

POA 승인을 받기 위해서는 EASA Part 21 Subpart G '항공기등, 장비품 및 부품의 생산조직승인'에 따라서 DOA를 소지하거나, DOA 신청자와 항공기 생산 약정을 체결하여야 한다.

21.A.139 (품질보증체계)

생산 조직은 품질보증체계가 설립되고 품질보증체계가 유지할 수 있음을 입증해야 하며 품질 보증체계는 문서화되어야 한다. 품질 보증체계는 해당조직 또는 협력업체에 의해 생산되거나 외부업체에서 제공하거나 하청업체에서 공급한 항공기등, 부품 또는 장치품이 해당 설계자료를 준수하고 안전을 위한 조건에 부합할 수 있어야 한다.

품질 보증체계는 승인 및 통제절차 범위 내에서 적용 가능한 다음 사항을 포함해야 한다.

- 문서 발행, 승인 또는 변경
- 공급 업체 및 협력업체 평가 감사 및 통제
- 입고 제품, 부품, 재료 및 장비가 제품의 구매자가 신규로 제공 또는 중고품으로 공급되는 품목은 해당되는 설계 자료에 명시된 것인지 검증
- 식별 및 추적
- 제조 공정

- 생산 비행 시험을 포함한 검사 및 시험
- 공구, 지그(jig) 및 시험 장비의 교정
- 부적합 품목 통제
- 설계승인 신청자 또는 설계자료 보유자의 감항 협조
- 기록 작성 및 보관
- 개인의 역량 및 자격
- 감항문서 발급
- 취급, 저장 및 포장
- 내부 품질 감사 및 그에 따른 시정 조치
- 승인된 시설 외의 다른 장소에서는 승인 조건 내에서 작업해야 함
- 생산 완료 후, 인도하기 전에 수행된 항공기 안전운항을 위한 조건을 위한 유지 작업
- 비행 허가 및 관련 비행 조건 승인

품질 체계의 적합성, 적절성, 문서화된 절차를 통제하는 객관적 품질 보증 체계를 보유해야 하고 본 통제에는 개인 또는 집단과 궁극적으로는 관리자에게 피드백이 되어야 하며 적절한 시정조치가 이루어져야 한다.

21.A.143 (설명자료: exposition)

생산조직은 감항 당국에 다음의 정보를 포함한 생산 조직 설명 자료를 제출해야 한다.

- 생산조직이 본 Subpart 준수 여부를 정의하는 생산조직 설명서와 관련 매뉴얼 준수에 대해 관리 책임자가 서명한 문서
- 감항 당국이 승인한 관리자의 직함 및 직책
- 매니저의 의무와 책임, 여기에는 조직을 대표하여 감항 당국과 직접 협상할 수 있는 항목이 포함됨
- 관리자의 책임 연계성을 보여주는 조직도
- 인증 직원 목록
- 인력 자원에 대한 일반 설명
- 생산조직의 승인서에 명시된 각 주소에 위치한 시설에 대한 일반적인 설명
- 승인된 생산 조직의 작업 범위에 대한 일반적인 설명
- 당국에 대한 조직 변경 통지 절차
- 생산 조직 설명서의 개정 절차

- 품질 체계 및 절차에 대한 설명
- 외부업체 목록
- 비행 시험을 할 경우, 비행시험 운용 매뉴얼은 비행 시험과 관련한 조직의 정책과 절차가 정의 되어야 함

생산조직 현황은 필요에 따라 개정되어 최신으로 유지되어야 하며 조직에 대한 수정안의 사본은 당국에 제공되어야 한다.

21.A.147, 21.A.149 (승인된 생산조직 변경, 양도)

생산조직 승인 발급 후 승인된 생산조직의 변경사항 중 합치성의 입증 또는 감항성에 중대한 제품, 부품 또는 기기의 소음, 연료 배출 및 배기가스의 특성 등 특히 품질 체계의 변경은 당국에 의해 승인되어야 하며, 중대한 소유권 변경의 경우를 제외하고, 생산조직 승인은 양도할 수 없다.

21.A.158 (POA 결함)

- 1급 결함: Part 21을 준수하지 않는 것으로써 적용 가능한 설계자료와 함께 불일치를 초래할 수 있으며 항공기의 안전성에 영향을 줄 수 있음. 생산 조직 승인 보유자는 발견한 사실을 서면으로 확인한 후 근무일 기준으로 21일을 초과하지 않는 기간에 감항 당국이 인정하는 시정 조치를 취함
- 2급 결함: Part 21을 준수하지 않는 것 중 1급 결함으로 분류되지 않은 것임. 당국이 부여하는 시정 조치 기간은 결함의 본질에 따라 정해질 것이나 어떤 경우에도 3개월을 넘지 않아야 한다. 특정 상황 및 결함사항에 따라 당국에 의해 합의된 만족스러운 시정 조치 계획의 제시에 따라 기간을 연장할 수 있음
- 3급 결함: 객관적 근거에 의한 식별된 것으로 1, 2급 결함으로 발전할 수 있는 잠재적인 문제점을 가지고 있는 결함. 생산승인 보유자가 즉각적인 조치를 취할 필요는 없음
- 1급 결함 또는 2급 결함 경우, 생산 조직의 승인은 부분적 또는 전체적인 제한, 정지 또는 취소할 수 있음

21.A.163 (POA 권한)

획득한 POA 범주 내에서의 항공제품 생산은 완제기의 경우 합치성 확인서를 제시함으로써 감항 당국에 추가적인 입증 없이 감항 인증서를 획득(환경기준 포함)할 수 있고 특별 감

항증명인 '비행허가'를 받을 수 있다.

POA 신청

EASA 생산조직 승인(POA)을 신청하기 전에는 EASA 및 국내 감항 당국 간 업무협정이 필요하며, Part 21의 설명자료(exposition) 및 품질보증체계에서 요구되는 사항을 포함하여 생산 조직설명서(POE; Production Organization Exposition) 초안을 작성하고 POE에서 정의된 해당 POA 조직 규모에 근거하여 비용 산정을 통해 POA 신청비용을 확인하여야 한다. EASA Part 21 Subpart G 생산 조직 승인을 위한 신청서를 작성해야 하며 EASA는 이메일로 근무일로 10일 이내에 신청서를 접수했음을 신청자에게 통보한다. POA 신청서류는 다음과 같다.

- POA 범위에 따른 조직 재편성 사항을 포함한 신청서 작성
- 승인받고자 하는 업무 범위/구분
- 생산조직구조, 책임자의 기능 및 책임사항 등을 포함한 개략적인 생산조직 설명자료

EASA는 EASA 항공기/엔진 부(A&P Department)에서 신청서류 일체를 확인하고 행정절차가 끝나면 POA 섹션으로 통보한다. POA 섹션에서는 신청서류에 대한 기술적 적격성 평가를 수행하고 POA 섹션에서 모든 평가가 완료되면, A&P부서에서는 POA 신청의 수락 또는 거부를 신청자에게 통보하며, 이때 신청 수락시 규정에 근거한 신청비용을 포함한 결정사항을 통보한다. 신청자는 신청비용 송장 발송 전에 수수료를 지불하고, 지불완료 후 과제가 시작된다.

POA 섹션 부서장(POASM; POA Section Manager)은 과제규모, 종류 등을 고려하여 EASA 내부 조직 또는 외부 공인조직의 활용 여부를 결정한다. 외부 공인조직 중 NAA 또는 적격당국(QE; Qualified Entity)의 경우 비용은 직접 부담하며 POASM은 팀 구성 결과를 신청자에게 통보한다. POA팀 책임자는 착수 전 신청자에게 POE 적합성 체크 리스트(CCL; Compliance Check List)를 제공한다.

사업 착수회의에서는 다음 사항을 다룬다.

- 신청자: 조직 및 항공기등 소개
- POA팀: 검사 과정 소개
- CCL, POE 및 관련 문서에 대한 검토

현장검사 확인사항은 다음과 같다.

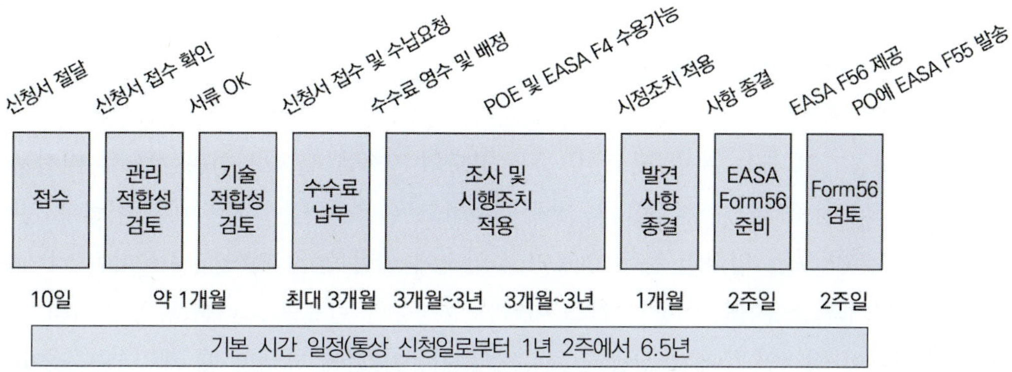

그림 2.16 POA 승인 기간

- 감사일정 및 범위 확정
- 비합치성 보고에 사용된 방법에 대한 설명
- 검사 결과 시정조치사항

POA 인증은 시정조치 결과를 확인하고, POAT 추천 보고서를 작성하고 이를 검토하여 EASA POA가 발행되며 POA 획득 후 24개월 동안 정기 또는 비정기적인 방문을 통해 감독을 수행한다. 일반적으로 POA 승인 시한은 신청일로부터 1년 2주~6.5년이 소요된다(그림 2.16).

2.3 우리나라 감항증명 체계

2.3.1 항공안전법령

일반적으로 어떤 재화를 소유하거나 임차권을 가진 자는 법에 보장되어 있는 재산권을 행사할 권리를 가진다. 그러나 항공기의 경우는 다음과 같은 특수성 때문에 이러한 권리행사는 제한된다.

첫째, 국내 항공산업의 발달이라는 측면이다. 항공기가 안전하고 신뢰할 만한 운송수단이라는 것이 입증되고 보장되지 않는다면 국민들이 항공기를 이용하려 하지 않을 것이며 이로 인해 국내 항공산업 발달이 저해될 수 있는 것이다. 따라서 항공산업은 국가의 대외경쟁력 향상에 필수적이므로 국가는 항공산업의 발전과 항공기 운항에 따른 국민의 안전을 보장하기 위해 직접적으로 관여하게 된다.

둘째, 항공기를 이용하는 일반 국민들의 권익을 보호하기 위해서 항공기를 사용할 권리가 제한된다. 항공기의 제작, 운항 및 정비 등은 고도의 기술을 필요로 하는 것으로 비전문가인 일반 국민들이 항공기의 안전성을 사전에 검사하고 이용한다는 것은 매우 어렵다. 반면에 항공기의 소유자 또는 임차인 등은 항공기의 안전에 관한 높은 지식을 소유하는 것으로 판단된다. 항공기의 소유자와 이용자 간의 이러한 불평등한 관계를 고려하고, 항공기의 안전사고 등에 관련한 법적인 문제가 항공기 소유자와 이용자 간에 발생할 때 개입하는 것이 국가의 공적인 임무의 하나이다. 이러한 차원에서 국가는 일반 국민을 위해 항공기가 과연 안전한 것인가에 대한 검사를 수행할 의무를 가지게 된다.

1944년 시카고 조약인 국제민간항공조약에 의해 "모든 국가는 자기 영토위의 영공에 대한 완전하고 배타적인 주권을 가진다"라고 규정했다. 이 조약은 항공기 자체의 감항증명은 물론 항공기에 탑승한 사람은 그 국가의 법에 구속된다고 규정했다. 시카고 조약에 따라 항공기도 그 국가의 영공 및 항공운항을 통제하는 법규를 준수해야 하며, 모든 국가는 자국 영공에서 외국 항공기의 통과 및 통행을 규제할 권리를 갖는다.

우리나라는 1961년 3월 7일 ICAO 규정과 부속서에서 채택한 표준과 권고방식에 따라 항공기의 항행의 안전을 도모하고 항공 운송 사업의 질서를 확립하여 항공의 발달을 꾀하기 위한 법률 제 591호로 항공법을 제정하였다. 여기에는 항공사업, 항공안전, 공항시설 등 항공 관련 분야를 망라하였으나 국제기준 변화에 신속히 대응하는데 미흡한 측면이 있다는 지적이 있어서 '항공법'에서 규정하고 있던 내용을 '항공안전법', '항공사업법' 및 '공항시설법'으로 각각 나뉘어 규정하게 되었다.

항공안전법은 2016년 3월 29일에 법률 제14116 항공안전법으로 제정되어 2017년 3월 30일 시행되었다. 현재 개정된 항공안전법의 목적은 표 2.16과 같이 국제민간항공협약을 준수하여 국민의 생명과 재산을 보호함을 나타내고 있다. 이 법에서는 항공기의 등록, 항공기 기술기준, 항공종사자 자격 증명, 항공기 운항, 공역 및 항공교통 업무 등 항공안전에 관한 사항을 규정하고 있다.

표 2.16 항공안전법 제1조(목적)

제1조(목적) 이 법은 「국제민간항공협약」 및 같은 협약의 부속서에서 채택된 표준과 권고되는 방식에 따라 항공기, 경량항공기 또는 초경량비행장치의 안전하고 효율적인 항행을 위한 방법과 국가, 항공사업자 및 항공종사자 등의 의무 등에 관한 사항을 규정함을 목적으로 한다

항공안전법 제2조 5항에 나와 있는 바와 같이 항공기 감항성은 항공기·발동기(엔진)·프로펠러를 총칭하는 '항공기등'과 장비품 또는 부품에 대하여 안전하게 운용할 수 있는 성능을 말한다. 항공기등이 당해 형식설계내용과 일치하는 경우, 즉 형식증명자료집(TCDS; Type Certificate Data Sheet)에 따르고, 해당 정비기술자료에 의해 정비가 이루어져 항공기등의 사용이 가능한 것으로 확인될 때 감항성이 있다는 판단을 한다.

항공안전법 제3장 제19조 항공기 기술기준에서는 항공기등, 장비품 또는 부품의 안전을 확보하기 위하여 즉 항공기 감항성을 위해 다음과 같은 항공기 기술기준을 정하여야 한다.

- 항공기등의 감항기준
- 항공기등의 환경기준(배출가스 배출기준 및 소음기준 포함)
- 항공기등이 감항성을 유지하기 위한 기준
- 항공기등, 장비품 또는 부품의 식별 표시 방법
- 항공기등, 장비품 또는 부품의 인증절차

항공안전법에서 항공기 감항성(airworthiness)과 관련 해당 항공기등의 설계가 항공기기술기준에 적합한 경우에는 형식증명서(항공안전법 제20조)를, 형식증명(TC; Type Certificate) 또는 제한형식증명에 따라 인가된 설계에 일치하게 항공기등을 제작할 수 있는 기술, 설비, 인력 및 품질관리체계 등을 갖추고 있을 경우에는 제작증명서(PC; Product Certificate)(항공안전법 제22조)를 발급 받을 수 있다. 감항증명(AC; Airworthiness Certificate)은 항공안전법 제23조(표 2.17)에 따라 항공기가 감항성이 있다는 증명을 받은 것이고, 이는 설계가 적합(conform to type design)하고 안전한 운항(safe operation)이 가능한 것을 의미한다. 감항증명은 국토교통부장관에 의해 항공기 하나하나에 교부됨으로써 증명이 되며, 각 항공

표 2.17 항공안전법 제23조(감항증명 및 감항성 유지)

① 항공기가 감항성이 있다는 증명(이하 "감항증명"이라 한다)을 받으려는 자는 국토교통부령으로 정하는 바에 따라 국토교통부장관에게 감항증명을 신청하여야 한다.
② 감항증명은 대한민국 국적을 가진 항공기가 아니면 받을 수 없다. 다만, 국토교통부령으로 정하는 항공기의 경우에는 그러하지 아니하다.
③ 누구든지 다음 각 호의 어느 하나에 해당하는 감항증명을 받지 아니한 항공기를 운항하여서는 아니 된다.
1. 표준감항증명: 해당 항공기가 형식증명 또는 형식증명승인에 따라 인가된 설계에 일치하게 제작되고 안전하게 운항할 수 있다고 판단되는 경우에 발급하는 증명
2. 특별감항증명: 해당 항공기가 제한형식증명을 받았거나 항공기의 연구, 개발 등 국토교통부령으로 정하는 경우로서 항공기 제작자 또는 소유자 등이 제시한 운용범위를 검토하여 안전하게 운항할 수 있다고 판단되는 경우에 발급하는 증명

기는 이 감항증명서를 비치하지 아니하고는 운항할 수 없다.

이외에도 항공안전법에는 항공기등의 감항성을 확보하기 위하여 장비품을 설계·제작하려는 경우 기술표준품 형식승인(TSO; Technical Standard Order)(항공안전법 제27조)을, 항공기등에 사용할 장비품 또는 부품을 제작하려는 경우 항공기기술기준에 적합하게 장비품 또는 부품을 제작할 수 있는 인력, 설비, 기술 및 검사체계 등을 갖추고 있는지에 대하여 부품등제작자증명(PMA; Part Manufacture Approval)을 받아야 함을 명시하고 있다(항공안전법 제28조).

항공안전법 시행령 제2조(항공기의 범위)에서는 대통령령으로 정하는 기기를 최대이륙중량, 좌석수, 속도 등이 국토교통부령으로 정하는 기준을 초과하는 기기로 정하고 있으며, 시행령 제24조에는 신고를 필요로 하지 않는 초경량 비행장치의 범위를 기술하고 있다.

항공안전법 시행규칙 제2조(항공기의 기준)에서는 최대이륙중량, 좌석수 등 국토교통부령으로 정하는 항공기의 기준을 기술하였고, 시행규칙 제4조에서는 경량항공기의 기준과 제5조에서는 초경량비행장치의 기준을 기술하였다. 시행령 제18조에는 형식증명 등의 신청과 제23조에는 부가형식증명의 신청, 제32조에는 제작증명의 신청, 제35조에는 감항증명의 신청을 기술하고 있다. 또한 제37조에는 항공기의 연구, 개발 등에 해당되는 경우를 기술하고 있다.

해당 항공기를 운용한계범위에서 운항하고 정비교범, 기술문서에 따라 정비를 수행하여 항공기의 감항성을 유지하는 사항은 시행규칙 제44조에 기술되어 있다. 또한 감항승인의 신청(시행규칙 제46조), 기술표준품형식승인의 신청(시행규칙 제55조), 부품제작자증명의 신청(제61조)을 기술하고 있다. 표 2.18에는 항공기 감항성 관련 항공안전법의 3단 비교를 나타내고 있다.

표 2.18 감항성 관련 항공안전법 3단 비교

항공안전법	항공안전법 시행령	항공안전법 시행규칙
제1장 총칙		
제1조(목적)		
제2조(정의)	제2조(항공기의 범위) 제3조(국가기관항공기 관련 공공기관의 범위)	제2조(항공기의 기준) 제4조(경량항공기의 기준) 제5조(초경량비행장치의 기준)
제3조(군용항공기등의 적용 특례)		
제6조(항공안전정책기본 계획의 수립 등)		
제3장 항공기 기술기준 및 형식증명 등		

항공안전법	항공안전법 시행령	항공안전법 시행규칙
제19조(항공기 기술기준)		
제20조(형식증명 등)		제18조(형식증명등의 신청) 제23조(부가형식증명의 신청)
제21조(형식증명승인)		제26조(형식증명의 신청) 제29조(부가형식증명승인의 신청)
제22조(제작증명)		제32조(제작증명의 신청)
제23조(감항증명 및 감항성 유지)		제35조(감항증명의 신청) 제37조(특별감항증명의 대상) 제38조(감항증명을 위한 검사 범위) 제44조(항공기의 감항성 유지)
제24조(감항승인)		제46조(감항승인의 신청) 제47조(감사승인을 위한 검사 범위)
제27조(기술표준품 형식승인)		제57조(기술표준품 형식승인의 신청) 제58조(기술표준품형식 승인서의 발급등)
제28조(부품 등 제작자증명)		제61조(부품등제작자증명의 신청) 제64조(부품등제작자증명서의 발급)
제30조(수리 · 개조승인)		제65조(항공기등 또는 부품 등의 수리 · 개조승인의 범위) 제66조(수리 · 개조승인의 신청)
제31조(항공기등의 검사 등)		
제4장 항공종사자 등		
제58조(항공안전프로그램 등)		제130조(항공안전관리시스템의 승인) 제132조(항공안전관리시스템에 포함되어야 할 사항 등)
제68조(항공기의 비행 중 금지 행위 등)		제199조(최저비행고도) 제206조(무인항공기의 비행허가 신청 등)
제9장 경량항공기		
제108조(경량항공기의 안전성 인증 등)		제284조(경량항공기의 안전성 인증등
제10장 초경량비행장치		
제122조(초경량비행장치 신고)	제24조(신고를 필요로 하지 아니하는 경량비행장치의 범위)	제301조(초경량비행장치 신고)

항공안전법	항공안전법 시행령	항공안전법 시행규칙
제124조(초경량비행장치 안전성 인증)		제301조(초경량비행장치 신고) 제304조(초경량비행장치의 시험비행 허가)
제131조의2(무인비행장치의 적용 특례)		제308조(초경량비행장치의 비행 승인)

2.3.2 감항인증조직

새로운 항공기를 개발하고 생산하여 운영하기 위해서는 개발, 생산, 운용 단계별로 우리나라의 민간감항당국(CAA; Civil Aviation Authority)인 국토교통부가 참여하여 승인하는 인증과정을 거쳐야 한다. 우리나라의 감항인증 조직으로는 국토교통부 항공정책실(KOCA; Korea Office of Civil Aviation)산하의 항공기술과(Airworthiness Division)와 항공기 인증을 지원하는 전문기관인 항공안전기술원(KIAST; Korea Institute of Aviation Safety Technology)이 있다(그림 2.17). 항공안전기술원은 2014년 5월 21일 법률 제15126호 '항공안전기술원법'에 의해 설립되었으며, 주요기능은 아래와 같으며 조직은 4본부 15센터로 구성되어 있다(그림 2.18).

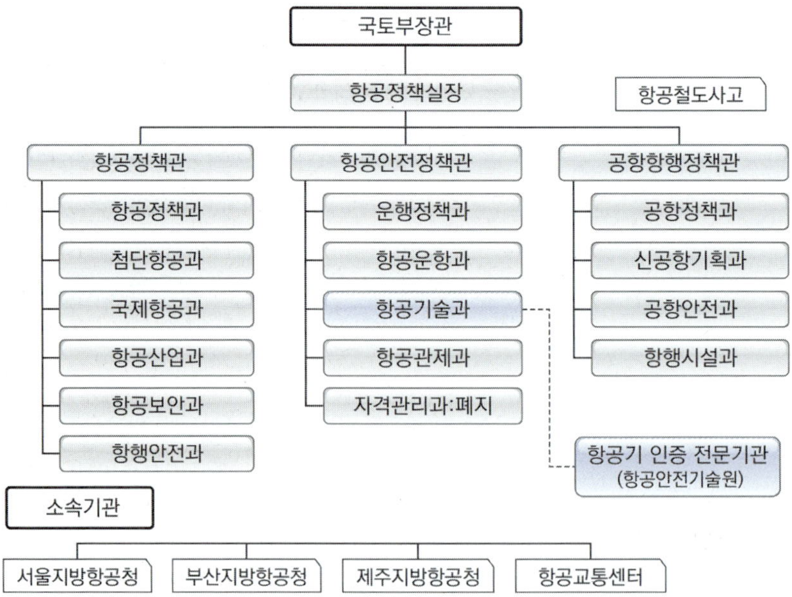

그림 2.17 우리나라 항공기 인증 당국

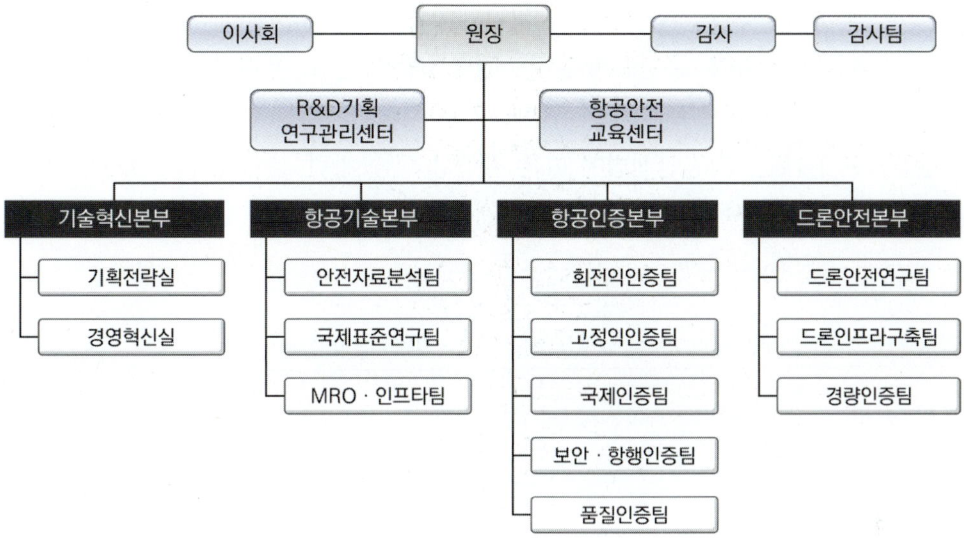

그림 2.18 항공안전기술원 조직도

- 항공기·항행안전시설 등의 증명·승인·인증 등 기술연구 및 지원
- 항공기 구조상 결함분석 및 개선방안 연구·지원
- 국가공인 비행시험과 국가공인 비행시험 시설의 운영·관리
- 항공사고 예방기술 개발 및 항공안전 국제표준화 기술연구
- 항공안전기술 전문인력 양성 및 항공안전에 관한 교육

감항증명을 받기 위해서는 항공기가 항행의 안전을 확보하기 위한 기술상의 기준에 적합한가의 여부를 검사한 후 당해 항공기의 운용한계를 지정하여야 한다. 이는 항공기가 안전한 것인가의 판단을 위한 검사 기준이 사전에 고시되고 국토교통부는 이러한 기술기준을 당해 항공기가 만족시키는가를 검사한다는 것이다.

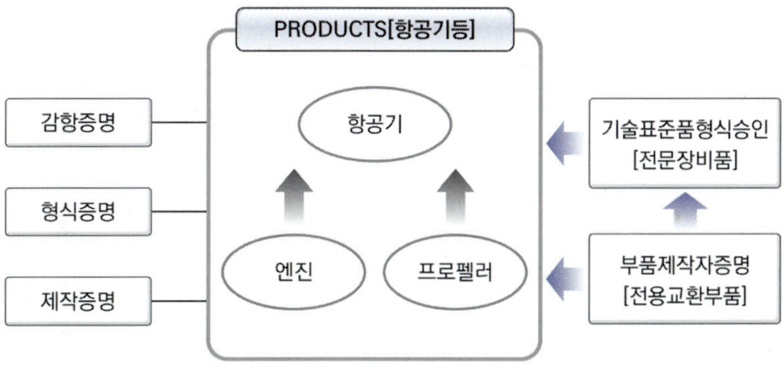

그림 2.19 항공제품 구성과 인증제도

그림 2.19에 제시했듯이 인증제도는 개발단계에서 설계에 관한 형식증명을 하고, 생산단계에서는 제작증명을 하며, 운영단계에서는 감항증명을 한다. 우리나라에서의 형식증명 및 제작증명은 국토교통부에서 관장하고, 감항증명은 서울 및 부산 지방 항공청에서 관장하고 있다. 항공안전기술원은 항공안전법에 따른 감항성 인증 관련 검사 업무와 항공안전 국제표준화 기술업무 등을 수행하고 있다.

03

항공기 인증 종류
Type of Aircraft Certification

1967년 보잉 737 모델의 출현 이후 49년이 지난 2016년 1월 초도비행에 성공한 보잉 737 Max는 공기역학, 구조, 엔진 등에 최신 기술을 적용하여 2017년 3월 FAA와 EASA로부터 형식승인을 받았다.

3.1 항공기 인증 대상과 종류

항공안전법에서 정의한 감항증명 대상 항공기는 군용·경찰용·세관용 항공기를 제외한 모든 항공기가 해당된다.

이러한 민간항공기에 대한 감항증명업무 대상은 항공기 설계단계에서의 형식증명(TC; Type Certification), 생산단계에서의 제작증명(PC; Production Certification)과 운용단계에서의 감항증명(AC; Airworthiness Certification) 및 감항성 유지 업무가 있으며, 해당 항공기가 폐기될 때까지 전 수명주기 동안 감항당국의 관리를 받는다. 그 밖에도 원 형식증명(Original TC)된 항공기를 개조·개량할 경우에 발급되는 부가형식증명(STC; Supplemental Type Certification), 장비품 단위의 인증절차인 기술표준품형식승인(TSOA; Technical Standard Order Approval) 및 형식승인된 부품 및 장비품에 대한 부품등제작자증명(PMA; Products Manufacturer Approval) 등이 있다. KAS Part 21에는 이러한 항공기등(항공기, 엔진 및 프로펠러), 장비품 및 부품에 대한 인증절차를 나타내고 있다.

그림 3.1은 위에서 설명한 항공기등의 설계, 생산 및 운용단계의 전 수명주기 동안에 이루어지는 인증절차를 보여주고 있다.

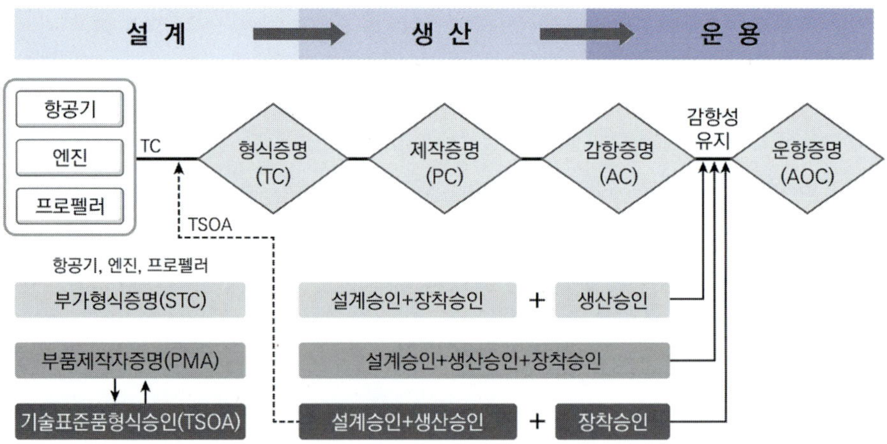

그림 3.1 항공제품의 수명주기와 인증절차

3.2 형식증명(TC)

3.2.1 형식설계와 형식증명

항공기등의 형식 설계는 다음과 같이 구성된 KAS 21.31(형식설계)에 따라 적절하게 식별되어야 한다.

- 항공기등에 적용되는 관련 요건에 적합함을 입증한 항공기등의 형상과 설계 특성을 정의하는데 필요한 도면 및 규격서와 그 목록
- 항공기등의 구조 강도를 정의하는데 필요한 치수, 재료 및 공정에 대한 정보
- 항공기 기술기준에서 요구하는 감항성 유지지침서 중의 감항성 제한사항, 특수 분류의 항공기에 대해 적용되는 감항성 기준에서 규정하는 사항
- 동일한 형식의 후속 제품들의 감항성, 소음 특성, 연료 배출, 배기가스 방출 확인을 위해 필요한 기타 자료

형식 설계는 제품의 형상(product configuration)뿐만 아니라 생산 수단(production methods)을 모두 '동결'시키는 사항이 된다. 따라서 형식 설계와 차이점이 있는 변경사항들은 반드시 허가를 받아야 하며, 이러한 절차를 거쳐서 제작되는 일련의 제품들은 형식 설계를 통해 만들어진 초기 원형 제품보다 비행 안전 측면에서 뒤떨어지지 않도록 하여야 한다.

형식증명은 항공안전법 제20조(형식증명) 및 항공안전법 시행규칙 제18조(형식증명의 신청)와 제25조(부가형식증명서의 발급)에 따라 형식증명 신청자가 항공기등 형식증명의 교부에 관한 절차적 요건 및 형식증명소지자에게 적용되는 규칙 등의 형식 설계의 모든 해당 요건들을 충족하였음을 확인하는 해당 관할 당국이 발행하는 문서이다. 즉, 해당 항공기등이 항공기기술기준에 적합하게 설계되었으며 검사결과 적합하다고 인정받을 경우 형식증명서를 발급받을 수 있다. 이 형식증명서 자체로는 항공기의 운항 허가가 아니며 항공기 운항을 위해서는 감항증명서가 필요하다.

FAA는 우리나라와 달리 §21.20(적용 가능한 요구사항준수)에 해당 요건 입증 항목을 설정하여 형식설계, 개정 및 부가형식증명 신청자는 적용 가능한 모든 요구 사항을 준수함을 보여야 하고, FAA에 이러한 적합성 입증방법을 제공해야 함을 명시하고 있다.

EASA는 21.A.14(대체 절차 자격)에서 형식증명 신청자는 적합한 설계조직승인서(DOA;

Design Organization Approval)를 보유하여야 하며, 해당 신청서에 포함된 제품에 대한 설계 및 설계 변경을 통제하고 감독할 수 있는 설계보증시스템(DAS; Design Assurance System)의 구축이 필요하다. 이는 형식증명, 형식증명 변경 승인, 지속적 감항성 유지를 위한 모든 활동들을 포함하며 21.A.20(형식증명, 운용적합자료 인증, 및 환경보호 요건의 준수) (b)항에 의해 적합성 입증방법에 대한 충족 확인이 이루어져야 한다.

3.2.2 형식증명 절차

국내의 형식증명 절차는 국토교통부 훈령 제932호 '항공기 형식증명지침'(2017.11.9)에, 미 FAA는 Order 8110.4C 'Type Certification'(2007.3.28)에 명시하고 있다.

FAA는 형식증명 절차의 각 단계별 정의, 업무, 요구 정보, 산출물, 성취 기준 등은 FAA 및 산업체의 제작증명 지침서인 인증절차개선(CPI; Certification Process Improvement)에 상세하게 기술되어 있다. CPI에는 새로운 인증과정의 구성요소인 안전계획 파트너십(PSP; Partnership for Safety Plan), 프로젝트 고유 인증계획(PSCP; Project Specific Certification Plan) 및 단계 평가 체크리스트를 설명하고 있다. PSP는 FAA와 신청자 간의 제작증명을 위한 일반적인 절차 정의, 일반적 기대치 또는 운영 규범을 설정하고 산출물을 식별해 놓은 일종의 서면 포괄적인 합의서이다. 프로젝트 고유 인증계획(PSCP)은 특정의 인증 프로젝트에 적용할 협의된 PSP 원칙들이다. 각 프로젝트에는 프로젝트 관리 도구로서 활용되는 PSCP가 지정되는데, 이 PSCP는 일정표, 성능측정 기준 및 해당 인증 프로젝트에 고유한 정보들을 제공한다. 즉 PSCP는 PSP의 일반적인 방법론에 기초한 절차들을 수집하여 특정 프로젝트에 적용한다.

추가로 각 일람표(table)에는 해당 단계 동안 프로젝트 평가를 위한 도구인 단계 평가 체

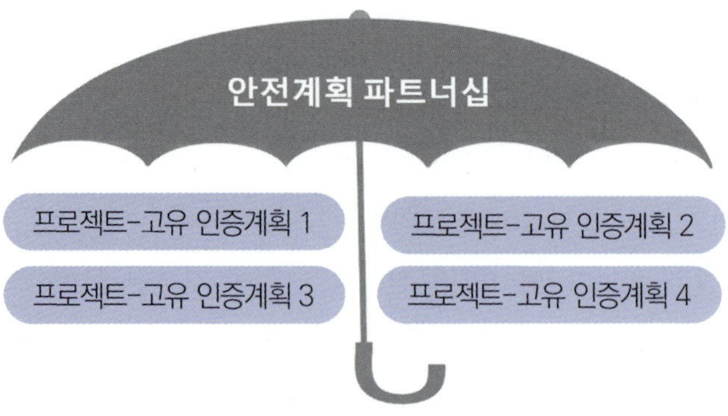

그림 3.2 PSP와 PSCP 간의 관계

크리스트가 따른다. FAA와 신청자인 프로젝트 관리자(PM: Project Managers)는 각 제품 인증 단계 말미에 합동으로 각 단계에 대한 평가 체크리스트를 준비해야 한다. 이들 양식들은 FAA/신청자 팀에 의해 지속적으로 평가되고 즉각적으로 개선된다.

그림 3.2는 PSP와 PSCP 간의 관계를 도표화한 것이다.

형식증명 절차는 그림 3.3에 나타낸 바와 같이 형식증명 신청 전 개념설계 단계, 형식증명 요구조건 증명단계, 적합성 확인을 위한 계획수립단계, 적합성 확인을 위한 이행단계 및 인증관리 단계의 다섯 가지 단계로 구성되어 있다.

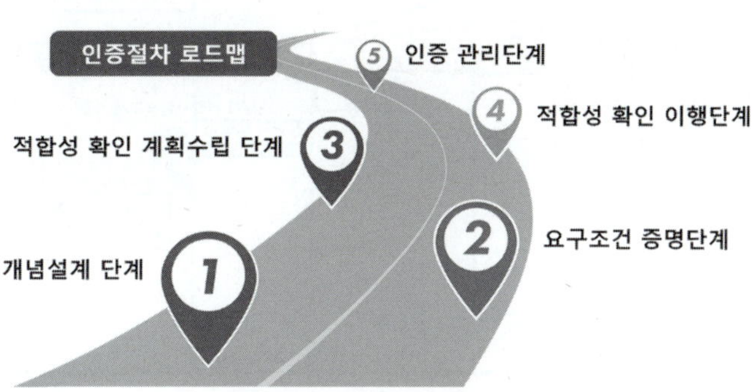

그림 3.3 인증 절차 로드맵

그림 3.4에는 형식증명 절차의 5단계를 형식증명위원회의와 함께 주요일정별로 감항인증 활동 내용을 상세하게 설명하고 있다. 그림 3.5에는 네 번째 단계인 적합성 확인을 위한 계

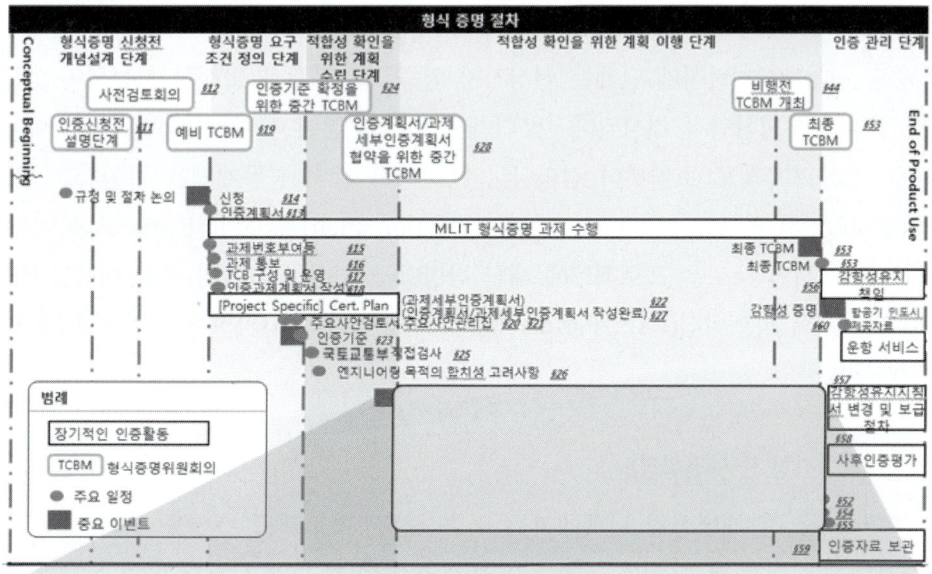

그림 3.4 형식증명 절차(5단계)

획이행단계를 적합성 입증자료 생성, 적합성 입증활동 및 적합성 판정 활동의 세 가지로 구분하여 상세 내용을 보여주고 있다.

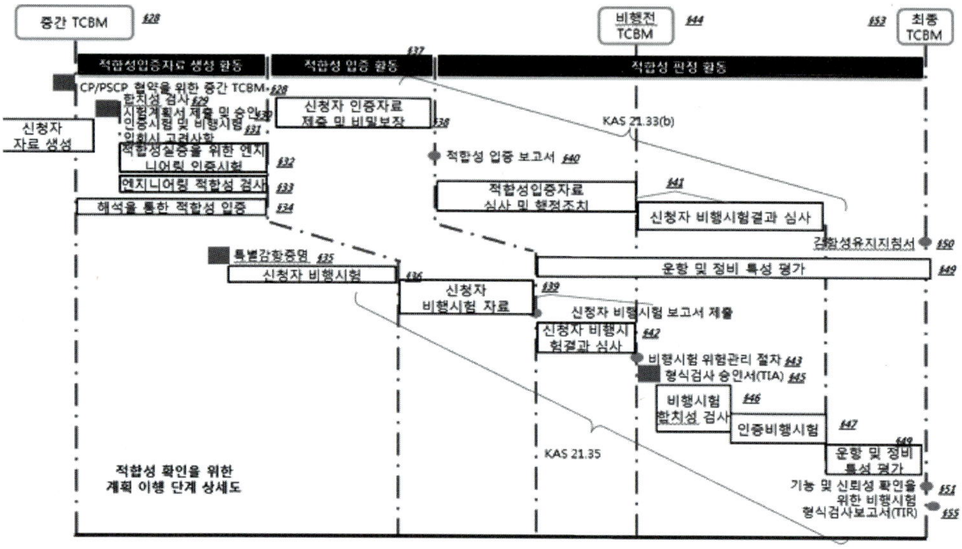

그림 3.5 형식증명 절차(적합성 확인을 위한 계획이행 단계)

형식증명 절차 5단계를 항공기 형식증명지침(국토교통부 훈령 제932호, 2017. 11.9)의 문서체계에 따라 다음과 같이 정리하였다.

(1) 제1절(형식증명 신청 전 개념설계 단계)

형식증명 신청 전 개념설계 단계는 신청자가 인증 프로젝트로 발전할 가능성이 있는 제품의 개념 설계를 시작하면서 개시된다. 이 단계는 중대한 분야 및 관련된 법적 문제에 포함된 기대치를 갖고 프로젝트 초기부터 감항당국과 신청자 간의 공동개입을 확인하고 프로젝트 고유 인증계획(PSCP; Project Specific Certification Plan)을 작성하는데 그 목적이 있다. 이 단계는 잠재적인 새로운 프로젝트에 대한 감항당국과 신청자 간의 상호 이해를 발전시키기 위해 안전계획 파트너십(PSP; Partnership for Safety Plan)원리들을 적용할 수 있는 기회가 된다.

제11조(인증신청 전 사전설명)

형식증명 신청 전 개념설계 단계에서는 인증신청전 프로젝트 수행을 위해 국토교통부장관과 신청자가 협의를 통해 인증을 받고자 하는 항공기 형식과 신청자의 인증 체계 및 절차에 대한 지식여부를 확인한다. 국토교통부장관은 신청자가 형식증명에 익숙하지 않다고 판단되는 경우 신청자를 위한 인증설명회를 개최하여 신청자로 하여금 형식증명에 대하여 충분히 이해할 수 있도록 한다. 인증설명회에서는 다음 각 사항에 대한 정보를 신청자에게 제공한다.

- 인증 필요성
- 인증절차 개요
- 국토교통부의 역할
- 신청자의 책임
- 규정, 절차, 지침서 등의 안내

제12조 (사전 검토회의)

국토교통부장관은 항공기등의 개발 과제에 대한 충분한 기술적 상호이해를 하기 위하여 신청자와 사전검토회의를 수행한다. 사전 검토회의에서는 다음과 같이 설계주요 기술적인 현안과 인증일정에 대한 협의를 한다.

- 예상되는 기술적 인증주요사항 및 새롭거나 특이한 설계특성
- 의도하는 운항의 종류
- 주요 공급업체 및 특이한 제품공급업체(vendor)와의 관계
- 승인 장비 사용 여부
- 인증 일정 등

제13조 (인증계획서(CP; Certification Plan) 작성)

국토부장관과 사전 검토 회의가 이루어지고 난 후에 개발 항공기에 대한 항공기 기술기준(KAS Part 23, 25, 27, 29, 30, 33, 35, 36, VLR), 동등수준 안전성(ELOS; Equivalent Level of Safety) 및 특수기술기준과 적합성 입증방법을 수립하여 인증계획서(Certification Plan)를 작성한다.

동등수준의 안전성은 현행 기술기준에서 명시한 적합성 요건(literal compliance)을 충족할 수 없으나, 신청자가 설계상의 보상계수(compensating factors)를 통해 현행 기술기준에서 요구하는 안전성에 대해 동등수준의 안전성을 신청자가 제공함을 말하고, 국토부장관이 이를 최종 확인함은 동등수준 안전성 확인(ELOS finding)으로 불린다. 특수기술 기준은 항공기, 항공기엔진, 프로펠러가 새로운 방법으로 설계되었거나 특이한 설계 특성으로 인하여 항공기기술기준에서 이에 관한 적절한 안전기준을 포함하고 있지 못할 경우 국토부장관이

제정하여 적용하는 것을 말한다.

인증기준에 대한 적합성을 입증할 목적으로 제출할 적합성 입증문서 목록 및 적합성 입증의 방법은 통상 적용 기술기준에 대한 조항별 적합성점검표(CCL; Compliance Checklist) 형태로 작성한다. 작성된 적합성점검표를 토대로 하여 항공기등의 시스템별로 적합성 입증계획을 반영하여 인증계획서를 항공기 형식증명 지침의 작성요건에 맞게 작성하여 국토교통부에 제출한다. KC-100 나라온의 경우 KC-100 항공기 시스템 레벨의 인증계획서와 더불어 구조, 비행성능, 세부계통, 전장, 동력장치 및 항전 등 6개의 계통별 인증계획서를 작성하였다.

표 3.1에는 KC-100 인증계획서의 주요내용을 나타내고 있다.

표 3.1 KC-100 인증계획서 주요내용

순번	구분	작성 내용
1	형식증명 개요	- 신청자 명칭 - 신청일자 - 형식증명 일반사항
2	항공기 개요	- 설계, 설계변경 내용설명 - 개략도 - 항공기 운항조건 - 시스템 안전성 평가서 제출일자 - 입증자료 제출일자 - 합치성 검사 및 시험 완료일지 - 형식증명 취득 희망 일자를 포함한 일정계획
3	항공기 인증 기준	- 적용항공기 기술기준(airworthiness standard) - 면제, 동등수준(ELOS)의 안전성 - 특수기술기준
4	항공기 적합성 입증	- 적합성입증방법(MOC) - 시험품목 목록
5	합치성 검사 계획	- 시험품목, 비행시험 - 합치성 검사 계획
6	시스템 안전성 평가	- 시스템 안전평가서 제출일자
7	적합성 입증 자료	- 적합성 입증문서 목록
8	계속 감항성 유지	- 운항안전요건 충족 방법설명
첨부	적합성 점검표(CCL) 초안	- 적합성 입증문서 목록 - 적합성 점검표(CCL)

(2) 제2절 (형식증명 요구조건 정의단계)

형식증명 요구조건 정의단계에서는 제품 정의 및 수반되는 위험도를 명확히 하고, 제품 인증을 위해 진행할 국토교통부장관과 신청자 상호간 합의를 확정한다. 구체적인 법적 요구도들과 충족방법 및 중요 안건들이 작성된다. 이 단계에서는 보다 공식적인 프로젝트 고유 인증계획서(PSCP)가 작성된다. 형식증명위원회(TCB; Type Certification Board)와 신청자 간의 최초 공식회의인 예비 형식증명위원회(Preliminary TCBM[Type Certification Board Meeting])와 인증기준 확정을 위한 중간 형식명위원회(Interim TCBM)를 통하여 적합성 확인을 위한 계획 수립단계에 진입한다.

제14조 (형식증명신청서)

이 단계에서는 신청자는 항공기 형식증명 신청서와 인증계획서, 항공기 삼면도 및 기본자

[ ] 형식증명 Application for Type Certificate

신청서

[ ] 제한형식증명 Application for Restricted Type Certificate

※ 색상이 어두운 난은 신청인이 작성하지 아니하며, [ ]에는 해당되는 곳에 √표를 합니다. (앞 쪽)

접수번호	접수일시	처리기간 (Durations) 30일

신청인 (Applicant)	성명 또는 명칭 Name	생년월일 Date of Birth
	주소 Address	

[ ] 항공기 (Aircraft) [ ] 발동기 (Engine) [ ] 프로펠러 (Propeller)	감항분류 Airworthiness category
	형식 또는 모델 Type or Model
	제작일련번호 Product Serial No.
	제작자 성명 또는 명칭 Name of Manufacturer
	제작자주소 Address of Manufacturer
	설계자 성명 또는 명칭 Name of Designer
비고 Remarks	

「항공안전법」 제20조제1항 및 같은 법 시행규칙 제18조제1항에 따라 ([ ] 형식증명, [ ] 제한형식증명)을 신청합니다.

In accordance with Paragraph 1, Article 20 of Aviation Safety Act and Paragraph 1, Article 18 of Enforcement Regulation of Aviation Safety Act, I hereby apply for ([ ]Type Certificate, [ ] Restricted Type Certificate) and submit herewith the required documents.

년 월 일

신청인 Applicant (서명 또는 인) (Signature)

국토교통부장관 귀하

Attention: Minister of Ministry of Land, Infrastructure and Transport

첨부서류 (Documents)	1. 인증계획서(Certification Plan) 2. 항공기 3면도(The three view drawing of that aircraft) 3. 발동기의 설계·운용 특성 및 운용한계에 관한 자료(The description of the engine design features, operating characteristics, and operating limitations)(발동기의 경우에만 해당) 4. 그 밖에 국토교통부장관이 정하여 고시하는 서류(Documents in specified Korean Air worthiness Standards)	수수료(Fee) 「항공안전법 시행규칙」 제321조에서 정한 수수료

그림 3.6 형식증명/제한형식증명 신청서

료의 첨부 서류를 국토교통부에 제출하여 형식증명을 신청한다. 엔진 형식증명서를 제출할 경우에는 엔진 설계특성, 운용특성 및 예상 운용한계자료를 제출한다. 형식증명과 제한 형식증명 신청서는 그림 3.6과 같다.

제15조 (과제번호부여 및 과제 통보)

국토교통부장관은 형식증명신청서를 접수하여 과제담당관(Project Officer)을 임명하고 과제번호가 부여된 형식증명 과제를 점문 검사 기관장과 신청자에게 통보한다. 이때 과제번호는 'x TC yy nn' 체계로 구성하며 x는 A(항공기), E(엔진), P(프로펠러)의 해당 문자를 표시하고, TC는 형식증명을 뜻하며, yy는 해당연도를 nn은 연도별 일련번호를 의미한다.

국토교통부장관의 형식증명 과제 통보시 전문검사기관장은 형식증명의 과제책임자 및 기술분야별 담당자를 임명하고 필요시 인증과제계획서(CPP; Certification Program Plan)를 작성한 후 이를 국토교통부장관에게 제출하여야 한다.

제17조 (형식증명위원회 구성 및 운영)

국토교통부장관은 아래의 인증과제를 심의하기 위하여 항공기 형식증명위원회(TCB; Type Certification Board)를 구성한다.

- 항공기 및 엔진에 대한 신규 형식증명 과제
- 가변 피치 프로펠러에 대한 과제
- 형식설계에 대한 중대 설계변경 과제
- 기타 형식증명개정, 부가형식증명 및 그 개정에 대한 과제

TCB의 구성은 항공기술과장이 위원장이 되고 과제담당관, 전문검사기관 과제책임자 및 기술분야, 비행시험, 검사분야 및 항공기평가그룹(AEG; Aircraft Evaluation Group) 책임자로 구성되며 다음의 기능을 수행한다.

- 신청자와 인증팀에 해당 과제를 숙지시킴
- 중요한 문제점을 식별하고 해결
- 형식증명과제 일정표(Milestone) 및 일정세부계획(Schedule) 수립
- 신청자가 작성한 인증계획서(CP)의 심의
- 신청자가 제안한 인증기준 심의
- 인증과제에서 부각된 주요사안의 해결 확인

제18조 (인증과제 계획서(CPP) 작성)

인증과제세부계획서(CPP; Certification Program Plan)는 전문검사기관의 과제 책임자와 국토교통부의 과제 담당관이 제출된 과제에 대한 일정, 책임 및 인적 자원을 조정하는 데 사용되는 문서로서 주요 내용은 다음과 같다.

- 형식증명의 과제번호, 개정번호, 개정일
- 항공기의 모델명
- 신청자
- 신청자의 주소, 전화번호
- 신청일자
- 과제종류
- 국토교통부 과제담당관(전화번호)
- 전문검사기관 과제책임자(전화번호)
- 형식증명 과제명
- 주요 설계 특성
- 제안된 인증기준
- 면제(Exemptions) 필요성 여부
- 특수기술기준 적용 여부
- 주요 과제 일정계획: 예비 형식증명위원회의(Preliminary TCBM), 비행 전 형식증명위원회의(Preflight TCBM), 기타 형식증명위원회의(Other TCBM), 형식검사승인서 발행(TIA Issuance), 증명서 교부/개정(Certificate issue/amend)
- 전문검사기관 소요인력
- 인증과제계획서 승인일자
- 인증과제계획서 승인권자(항공기술과장) 이름 및 서명

제19조 (예비 형식증명위원 회의(Preliminary TCBM))

형식증명 신청 이후 처음으로 TCB와 신청자 간의 공식 회의를 통해 다음 프로젝트 단계로의 이동을 조정하거나 다음 단계로의 진행을 방해하는 문제를 해결하는 예비 TCBM을 개최한다. 예비 형식증명위원 회의에서는 다음의 업무를 수행한다.

- 과제에 참여하는 국토교통부 및 전문검사기관 인력 배정
- 인증기준 설정
- 상세설계 및 예상되는 문제점을 전문가와 협의하여 결정

- 잠재적 문제점을 초기에 해결하기 위한 특수인증심의팀 구성 필요성 결정
- 새롭거나 특이한 설계특성, 자재, 공정을 파악
- 인증과제 일정 수립

제20조 (주요사안 검토서)

인증과정 중에 발생하는 중요한 기술적, 규정적, 행정적 사안을 식별하고 해결하기 위한 문서를 말한다. 주요사안검토서는 인증 과정에서 인증주요사안에 대한 개요를 제공하고, 인증주요사안의 진행현황을 확인하는 도구이며, 제15조(과제번호부여 및 과제 통보)에 따라 인증종료 후 작성하는 형식증명 요약보고서(post-certification summary statement)의 기초 자료가 된다.

신청자 또는 전문검사기관의 인증팀은 과제책임자로부터 관리번호를 부여받아 개별 사안별로 주요사안 검토서를 작성하여 과제책임자에게 제출하여야 한다. 과제책임자는 주요사안 관리번호를 부여한 후 신청자 또는 전문기관의 인증팀에 통보한다.

국토교통부장관은 최종 검토 의견을 작성하여 과제 담당관을 경유하여 감항당국에 제출하고, 최종 판정에 서명 날인하여 주요사안 검토서를 종결한다.

주요사항 검토서의 주요사안과 내용은 다음과 같다.

- 인증기준(G-01): 형식증명과정에서 입증하고자 하는 항공기 기술기준(적용되는 경우 특수기술기준 포함) 및 개정번호를 지정
- 적합성 판정(G-02): 적합성 실증을 위한 신청자의 책임, 국토교통부 규정의 해석 및 수출국 감항당국으로서의 책임과 관련된 주요사안
- 환경기준(G-03): 터빈엔진 비행기의 경우, 소음 및 배기오염 방지기준
- 수출국(수입국) 요구조건(G-04): 수출하고자 하는 항공기등의 경우, 외국 감항당국을 대신하여 국토교통부장관이 수행할 수 있는 적합성 판정의 범위를 규정
- 법규정 개정절차 (G-05): 특수기술기준의 교부가 예상되는 경우
- 동등수준의 안전성 확인: 동등수준의 안전성 확인을 제안하거나 적용하고자 하는 경우
- 불안전한 상태: 인증을 받고자 하는 감항분류에 대한 안전을 저해하는 특징이나 특성
- 최신규정의 적용: 항공기등의 안전성 확보를 위하여 필요하다고 인정하는 경우 형식증명 신청 이후 새로 개정된 법·규칙 또는 기술기준
- 신기술 또는 특이한 설계의 적용: 특수기술기준의 적용은 필요하지 않으나, 수락 가능한 적합성 입증방법의 선례를 개발할 필요성이 있는 경우
- 해결을 위하여 특수인증심의(Special Certification Review)가 요구되는 주요사안

- 기타 논쟁의 여지가 많거나 해결을 위해 형식증명위원회의를 소집할 필요가 있는 주요 사안

제21조 (주요사안 관리집)

주요사안검토서를 종합하여 주요사안관리집(issue book)을 발행하고, 이를 위원회 위원, 인증팀, 신청자에게 배포한다. 전문검사기관의 인증팀과 신청자가 주요사안의 내용에 대하여 조율할 수 있는 경우, 과제책임자는 공식적인 형식증명위원회의 심의를 거치지 아니하고 주요사안 검토서를 작성하거나 개정할 수 있으며 이를 반영하여 주요사안 관리집을 개정할 수 있다.

제22조 (과제세부인증계획서(PSCP))

국토교통부장관은 신청자가 작성하는 인증계획서(CP)와 전문검사기관이 작성하는 인증과제계획서(CPP) 및 효율적 과제관리를 위한 부가정보를 통합하여 신청자와 함께 과제세부인증계획서(PSCP; Project Specific Certification Plan)를 작성한다.

과제세부인증계획서(PSCP)의 작성요건은 표 3.2에 따른다.

표 3.2 과제세부인증계획서(PSCP) 구성 요건

1. 목적(Purpose)
2. 효력발생(Effectivity)
3. 항공기등 형식증명(Product Certification)
3.1 과제개요(Project Description)
3.2. 과제일정(Project Schedule)
3.3 인증기준(Certification Basis)
3.4. 적합성입증방법(Means Of Compliance)
3.5. 연락/조정 (Communication and Coordination)
3.6. 위임 - 예비(Delegation - Reserved)
3.7 시험계획(Testing Plan)
3.7.1 일반사항(General)
3.7.2 비행시험(Flight Test)
3.7.3 합치성(Conformity)
3.8. 적합성 문서화(Compliance Documentation)
4. 제작에 대한 승인(Production Certification)
4.1 합치성 검사계획(Conformity Inspection Plan)
4.2 제작에 대한 승인을 위한 합치성(Conformity for Production Certification)

5. 사후관리요건(Post Certification Requirements)
   5.1 형식증명요약보고서(Compliance Summary Document)
   5.2 감항성유지지침서(Instructions For Continued Airworthiness; ICA)
   5.3 계속감항성 관리(Continued Airworthiness Management)
6. 과제 주요사안 관리 계획 (Project Issues Planning)
7. 지속발전(Continuous Improvement)
   7.1 일반사항(General)
   7.2 성과측정(Performance Measures)
      7.2.1 일반사항(General)
      7.2.2 운영지표(Operating Norms)
      7.2.3 인증단계 평가점검표 (Phase Evaluation Checklists)
8. 서명(Signatories)

제23조 (인증기준)

국토교통부장관은 형식증명 신청시 해당 항공기등에 적용할 다음의 기준을 지정하여야 하며, 신청자가 해당 항공기등이 이 기준에 적합함을 입증하는지 확인하여야 한다.

- 기술기준
- 특수기술기준(해당되는 경우)
- 연료 및 배기오염 방지기준(해당되는 경우)
- 기타 감항성을 확인하는데 필요하다고 인정하는 운용기준

국토교통부장관은 항공기등의 안전성을 확보하기 위하여 필요하다고 인정하는 경우 형식증명 신청 이후 새로 개정된 법령 또는 기술기준 등 관련규정을 적용할 수 있다.

항공기기술기준(KAS)에서 규정하는 감항분류에 포함되지 않는 특수한 분류의 항공기 및 이에 장착되는 엔진과 프로펠러의 경우, 같은 기준의 요건 중 국토교통부장관이 해당 항공기에 적용하는 것이 타당하다고 결정한 요건 또는 이와 동등한 안전성을 보장할 수 있다고 판단한 기준을 적용한다.

항공기기술기준에 따라 감항분류가 '수송(T)'인 항공기의 형식증명 신청유효기간은 5년, 기타 항공기등에 대한 형식증명의 신청유효기간은 3년으로 한다. 국토교통부장관은 설계·개발 또는 시험 등으로 인하여 신청유효기간의 연장을 신청자가 요청하는 경우 형식증명 신청유효기간의 연장을 승인할 수 있으며, 유효기간의 추가 연장 시에는 신청시 정하는 특정일에 유효한 항공기기술기준의 적용요건에 모두 적합하도록 하여야 한다. 이때 특정일은 최초 형식증명 신청 시 정한 유효기간 이후의 일자이어야 한다.

국토교통부장관은 항공기등의 설계가 새롭거나 특이하여 기술기준을 적용할 수 없다고 인정하는 경우 특수기술기준을 제·개정하여 적용할 수 있으며, 특수기술기준은 법 또는 시행규칙에서 정한 기술상의 기준(항공기 기술기준)과 동등수준의 안전성을 보증하여야 한다. 또한 신청자가 동등수준의 안전성 확인(ELOS finding)을 통해 적합성을 입증하고자 하는 경우, 국토교통부장관은 신청자가 개별 사안별로 주요사안검토서(issue paper)를 작성하여 전문검사기관 과제책임자에게 제출하고 이를 심의절차에 따라 동등수준의 안전성을 판정한다.

제24조 (인증기준 확정을 위한 중간 형식증명 위원 회의)

형식증명위원회 위원장은 인증기준 관련 주요사안을 확정하기 위하여 필요하다고 판단하는 경우, 중간형식증명위원회의(Interim TCBM)를 개최한다. 형식증명위원회의에서 인증기준을 확정하지 못한 경우, 조치계획을 수립하고 회의록에 담당자와 완료예정일을 기록하며, 신청자가 인증요건을 명확하게 규정하지 않고 과제를 진행하는 경우, 위원장은 신청자에게 과제 일정 지연, 재설계 및 재시험 등의 위험 부담에 대한 책임이 있음을 통보한다.

(3) 제3절(적합성 확인을 위한 계획수립 단계)

적합성 확인을 위한 계획수립 단계에서는 개별 프로젝트에 대한 고유 인증계획서(PSCP; Project Specific Certification Plan)가 완성된다. 중간 형식증명회의를 통하여 인증계획서(CP) 및 인증과제세부계획서(CPP)를 심의 확정하고 적합성 확인을 위한 계획이행 단계로 진입한다. 계획수립 단계에서 작성된 계획은 조직의 책임자가 제품 인증 프로젝트를 수행하고 관리할 때 사용할 도구이다.

제26조 (엔지니어링 목적의 합치성 고려사항)

엔지니어링 목적의 합치성을 보증하기 위하여 신청자는 다음과 같은 적합성입증자료를 생성하는 데에 사용되는 시험품목을 인증계획서에서 식별하고, 합치성 보증활동을 수행하여야 한다.

- 연료 또는 배기오염방지기준 등에 적합 여부
- 항공기등이 형식설계와 일치하는지의 여부
- 항공기등에 사용되는 부품이 형식설계의 일부를 구성하는 도면과 일치하는지의 여부
- 재료, 제조공정·구조 및 조립이 형식설계에서 기술하고 있는 요구사항과 일치하는지의 여부

(4) 제4절(적합성 확인을 위한 계획 이행단계(Implementation))

적합성 확인을 위한 계획 이행단계에서는 국토교통부와 신청인이 합의한 모든 제품 고유의 인증 요구도들이 충족됨을 확인하기 위해 프로젝트 고유 인증계획(PSCP)을 관리하고, 조정 및 완수하기 위해 긴밀히 협조한다. 국토교통부와 전문검사기관은 신청자가 수행한 적합성입증자료 생성 활동을 검토하고, 이에 대한 적합 여부를 확인하고 승인하는 적합성 판정 활동을 수행한다.

[4절의 1 적합성입증자료 생성(Compliance Data Generation)활동]

제29조 (합치성 검사)

전문검사기관의 인증팀은 지상시험 또는 비행시험의 공식 인증시험에 착수하기 전에 합치성 검사를 종결한다. 합치성 검사는 인증과제의 초기 단계부터 부품에 대한 합치성 검사가 요구되므로, 인증팀 검사관은 과제 초기에 신청자와 충분한 협의를 통해 필요한 검사가 적시에 진행될 수 있도록 한다.

과제책임자는 신청자가 적합성 입증자료 생성에 사용되는 시험대상품 및 시험장치에 대한 합치성을 입증할 수 있다고 판단되는 경우 신청자가 작성한 합치성 확인서를 인증팀 검사관에게 합치성 검사가 시작되기 전까지 제출한다. 인증팀 검사관이 합치성 검사를 수행하여, 합치성 검사 기록서를 작성하고, 합치성 검사 중 확인된 모든 불만족 사항을 절차에 따라 종결한 후 합치성 검사 종결보고서에 기재하고 이를 합치성 검사요청서에 기재된 엔지니어에게 송부한다.

제30조 (시험계획서 제출 및 승인)

국토교통부장관은 신청자가 시험을 통해 항공법규, 기술기준 및 기타 규정 등에의 적합성을 입증하고자 하는 경우 다음의 요건을 충족하는 시험계획서를 적합성 확인서와 함께 제출한다.

- ‘설명자료’ 및 ‘적합성 입증자료’를 제출하기 전에 완결성 및 정확성이 있어야 함
- ‘설명자료’는 항공기등의 실제 형상에 합치하고, 해석보고서, 시험계획서, 시험보고서 등에 기초하여야 함
- 자료는 제목, 문서번호, 개정식별번호, 일자, 작성자 등의 정보를 포함하고, 보고서의 모든 페이지에 식별에 필요한 충분한 정보가 나타나도록 함

제34조 (해석을 통한 적합성 입증)

국토교통부장관은 신청자가 해석을 통해 형식증명 요구조건에 대한 적합성을 입증하려는 경우, 인증팀 엔지니어는 신청자가 제출한 해석자료의 정확성 및 적용 가능성을 확인하고, 해석에 적용된 기본 가정의 타당 여부를 확인한다.

제35조 (특별감항증명)

국토교통부장관은 신청자가 비행시제기로 항공기의 신규개발 및 적합성 입증을 위한 비행시험을 수행하기 전에 항공안전법 시행규칙 제37조에 따른 특별감항증명(시험비행 등의 허가)을 받았는지 확인한다.

특별감항증명서(Special Airworthiness Certificates)는 항공기가 기술기준을 충족하지 못하

표 3.3 특별감항증명 용도분류

구분/기술기준	용도	비고
제한분류 (Restricted) 특별감항증명/ KAS 21.185	[제한된 용도로 사용하는 다음 각 목의 어느 하나에 해당하는 항공기와 무인항공기] • 재난·재해 등으로 인해 수색(搜索)·구조에 사용하는 항공기 • 산불의 진화 및 예방에 사용하는 항공기 • 응급환자의 수송 등 구조·구급활동에 사용하는 항공기 • 씨앗파종, 농약살포 또는 어군(魚群)탐지 등 농수산업에 사용하는 항공기 • 기상관측, 기상조절 실험 등에 사용되는 항공기	지방 항공청 발급
실험분류 (Experimental) 특별감항증명/ KAS 21.191	[다음 중 어느 하나에 해당하는 항공기와 무인항공기를 운항하려는 경우] • 항공기 제작사, 연구기관 등의 연구 및 개발 중인 항공기 • 판매 등을 위한 전시(Exhibition) 또는 시장조사(Market Survey)에 활용하는 항공기 • 조종사 양성을 위하여 조종연습에 사용하는 항공기	국토교통부 발급
특별비행허가 (Special Flight Permit)/ KAS 21.197	[다음의 항공기와 무인항공기는 특별비행허가를 위한 특별감항증명서를 받을 수 있음] • 항공기의 설계에 관한 형식증명을 변경하기 위하여 운용한계를 초과하는 시험비행을 하는 항공기 • 제작·정비·수리 또는 개조 후 시험비행을 하는 항공기 • 항공기의 정비 또는 수리·개조를 위한 장소까지 공수비행(空手飛行)하는 항공기 • 항공기를 수입하거나 수출하기 위하여 승객·화물을 싣지 아니하고 비행하는 항공기 • 기상관측, 기상조절 실험 등에 사용되는 항공기	국토교통부 또는 지방항공청 발급

여 운용범위 및 비행성능 등을 일부 제한할 경우 제한 용도로 안전하게 운용할 수 있다고 판단되는 경우 발급되며, 특별감항증명서의 용도분류는 제한(Restricted), 실험(Experimental) 및 특별비행허가(Special Flight Permit)로 구분한다. 표 3.3은 특별감항증명의 분류를 나타내고 있다.

제36조 (신청자 비행시험)

국토교통부장관은 형식검사승인서(TIA; Type Inspection Authorization) 발행 이전에 신청자가 연구 및 개발을 위한 비행시험 및 검사를 수행하였는지 확인하고 신청자가 인증지상시험 및 인증비행시험용으로 제출된 시험품목이 최소한의 품질요건을 충족하며, 설계자료에 합치하고, 검사 및 시험이 안전하게 수행되었는지를 확인한다. 형식검사승인서(TIA)는 형식증명 인증절차에서 요구하는 공식 합치성 검사, 감항성검사, 지상검사 및 비행검사를 공식적으로 허가하기 위해 발행한다(제45조).

[4절의 2 적합성 입증(Compliance Substantiation) 활동]

제37조 (적합성 입증 일반사항)

국토교통부장관은 신청자가 인증비행시험 전에 적합성 입증자료를 신청자 비행시험 결과보고서의 형태로 제출하였는지 확인하고, 신청자가 모든 비행시험을 인증비행시험 전에 완료하고 인증자료 및 적합성 보고서를 제출하게 한다.

국토교통부장관은 불필요한 시험 및 자료 수집이 반복되는 것을 지양하면서 개조되는 항공기의 감항성을 결정하여야 하며, 후속 신청자에게 이전 신청자가 제출한 정보를 직간접적으로 제공하지 않는다.

제39조 (신청자 비행시험 자료 및 보고서 제출)

국토교통부장관은 신청자가 개발비행시험 자료를 분석하여 작성한 비행시험 결과보고서를 제출하게 하며 운항기술기준의 적용 운항규정에 대한 적합성입증을 포함한다.

제40조 (적합성 입증 보고서)

국토교통부장관은 신청자가 제출한 적합성입증보고서가 해당 요건에 대한 적합성을 확인할 수 있도록 아래의 적절한 근거를 제공하는지 확인한다.

- 국토교통부장관이 공표한 자료
- 인증시험

- 해석
- 엔지니어링 조사
- 유사성(Similarity)
- 소프트웨어 품질보증
- 기타 국토교통부장관이 수락 가능하다고 인정하는 자료

[4절의 3 적합성 판정(Compliance Finding) 활동]

제41조 (적합성 입증자료 심사 및 행정조치)

국토교통부장관은 항공기기술기준, 환경기준에 대한 적합성을 확인하기 위하여 신청자가 제출한 자료를 심의하고, 적합성 자료 확인 전에, 모든 검사, 해석 및 필요한 시험을 만족스럽게 완료한다.

제42조 (신청자 비행시험결과 심사)

국토교통부장관은 신청자가 제출한 비행시험결과보고서를 심의하여 해당 비행기가 형식설계에 합치하는지를 결정하고, 인증비행시험조종사가 재평가할 비행시험항목을 식별한다.

제43조 (비행시험 위험관리 절차)

국토교통부장관이 수행하는 모든 인증비행시험은 해당 비행시험의 위험도가 수락 가능한 정도임을 보증하기 위한 위험관리절차(Risk Management Processes)를 적용하고 형식검사승인서(TIA)에 그 결과를 반영한다.

위험관리절차에는 다음의 사항을 포함하여야 한다.

- 위험요소(Hazards) 식별
- 관련 위험도(Risk)에 대한 평가
- 식별된 위험을 축소 또는 제거하기 위한 경감 절차 수립
- 잔류 위험의 수락 수준에 대한 의사결정

제44조 (비행전 형식증명위원회의 개최)

형식증명 위원장은 다음 각호에 대한 심의를 위한 비행전(Pre-Flight) 형식증명위원회의를 개최한다. 단, 엔진 및 프로펠러에 대한 형식증명 과제의 경우는 '비행전 형식증명위원회의'를 '형식검사승인전(Pre-TIA) 형식증명위원회의'라 한다.

위원장은 심의를 통해 형식검사승인서 발행을 위한 모든 주요사안이 종결되었다고 판단

하는 경우, 형식검사승인서(TIA)를 발행한다.

第45조 (형식검사승인서)

형식검사승인서(TIA)는 형식증명 인증절차에서 요구하는 공식 합치성 검사, 감항성검사, 지상검사 및 비행검사를 공식적으로 허가하기 위해 발행한다. 단, 운항요건 및 감항요건에 대한 평가가 요구되는 경우, 형식검사승인서에 항공기평가그룹(AEG; Aircraft Evaluation Group)의 운항평가를 포함시킨다.

검사 및 허가에 포함될 모든 정보에 대하여 인증팀, 관련 부서 및 항공기평가그룹(AEG)의 협의 및 확인 후에, 과제책임자는 그림 3.7의 형식검사승인서를 작성한다.

형 식 검 사 승 인 서 **TYPE INSPECTION AUTHORIZATION**	매수 : 1쪽 / 총_____쪽(Page 1 / pages) 과제번호(Project No.)
수신(To) : ☐ 운항(Flight) ☐ 제조(Manufacturing)	날짜(Date)
신청자명(Name of Applicant)	주소 및 우편번호(Address and Postal-Code)

1. 다음에 대한 검사를 허가함 (INSPECTION AUTHORIZED FOR)

☐ 항공기(Airplane)	기타(Other)	☐ 신규모델(New Model) - 모델번호 입력(Give model no.):	
☐ 엔진(Engine)		☐ 개조모델(Altered Model) - 원 제작자명 및 모델번호 입력 (Give name of original manufacturer and model no.)	원 TCDS 번호(Original TCDS No.)
☐ 프로펠러(Propeller)			
☐ 회전익항공기(Rotorcraft)			

2. 인증기준(CERTIFICATION BASIS)

3. 감항분류는 항공기에 한함 - 해당 사항 모두 표시 / (CATEGORY - FOR AIRCRAFT ONLY, Check all applicable items)

☐ 보통(Normal)	☐ 실용(Utility)	☐ 곡기(Acrobatic)	☐ 수송(Transport)	☐ 기타(Other)_______

4. 개조 설명(DESCRIPTION OF ALTERATION)

5. 설계속도(Design Speed - MPH(EAS)) 참조(See Page): _____쪽	**6. 최대 마하수(설계) (Maximum Mach No. (Design))** 참조(See Page): _____쪽	**7. 설계중량 (Design Weights)** 참조(See Page): _____쪽
8. 최대 운용 고도 (Maximum Operation Altitude, Feet)	**9. 최대 객실 차압 (Maximum Cabin Pressure Differential, psi)**	**10. 무게중심 한계 (CG Limits)** 참조(See Page): _____쪽
11. 화물 및 수하물 격실 - 위치와 최대 하중 (Cargo and Baggage Compartments - Location and Maximum Loads) 참조(See Page): _____쪽	**12. 구조/기동 한계 (Structural/Maneuvering Limits)** 참조(See Page): _____쪽	

13. 운용 한계(OPERATION LIMITS)

엔진 제작자 및 모델(Engine Make and Model) - 터빈 엔진의 경우((For turbine engine), 참조(See Page)_____쪽	엔진 자료집번호(Engine Data Sheet No.)

항목 (Item)	이륙시간 입력 (Specify TAKEOFF) ON _____분(min)	저기어비 수퍼과급기 (Low Ratio Supercharger): 해수면 (Sea Level)	저기어비 수퍼과급기 (Low Ratio Supercharger): 고도 입력 (Specify Alt. Height) _____피트(feet)	고기어비 수퍼과급기 (High Ratio Supercharger): (최소) 고도 입력 (Specify Alt. (Min)) _____피트(feet)	고기어비 수퍼과급기 (High Ratio Supercharger): (최대) 고도 입력 (Specify Alt. (Max)) _____피트(feet)	최대 허용 온도 (Maximum Allowable Temperature)		°F
						실린더 머리부 (또는 냉각수배출구) (Cylinder Head (or Coolant Outlet))	와셔(washer)	
							베이요넷 (Bayonet)	
						실린더 베이스(Cylinder Base)		
IN Hg						오일 입구(Oil Inlet)		
RPM						_____% 최대연속 파워에 필요한 최대 기화기 온도상승 (Maximum Carburetor Heat Rise Required at % MC Power.)		
HP								

14. 프로펠러(PROPELLER)

제작자 및 모델(Make and Model)	자료집 번호(Data Sheet No.)	직경(Diameter)
허브 모델 번호(Hub Model No.) / 블레이드 모델번호(Blade Model No.)	제한사항(Limitation) 참조(See Page) _____쪽	

15. 회전익항공기(ROTORCRAFT)	최대(Max)	최소(Min)	**16. 검사 보고서(INSPECTION REPORT)**	
동력 연결중 로터 한계(Power On Rotor Limits - RPM)			100시간 검사 완료 (100-hour Inspection Completed)	☐ 예(Yes)
동력 차단중 로터 한계(Power Off Rotor Limits - RPM)				☐ 아니오(No)

17. 장비 목록(EQUIPMENT LIST)			**18. 형식검사보고서TYPE INSPECTION REPORT)**
장비 목록의 개별 아이템별 중량 및 모멘트 축이 올바른가?(Is equipment list correct as to weight & arm of each item?)	☐ 예(Yes)		☐ 형식검사보고서 파트 1의 해당부분 완료(Complete Applicable Portion of Type Inspection Report Part 1)
	☐ 아니오(No)		☐ 형식검사보고서 파트 2의 해당부분 완료(Complete Applicable Portion of Type Inspection Report Part 2)
장비목록 첨부 (Equipment list attached)	☐ 예(Yes)	제작자 보고서 번호 (MFGR. Report No.)	☐ 지침은 첨부된 자료 참조(See Attached Pages for Instructions)
	☐ 아니오(No)		☐ 특수 시험의 경우, 첨부 자료 참조 (See Attached Pages for Special Tests)

19. 작성부서(ORIGINATED BY)	**20. 협조부서(CONCURRENCES)**

21. 승인(APPROVAL)

날짜(Date)	직위(Title)	서명(Signature)

그림 3.7 형식검사승인서(TIA)

제46조 (비행시험을 위한 합치성 검사)

인증팀 검사관은 제47조에 따라 인증비행시험을 수행하기 전에 해당 항공기에 대한 지상 검사의 합치성 검사를 통해 비행시험이 예정된 항공기가 최소 품질요건을 충족하고, 기술자료에 합치하며, 의도한 지상시험 및 비행시험에서 안전한 상태인지를 물리적으로 확인한다.

제47조 (인증비행시험)

국토교통부장관은 인증비행시험을 통해 신청자가 제출한 비행시험결과를 검증한다. 신청자 개발비행시험과 동시에 인증비행시험을 함께 수행할 수 있다고 인정한 경우 비행시험에 대한 적합성 입증자료의 수집과 검증을 동시에 수행한다.

인증비행시험은 비행시험, 지상시험, 기능 및 신뢰성(F&R; Function and Reliability) 시험을 포함할 수 있으며 발행된 형식검사승인서(TIA)에 따라 수행한다. 인증비행시험 지침서로는 AC 23-8(Part 23 비행기인증을 위한 비행시험 안내서), AC 25-7(수송류 비행기 인증을 위한 비행시험 안내서)및 AC 29-2(수송인 회전익항공기 인증 안내서)에 나와 있다.

제50조 (감항성유지지침서)

국토교통부장관은 신청자가 항공기, 엔진, 프로펠러의 정비방식을 기재한 서류인 '정비교범'을 납품 시점 또는 관련 항공기 형식의 최초 감항증명 발급 시점 중 더 늦은 시점까지는 해당 형식 항공기, 엔진, 프로펠러의 운영자에게 제공하는지를 확인한다. 감항성유지지침서는 KAS 21.50(감항성유지지침서 및 감항한계를 명시한 제작자 정비교범), 23.1529, 25.1529, 27.1529, 33.4 및 35.4의 '감항성유지지침서'와 국토교통부 기술지침서 제3호인 감항성유지지침서의 구성요건에 관한 지침서에 나와 있다.

제51조 (기능 및 신뢰성 확인을 위한 비행시험)

국토교통부장관은 신청자가 형식증명을 받고자 하는 항공기와 그 구성품 및 장비가 신뢰성이 있으며 정상적으로 기능을 발휘함을 합리적으로 보증하기 위한 기능 및 신뢰성(F&R) 비행시험을 수행한다. 단, 활공기 및 항공기기술기준 KAS Part 23에 따라 인증을 받고자 하는 비행기의 최대인가이륙중량이 2,718kg(6,000lbs) 이하인 경우에는 적용하지 않는다.

기능 및 신뢰성(F&R) 비행시험 시간은 다음과 같다.

- 형식증명된 항공기에 사용된 적이 없는 형식의 터빈 발동기를 장착한 항공기: 형식증명서에 합치하는 완전한 엔진 조합에 대하여 300시간 이상
- 위의 대상 이외의 항공기: 150시간 이상

기능 및 신뢰성(F&R) 비행시험은 신청자가 다음 사항을 모두 완료한 시점 이후에 시작하는 것으로 하며, 기능 및 신뢰성(F&R) 비행시험에 대한 지침으로 미연방항공청 AC 23-8 (Part 23 비행기인증을 위한 비행시험 안내서), AC 25-7(수송류 비행기 인증을 위한 비행시험 안내서), AC 27-1(보통류 회전익 항공기 인증 안내서), AC 29-2(수송인 회전익항공기 인증 안내서)를 참조한다.

- 신청자가 구조적 요구사항에 대한 적합성을 입증하였음
- 모든 필요한 지상시험 및 검사를 완료하였음
- 항공기가 형식설계에 합치함을 실증하였음
- 비행시험결과보고서를 제출하였음

제52조 (항공기 비행교범)

항공기 비행교범(AFM; Aeroplane Flight Manual)은 항공기 운용에 대한 자세한 정보가 포함된 항공기 제조업체에서 제작한 문서이다. 항공기 비행교범은 이 절차에 따라 항공기를 운용할 때 달성해야 하는 항공기 성능과 함께 정상, 비정상 및 비상 운용에 권장되는 항공기 운용 기술을 자세히 설명한다. 비행교범은 항공기 운항중 모든 항공편에서 비치하여야 한다.

비행교범은 다음과 같이 운용한계, 운용절차, 성능 및 적재정보 등을 포함하고 있고, 국토교통부장관은 각 항공기에 대한 비행교범을 제출받아야 한다.

- 일반
- 제한조건
- 비상절차
- 일반절차
- 성능자료
- 중량 및 평형/장비 목록
- 시스템 설명자료
- 취급, 서비스 및 정비 자료
- 부록

국토교통부장관은 다음 사항을 충족한다고 인정하는 경우, 비행교범(AFM; Airplane Flight Manual) 및 비행교범 부록(AFM supplement)을 승인한다. 비행교범에 대한 지침서는 AC 23-8(Part 23 비행기인증을 위한 비행시험 안내서), AC 25-7(수송류 비행기 인증을 위한 비행시험 안내서), AC 27-11(보통류 회전익 항공기 인증 안내서)과 AC 29-2(수송인 회전익항공기 인증 안내서)에 나와 있다.

- 인증비행시험조종사, 인증비행시험엔지니어, 항공기평가그룹(AEG) 운항전문가 및 관련 인증팀 엔지니어가 운항한계 및 정상·비정상 긴급절차 부분에 동의함
- 인증비행시험조종사가 성능부분에 대한 승인을 권고함
- 항공기평가그룹(AEG)에서 비행교범의 완결성을 검토하여 수락함

제53조 (최종 형식증명위원회의)

형식증명 위원장은 인증기준에 명시한 감항기술기준에 대한 적합성을 신청자가 모두 실증했다고 판단하는 경우, 다음 사항에 대한 심의를 위한 최종 형식증명위원회의(final TCBM)를 개최하고 그 결과를 국토교통부장관에게 보고한다.

- 설정된 감항기술기준 관련 의문사항이 존재하는 중요 안건, 비행교범, 감항성 유지지침서 등
- 중요 기술자료의 현황을 판단
- 형식증명서(TC) 및 형식증명자료집(TCDS) 발급 여부에 대한 공식적 결정

국토교통부장관은 형식증명을 받고자 하는 항공기등에 대한 모든 인증사안이 종결되었다고 판단하는 경우, 신청자에게 그림 3.8의 형식증명서를 교부한다.

대 한 민 국
국 토 교 통 부

증명서 번호
Certificate No.:

The Republic Korea
Ministry of Land, Infrastructure and Transport

[ ] 형 식 증 명 서(Type Certificate)
[ ] 제 한 형 식 증 명 서(Restricted Type Certificate)

1. 분류(Classification)	
2. 형식 또는 모델(Type or Model)	
3. 설계자의 성명 또는 명칭 (Name of Designer)	
4. 설계자 주소(Address of Designer)	
5. 감항분류(Airworthiness Category)	
6. 형식증명자료집 번호 (Type of Certificate Data Sheet No.)	

위의 [ ]항공기, [ ]발동기, [ ]프로펠러는 「항공안전법」 제20조제3항 및 같은 법 시행규칙 제21조제1항에 따라 (해당 특정업무와 관련된) 항공기기술기준에 적합한 형식임을 증명합니다.

In accordance with Paragraph 3, Article 20 of Aviation Safety Act and Paragraph 1, Article 21 of Enforcement Regulation of Aviation Safety Act, the Minister of Ministry of Land, Infrastructure and Transport hereby certifies that the abovementioned [aircraft, engine, propeller] (Restricted) type design meets airworthiness requirements of Aviation Safety Act(for operation of the special purposes).

년 월 일
Date of Issuance

국토교통부장관 직인

Minister of Ministry of Land, Infrastructure and Transport

그림 3.8 형식증명서

형식증명서(TC)의 일부분인 형식증명자료집(TCDS; Type Certification Data Sheet)은 형식증명된 제품의 형상에 대한 간결한 정의를 나타낸다. 따라서 특정한 제품에 대한 정보를 찾기 쉽도록 TCDS의 표준양식이 필요하다.

표 3.4는 항공기 형식증명 자료집(TCDS)에 대한 작성내용을 나타낸다.

표 3.4 형식증명 자료집(TCDS) 내용

구 분	내 용
I. 일반사항 (General)	1. 대상형식(Type) 2. 형식증명서 소지자 정보(Type Certificate Holder) 3. 제작자(Manufacturer) 4. 신청날짜(Application Date) 5. 인증날짜(Certification Date) 6. 관련 형식증명 번호(Reference Type Certificate Number)
II. 인증 근거 (Certification Basis)	1. 감항기준(Airworthiness Standards) 2. 환경보호기준(Environmental Standards) 3. 특별 조건(Special Condition)
III. 기술정보 (Technical Description)	1. 형식설계정의(Type Design Definition) 2. 형식(Type) 3. 세부특성(Description) 4. 장비품(Equipment) 5. 크기(Dimensions) 6. 정격(Ratings) 7. 조종계통(Control System) 8. 작동유체(Fuel/Oil/Additives) 9. 항공기 보기류 작동(Aircraft Accessory Drives) 10. 최대 블리드에어 추출량(Maximum Permissible Air Bleed Extraction)
IV. 운영제한 (Operational Limits)	1. 온도한계(Temperature Limits) 2. 압력한계(Pressure Limits) 3. 속도한계(Speed Limits)
V. 참고사항(Notes)	Note 1. 운영 및 서비스 교범(Operating and Service Manual)

FAA Order 8110.4C(형식증명)에는 TCDS 외에도 다음과 같은 형식증명과 관련된 유용한 권고회람서(AC)를 포함한다.

- AC 20-135, 동력장치 장착 및 추진계통 구성품 내화성 시험방법, 표준 및 기준

- AC 21. 17-1, 형식증명-비행선
- AC 21. 17-2, 형식증명-고정익 글라이더
- AC 21. 17-3, 초경량 항공기 형식증명
- AC 21-23, 미국으로 수입되는 민간 항공기, 엔진, 프로펠러 및 이와 관련된 품목들의 감항증명
- AC 21-24, 감항성 상호인정협정(BASA) 체결국에 위치한 시설에 대한 생산증명 연장
- AC 21-40, 부가형식증명 획득을 위한 적용 지침
- AC 23-8, Part 23 비행기의 인증에 관한 비행시험 지침
- AC 25-7, 수송(T)류 비행기의 인증에 관한 비행시험 지침
- AC 25-19, 인증 유지 요구도
- AC 25.571-1, 구조물의 손상허용 및 피로 평가
- AC 27-1, 보통(N) 인 회전익 항공기의 인증
- AC 29-2, 수송인 회전익 항공기의 인증
- AC 33-2, 항공기 엔진 형식증명 규정
- AC 36-4, 소음 인증 규정
- AC 121-22, 정비검토위원회(MRB; Maintenance Review Board)

(5) 제5절(인증 관리 단계(Post Certification Activities))

인증 관리 단계에서는 종결 업무들을 통해 유지감항 및 제품의 잔여 수명주기 인증 관리 활동의 기초를 제공한다.

제54조 (형식증명요약보고서)

전문검사기관의 과제책임자는 다음 사항에 해당하는 인증과제의 경우, 주요 인증사안 및 그 해결과정을 설명하는 행정적 요약서인 형식증명요약보고서(Certification Summary Report)를 작성한다.

- 총중량 34,020kg(75,000lb) 이상인 신규 비행기 또는 신규 수송류 회전익 항공기 및 이들 항공기에 대한 중대한 개조가 있는 경우
- 중대한 기술적 현안을 포함하고 있는 항공기, 새롭거나 특이한 설계특성을 갖는 항공기, 기타 논쟁이 많은 설계특성(controversial design)을 갖는 항공기
- 공익에 특이한 영향을 미칠 가능성이 있는 과제

국토교통부장관은 형식증명보고서는 인증과정 중에 얻은 지식 및 경험을 향후에 수행할 유사 및 동종 형식설계 인증에 활용하기 위한 목적으로 사용하며, 형식증명승인(TCV; Type Certificate Validation) 과정에서 국토교통부가 관심을 가져야 하는 분야를 제시하는 도구로 활용한다.

전문검사기관의 과제책임자는 형식증명요약보고서 제안서를 형식증명서의 발행시점까지 작성하여 국토교통부장관에게 제출한다.

제55조 (형식검사보고서)

인증팀 검사관, 인증비행시험엔지니어 및 인증비행시험조종사는 형식검사승인서에서 인가한 검사, 지상시험 및 비행시험에 대한 기록으로 형식검사보고서를 작성한다.

인증팀 검사관 및 인증비행시험조종사는 제1항에 따라 형식검사보고서를 작성할 때 다음 사항을 고려하여야 한다.

- 형식증명 교부후 90일 이내 작성
- 형식검사승인서(TIA)에서 인가한 모든 검사 및 시험결과 포함
- 비행시험 중 시제 항공기등에 적용된 설계변경의 순차적 목록. 단, '신청자의 변경(Made by applicant)'과 '부적합 시험결과'에 대한 국토교통부의 시정 요구 여부를 구분하여 기술
- 적절한 책임자가 승인
- 신청자에게 참조 복사본 1부 제공

인증팀 검사관은 형식검사보고서 제1부(Part 1) '지상검사'를 작성하고, 신청자 비행시험 인력과 함께 형식검사보고서 제2부(Part 2) '비행시험보고서'를 작성한다.

제56조 (감항성 유지)

감항성 유지(continued airworthiness)란 항공기 수명기간 동안 승인(또는 승인된 개조 상태)시 설정된 항공기 안전성 수준을 항공기 수명기간 동안 유지하기 위한 것으로 항공제품의 설계, 생산, 운항, 정비, 개조, 수리에 적용한다.

국토교통부장관은 감항성 유지관리를 위하여 승인된 항공기등, 부품, 장비품의 설계승인소지자 및 생산승인소지자에 대한 관리감독을 통해 안전 관련 사안을 식별 및 평가하고 시정조치를 개발하여 시행한다.

제60조 (항공기 인도시 제공자료)

국토교통부장관은 형식증명소지자가 항공기를 인도할 때 다음의 자료를 사용자에게 제공하는 절차가 적절한지를 검토한 후 이를 수락한다. 또한 신청자가 개정된 감항성 유지지침서를 해당 문서의 사용이 요구되는 자에게 배포하는 절차가 적절한지를 검토하고 이를 수락한다.

- 비행교범 승인본 최신판
- 균형 및 평형 최신 기준서
- 감항성 유지 지침서
- 감항성 개선 지시서 준수 현황
- 기타 필요하다고 인정되는 문서

(6) 형식설계변경

국토교통부장관은 형식증명소지자가 당해 형식설계를 변경(change in type design)하고자 하는 경우, 항공안전법에 따라 형식설계의 변경 또는 부가형식증명(STC; Supplemental Type Certification)을 적용한다.

형식설계 변경은 단순하고 간단한 설계상의 변경에서부터, 항공기를 수송용 항공기로 전환하기 위해 항공기 동체에 많은 개조를 하는 것까지 그 범위가 아주 다양하다. 형식설계 변경은 중대한 변경(major change)과 경미한 변경(minor change)의 두 가지로 구분한다. 경미한 변경은 중량, 평형, 구조강도, 신뢰성, 운용 특성이나 기타 항공기등의 감항성에 영향을 미치지 않는 변경을 말하며 그 외의 모든 다른 변경은 중대한 변경으로 규정한다.

경미한 형식설계 변경 승인

형식설계의 경미한 변경은 입증자료나 설명자료를 국토교통부장관에게 제출하기 전이라도 수락 가능한 방법에 의해 승인을 받을 수 있다.

중대한 형식설계 변경 승인

형식설계에 중대한 변경이 있는 경우에는 신청자는 형식설계에 이를 반영할 수 있도록 형식설계의 변경에 관한 입증자료 및 필요한 설명자료를 제출한다.

항공기는 다음과 같은 개조에 대해 새로운 형식증명서의 신청이 필요하다.

- 엔진 또는 로터 수의 변경
- 작동 원리가 다른 엔진 또는 로터의 사용

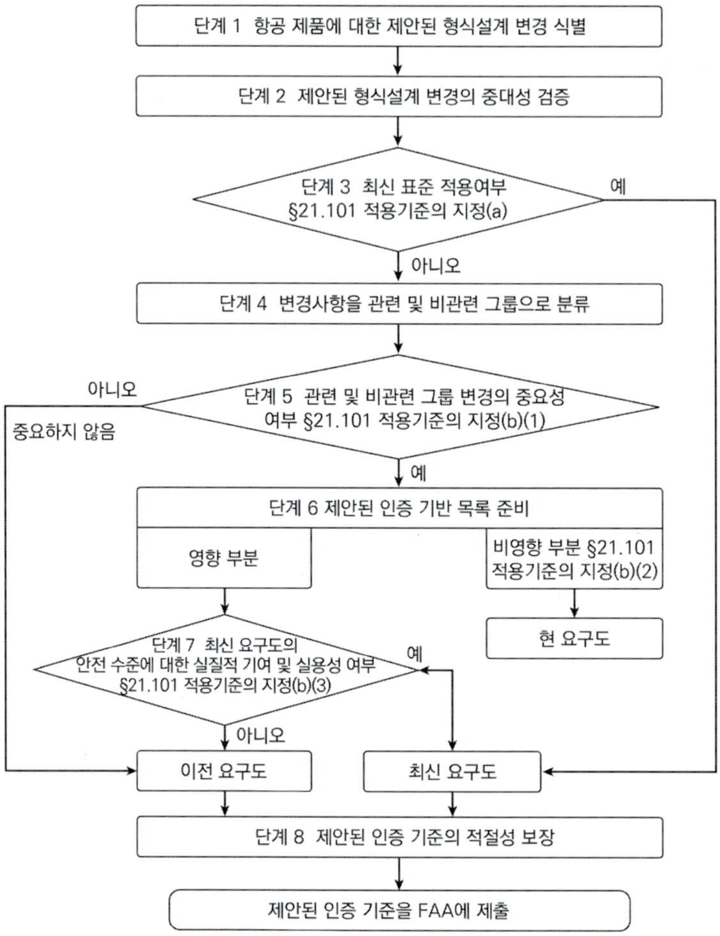

그림 3.9 형식설계 변경에 대한 인증 설정 절차

엔진의 경우, 대체되는 엔진이 작동 원리가 다른 경우는 신규 형식증명서를 신청한다. 프로펠러의 경우, 프로펠러의 수가 다르거나 작동 원리가 다른 경우는 신규 형식증명서를 신청한다.

설계, 동력, 추력, 중량 등의 큰 변경으로 인해 감항당국의 새로운 심사를 받아야 할 정도의 개조를 할 경우 반드시 신규 형식증명서를 신청해야 한다.

수송용 항공기의 형식증명 변경에 대한 신청 유효기간은 5년으로 하며 기타의 형식증명 변경에 대한 신청유효기간은 3년으로 한다.

그림 3.9에는 형식설계 변경에 따른 기술기준의 적용여부를 판단하는 절차를 8단계로 구분하여 나타내고 있으며 FAA AC21-101-1B(항공제품 변경에 대한 인증 설정)에 기술되어 있다. FAA와 EASA는 Part 23 소형 비행기에 대한 '중대함(substantial)', '중요함(significant)' 및 '중요하지 않음(not significant)'로 변경 사례를 구분하여 상세하게 기술하고 있다.

(7) 부가형식증명(STC; Supplemental Type Certificate)

부가형식증명(STC; Supplemental Type Certificate)은 항공안전법 제20조(형식증명) 제4항 및 항공안전법 시행규칙 제23조(부가형식증명의 신청)의 규정에 의한 항공기등의 형식증명 소지자가 설계를 변경하고자 하거나, 형식증명을 얻은 항공기등에 다른 형식의 장비품 또는 부품을 장착하기 위하여 설계를 변경하고자 하는 자가 받아야 할 증명을 말한다.

일반적으로 항공기등의 개조는 형식증명서 소유자(TCH; Type Certificate Holder)를 통해 이루어진다. 그러나 KAS Part 21의 Subpart E(부가형식증명)에 따르면 꼭 그렇지만도 않다. 어느 개인이 새로운 형식증명서를 신청하기에는 부족한 수준의 중개조를 항공기등에 수행하였다면, 그 개인은 당국에 STC를 신청해야 한다. 몇 가지 구체적인 예를 들자면 TCH 이외의 어떤 설계조직이 형식증명된 항공기에 탑재할 수 있는 농약 살포용 농경 시스템을 설계할 수도 있고, 승객 운송용 비행기를 화물용 비행기로 전환하는 경우도 있다. FAA STC를 신청하기 위해서 공식적인 설계조직 승인을 받을 필요는 없으나, 신청인은 개

대 한 민 국
국토교통부
The Republic of Korea
Ministry of Land, Infrastructure and Transport

증명서 번호
Certificate No.:
관련 형식증명번호
Type Certificate No.:

부가형식증명서
Supplemental Type Certificate

1. 구분(Classification)	
2. 형식 또는 모델(Type or Model)	
3. 감항분류(Airworthiness category)	
4. 설계자의 성명 또는 명칭(Name of Designer)	
5. 설계자의 주소(Address of Designer)	
6. 설계변경 승인내용(Description of Modification)	
7. 기타(Remarks)	

위의 [항공기, 발동기, 프로펠러]는 「항공법」 제17조제4항 및 같은 법 시행규칙 제34조제3항에 따른 기준에 적합한 형식임을 증명합니다.

In accordance with Paragraph 4, Article 17 of Aviation Act and Paragraph 3, Article 34 of Enforcement Regulation of Aviation Act, the Minister of Ministry of Land, Infrastructure and Transport hereby certifies that the above mentioned [aircraft, engine, propeller] type design meets airworthiness requirements of Aviation Act.

년 월 일
Date of Issuance

국 토 교 통 부 장 관 직인

Minister of Ministry of Land, Infrastructure and Transport

그림 3.10 부가형식증명서

조설계를 수행하기 위해 필요한 형식설계에 관한 모든 정보를 알고 있다는 사실을 증명하는 것이 필요하다. 또한 STC 보유자와 협력하여 개조된 제품의 지속적인 감항성을 위한 모든 의무들을 다하도록 해야 한다.

STC는 형식설계의 주요 변화에 대한 승인이기 때문에, '형식설계의 개조'라고 불리며 STC의 인증 절차는 항공기등의 형식증명 절차와 유사하다. 그림 3.10에는 부가형식증명서 겉표지를 나타내고 있다.

EASA는 내부 업무절차서인 'STC 절차서'를 발간하였으며 FAA는 AC 21-40A, 'STC 취득을 위한 신청 지침'을 발간하였다. EASA STC에 따라 생산된 부품과 장비들은 21A.804 (부품 및 장비품 확인)에 따라 영구적이고 보기 쉬운 곳에 유럽부품인가(EPA; European Part Approval)라는 글자 표시를 해야 한다.

STC의 실질적인 도입과 관련한 KAS 21.120(부가형식증명소지자의 서면 개조허가서 제공 의무 등)에 따르면, 제3자로 하여금 자신의 STC를 사용하여 항공기등을 개조하고자 하는 STC 보유자는 그 제3자가 국토교통부가 수용한 서면 개조허가서를 갖고 있어야 한다. 국토교통부는 STC 소유자에 대해서 다음과 같은 권리를 인정한다.

- 항공기의 경우, 감항증명서를 획득한 것으로 간주함
- 항공기 외의 기타 제품의 경우, 인증된 항공기에 해당 제품을 장착할 수 있도록 허가함
- STC에 의해 인가된 형식설계 개조 제품에 대한 제작증명서를 획득한 것으로 간주함

3.3 제작증명(PC)

3.3.1 제작증명(PC)

항공기등의 제품이 형식증명을 받으면, 보통 해당 제품의 대량생산으로 이어지게 된다. 형식증명서 보유자(TCH; Type Certificate Holder)는 생산조직과 협력하여 설계와 생산에 대해 최대한도의 협조와 제품의 유지감항을 위해 적절한 지원을 한다.

KAS Part 21은 생산에 관한 두 가지 방법을 제시한다.

- Subpart G(제작증명)에 따른 제작증명
- Subpart F(형식증명하에서의 생산)에 따라 형식증명서하에서만 이루어지는 제작

제작증명 절차에 대해 항공기 제작증명 및 생산지침(국토교통부 훈령 제933호, 2017. 11. 09.)의 문서체계에 따라 다음과 같이 정리하였다.

3.3.2 제작증명(PC) 절차

제4조 (제작증명 업무)

국토교통부장관이 수행하여야 할 제작증명 업무는 다음과 같다.

- 제작증명에 필요한 규정 및 절차 등을 국제적 기준에 적합하게 제정 및 개정하고 이를 유지 · 관리함
- 제작증명 신청서의 접수현황, 기술자료, 평가자료 및 증명서 교부현황 등을 관리함
- 품질관리자료, 품질관리체계 요구조건 및 평가 점검표를 제정 및 개정하고 이를 관리함
- 제작증명위원회 및 제작증명 평가팀을 구성하고 신청자의 품질관리자료, 제작공장의 품질관리체계에 대한 제작증명 평가를 수행하며 적합성을 최종 확인함
- 제작증명서를 교부하고 제작증명서 및 생산승인지정서의 개정현황을 관리함
- 제작증명소지자의 감항성 유지를 위해 인증관리 프로그램을 개발하고 이를 통해 제작증명소지자를 관리 감독함
- 제작증명 업무 수행에 필요한 평가 및 기술검증업무를 별지1의 요건을 충족하는 전문검사기관을 지정하고, 감독함

제5조 (제작증명위원회)

국토교통부장관은 최초 제작증명이나 제작증명소지자의 제작공장 이전 또는 전문적이고 기술적인 사항에 대한 심의가 필요하다고 인정하는 경우 제작증명위원회를 구성하고 제작증명 관련 업무를 위임할 수 있으며 위원장(항공기술과장), 부위원장 각 1인을 포함한 10인 이내의 위원으로 구성한다.

제7조 (신청자격)

Part 21의 Subpart G(제작증명)에 따르면, 형식증명서 보유자(TCH; Type Certificate Holder) 또는 면허계약에 따라 형식증명의 혜택을 받을 권리를 보유하고 있는 개인 또는 부가형식증명서 보유자는 관련 제품에 대한 제작증명을 신청할 수 있다.

제9조 (제작증명 평가팀 구성)

국토교통부장관은 제작증명위원장을 지정하여 제작증명 신청서 및 관련 자료를 접수한 후에 기술자료의 검토 및 제작공장의 품질관리체계 평가를 위하여 평가팀을 구성한다.

제작증명위원장은 적합한 자격을 갖춘 자로 평가팀을 구성하고 평가팀장을 지정한다. 평가팀은 평가팀장과 평가원으로 구성하며, 신청자의 제작공장에서 적용되는 공정이나 절차의 형태나 복잡성에 따라 필요하다고 판단되는 경우, 해당분야 전문가를 추가적으로 포함시킨다.

평가팀은 신청자의 제작공장의 규모에 따라 다음을 기준으로 구성한다.

- 직원이 400명 이하인 경우에는 팀장 1명에 팀원 1명 내지 3명
- 직원이 400명 이상 2000명 이하인 경우에는 팀장 1명에 팀원 2명 내지 4명
- 직원이 2000명 이상인 경우에는 팀장 1명에 팀원 3명 내지 5명

제10조 (품질관리자료 평가)

품질관리자료는 생산승인소지자 또는 신청자에 대해 해당 규정에서 요구하는 품질관리체계의 내용을 기술한 자료로써 이러한 자료는 제품 또는 해당부품을 생산하는데 사용하는 방법, 절차, 공정, 검사, 시험, 규격, 차트, 목록, 양식 등을 포함한다.

품질관리자료 평가에서 평가팀장은 신청자가 제출한 다음의 자료를 포함하여 검사 및 시험절차 등을 기술한 자료에 대해 적합성을 평가하여야 한다.

- 경영자 및 관련조직을 포함하는 품질관리 조직도와 조직에 부과된 책임과 위임사항을 설명하는 자료
- 공급업체에서 생산하는 원자재, 구매품 및 부품과 조립품에 대한 검사 절차를 설명하는 자료
- 특수공정에 대한 식별, 완성품에 대한 최종시험절차, 개별 부품 및 조립품에 대한 생산검사 및 공정관리 방법에 대한 자료
- 부적합 품목에 대한 자재심의위원회 심의결과 자료 및 불합격품의 처리 등을 포함하는 자재심의절차를 설명하는 자료
- 도면, 규격 및 품질관리절차 등의 최신 변경사항을 검사원에게 통보하는 절차를 설명하는 자료
- 검사장소와 내용을 설명하는 목록 또는 배치도
- 제작하고자 하는 항공기등의 감항성 유지 및 사후인증 관리체계를 설명하는 자료

제13조 (품질관리체계 평가절차)

평가팀장은 평가 전에 평가팀 회의를 소집하여 평가 계획, 목표에 대하여 설명하고 업무 조정을 수행한다.

평가팀장은 평가 시작일에 평가팀 및 신청자가 참석하여 아래 사항을 협의한다.

- 평가팀 및 신청자의 소개
- 평가의 범위 및 목적
- 평가방법 및 절차에 대한 개요
- 공식 의사전달자 결정
- 평가팀 지원 요청 및 시설 사용 가능 여부 확인
- 최종 및 수시 회의일정 결정

평가는 면담, 문서 및 자료의 조사, 대상 부서의 업무를 관찰하는 방법으로 수행하며, 평가에 대한 세부사항은 다음과 같다.

- 평가원은 평가시 확인한 모든 부적합사항을 기록함
- 면담을 통하여 수집된 정보는 관찰, 측정, 기록과 같은 객관적 자료와 비교 검증되어야 함
- 평가 중 평가팀장은 평가목표달성에 유익한 것으로 판단할 경우 평가원에게 배정한 업무와 평가계획을 변경함
- 형식설계자료, 승인된 품질관리자료에 대한 적합성을 평가함
- 임의의 부품이나 공정 등을 선택하여, 이들의 관련기준, 절차, 표준에서 규정하는 각 요구조건을 단계별로 확인하면서 부품이나 공정 등이 관련 기준, 절차 등에 적합한지를 평가함

항공기인증시스템 평가프로그램(ACSEP; Aircraft Certification Systems Evaluation Program)의 평가점검표(survey sheet)는 조직관리(organizational management), 설계관리(design control), 소프트웨어 품질보증(software quality assurance), 제작공정(manufacturing processes), 제작관리(manufacturing control) 및 공급업체 관리(supplier control)를 포함한 6개 분야로 분류되며 각 분야별 평가항목은 제작증명, 기술표준품 형식승인 및 부품제작자증명에 따라 구분된다. 표 3.5는 항공기 인증 시스템 평가점검표의 조직관리 분야의 일부를 나타낸다.

표 3.5 항공기 인증 시스템 평가점검표(ACSEP Survey Sheet)

평 가 항 목	평가결과			비고
	Yes	No	NA	
101. 생산승인서/허가서(제작증명, 부품등제작자증명, 기술표준품 형식승인)가 당해 제작공장의 본관 건물 내에 적절하게 전시되어 있는가? Is the production approval/authorization displayed prominently in the main office of the evaluated facility in which the product is manufactured?	☐	☐	☐	
102. 당해 제작공장은 생산승인서(제작증명/부품등제작자증명/기술표준품 형식승인)의 생산제한조건 범위 내에서 운용되고 있는가? Is the evaluated facility operating within the production limitations of the production approval?	☐	☐	☐	
103. 각 기능을 담당하는 제작공장 및 개별 조직의 책임과 권한 범위를 규정하고 있는 전반적인 정책 및 절차적인 문서가 있는가? Is there an overall policy/procedural document that describes the facility and each organization responsible for various functions; including a description of responsibilities and their levels of authority?	☐	☐	☐	
104. 당해 제작공장은 정책 관련 문서의 적절성과 최신성을 주기적으로 검토하고, 정해진 일정에 따라서 이를 개정하고, 책임자가 정책 및 절차 문서를 쉽게 이용할 수 있는가? Is the policy document reviewed periodically by the evaluated facility for adequacy and currency, and updated as warranted and are the policy and procedures documents available to responsible personnel?	☐	☐	☐	
105. 당해 제작공장은 책임 및 권한 범위에 대한 정의를 포함하여, 품질관리 관련 사항을 기술하고 있는 품질관리매뉴얼을 가지고 있으며, 이를 사용하고 있는가? Does the evaluated facility have and use a Quality Manual to describe the management of quality-related subjects, including a description of responsibilities and their levels of authority defined?	☐	☐	☐	
106. 품질관리자료 및 이에 대한 변경사항을 국토교통부에 제출하는가? Is quality system data, and changes thereto, submitted to the MLIT?	☐	☐	☐	
107. 품질관리를 위한 태그, 서식, 그리고 기타의 문서가 적절하게 기록되고 관리되는가? Are tags, forms, and other documents described and controlled?	☐	☐	☐	
108. 당해 제작공장은 공정, 시험, 그리고 품질/검사시스템 자료의 유형에 따라 기록유지 계획을 수립하는가? Has the evaluated facility established a record retention schedule for various types of process, test, and quality/inspection system data?	☐	☐	☐	

제18조 (제작증명서의 교부), 제19조 (생산승인지정서)

국토교통부장관은 신청자의 품질관리자료와 제작공장의 품질관리체계가 제작증명서 교부 자격에 적합한 것으로 판단되면 그림 3.11의 제작증명서와 제작증명서의 일부로서 그림 3.12의 생산승인지정서를 함께 교부한다.

대 한 민 국
국토교통부
The Republic of Korea
Ministry of Land, Infrastructure and Transport

증명서 번호
Certificate No.

제 작 증 명 서

Production Certificate

1. 분류 (Classification)	
2. 형식 또는 모델 (Type or Model)	
3. 제작자의 성명 또는 명칭 (Name of Manufacturer)	
4. 제작공장 위치 (Location of The Manufacturing Facility)	
5. 품질관리규정 명칭 (Title of Quality Control Manual)	
6. 관련 형식증명 또는 부가형식증명 번호 (Related Type Certificate No. and/or Supplemental Certificate No.)	

「항공안전법」 제22조제3항 및 같은 법 시행규칙 제34조제1항에 따라 항공기기술기준에 적합한 제작자임을 증명합니다.

In accordance with Paragraph 3, Article 22 of Aviation Safety Act and Paragraph 1, Article 34 of Enforcement Regulation of Aviation Safety Act, the Minister of Ministry of Land, Infrastructure and Transport hereby certifies that the abovementioned manufacturer is in compliance with requirements of Aviation Safety Act.

년 월 일
Date of Issuance

국토교통부장관 직인

Minister of Ministry of Land, Infrastructure and Transport

본 증명서는 양도될 수 없으며, 기본설비 또는 위치의 주요변경 시에는 국토교통부장관에게 즉시 보고하여야 합니다.

(This Certificate is not transferable, and any major change in the basic facilities, or in the location thereof, shall be immediately reported to Minister of Ministry of Land, Infrastructure and Transport)

그림 3.11 제작증명서

대 한 민 국
국토교통부
The Republic of Korea
Ministry of Land, Infrastructure and Transport

지정서 번호
(Record No.)

제작증명서 번호
(Production Certificate No.)

생 산 승 인 지 정 서
Production Limitation Record

항공안전법 제22조 및 같은 법 시행규칙 제34조의 규정에 의하여 제작증명 소지자에게 승인된 형식증명 제품은 다음과 같습니다.

In accordance with the Article 22 of Aviation Safety Act and the Article 34 of Enforcement Regulation of Aviation Safety Act, the holder of Production Certificate may produce any of the following models for which a type certificate has been issued.

형식증명 번호 Type Certificate No.	모델 Model	제작증명서 교부일자 Issue Date of Production Certificate

제한 사항 :
Limitation

년 월 일

국 토 교 통 부 장 관 인
Ministry of Land, Infrastructure and Transport

그림 3.12 생산승인지정서

생산승인지정서에 포함되어야 하는 세부사항은 다음과 같다.

- 제작증명서에 의해 생산을 승인받은 개별 제품의 형식증명서 번호
- 승인 제품의 모델 번호
- 제작증명서 교부일자

제20조 (제작시설의 위치)

국토교통부장관은 우리나라와 상호항공안전협정(BASA; Bilateral Aviation Safety Agreement) 또는 이와 동등한 협정을 체결하지 아니한 국가에 항공기등의 제작시설이 있는 경우, 행정적 또는 재정적인 부담을 고려하여 제작증명서를 발급하지 아니한다.

제23조 (국제공동개발 항공기등의 제작증명)

국토교통부장관은 국내 제작업체가 외국 제작업체와 기술제휴 또는 면허생산 방식 등의 기술협력을 통하여 항공기등을 공동개발 또는 생산하는 경우, 제작증명을 해당 외국 감항당국과 공동으로 수행할 수 있으며 절차 및 방법 등은 해당 외국 감항당국과 협의하여 별도로 정한다.

제24조 (제작증명소지자 관리)

국토교통부장관은 제작증명소지자로 하여금 제작증명시 승인받은 자료와 절차에 합치하는 품질관리체계를 유지하도록 하고, 제작증명소지자로 하여금 제작증명서에 따라 생산하는 항공기등에 대해 당해 형식설계에 합치하고 안전한 작동상태를 유지하도록 하여야 한다.

국토교통부장관은 제작증명소지자로 하여금 모든 품질관리체계의 변경사항을 국토교통부장관에게 보고하도록 하여야 한다. 특히, 검사, 합치성 또는 제품의 감항성에 영향을 미칠 수 있는 변경사항이 발생하는 경우에는 국토교통부장관에게 서면으로 즉시 보고하도록 하여야 한다.

국토교통부장관은 제작증명소지자로 하여금 승인받은 품질관리 절차에 따라서 생산된 제품에 식별표시를 하도록 하여야 하며, 제작증명소지자로 하여금 생산한 제품에 중대한 고장, 기능불량 및 결함이 발생하는 경우, 국토교통부장관에게 이를 즉시 보고하도록 한다.

3.3.3 형식증명하에서의 제작(KAS Part 21조 Subpart F)

형식증명하의 생산 (KAS 21.123)

형식증명 하에서만 생산되는 제품을 제조하는 회사는 다음의 사항을 지켜야 한다.

- 각 제품들이 국토부장관의 검사를 받을 수 있도록 함
- 행정관이 해당 제품과 부품들이 형식설계에 합치하는지 여부를 확인하는데 필요로 하는 기술적 데이터 및 도면을 제작 장소에 비치하여야 함
- 제조사가 위치한 지역을 담당하는 감항당국에 의해 별도로 인가된 경우를 제외하고, 형식증명서 발행일로부터 6개월 이상이 지난 뒤에 생산된 제품들에 대한 승인된 제품검사시스템(APIS; Approved Production Inspection System)을 구축하고 유지함. 이를 통해 각 제품이 형식설계에 합치 및 안전 운항에 적합한지 여부를 확인하게 됨
- APIS가 구축되면 감항당국에게 시스템에 대한 설명과 21.125(b)(생산검사체계-자재심

의 위원회)에서 요구하는 판단에 필요한 체계 및 방법을 기술한 매뉴얼을 국토교통부 장관에게 제출한다.

생산검사체계-자재심의위원회 (KAS 21.125)

자재심의위원회는 검사, 식별, 재가공, 손상된 품목 또는 사용불가 품목의 격리 및 폐기를 포함한 비적합 품목의 사용을 통제하는 업무를 수행한다. 따라서 효율적인 생산검사시스템을 갖추기 위해서는 자재검토위원회가 반드시 제 기능을 수행해야 한다. APIS는 KAS 21.125에 명시된 검사 표준에 부합되어야 한다. APIS 보유자는 검사부서와 엔지니어링 부서의 대표를 포함하는 자재심의위원회(MRB; Material Review Board)를 설립하고, 국토교통부 기준에 부합하는 공정규격서, 자재검토위원회 기록, 시험절차 및 비행점검 양식도 또한 갖추어야 한다. TC 신청자의 입장에서는 TC 신청 제품의 원형시제품 제조, 검사, 시험 수행과 동시에 이들 자료들을 함께 개발하는 것이 유리하다.

생산검사체계는 최소한 다음 사항을 판단할 수 있는 방법을 제공한다.

- 최종 항공기등에 사용될 입고자재, 구매 또는 하청 부품은 형식설계자료에 명시된 것이거나 이와 동등한 수준이어야 함
- 물리적 또는 화학적 특성을 즉시 정확하게 판단할 수 없는 입고자재, 구매 또는 하청 부품은 적절하게 식별되어야 함
- 손상 또는 열화될 수 있는 자재는 적절하게 저장되고 적절하게 보호되어야 함
- 최종 항공기등의 품질 및 안전에 영향을 미치는 공정들은 수락 가능한 산업계 또는 국가규격에 따라 수행되어야 함
- 정확한 결정을 내릴 수 있는 생산 시점에 공정 중에 있는 부품 및 구성품이 형식설계자료에 합치하는지를 검사하여야 함
- 제작 및 검사인력은 필요한 시점에 최신 설계도면에 쉽게 접근할 수 있고 이를 사용할 수 있어야 함
- 자재 대체를 포함한 설계변경은 최종 항공기등에 반영되기 이전에 관리되고 승인되어야 함
- 불합격 자재 및 부품이 최종 항공기등에 장착되는 것을 방지하도록 격리되고 식별되어야 함
- 설계자료 또는 규격서를 충족하지 못하였으나 최종 항공기등에 장착을 고려중인 자재 및 부품은 자재심의위원회를 통해 처리되어야 함. 자재심의위원회가 사용 가능 판정을 내린 자재 및 부품에 대한 재작업 또는 수리가 필요한 경우, 적절하게 식별되어야 하며

재검사가 수행되어야 한다. 자재심의위원회가 불합격 판정한 자재 및 부품은 최종 항공기등에 장착되지 않음을 보증할 수 있도록 표시하고 처리하여야 함
- 제작자는 검사기록을 유지하고, 가능한 경우 완성품에 대한 식별이 가능하도록 하여 최소 2년 동안 보관하여야 함

항공기 시험 (KAS 21.127)

형식증명만을 받고 항공기를 제작하는 자는 승인된 생산비행시험절차 및 비행점검(flight check-off) 양식을 개발하고, 이에 따라 개별 생산 비행기에 대한 비행시험을 수행하며, 모든 생산비행시험절차는 다음 사항을 포함한다.

- 생산된 비행기가 시제비행기와 동일한 조종범위와 조종각도를 갖는지를 확인하기 위한 트림, 조종성 또는 기타 비행특성에 대한 운용점검
- 운항 중 계기 판독이 정상영역 내에 있는지를 확인하기 위해 승무원이 비행중 조작하는 개별 부품 또는 계통에 대한 운용점검
- 모든 계기가 적절하게 표시되었으며, 모든 게시물(placards) 및 요구되는 비행교범이 비행시험 후에 장착되었는지에 대한 결정
- 지상에서 항공기 운용특성의 점검
- 항공기의 지상 또는 비행 작동시에 가장 잘 수행될 수 있는 시험 중인 해당 항공기 특유의 기타 사항에 대한 점검

합치성 확인서 (KAS 21.130)

국내에서 제작한 항공기등의 경우 형식증명만의 소지자 또는 면허인은 형식증명만을 받고 제작한 해당 항공기의 최초 소유권을 이전하거나 항공기에 대한 감항증명 또는 엔진/프로펠러에 대한 감항성인증서의 최초 발행을 신청하는 경우라면, 국토교통부장관에게 합치성 확인서(Statement of Conformity)를 제출한다(그림 3.13). 합치성 확인서는 제작조직에 대한 책임권한을 갖고 있는 자가 서명하여야 하며, 다음 각호를 보증하는 문구를 포함한다.

- 개별 항공기등의 경우, 해당 항공기등이 형식증명서에 합치하며 안전한 운용 상태에 있음
- 개별 항공기의 경우, 항공기에 대한 비행점검이 완료되었음
- 개별 엔진 또는 가변피치 프로펠러의 경우, 제작자가 엔진 또는 프로펠러에 대한 최종 운용점검을 수행하였음

합치성 확인서(Statement of Conformity)

제1절 항공기 (Section 1. Aircraft)	
1. 제작자(Make):	2. 모델명(Model):
3. 일련번호(Serial No.):	4. 등록번호(Registration No.):
제2절 엔진 (Section 2. Engine)	
1. 제작자(Make):	2. 모델명(Model):
3. 일련번호(Serial No):	
제3절 프로펠러 (Section 3. Propeller)	
1. 제작자(Make):	2. 모델명(Model):
3. 블레이드 모델명(Blade Model):	4. 허브 일련번호(Hub Serial No.):
5. 블레이드 일련번호(Blade Serial No.):	

제4절 보증 (Section 4. Certification)

본 신청자는 다음 사항을 보증함.
I hereby certify that

□ 1. 본 신청자는 항공기기술기준 Part 21.33(a)의 요건을 준수했음.
I have complied with Part 21.33(a).

□ 2. 형식증명서만을 교부받아(Part 21 Subpart F) 제작한 상기 항공기는 당해 형식증명서에 합치하며 안전한 운용상태에 있으며, (　　년　월　일)자로 비행 점검이 완료되었음.
The aircraft described above, produced under type certificate only (Part 21 Subpart F), conforms to its type certificate, is in a condition for safe operation, and was flight checked on (yyyy/mm/dd).

□ 3. 상기 엔진 또는 프로펠러는 형식증명을 위해 제출하였으며, 당해 형식설계에 합치함.
The engine or propeller described above, presented herewith for type certification, conforms to type design.

□ 4. 형식증명서만을 교부받아(Part 21 Subpart F) 제작한 상기 엔진 또는 프로펠러는 형식증명서와 합치하며 안전한 운용상태에 있음. 엔진 또는 (해당되는 경우) 가변 피치 프로펠러는 제작자에 의해 (　　년　월　일)자로 최종 작동상태가 점검되었음.
The engine or propeller described above, produced under type certificate only (Part 21 Subpart F), conforms to its type certificate and is in a condition for safe operation. The engine or, if applicable, the variable pitch propeller was subjected by the manufacturer to a final operational check on (yyyy/mm/dd)

규격불일치완화(Deviations):

이름: (Name)	서명 (Signature of Certifier)	직위: (Title)
회사명: (Organization)		일자: / / / (Date: yyyy/mm/dd)

그림 3.13 합치성 확인서

3.3.4 수출감항승인(KAS Part 21 Subpart L)

적용(KAS 21.321)

항공안전법 제24조(감항승인) 및 같은 법 시행규칙 제46조(감항승인의 신청), 제47조(감항승인을 위한 검사범위) 및 제48조(감항승인서의 발급)의 규정에 따라 우리나라에서 제작 또는 정비 등을 수행한 항공기등, 장비품 또는 부품을 외국으로 수출하는 경우에 해당한다.

여기서 사용하는 용어의 정의는 다음과 같다.

- Class Ⅰ 제품은 항공기등으로서 형식증명을 받은 것을 말한다.
- Class Ⅱ 제품은 날개, 동체, 꼬리날개 조립체, 착륙장치, 동력전달장치, 조종면 등과 같

이 결함이 발생할 경우 Class I 제품의 안전에 치명적인 결과를 초래할 수 있는 Class Ⅰ 제품의 주요 구성품을 말함. 또는 기술표준품으로 승인을 받고 제작된 모든 부품, 자재, 장치품중 항공기에 장착되는 'C' 계열에 해당하는 것을 말한다.

- Class Ⅲ 제품은 Class I 또는 Class II 제품에 해당되지 않는 부품이나 구성품 또는 산업표준화법에 따른 항공분야 장비품 또는 부품 등을 말한다.

자격 (KAS 21.323)

- Class Ⅰ 또는 Class Ⅱ 제품의 제작증명 또는 제작자증명 소지자, 항공기 소유자 등 민간항공 관련 제품을 수출하고자 하는 자는 지방항공청장으로부터 수출감항승인을 받을 수 있음
- Class Ⅲ 제품을 수출하고자 하는 자는 제작증명을 받은 경우, 부품등제작자증명을 받은 경우, 그리고 기술표준품 형식승인을 받은 경우 수출감항승인을 받을 수 있음

수출감항승인 (KAS 21.325)

국토교통부장관 또는 지방항공청장은 감항승인을 위한 검사 결과 해당 항공기가 항공기 기술기준에 적합하다고 인정하는 경우에는 항공기 감항승인서(그림 3.14)를, 해당 발동기·

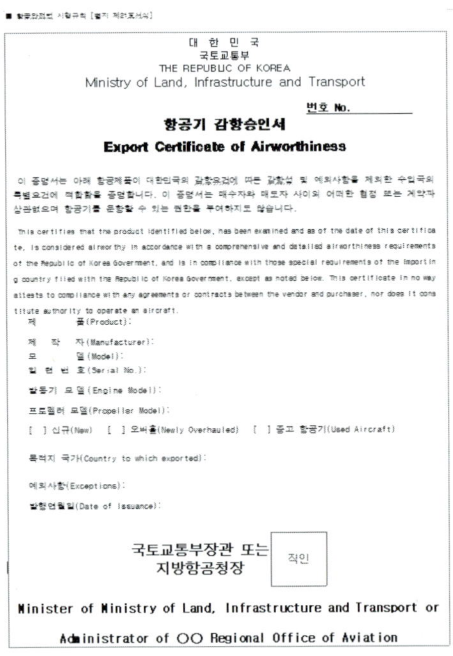

■ 항공안전법 시행규칙 [별지 제21호서식]

대 한 민 국
국토교통부
THE REPUBLIC OF KOREA
Ministry of Land, Infrastructure and Transport

번호 No.

항공기 감항승인서
Export Certificate of Airworthiness

이 증명서는 아래 항공제품이 대한민국의 감항요건에 따른 감항성 및 예외사항을 제외한 수입국의 특별요건에 적합함을 증명합니다. 이 증명서는 매수자와 매도자 사이의 어떠한 협정 또는 계약과 상관없으며 항공기를 운항할 수 있는 권한을 부여하지도 않습니다.

This certifies that the product identified below, has been examined and as of the date of this certificate, is considered airworthy in accordance with a comprehensive and detailed airworthiness requirements of the Republic of Korea Government, and is in compliance with those special requirements of the importing country filed with the Republic of Korea Government, except as noted below. This certificate in no way attests to compliance with any agreements or contracts between the vendor and purchaser, nor does it constitute authority to operate an aircraft.

제 품(Product):
제 작 자(Manufacturer):
모 델(Model):
일 련 번 호(Serial No.):
발동기 모 델(Engine Model):
프로펠러 모델(Propeller Model):
[ ] 신규(New) [ ] 오버홀(Newly Overhauled) [ ] 중고 항공기(Used Aircraft)
목적지 국가(Country to which exported):
예외사항(Exceptions):
발행연월일(Date of Issuance):

국토교통부장관 또는 지방항공청장 직인

Minister of Ministry of Land, Infrastructure and Transport or Administrator of ○○ Regional Office of Aviation

210mm×297mm[백상지(120g/㎡)]

그림 3.14 항공기 감항승인서

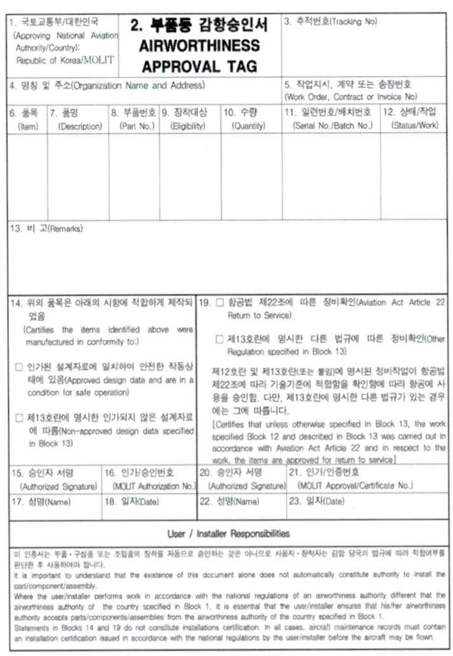

1. 국토교통부/대한민국 (Approving National Aviation Authority/Country): Republic of Korea/MOLIT	2. **부품등 감항승인서 AIRWORTHINESS APPROVAL TAG**				3. 추적번호(Tracking No)	
4. 명칭 및 주소(Organization Name and Address)					5. 작업지시, 계약 또는 송장번호 (Work Order, Contract or Invoice No)	
6. 품목 (Item)	7. 품명 (Description)	8. 부품번호 (Part No.)	9. 장착대상 (Eligibility)	10. 수량 (Quantity)	11. 일련번호/배치번호 (Serial No./Batch No.)	12. 상태/작업 (Status/Work)
13. 비 고(Remarks)						

14. 위의 품목은 아래의 사항에 적합하게 제작되었음 (Certifies the items identified above were manufactured in conformity to:)
☐ 인가된 설계자료에 일치하여 안전한 작동상태에 있음(Approved design data and are in a condition for safe operation)
☐ 제13호란에 명시한 인가되지 않은 설계자료에 따름(Non-approved design data specified in Block 13)

19. ☐ 항공법 제22조에 따른 정비확인(Aviation Act Article 22 Return to Service)
☐ 제13호란에 명시한 다른 법규에 따른 정비확인(Other Regulation specified in Block 13)
제12호란 및 제13호란(또는 붙임)에 명시된 정비작업이 항공법 제22조에 따라 기술기준에 적합함을 확인함에 따라 항공에 사용을 승인함. 다만, 제13호란에 명시한 다른 법규가 있는 경우에는 그에 따릅니다.
[Certifies that unless otherwise specified in Block 13, the work specified Block 12 and described in Block 13 was carried out in accordance with Aviation Act Article 22 and in respect to the work, the items are approved for return to service]

15. 승인자 서명 (Authorized Signature)	16. 인가/승인번호 (MOLIT Authorization No.)	20. 승인자 서명 (Authorized Signature)	21. 인가/인증번호 (MOLIT Approval/Certificate No.)
17. 성명(Name)	18. 일자(Date)	22. 성명(Name)	23. 일자(Date)

User / Installer Responsibilities

이 인증서는 부품·구성품 또는 조립품의 장착을 자동으로 승인하는 것은 아니므로 사용자·장착자는 감항 당국의 법규에 따라 적합여부를 판단한 후 사용하여야 합니다.
It is important to understand that the existence of this document alone does not automatically constitute authority to install the part/component/assembly.
Where the user/installer performs work in accordance with the national regulations of an airworthiness authority different that the airworthiness authority of the country specified in Block 1, it is essential that the user/installer ensures that his/her airworthiness authority accepts parts/components/assemblies from the airworthiness authority of the country specified in Block 1.
Statements in Blocks 14 and 19 do not constitute installations certification. In all cases, aircraft maintenance records must contain an installation certification issued in accordance with the national regulations by the user/installer before the aircraft may be flown.

그림 3.15 부품 등 감항승인서

프로펠러, 장비품 또는 부품이 항공기기술기준 또는 기술표준품형식승인기준에 적합하다고 인정하는 경우에는 부품등 감항승인서(그림 3.15)를 신청인에게 발급한다.

3.4 감항증명(AC)

감항증명(AC; Airworthiness Certification)은 항공안전 법률에 따라 항공기를 승인된 형식설계대로 설계 및 제작되어 있으며, 해당 항공기가 안전한 비행상태를 유지하고 있을 때 감항성 유지문서와 항공기 상태검사를 통하여 감항성을 확인하는 것을 말한다. 이에 대한 증명으로서 감항증명서가 발행된다.

항공기의 수입과 수출을 촉진하고 항공기의 국제 운항을 촉진하기 위해, 국제민간항공기구(ICAO)는 타 국가가 발행한 감항증명서가 감항 요구도 조건에 대해 유효성이 인정되거나, ICAO 부속서 8 '항공기 감항성'의 최소 기준을 충족 또는 상회할 시에는 유효한 것으로 해당 국가가 인정하도록 하고 있다.

몇 가지 예외 사항을 갖는 형식증명을 요구하는 제한 감항증명서나 기타의 증명서들과 같은 특별감항증명서들은 국토교통부가 비행인가를 하는 방식, 즉 항공기가 해당 인증 규격을 충족함이 입증되지는 않았지만 정의된 조건하에서 안전한 비행을 할 수 있는 능력이 있다는 허가방식으로 정의될 수 있다. 형식증명서는 항공기 운항을 허가하는 것이 아니며, 항공기 운항 허가는 감항증명서가 발행되었을 때 이루어지며 감항증명서는 항공기등의 정비가 해당 요구도에 따라 수행되고 유지되는 기간 동안 지속적인 효력을 가진다.

항공기등의 감항성이 있으며 감항증명서를 발급받을 자격을 부여받기 위해서는, 형식증명된 항공기가 다음의 두 조건들을 반드시 충족해야 한다.

- 항공기가 형식증명서(TC)에 합치하여야 함. 형식설계에 합치함은 항공기 형상과 장착된 구성품들이 도면, 규격서 및 기타 형식증명서(TC)의 일부인 데이터들과 일치하여야 하며 여기에는 항공기에 반영된 부가형식증명(STC) 및 사전 승인된 변경사항들을 포함함
- 항공기가 안전 운항에 적합하여야 함. 이는 '기체 표면 부식, 창문 벗겨짐/잔금, 유체 누출, 타이어 마모' 등과 같은 항공기의 마모 및 성능 저하와 관련된 항공기의 상태를 의미함

KAS 21.175(감항증명서의 분류)에는 감항증명서는 표준감항증명서(Standard Airworthiness Certificates)와 특별감항증명서(Special Airworthiness Certificates) 두 가지로 분류한다.

3.4.1 표준감항증명

표준감항증명서(Standard Airworthiness Certificates)는 해당 항공기가 기술기준을 충족함이 입증되어 안전하게 운용될 수 있는 상태가 확인된 경우에 발급된다. 감항분류는 비행기, 비행선, 활공기 및 헬리콥터별로 보통, 또는 수송 등으로 구분한다.

신청 (KAS 21.176)

항공안전법 시행령 제26조 제1항(권한의 위임·위탁) 및 항공안전법 시행규칙 제35조(감항증명의 신청)에 따른 표준감항증명은 국토교통부장관에게 신청하며, KAS Part 21의 부록 A '감항증명 종류별 신청서류'에 다음과 같이 나와 있다. 감항증명 발급을 위하여 검사관의 입회하에 비행성능 검사를 실시하는 항공기의 시험비행 경우에는 시험비행을 위한 특별감항증명서 발급 없이 수행할 수 있다.

- 형식증명서 및 형식증명자료집 또는 이와 동등한 자료
- 수출감항증명서(Export Certificate of Airworthiness)
- 정비교범(Maintenance Manual), 오버홀 및 수리교범(Overhaul and Repair Manual)
- 부품도해목록(Illustrated Parts Catalogues)
- 비행교범(Flight Manual) 및 승무원 운영교범(Crew Operations Manual)
- 중량 및 평형보고서(Weight and Balance Report)
- 정비검토위원회보고서(Maintenance Review Board Report) 및 정비계획자료(Maintenance Planning Document)
- 전기부하분석서(Electrical load analysis)
- 전기 및 무선장비용 배선도
- 표준최소장비목록(Master Minimum Equipment Lists)
- 감항성개선지시(Airworthiness Directive) 수행현황
- 제작사 정비개선회보(Service Bulletin) 수행현황
- 좌석 형상도(Seat Configuration)
- 수입한 중고 항공기인 경우 다음 서류를 추가로 제출하여야 함

· 항공기, 엔진, 프로펠러 및 주요 장비품 등의 사용시간을 기재한 서류
· 항공기 정비 또는 검사프로그램에 따른 정비 현황(이전 정비/검사프로그램과 앞으로 적용될 정비/검사프로그램의 차이점 포함)
· 사용 수명한계, 품목별 수명한계, 사용시간, 사용횟수 및 잔여시간 현황
· 주요 구조부재 및 주요 장비품의 교환 기록(개조된 부품 또는 교환한 부품이 원래의 품목과 동일한지 입증하는 기록 포함)
· 주요 구조부재 및 장비품에 대한 수리 또는 개조기록(수리, 개조에 따른 추가적인 점검항목이 있는 경우 정비프로그램 반영 여부 포함)
· 해당될 경우 특정한 운항 목적을 위해 장착된 장비 목록(견인, 농약살포 및 외부화물 운반을 위한 장비 등)
· 경년(aging)항공기의 경우 항공운송사업용은 기체부가점검 프로그램 등 경년항공기 정비 프로그램 이행현황을, 사용사업용 이하 경년항공기는 경년항공기 안전점검표에 따른 자체점검결과

– 국내에서 수리, 개조 또는 재생을 위하여 수출감항증명서 없이 수입하는 항공기의 경우에는 다음 서류를 추가로 제출하여야 함
· 항공안전법 제30조(수리·개조 승인) 및 항공안전법 시행규칙 제66조(수리·개조승인 신청)에 따른 수리계획서 또는 개조계획서
· 부록 H의 합치성 확인서(Statement of Conformity) 및 합치성 검사기록서(Conformity Inspection Record) (수리, 개조 또는 재생을 위한 작업이 완료되는 시점에 제출)
· 항공기의 지속 감항성 유지를 위한 계획서(해당 항공기 정비프로그램 또는 검사 프로그램으로 대체할 수 있음)

감항증명의 유효기간 (KAS 21.179)

지방항공청장은 표준감항증명서의 유효기간을 1년으로 지정하여 발급한다. 항공안전법 시행규칙 제41조(항공기의 운용한계 지정)에 따라 항공기의 감항성을 지속적으로 유지하기 위해서는 항공기 정비프로그램 또는 항공기 검사프로그램을 인가받아 정비 등이 이루어지는 항공기의 경우에는 유효기간이 자동 연장되는 표준감항증명서를 발급할 수 있다.

지방항공청장은 유효기간이 자동 연장되는 표준감항증명서를 발급할 때에는 항공기 소유자 등의 정비능력에 대하여 다음의 사항을 확인하여야 한다.

– 해당 항공기의 지속적인 감항성유지를 위한 시설, 장비 및 자재의 확보 여부
– 자격을 갖춘 항공정비사 확보 및 유지 여부

- 최소한 1년간의 정비프로그램 또는 검사프로그램 운용 경험(해당 항공기와 동일한 종류의 항공기에 대한 운용 경험도 포함)

표준감항증명 검사 및 발급 (KAS 21.183)

표준감항증명 신청을 받은 지방항공청장은 항공안전법 제31조(항공기등의 검사) 제2항에 따라 검사관을 임명 또는 위촉하여 항공안전법 시행규칙 제38조(감항증명의 유효기간을 연장할 수 있는 항공기)에 따라 해당 항공기의 설계·제작과정 및 완성 후의 상태와 비행성능에 대하여 기술기준에 적합하고 안전하게 운용할 수 있는 상태(항공기, 발동기, 프로펠러, 장비품 및 부품의 마모, 노화 등에 관련된 사항으로 항공기의 지속적 감항성 유지를 위한 정비 등의 이행 여부, 정상작동 여부 및 상태를 말함)에 있는지를 검사하도록 하여야 한다.

검사관은 감항증명 검사시 감항증명 서류검사표(KAS Part21 부록 E), 감항증명 상태검

대 한 민 국
국토교통부
The Republic of Korea
Ministry of Land, Infrastructure and Transport

증명번호
Certificate No.

표준감항증명서

Certificate of Airworthiness(Standard)

1. 국적 및 등록기호 Nationality and registration marks	2. 항공기 제작자 및 항공기 형식 Manufacturer and manufacturer's designation of aircraft	3. 항공기 제작일련번호 Aircraft serial number

4. 운용분류 Operational category	5. 감항분류 Airworthiness category

6. 이 증명서는 「국제민간항공협약」 및 대한민국 「항공안전법」 제23조에 따라 위의 항공기가 운용한계를 준수하여 정비하고 운항될 경우에만 감항성이 있음을 증명합니다.
This Certificate of Airworthiness is issued pursuant to the Convention on International Civil Aviation dated 7 December 1944 and Article 23 of Aviation Safety Act of the Republic of Korea in respect of the above-mentioned aircraft which is considered to be airworthy when maintained and operated in accordance with the foregoing and the pertinent operating limitations.

7. 발행연월일:
Date of issuance

국토교통부장관 또는
지방항공청장 직인

Minister of Ministry of Land, Infrastructure and Transport or
Administrator of ○○ Regional Office of Aviation

8. 유효기간 Validity period
□ 부터 까지
From: To:
□ 「항공안전법」 제23조에 따라 이 항공기의 감항증명은 정지 또는 특별히 제한되지 않는 한 계속 유효합니다.
Pursuant to Article 23 of Enforcement Regulation of Aviation Safety Act, this certificate shall remain in effect until suspended or restricted.

9. 검사관 및 확인날짜 Inspector and date
검사관(Inspector): ○○○ [서명(Signature)] 날짜(Date):

그림 3.16 감항증명서

사표(KAS Part21 부록 F) 및 항공기 기종별로 지방항공청장이 정한 비행시험 검사표에 따라 검사를 실시하여 해당 항공기가 기술기준에 적합하고 안전하게 운용할 수 있는 상태에 있는지 여부를 확인하고 그 결과를 해당 검사표에 기록·유지하여야 한다.

지방항공청장은 검사결과 항공안전법 시행규칙 제42조(감항증명을 위한 검사 일부 생략) 제1항에 따라 기술기준에 적합하고 안전하게 운용할 수 있는 상태에 있다고 인정되는 경우에는 운용한계지정서와 함께 그림 3.16의 감항증명서를 발급하여야 한다.

3.4.2 특별감항증명

특별감항증명서(Special Airworthiness Certificates)는 항공기가 기술기준을 충족하지 못하여 운용범위 및 비행성능 등을 일부 제한할 경우 제한 용도로 안전하게 운용할 수 있다고 판단되는 경우 발급된다. 특별감항증명서의 용도 분류는 제한(Restricted), 실험(Experimental) 및 특별비행허가(Special Flight Permit)로 구분하며, 연구기관등의 연구 및 개발항공기, 전시, 시장조사용 항공기, 조종연습용 항공기 및 무인항공기에 대해 발급한다.

신청 (KAS 21.176)

항공안전법 시행규칙 제37조(특별감항증명의 대상)에 따라 다음에 해당하는 항공기의 특별감항증명은 국토교통부장관에게 신청한다.

- 항공기 신규개발과 관련한 항공기 제작자, 연구기관 등의 연구 및 개발 중인 항공기
- 항공기 신규개발과 관련한 판매 등을 위한 전시(Exhibition) 또는 시장조사(Market Survey)에 활용하는 항공기
- 항공기 신규개발과 관련한 조종사 양성을 위하여 조종연습에 사용하는 항공기
- 설계에 관한 형식증명을 변경하기 위하여 운용한계를 초과하는 시험비행을 하는 항공기
- 조종사가 탑승하지 아니하고 비행할 수 있는 항공기(무인항공기)

다음에 해당하는 항공기의 특별감항증명은 지방항공청장에 신청한다.

- 항공기를 정비·수리 또는 개조 후 시험비행을 하는 항공기
- 항공기의 정비 또는 수리·개조를 위한 장소까지 공수비행(空手飛行)하는 항공기
- 항공기를 수입하거나 수출하기 위하여 승객·화물을 싣지 아니하고 비행하는 항공기
- 재난·재해 등으로 인해 수색(搜索)·구조에 사용하는 항공기

- 산불의 진화 및 예방에 사용하는 항공기
- 응급환자의 수송 등 구조·구급활동에 사용하는 항공기
- 씨앗파종, 농약살포 또는 어군(魚群)의 탐지 등 농·수산업에 사용하는 항공기
- 기상관측, 기상조절 실험 등에 사용되는 경우

감항증명의 유효기간(KAS 21.179)

특별감항증명서의 유효기간은 1년 이내에서 국토교통부장관 또는 지방항공청장이 지정한 기간으로 한다. 다만, 항공안전법 시행규칙 제37조(특별감항증명의 대상) 제4호에 따라 특정한 업무를 수행하는 항공기로서 시행규칙 제41조(항공기의 운용한계지정)에 따라 항공기의 감항성을 지속적으로 유지하기 위하여 항공기 정비프로그램(부록 C) 또는 항공기 검사프로그램(부록 D)을 인가받아 정비 등이 이루어지는 경우에는 유효기간이 자동 연장되는 특별감항증명서를 발급할 수 있다.

지방항공청장은 유효기간이 자동연장되는 특별감항증명서를 발급할 때에는 항공기에 대하여 다음의 사항을 확인한다.

- 해당 항공기의 지속적인 감항성유지를 위한 시설, 장비 및 자재의 확보 여부
- 자격을 갖춘 항공정비사 확보 및 유지 여부
- 최소한 5년간의 정비프로그램 또는 검사프로그램 운용 경험

표준감항증명 검사 및 발급(KAS 21.183)

항공안전법 제20조(형식증명) 제2항 또는 제21조(형식증명 승인)에 따라 형식증명이나 형식증명승인을 받지 않은 항공기 또는 항공안전법 제20조(형식증명) 제2항 제2호에 따라 제한형식증명을 받은 항공기에 대하여는 특별감항증명을 발급한다.

제한분류의 특별감항증명서 발급(KAS 21.185)

항공안전법 시행규칙 제37조(특별감항증명의 대상) 제3호 및 제4호에 따라 제한된 용도로 사용하는 다음에 해당하는 항공기와 무인항공기는 국토교통부장관 또는 지방항공청장으로부터 제한분류의 특별감항증명서를 받을 수 있다.

- 재난·재해 등으로 인해 수색(搜索)·구조에 사용하는 항공기
- 산불의 진화 및 예방에 사용하는 항공기
- 응급환자의 수송 등 구조·구급활동에 사용하는 항공기
- 씨앗파종, 농약살포 또는 어군(魚群)탐지 등 농수산업에 사용하는 항공기

- 기상관측, 기상조절 실험 등에 사용되는 항공기

제한분류의 특별감항증명을 위한 검사는 21.183(표준감항증명 검사 및 발급)을 준용하고, 이 경우 표준감항증명을 특별감항증명으로 한다. 다만, 항공기가 기술기준을 충족하지 못하는 사항은 운용범위 및 비행성능 일부를 제한할 수 있다.

지방항공청장은 제한분류의 특별감항증명서를 발급하는 경우에는 다음의 제한사항을 포함하여 발급한다.

- 허용된 목적 이외의 비행은 금지함
- 가능한 한 인구가 밀집된 지역을 비행하여서는 안 됨
- 제한된 업무수행을 위해 필요한 인원만 탑승하여야 함
- 승객 및 화물의 유상운송(해당 항공기를 사용하여 제한된 용도 이외에 대가를 받고 인원 또는 화물을 수송하는 것을 말한다)은 허용되지 않음
- 그밖에 지방항공청장이 제한할 필요가 있는 사항

실험분류의 특별감항증명서 발급(KAS 21.191)

항공안전법 시행규칙 제37조(특별감항증명의 대상) 제1호에 따른 다음 중 어느 하나에 해당하는 항공기와 항공안전법 시행규칙 제37조 제3호에 따른 무인항공기를 운항하려는 경우 국토교통부장관으로부터 실험분류의 특별감항증명서를 받을 수 있다.

- 항공기 제작사, 연구기관 등의 연구 및 개발 중인 항공기
- 판매 등을 위한 전시(Exhibition) 또는 시장조사(Market Survey)에 활용하는 항공기
- 조종사 양성을 위하여 조종연습에 사용하는 항공기

실험분류의 특별감항증명서를 발급하기 위해서는 신청사항에 대한 다음 사항이 실험분류의 대상에 타당한지 확인하여야 한다.

- 비행 목적
- 비행 경로
- 탑승할 승무원(기장, 기장외의 조종사 또는 항공사 등)에 관한 사항(무인항공기의 경우 원격 조종사)
- 항공기가 해당 감항요구조건을 충족시키지 못할 때의 대처방안
- 항공안전법 제51조(무선설비의 설치·운용 의무)에 따른 항공기의 의무무선설비의 장착(무인항공기의 경우 해당 항공기를 원격으로 조종하는 장소에 갖추어야 함)

- 항공기의 안전운항을 위해 필요하다고 판단되는 제한사항

실험분류의 특별감항증명서 유효기간은 1년 이내의 해당 비행 목적에 필요한 기간으로 한다.

특별비행허가를 위한 특별감항증명서 발급(KAS 21.197)

항공안전법 시행규칙 제37조(특별감항증명의 대상) 제2호 및 제3호에 따라 항공기 제작, 정비등 및 수입·수출 등과 관련한 다음의 항공기와 무인항공기는 국토교통부장관 또는 지방항공청장으로부터 특별비행허가를 위한 특별감항증명서를 받을 수 있다.

- 항공기의 설계에 관한 형식증명을 변경하기 위하여 운용한계를 초과하는 시험비행을 하는 항공기
- 제작·정비·수리 또는 개조 후 시험비행을 하는 항공기
- 항공기의 정비 또는 수리·개조를 위한 장소까지 공수비행(空手飛行)하는 항공기
- 항공기를 수입하거나 수출하기 위하여 승객·화물을 싣지 아니하고 비행하는 항공기
- 기상관측, 기상조절 실험 등에 사용되는 경우

항공안전법 제90조(항공운송 사업자의 운항증명)에 따라 운항증명을 받은 자가 운용하는 항공기가 해당 감항요건을 일시적으로 충족시키지 못하지만 정비·수리 또는 개조가 수행되는 장소까지 안전하게 비행할 수 있는 경우 운항증명의 운영기준(operations specifications)에 따라 항공기의 공수비행에 대한 특별비행허가를 받은 것으로 본다.

국토교통부장관 또는 지방항공청장이 특별비행허가 분류의 특별감항증명서(그림 3.17)를 발급하기 위해서는 신청사항에 대하여 다음 사항이 특별비행허가 대상에 타당한지 확인하여야 한다.

- 비행 목적
- 비행 경로
- 탑승할 승무원(기장, 기장외의 조종사 또는 항공사 등)에 관한 사항
- 항공안전법 제51조(무선설비의 설치·운용 의무)에 따른 항공기의 의무무선설비의 장착
- 항공기가 해당 감항요구조건을 충족시키지 못할 때의 대처방안
- 항공기의 안전 운항을 위해 필요하다고 판단하는 제한사항
- 그 밖에 국토교통부장관 또는 지방항공청장이 필요하다고 판단하는 사항

대 한 민 국
국토교통부
The Republic of Korea
Ministry of Land, Infrastructure and Transport

증명번호
Certificate No.

특별감항증명서

Certificate of Airworthiness(Special)

1. 국적 및 등록기호 Nationality and registration marks	2. 항공기 제작자 및 항공기 형식 Manufacturer and manufacturer's designation of aircraft	3. 항공기 제작일련번호 Aircraft serial number

4. 특별감항증명 분류 Certificate category	5. 용도 Purpose

6. 이 증명서는 대한민국 「항공안전법」 제23조에 따라 위의 항공기가 운용한계를 준수하여 정비하고 운항될 경우에만 감항성이 있음을 증명합니다.
This special airworthiness certificate is issued pursuant to the Article 23 of Aviation Safety Act of the Republic of Korea in respect of the above-mentioned aircraft which is considered to be airworthy when maintained and operated in accordance with the foregoing and the pertinent operating limitations.

7. 제한사항:
Limitations

8. 발행연월일:
Date of issuance

국토교통부장관 또는
지방항공청장
직인

Minister of Ministry of Land, Infrastructure and Transport or
Administrator of ○○ Regional Office of Aviation

9. 유효기간 Validity Period
부터 까지
From: To:
10. 검사관 및 확인날짜 Inspector and date
검사관(Inspector): ○○○ [서명(Signature)] 날짜(Date):

그림 3.17 특별감항증명서

특별비행허가를 위한 특별감항증명서의 유효기간은 1년 이내의 해당 비행 목적에 필요한 기간으로 한다.

3.5 부품제작자증명(PMA)

항공기의 안전성은 그 자체의 구조강도, 공력특성, 제어특성뿐만 아니라, 이에 장착되는 엔진이나 부품에 따라서 크게 영향을 받는다. 항공기 부품은 엔진이나 프로펠러 또는 기술표준품에 못지않게 항공기의 안전에 지대한 영향을 미칠 수 있고, 항공기 운용 중에도 주기정비 또는 필요에 따라 교체 장착될 수 있으므로 그 설계와 제작에 대한 인증을 받아야 한다.

항공안전법에서 부품(parts)이라 함은 항공기, 엔진, 프로펠러, 기술표준품을 제외한 그 밖의 구성요소 또는 이를 구성하는 부품을 말한다. 따라서 항공기 구성에 필요에 모든 부품이 부품제작자증명(PMA; Parts Manufacturer Approval)의 대상이 될 수 있다. 부품제작자증명은 항공기의 개발이나 운용 중에 사용되는 특정한 부품에 대한 설계와 생산을 승인하는 것으로써 해당 항공기에 적합한 기술기준(Airworthiness Standard)에 따라 장착 적합성을 입증하고 적절한 품질관리체계가 구축되었을 경우 승인이 되고 동시에 항공기에 장착할 수 있다.

항공기 부품은 그 종류와 형태가 매우 다양하고, 해당 항공기등의 설계와 유기적으로 연계되어 있으므로 각 부품별로 인증기준을 별도로 제정하거나 기존의 상용 규격을 지정하는 것은 적절하지 않다. 따라서 부품제작자증명을 받기 위한 인증기준은 해당 부품이 장착될 항공기등에 대한 감항기술기준중 해당되는 요건을 선별하여 적용하게 된다.

부품제작자증명은 교체 부품에 대한 종합된 설계 및 생산 승인이다. FAR/KAS 21.303 (교체 및 개조부품) (a)에는 PMA를 받으려면 형식인증 제품에 설치하기 위해 판매용 교체 또는 개조 부품을 생산하는 사람이 필요하다. 또한 부가형식증명(STC; Supplemental Type Certificate)으로부터 개조부품의 제조를 위해 PMA가 사용될 수 있다. 따라서 PMA를 보유한 제조업체는 항공기의 원래 제조업체가 아니더라도 항공기의 교체 부품을 만들 수 있으며 FAA의 경우 신청자는 다음 두 가지 방법 중 하나로 설계가 해당 감항성 표준을 충족함을 보여주어야 한다.

- 면허계약에 따른 동일성 입증
- 면허계약이 없는 동일성 입증
- 시험 및 계산에 따른 적합성 입증
- 부가형식증명에 따른 적합성입증

그림 3.18은 미국 FAA의 연도별 PMA 승인건수를 나타낸다.

PMA 승인을 받으려면 항공기 인증실(ACO; Aircraft Certification Office)이 설계를 승인하고 제조검사위임지정인(MIDO; Designated Manufacturing Inspection Representatives)이 생산 시스템을 승인해야 한다. 그림 3.18은 FAA의 연도별 PMA를 나타내고 있는데 2005년의 경우 100,000건의 PMA가 승인되었고 2017년도에는 6,700여 건의 PMA가 승인되었다.

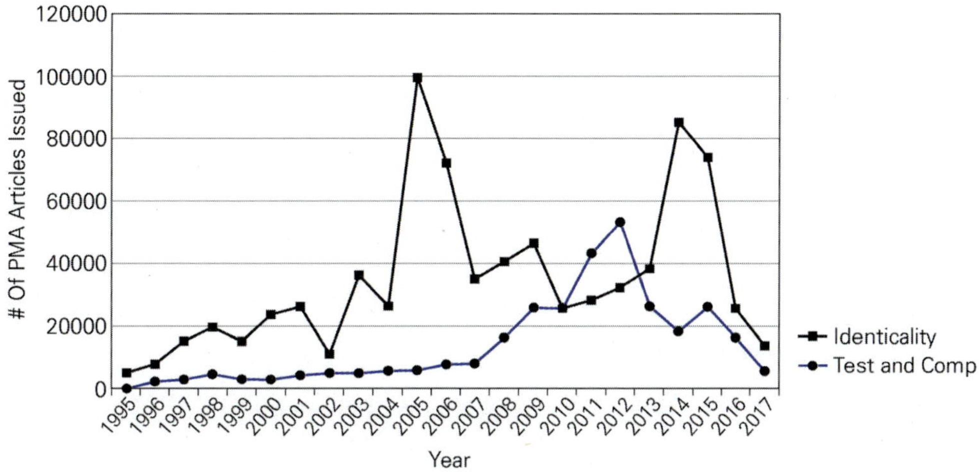

그림 3.18 미국 연도별 PMA 승인건수(FAA)

본 PMA관련 FAA 훈령 및 권고회람서는 다음과 같다.

- Order 8120.22(제작승인 절차)
- AC 21.303-4(FAA PMA 개요)

교체 및 개조부품 (KAS 21.303)

부품등제작자증명(PMA, Parts Manufacturer Approval)에 따라 제작된 것 이외에 형식증명된 제품의 장착을 위한 판매 목적으로 교체 또는 개조부품을 생산할 수 없으나, 다음 사항에는 적용되지 않는다.

- 형식증명 또는 제작증명에 따라 제작된 부품
- 자가 제품의 정비 또는 개조를 위해 소유주가 제작한 부품
- 기술표준품 표준서(TSO)에 의거하여 제작된 부품
- 산업규격 또는 국가규격에 합치되는 표준품(볼트 및 너트 등)

부품등제작자증명의 신청에는 국토교통부장관에게 다음 사항을 구비하여 제출한다.

- 부품이 장착되는 제품의 식별
- 제작시설의 이름과 주소
- 부품의 설계
  - 부품의 형상을 나타내는데 필요한 도면과 규격서
  - 구품의 구조 강성을 정의하는데 필요한 치수, 재료, 공정 정보
- 부품의 설계가 형식증명에 의한 부품 설계와 동일함을 입증하지 못하는 경우에는 부품

의 설계가 장착되는 제품에 대한 항공기기술기준 요구조건에 만족함을 입증하는데 필요한 시험보고서와 계산 결과 부품 설계가 면허계약에 의한 것이라면 해당 계약에 대한 입증자료를 반드시 제시함

교체 및 개조부품에 대한 부품등제작자증명을 획득하기 위해서는 다음 사항을 만족하면 된다.

- 설계 확인과 모든 시험 및 검사 후, 부품의 설계가 장착되는 제품에 대한 항공기기술기준 요구조건에 만족함을 국토교통부장관이 인정하는 경우
- 신청자가 요구하는 품질관리체계를 구축했음을 보증하는 확인서를 제출하는 경우

부품등제작자증명 신청자는 다음 사항을 결정하기 위해 모든 검사와 시험을 수행해야 한다.

- 관련 규정 및 항공기기술기준 요구조건에 대한 적합성
- 설계상 규격에 대한 재료의 합치성
- 설계상 도면에 대한 부품의 합치성
- 설계에서 명시된 제작공정, 제작 및 설계의 합치성

해당 항공기기술기준 요구조건을 관리하는데 있어 부당한 부담이 된다고 국토교통부장관이 판단하는 경우나 제작시설이 국외에 위치한 경우에는 부품등제작자증명서를 발행하지 않는다. 또한 부품등제작자증명서는 양도가 불가능하며 포기, 철회 또는 국토교통부장관에 의해 종료되지 않는 한 유효하다.

부품등제작자증명 소지자는 각 완제품이 해당 설계자료에 합치하고 형식증명 제품에 장착시 안전함을 입증할 수 있는 품질관리체계를 수립하고 다음과 같이 유지한다.

- 완성품에 사용된 수입 재료가 설계자료에 명시된 것이어야 함
- 수입재료에 대한 물리적, 화학적 성질을 쉽고 정확하게 결정할 수 없다면, 해당 재료는 적절한 방법으로 식별되어야 함
- 손상이나 기능저하 되기 쉬운 재료들은 적절한 방법으로 보관 및 보호되어야 함
- 완성품의 품질과 안전에 영향을 미치는 공정들은 해당 규격에 따라 수행되어야 함
- 공정 중에 있는 부품에 대해서는 설계자료와의 합치성을 정확히 판단할 수 있는 공정에서 검사가 수행되어야 하고 특정 부품의 만족스런 품질 수준을 유지하기 위해 통계적 품질관리 절차가 이용될 수 있음

- 최신 설계도면은 제작자나 검사원이 필요시 쉽게 이용할 수 있어야 함
- 기본 설계에 대한 중요 변경은 완성품에 반영되기 전에 반드시 적절히 관리되고 승인되어야 함
- 불량 재료 및 구성품은 완성품에 사용되지 않도록 격리 및 식별이 되어야 함
- 검사기록은 유지되어야 하고, 완성된 부품별로 구별이 되어야 하며, 가능한 경우 부품이 완성된 후 최소한 2년 동안 제작자 파일에 보관되어야 함
  - 부품등제작자증명서는 양도가 불가능하며 포기, 철회 또는 국토교통부장관에 의해 종료되지 않는 한 유효함
  - 부품등제작자증명 소지자는 부품 제작설비의 위치를 변경하였거나 추가적인 설비를 포함시키기 위해 다른 장소로 확장한 경우, 이로부터 10일 이내에 국토교통부장관에게 서면으로 통보해야 함

증명서 번호 Certificate No.
증명서부록번호 PMA Supplement No.

대 한 민 국
국토교통부
The Republic of Korea
Ministry of Land, Infrastructure and Transport

부 품 등 제 작 자 증 명 서
Parts Manufacturer Approval

1. 적용 항공기등의 명칭 (Eligible Product Model)	
2. 대체 대상 부품등 (Parts for Replacement)	
3. 부품등제작자증명 부품등 (Parts for PMA)	
4. 설계자 성명 또는 명칭 및 주소 (Name and Address of Designer)	
5. 적용 품질시스템 (Applicable Quality Control System)	
6. 제작자 성명 또는 명칭 및 주소 (Name and Address of Manufacturer)	

위 부품등제작자는 「항공안전법」 제28조제1항 및 같은 법 시행규칙 제64조제1항에 따라 항공기기술기준에 적합함을 증명합니다.

In accordance with Paragraph 1, Article 28 of Aviation Safety Act and Paragraph 1, Article 64 of Enforcement Regulation of Aviation Safety Act, the Minister of Ministry of Land, Infrastructure and Transport certifies that the abovementioned Parts Manufacturer Approval is in compliance with requirements of Aviation Act.

년 월 일
Date of Issuance

국토교통부장관 직인

Minister of Ministry of Land, Infrastructure and Transport

그림 3.19 부품등제작자증명서

재료, 부품, 공정, 장비품의 승인 (KAS 21.305)

재료, 부품, 공정, 장비품은 다음과 같이 승인된다.

- 교체 및 개조부품(KAS 21.303)에 의거하여 발행된 부품등제작자증명하의 승인
- 국토교통부장관이 발행한 기술표준지시서에 의거한 승인
- 제품에 대한 형식증명 절차와 연계한 승인
- 국토교통부장관으로부터 승인된 기타 방법에 의거한 승인

3.6 기술표준품 형식승인(TSOA)

항공기 기술표준품은 인증업무의 효율화 및 항공안전을 위해 표준화가 필요한 것으로 감항당국이 지정하여 고시한 부품 및 장비품을 말한다. 기술표준품형식승인(TSOA; Technical Standard Order Approval)은 재료, 부품 및 장비품를 TSO로 제작할 수 있도록 권한을 부여할 경우를 말한다. 제도가 도입된 초기에는 형식증명을 받은 기존의 항공기에 대체용 부품으로 주로 사용되었으나, 최근에는 새로 개발되는 항공기에도 널리 사용되고 있다.

기술표준품형식승인(TSOA)은 해당 품목 자체에 대한 인증이므로 특정한 항공기 형식에 대한 장착 적합성을 요구하지 않는다. 이는 인증 요건 및 절차를 단순화하여 산업체와 감항당국의 부담을 경감하고, 장래의 장착 대상 항공기를 다양화할 수 있다는 장점이 있다.

항공기 기술표준품은 대체로 기계류, 계기류, 전기전자류, 그리고 이들 특성이 혼합된 복합형장치로 분류할 수 있다. 이들에 대한 기술기준은 감항당국이 지정·고시한 기술표준품표준서(TSO; Technical Standard Order)이고, 이들 문서에서 해당 품목의 최소성능표준(MPS; Minimum Performance Standard)을 규정하고 있다. 최근에는 최소성능 표준에 있어 설계형상 및 적합성 입증 방법은 ASTM International 및 전기전자 기술자 협회(IEEE; Institute of Electrical and Electronics Engineers) 등과 같은 산업체 표준을 활용하고 있다.

우리나라는 기술표준품을 대상으로 2008년에 미국과 항공안전협정(BASA)을 체결하였으며 이를 통하여 국내에서 개발된 항공기 타이어가 미국 연방항공청의 기술표준품 설계승인(LODA; Letter of Design Approval)을 받았고, 이후에 대기자료 컴퓨터와 다목적 전자식 디스플레이에 대해서 기술표준품 형식승인(KTSOA)을 받은 바 있다. 우리나라의 기술표준품 목록은 68여 종에 이른다.

그림 3.20 상단은 한국 기술표준품(KTSO; Korea Technical Standard Order)인 대기자료 컴퓨터, 항공기용 다목적 전자식 디스플레이, 항공기용 타이어 등의 사례를 나타내고, 하단은 미국 기술표준품 (TSO; Technical Standard Order)의 사례인 가스터빈용 보조동력장치, 헤드셋, 구명조끼 등을 나타내고 있다.

FAA는 다음 사항을 확인하여 TSOA를 발급하며, 2014년 기준으로 214여 개의 기술표준품을 승인하였다.

- 제조업체의 장비품설계의 해당 TSO 충족 여부
- 제조업체의 승인된 설계에 맞게 모든 제품을 생산하는 품질 시스템 구비 여부
- 미국은 국제 민간 항공기구(ICAO)에서 정의한 TSOA의 설계국가(SOD; State of Design) 포함 여부

FAA에서는 본래 AC 20-110L에서 기술표준품 색인과 이의 적용방법을 기술하고 있었으나, 2000년 기술표준 목록은 더 이상 문서상으로 관리하지 않도록 변경하였고 기술표준의 적용방법에 대한 안내는 AC 21-46에 포함하도록 하였으며, 이는 2017년 개정되어 현재 기준으로는 AC 21-46A(TSO 프로그램)가 최신판이다. 또한 FAA Order 8150.1D(TSO 프로그램)에는 TSOA 및 LODA의 발행과 평가지침을 제공한다. AC 21-50(TSO 및 장비품 장착)은 항공기, 엔진 또는 프로펠러의 형식설계에 TSO 장비품을 설치하는 모든 사람에게 적용되며, 형식 설계 변경에 대한 TC 승인을 원하는 신청자에 의해 TSO 승인(TSO

KTSO-C106
(Air Data Computer)

KTSO-C113a (Airborne
Multipurpose Electronic Display)

KTSO-C62
(Tire)

TSO C77a
(Gas Turbine APU)

TSO C166b
(Headset & Speakers)

TSO C13f
(Life Preserver)

그림 3.20 기술표준품 형식승인 사례

Authorization) 또는 TSO 설계승인(LODA)를 통해 FAA가 승인한 자료의 적절한 사용에 대해 설명한다.

KAS Part 21 Subpart O(기술표준품 형식승인)에 대해 다음과 같이 정리하였다.

기술표준품에 대한 형식승인 신청 및 교부 (KAS 21.605)

기술표준품의 설계·제작에 대하여 형식승인을 얻고자 하는 자는 다음의 서류와 함께 기술표준품 형식승인 신청서를 국토교통부장관에게 제출하여야 한다.

- 적합성확인서
- 기술표준품 인증계획서
- 설계도면·설계도면목록 및 부품목록
- 제조규격서 및 제품사양서
- KAS 21.143(품질관리자료 요구조건; 주 제작공장)에서 요구하는 품질관리자료
- 당해 기술표준품의 감항성 유지 및 인증관리체계에 대한 자료
- 그 밖의 참고사항을 기재한 서류

제출한 신청서류 또는 기술자료가 적합하고, 신청자가 이 절의 규정에 따라 기술표준품을 생산할 수 있다고 판단하는 경우, 국토교통부장관은 기술표준품 형식승인서를 교부하고, 성능표준 불일치에 대해 승인한 경우에는 이에 대한 내용을 기술표준품 형식승인서에 명기한다. 신청서류 또는 기술자료가 KAS 21.605(기술표준품에 대한 형식승인 신청 및 교부)의 규정에 따른 적합성을 판단하는 데 있어 충분하지 않은 경우, 신청자는 국토교통부장관의 요구에 따라 지정한 기일 내에 추가적인 적합성 입증자료를 제출하여야 한다. 만일 신청자가 지정된 기일까지 추가적인 적합성 입증자료를 제출하지 못할 경우, 국토교통부장관은 당해 기술표준품 형식승인 신청을 반려할 수 있다.

국토교통부장관은 기술표준품의 형식승인을 하는 때에는 다음 각 호의 사항을 검사한다.

- 당해 기술표준품 표준서에 대한 설계적합성
- 생산승인 요건에 대한 당해 기술표준품의 품질관리체계 적합성
- 당해 기술표준품의 인증관리체계

설계변경 (KAS 21.611)

경미한 설계변경의 경우 기술표준품형식승인 소지자는 국토교통부장관으로부터 추가 승인을 받지 않고도 설계변경을 할 수 있다. 변경사항이 적용된 기술표준품의 모델번호는 변

경되지 않아야 하며, 형식승인소지자는 경미한 설계변경과 관련된 자료를 국토교통부장관에게 제출하여야 한다.

기술표준품 표준서에 대한 적합성을 판단하기 위하여 본질적으로 광범위한 조사가 필요한 설계변경은 중요 설계변경에 해당된다. 중요 설계변경의 경우, 형식승인소지자는 해당 설계변경 이전에, 당해 품목에 대해 신규 형식 또는 모델번호를 부여하여 KAS 21.605(기술표준품에 대한 형식승인 신청 및 교부)에 따라 형식승인을 신청한다.

형식승인 소지자 이외는 기술표준품에 대해 설계변경을 할 수 없다. 만약 이전의 승인된 기술표준품에 대해 설계를 변경하고자 한다면 21.605(기술표준품에 대한 형식승인 신청 및 교부) (a)항에 따라 별도의 기술표준품 형식승인을 받아야 한다.

국토교통부의 검사 (KAS 21.615)

국토교통부장관이 요청하는 경우, 형식승인소지자는 다음의 검사를 허용한다.

- 형식승인 소지자가 제작하는 당해 기술표준품에 대한 검사
- 형식승인 소지자의 품질관리체계에 대한 검사
- 모든 시험에 대한 참관
- 제조 설비에 대한 검사
- 기술표준품에 대한 기술자료 검사

협정체결국의 형식승인을 얻은 기술표준품에 대한 수락 (KAS 21.617)

대한민국과 기술표준품의 형식승인에 관한 협정을 체결한 국가로부터 형식승인을 기술표준품은 항공안전법 제27조(기술표준품 형식승인) 제1항의 단서조항에 따라 기술표준품형식승인을 얻는다. 단, 다음의 정보를 제공하여야 한다.

- 체결국의 감항당국이 발행한 기술표준품 형식승인서 사본
- 성능표준불일치 승인 내용(해당될 경우)
- 당해 기술표준품의 장착 및 계속감항성 유지에 필요한 정보
- 개별 기술표준품에는 체결국의 수출감항증명서가 동봉되어야 함

상기정보에 의해 수락되어, 협정체결국으로부터 수입되는 기술표준품은 자국의 기술표준품 식별표시 요건에 따라 표시한다. 협정체결국의 기술표준품에 대한 수락은 당해 기술표준품의 항공기등에 대한 장착승인을 의미하지 않는다. 따라서 당해 기술표준품을 항공기등에 장착하고자 하는 자는 국토교통부장관로부터 별도의 장착승인을 받아야 한다.

승인서 번호 Authorization No.

대 한 민 국
국토교통부
The Republic Korea
Ministry of Land, Infrastructure and Transport

기술표준품형식승인서
Technical Standard Order Authorization

1. 기술표준품 명칭 (Name of TSO)	
2. 기술표준품 부품번호 (Parts Number of TSO)	
3. 적용 최소성능표준 (Applicable MPS)	
4. 규격완화여부 (Application of Deviation)	
5. 설계자 성명 또는 명칭 주소 (Name and Address of Designer)	
6. 적용 품질시스템 (Applicable Quality Control System)	
7. 제작자 성명 또는 명칭 및 주소 (Name and Address of Manufacturer)	

위의 기술표준품은 「항공안전법」 제27조제1항 및 같은 법 시행규칙 제58조제1항에 따라 항공기기술기준에 적합함을 증명합니다.
In accordance with Paragraph 1, Article 27 of Aviation Safety Act and Paragraph 1, Article 58 of Enforcement Regulation of Aviation Safety Act, the Minister of Ministry of Land, Infrastructure and Transport hereby certifies that the abovementioned Technical Standard Order is in Compliance with requirements of Aviation Act.

년 월 일
Date of Issuance

국토교통부장관 직인

Minister of Ministry of Land, Infrastructure and Transport

그림 3.21 기술표준품 형식승인서

양도 및 유효기간 (KAS 21.621)

기술표준품 형식승인서(그림 3.21)는 타인 또는 다른 회사에 양도할 수 없으며, 반납, 정지 또는 기타의 사유로 국토교통부장관이 승인을 취소하는 경우를 제외하고는 계속 유효하다.

3.7 감항성 유지(CA)

모든 항공기 운항중에 안전은 확실하게 보장되어야 하며, 항공기는 반드시 감항 상태를 지속적으로 유지해야 한다. 이는 관련 매뉴얼 및 감항개선지시서(AD; Airworthiness Directive)

에 명시되어 있는 모든 정비들이 수행되어야 함을 뜻한다. 감항성 유지(CA; Continued Airworthiness)란 최초 감항증명을 받은 항공기가 수명기간 동안 안전한 비행상태에 있도록 유지하는 것을 말하며 항공제품의 설계, 생산, 운항 정비, 개조 및 수리에 공통적으로 적용한다.

항공안전법 시행규칙 제44조(항공기의 감항성 유지)에는 항공기 소유자가 항공기를 운용한계 범위에서 운항하고 제작사에서 제공하는 정비교범, 기술문서 또는 국토교통부장관이 정하여 고시하는 정비방법에 따라 정비 등을 수행하고, 감항성개선 또는 그 밖의 검사·정비 등의 명령에 따른 정비등을 수행하도록 명시되어있다.

감항성 유지관리 및 의무사항 (KAS 21.203)

항공안전법 제23조(기술표준품 형식승인) 제7항부터 제9항까지에 따라 감항증명을 받은 항공기 소유자 등은 해당 항공기를 운항하고자 하는 경우 그 항공기를 감항성이 있는 상태로 유지하여야 한다.

지방항공청장은 항공안전법 제23조 제5항 단서규정에 따라 감항증명의 유효기간이 연장되는 항공기에 대하여 항공안전법 제23조 제9항에 따른 수시검사를 실시하여야 한다.

소유자 등은 항공안전법 시행규칙 제41조(항공기의 운용한계 지정)에 따라 항공기의 감항증명 유효기간이 연장된 경우 매년 감항증명 서류검사표(KAS Part 21 부록 E)의 항공기 현황자료에 최근 1년 이내에 수행한 주요 정비현황(수리·개조 수행현황, 감항성 개선지시 수행현황 또는 주요 정비개선회보 수행현황 등)에 관한 자료를 첨부하여 지방항공청장에게 제출하여야 한다.

지방항공청장은 수시검사에 따른 서류검사 결과 항공기 상태검사 및 시험비행 등의 추가적인 검사가 필요할 경우에는 다음을 고려하여 구체적인 사유 및 일정 등을 명시하여 항공기 소유자 등에게 통보한 후 실시한다.

- 항공기 기종별 운영 현황
- 항공기 사고 및 준사고 발생 현황
- 정비로 인한 항공기 지연 및 결항 현황
- 경년(aging)항공기 해당 여부

지방항공청장은 수시검사 결과 감항증명 발급 요건과 감항성 유지에 부적합하다고 판단되는 항공기에 대하여는 감항증명의 효력을 정지시키거나 유효기간을 단축시킬 수 있다. 국토교통부장관은 항공기 소유자 등에게 감항성 유지를 위하여 항공기등, 장비품 또는 부품에 대하여 감항성 개선지시(AD; Airworthiness Directive)를 명할 수 있으며, 감항성 개선지시를 받은 소유자 등은 정해진 기한 내에 정비 등을 수행한 후 그 결과를 보고하여야 한다.

항공안전법 제23조(감항증명 및 감항성유지) 제5항에 따라 감항증명 유효기간이 1년으로 정해진 항공기에 대하여는 정부의 정기 감항검사로 대체하고 수시검사를 생략할 수 있다.

감항증명을 받은 항공기 소유자 등의 책임은 다음과 같다.

- 항공기 소유자 등은 항공기등에 대하여 지속적으로 감항성을 유지할 책임이 있으며, 항공기등의 감항성 유지를 위하여 다음 사항을 확인한다.
  - 감항성에 영향을 미치는 정비, 오버홀, 수리 및 개조가 관련 법령 및 이 기준에서 정한 방법 및 기준·절차에 따라 수행되고 있는지의 여부
  - 정비 또는 수리·개조 등을 수행하는 경우 항공기에 대한 감항성 여부를 항공일지에 적합하게 기록하는지 여부
  - 항공기 정비작업 후 사용가 판정(approved for return to service)이 적절하게 이루어지는지 여부
  - 정비확인시 종결되지 않은 결함사항 등이 있는 경우 이에 대한 기록 여부
- 항공기 소유자 등은 지속적인 감항성 유지를 위해 정비 및 항공기 운영실태를 감시하고 평가하여야 하며, 감항성에 영향을 주는 고장이나 결함 발생시 관련 정보를 국토교통부장관 및 형식증명소지자에게 보고 또는 통보한다.
- 항공기 소유자 등은 형식 설계를 책임지고 있는 기관 및 제작사 등으로부터 지속적인 감항성 유지에 관한 정보를 적기에 제공 받아 검토하여야 하고 이행여부 등을 평가한다.

04 감항인증 절차 및 기술기준

Airworthiness Certification Procedure and Standard

2011년 7월 초도비행에 성공한 KC-100 나라온은 미 연방항공청 FAA의 Part 23급의 형식증명을 취득하여 향후 민수 완제기 수출을 위한 발판을 마련하였다.

4.1 감항인증 절차

KAS Part 21은 항공안전법 제20조~제28조, 제30조에 따라 감항인증에 관련된 항공기등, 장비품 및 부품의 감항성 인증절차를 기술하고 있으며 다음의 항목들을 다룬다. 여기서 항공기등이라 함은 항공기, 항공기 엔진 및 프로펠러용 구성품과 부품을 포함하며 또한 기술표준품형식승인(TSOA; Technical Standard Order Approval) 제도에 따라 승인을 받은 부품, 자재, 장비품을 포함한다. 장비품은 항공기를 운항하거나 조종하기 위해 쓰이는 항공기에 장착 또는 부착되어 비행중 항공기를 운항 또는 조종하기 위해 사용되거나 사용할 목적의 항공기 기체, 엔진 또는 프로펠러의 일부가 아닌 각종 기구, 매커니즘, 장비, 부픔, 의복, 통신 장비를 포함한 부속 장비들이다.

- 형식증명서, 부가형식증명서의 교부 및 변경, 제작증명서의 교부시 적용되는 절차적 요건
- 항공기 감항증명 관련 신청, 검사 및 교부 등에 관한 요건과 절차
- 형식증명서, 제작증명서, 감항증명서 소지자가 준수하여야 하는 사항
- 자재, 부품, 공정 및 장비품의 승인 시에 적용되는 절차적 요건

KAS Part 21과 미국 14 CFR Part 21, EASA Part 21을 표 4.1과 같이 나타내었다. 미국 14 CFR Part 21에는 임시형식증명, 임시감항증명에 대한 절차가 있으며, EASA Part 21에는 POA, DOA 및 비행허가 절차가 기술되어 있다. EASA에는 Subpart I에 별도의 소음 증명이 있으나, KAS Part 21과 FAR Part 21 Subpart B 형식증명 제한 형식증명에서 이를 언급하고 있다

표 4.1 Part 21 인증절차 규정 비교

Subpart	KAS Part 21	FAR Part 21	EASA Part 21
A	일반(위조, 결함보고, 감항성 유지)	일반(General)	일반(General Provisions)
B	형식증명	형식증명(Type Certificates)	형식증명(Type Certificates and Restricted Type-Certificates)
C	-	임시 형식증명(Provisional Type Certificates)	미적용
D	형식증명에 대한 변경	형식증명, 제한형식증명에 대한	형식증명, 제한형식증명에 대한 변경

Subpart	KAS Part 21	FAR Part 21	EASA Part 21
	(항공안전법 제20조 1항)	변경(Changes to Type Certificates)	(Changes to Type Certificates and Restricted Type-Certificates)
E	부가형식증명 (항공안전법 시행규칙 제29조~제31조)	부가형식증명(Supplemental Type Certificates)	부가형식증명(Supplemental Type Certificates)
F	형식증명 하에서의 생산	형식증명 하에서의 생산 (Production under Type Certificate)	제작조직승인이 없는 형식증명 하에서의 생산(Production without Production Organization Approval)
G	제작증명 (항공안전법 시행규칙 제32조~제34조)	제작증명(Production Certificates)	항공기등, 장비품 및 부품의 제작조직승인(Production Organization Approval for Products, Parts and Appliances)
H	감항증명	Airworthiness Certificates (감항증명)	감항증명 및 제한감항증명 (Certificates of Airworthiness and Restricted Certificates of Airworthiness)
I	-	임시감항증명 (Provisional Airworthiness Certificates)	소음증명(Noise Certificates)
J	-	-	설계조직승인(Design Organization Approval)
K	재료, 부품, 공정 및 장비품의 승인 (제61조~제64조)	부품등 제작자증명 (Parts Manufacture Approvals)	부품 및 장비품(Parts and Appliances)
L	수출감항승인 (항공안전법 시행규칙 제46조~제48조)	수출감항승인 (Export Airworthiness Approvals)	미적용
M	-	-	수리(Repairs)
N	엔진, 프로펠러 등의 승인: 수입제품	엔진, 프로펠러 등의 승인: 수입제품(Acceptance of Engines, Propellers, and Articles for Import)	미적용
O	기술표준품 형식승인 (제55조~제58조)	기술표준품 형식승인 (Technical Standard Order)	ETSO(European Technical Standard Order Authorization)

Subpart	KAS Part 21	FAR Part 21	EASA Part 21
P	–	특별연방항공규정 (Special Federal Aviation Regulations)	비행허가(Permit to Fly)
Q	–	–	항공기등, 부품 및 장비품 식별 (Identification of Products, Parts, and Appliances)

KAS Part 21은 감항인증 전체의 규정을 설정하고 있으며 감항인증 절차 이행시 일반적으로 준수하여야 할 사항을 다음과 같이 기술하였다.

4.1.1 인증신청서, 보고서 또는 기록의 위조

증명서 또는 승인서 소지자 및 신청자는 다음의 행위를 하여 규정을 위반하는 경우에는 KAS Part 21에 의해 교부된 증명서 또는 승인서를 철회하거나 중지시킬 수 있다.

- KAS Part 21에서 규정하는 증명 또는 승인을 신청함에 있어 부정한 방법이나 의도적인 허위 진술
- KAS Part 21에 의해 교부되는 증명서 또는 승인서와 관련된 모든 요구조건에 대한 적합성을 입증하기 위한 모든 보고서 기록사항에 대한 부정한 방법 또는 의도적인 허위사실 기재
- KAS Part 21에 의해 교부되는 증명서 또는 승인서를 부정한 목적으로 복제
- KAS Part 21에 의해 교부되는 증명서 또는 승인서의 위조

4.1.2 고장, 기능불량 또는 결함 사항에 대한 보고

형식증명(부가형식증명 포함), 부품등제작자증명(PMA; Parts Manufacture Approvals), 기술표준품형식승인(KTSOA; Korea Technical Standard Order Approval) 또는 그 면허 소지자는 아래의 규정하는 결과를 초래할 경우 제품, 공정 또는 물품에 발생한 고장, 기능불량 또는 결함사항을 국토교통부장관에게 보고하여야 한다.

- 시스템 또는 장비의 고장, 기능불량 또는 결함으로 인한 화재 발생시

- 엔진 및 엔진과 인접한 항공기 구조물, 장비, 구성품에 손상을 가하는 엔진의 배기계통의 고장, 기능불량 또는 결함 발생시
- 승무원실이나 객실에 유독성 기체가 축적 또는 누출시
- 프로펠러 제어계통에 고장, 기능불량 또는 결함 발생시
- 프로펠러, 회전익 항공기 축 또는 블레이드에 구조적 결함 발생시
- 일반적으로 점화원이 존재하는 곳으로 가연성의 유체가 누설시
- 운용 중 구조 또는 재료 문제로 인하여 브레이크 계통에 고장이 발생시
- 피로, 부식 등 자체 원인으로 인해 주요 항공기 구조물에 결함 또는 고장이 발생시
- 구조 또는 시스템의 고장, 기능불량 또는 결함으로 인해 비정상적인 진동이나 노킹현상이 발생시
- 엔진 고장시
- 항공기의 정상적인 제어에 방해를 주어 운항품질을 저해시키는 구조적 결함 또는 항공제어시스템의 고장, 기능불량 또는 결함 발생시
- 항공기 운용 시 발전계통이나 유압계통을 한 개 이상 완전히 상실할 때
- 운용 중 한 개 이상의 자세계, 속도계 또는 고도계에 고장, 기능불량 또는 결함이 발생한 경우

국토교통부 장관에게 보고는 24시간 이내에 가장 신속한 방법으로 이루어져야 하며 다음 사항을 포함한다.

- 항공기 일련번호
- 기술표준품 형식승인을 받은 제품의 고장, 기능불량 또는 결함 발생시는 제품 일련번호와 형식번호
- 엔진, 프로펠러와 관련한 고장, 기능불량 또는 결함이 발생한 경우에는 엔진 또는 프로펠러의 일련번호
- 제품 형식
- 관련된 부품, 구성품 또는 시스템의 식별사항, 식별사항 중 부품번호는 필수적으로 포함되어야 함
- 고장, 기능불량 또는 결함 특성

4.1.3 비행기 또는 헬리콥터의 비행교범

비행기 또는 헬리콥터가 비행교범이 없는 상태로 형식증명을 받았다면, 형식증명소지자(부가형식증명소지자 포함) 또는 그 면허권자는 비행기나 헬리콥터의 소유자에게 비행기 또는 헬리콥터를 인도하는 시점에 승인을 받은 최신 비행교범을 제공하여야 하며 비행교범은 다음 정보를 명시하여야 한다.

- 형식증명을 받은 비행기 또는 헬리콥터에 적용되는 규정에서 비행교범(또는 교범, 표시, 게시물 등)에 수록하도록 요구하는 운용한계 및 정보사항
- 형식증명을 받은 항공기에 적용되는 규정에서 비행교범 상에 엔진의 냉각 운용한계에 대한 엔진의 외기온도를 요구하지 않은 경우, 엔진이 냉각되는 최대 외기온도를 명시해야 함

4.1.4 신규 항공기, 항공기엔진 및 프로펠러의 제작

형식증명에 따라 신규항공기, 항공기엔진 또는 프로펠러를 제작하기 위해서는 형식증명소지자 또는 형식증명소지자로부터 항공기등을 제작할 수 있도록 면허를 받거나 KAS Part 21 G 제작증명의 요구조전을 충족해야 한다.

항공기 인증이란 새로운 항공기를 개발, 생산, 운용의 전 과정에서 비행안전성 요구사항에 대한 적합성을 기술적으로 판단하고 평가하는 것을 말하며 각 단계별로 감항당국이 참여하여 승인하는 인증과정을 거쳐야 한다. 그림 4.1에는 형식증명, 부가형식증명, 형식증명 승인, 부품제작자 증명, 기술표준품 형식승인 및 제작증명의 주요인증 대상품에 대한 각 기관별 감항인증 절차를 나타내고 있다.

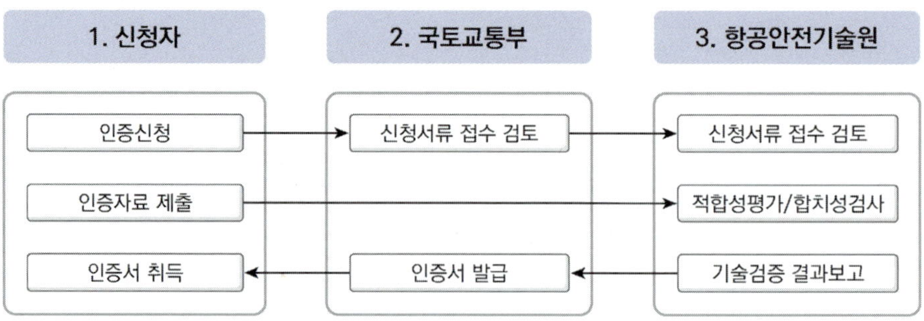

그림 4.1 우리나라 항공기 인증 절차

4.2 감항인증 목록

4.2.1 감항인증목록

항공기 기술기준 등을 이해하기 위해 요구사항(requirement), 규정(regulation) 및 표준(standard)에 대한 이해가 필요하다. 요구사항은 이해관계자에게 가치와 유용성을 갖기 위해 시스템에서 필요한 기능, 속성 또는 품질에 대한 개념이며 제품개발의 설계 단계의 입력으로 사용된다.

규정은 일련의 규칙과 추세에 따라 항공기등과 같은 복잡한 시스템을 관리하는 것이며 주요법률을 시행하기 위해 관련전문가가 작성하는 위임된 법률의 규정을 의미한다. 또한 표준이라 함은 이해 관계자 사이에 이익 또는 편리가 공정하게 얻어지도록 통일 및 단순화를 목적으로 정보, 물체, 제품, 성능 방법에 대하여 정해진 기술문서를 말한다.

유럽의 합동 항공 규정(JAR; Joint Aviation Regulation)이 1970년대에 처음으로 공표되었을 때, 유럽의 여러 국가들은 서로 다른 항공기 인증표준들을 만들어 사용하고 있었다. 영국에서는 1972년부터 항공 등록 위원회(ARB; Air Registration Board)를 대신하게 된 민간항공당국(CAA; Civil Aviation Authority)이 영국 민간항공규정(BCARs; British Civil Air Regulations)을 만들어 활용하고 있었다. 프랑스에서는 민간항공국(DGAC; Directorate General for Civil Aviation)에서 제정한 항공규정을 사용하고 있었으며, 독일의 경우 연방항공사무국(LBA; Federal Aviation Office)에서 제정한 고유의 세일 플레인 관련 규정을 사용하고 있었다.

이미 미국 등 여러 나라는 1965년부터 FAA에서 Part 25(수송류 항공기 감항인증 기준)를 포함한 대부분의 연방 항공 규정(FAR; Federal Aviation Regulations)을 사용하고 있었다. 이렇게 각국이 서로 다른 감항 표준을 사용한 결과, 항공기 수출에 있어 난항을 겪었다. 마침내, 1992년 1월에 JAR이 유럽 공동체 공동의 감항 표준으로 채택되어 유럽 공동체 회원국들이 각자 기존에 가지고 있던 감항 표준들의 자리를 대신하게 되었다. 따라서 기존에 각 유럽국가들이 따로 가지고 있던 감항 표준들은 폐기되었으며, 이후에 다시 EASA 규정으로 대체되었으며, EASA 규정과 FAR만이 유효한 감항 표준으로 사용되고 있다.

항공기등의 기술기준에서는 FAA에서는 규정과 감항성 표준을 혼용하여 사용하고 있으며, EASA에서는 인증표준(CS; Certification Specification)을 사용하고 있다. 우리나라는 미국 FAA 시스템을 따라 항공기 기술기준(KAS; Korean Airworthiness Standards)의 용어를 사용한다.

항공기 기술기준 KAS Part 1에서는 항공안전법 제19조에 따라 항공기등(장비품 포함)의 항행의 안전을 확보하기 위한 기술상의 기준을 규정하고 있다. 본 기준에 의해 항공기가 이 기준에 적합한지 여부를 확인하기 위하여 필요하다고 인정되는 시험 또는 그 계산을 행할 것을 신청자에게 요구할 수 있으며 국토교통부장관은 항공기가 이 기준에 적합하지 아니한 경우에는 항공기의 운용을 제한할 수 있다. Part 1에서는 아래와 같은 항목을 기술하고 있다. 항공기 인증에 대한 이해를 도모하기 위해 ICAO 부속서 8 항공기 감항인증과 KAS Part 1의 항공기 인증 용어정의를 부록에 나타내었다.

- **일반사항**: 본 기술기준의 Part 23, 25, 27, 29는 동력장치, 계통과 장비품을 포함하는 전체 항공기에 대하여 적용하며, 또한 모든 엔진 및 프로펠러는 형식증명이 있어야 하며, 항공기기술기준 Part 33 및 35에서 규정한 요구조건에 적합하여야 한다. 또한, 항공기에는 승인된 설계 자료에 따라 제작된 부품만을 장착하여야 함
- **소프트웨어 인증**: 모든 시스템 소프트웨어 본 기술기준에서 요구하는 안전수준에 적합하고, 계통 내에서 의도하는 기능으로 작동되도록 설계되고 검증되어야 하며, 소프트웨어의 설계 및 시험은 RTCA/DO-178(항공 시스템 및 장비의 SW 고려사항) 또는 EUROCAE ED12(항공 시스템 및 장비인증의 SW 고려사항)를 따름
- **인적요소를 고려한 설계**: 항공기에 대한 정해진 성능을 정할 때에는 인적능력에 대하여 고려하여야 하며, 특히, 운항승무원으로 하여금 예외적인 기량이나 주의를 요하는 것이 없어야 한다. 또한, 항공기는 승무원, 승객, 견인·정비·급유등 지상 조업자 및 정비사의 능력 내에서 안전하게 운용될 수 있도록 인적요소를 고려하여 설계되어야 하며, 항공기, 계기 및 장비품은 인적요소훈련지침서 ICAO Doc 9683(Human Factors Training Manual) 및 ICAO Doc 9758(Human Factors Guidelines for ATM(Air Traffic Management Systems)에 따라 인적요소원칙을 고려하여 설계하여야 함
- **비행승무원을 고려한 설계**: 비행승무원의 기술과 생리적인 변수를 포함한 예상되는 비행승무원의 기량으로 운용할 수 있어야 하며, 또한 고장 및 윈드 시어(wind shear) 등으로 인한 성능저하를 포함 여러 가지 예상되는 운항상태를 고려해서 비행승무원에 의해 안전하고 효과적으로 조종될 수 있도록 설계되어야 함
- **인간공학**: 부주의한 오작동의 방지, 사용의 편의, 접근성의 용이, 작업환경, 표준화 및 공용화, 용이한 정비성과 같은 인간공학적 요소를 고려해서 설계하여야 함

- **운용환경 요소**: 비행승무원의 조종환경을 위해서 산소의 농도, 온도, 습도, 소음 및 진동을 포함하는 항공의학적 요소, 정상비행 중 체력, 고고도 운항, 육체적인 안락성을 고려하여 설계하여야 함
- **형식설계 자료의 유지·보관**: 국토교통부장관으로부터 형식증명, 부가형식증명 및 기술표준품 형식승인을 받은 자는 해당 항공기 또는 기술표준품이 운용되고 있는 동안 제품에 적용된 기술기준에 적합함을 입증하고, 형상 정의에 필요한 도면, 사양서 및 도면, 사양서의 목록, 항공기, 엔진 또는 프로펠러의 제작에 사용된 정보, 재료 및 공정서, 비행교법 및 정비교법을 보관·유지하여야 함

  또한, 국토교통부장관은 타국의 형식증명에 대하여 승인을 한 경우, 항공기, 엔진 및 프로펠러에 승인된 타국의 기술기준과 우리나라 기술기준의 차이점을 허용하는 설계국가에서 발행한 기술서, 설계국가에서 발행한 항공기, 엔진, 프로펠러 등에 대한 형식증명/설계승인 또는 이와 동등한 문서, 그리고 감항성개선지시 또는 이와 동등한 모든 문서와 목록을 보관 유지하여야 함
- **비상위치 지시용 무선표지설비**(ELT; Emergency Locator Transmitter): 항공안전법 시행규칙에서 정한 비상위치지시용 무선표지설비(ELT)의 기술기준을 별도로 정함
- **공중충돌경고장치**(ACAS; Airborne Collision Avoidance System): 항공안전법 시행규칙에서 정한 공중충돌 경고 장치(ACAS)의 기술기준을 별도로 정함

감항인증과 직간접적으로 관련된 KAS 목록을 표 4.2와 같이 개략적으로 나타내었으며 여기에는 항공기등의 동일한 제품들에 적용되는 표준들이 나열되어 있다. 해당 리스트는 제품 형식증명 표준 외에도 운항 표준들이 있음을 보여주고 있다. 여기에는 고정익항공기/회전익 항공기를 위한 운항기술기준(Flight Safety Regulations for Aeroplanes/Helicopters)이 있으며 항공기의 형상에 영향을 주는 감항 요구조건을 포함한다. 예를 들면, 일반적으로 형식증명서를 받은 소형 비행기(비행 및 항법 계기장착)는 형식증명서를 획득할 수 있다. 그러나 비행을 허가해주는 문서인 감항증명서를 획득하기 위해서는, 비행 운항의 형태와 시계비행규칙(VFR; Visual Flight Rules), 계기비행규칙(IFR; Instrumental Flight Rules), 야간비행 등의 비행 조건들에 따른 각종 장비들이 항공기 운항기술기준들에 따라 장착되어야 한다. 추가로, KAS Part 34(항공기 엔진의 연료·배기가스 배출기준)이나 KAS Part 36(항공기 소음기준)과 같은 환경 관련 표준들도 반드시 고려되어야 한다.

표 4.2 KAS 감항인증 목록

항목	내용	비 고
Part 21	항공기등, 장비품 및 부품인증절차 - 형식증명, 부가형식증명, 제작증명, 감항증명 - 재료, 부품, 공정 및 장비품의 승인 - 기술표준품 형식승인	EASA Part 21에는 설계조직승인(DOA)과 생산조직 승인(POA) 절차가 포함
Part 22	활공기에 대한 기술기준 - 일반, 비행, 강도, 설계 및 구조, 장비. 운용한계, 예항장치 및 사출장치	EASA CS-22는 동력활공기 포함
Part 23	감항분류가 보통(N) 인 비행기에 대한 기술기준 - 보통류(Normal Category) 비행기 인증은 승객 좌석이 19인승 이하이고 최대이륙중량이 8,618kg 이하인 비행기에 적용함 - 일반, 비행, 구조, 설계 및 구조, 동력장치, 장비, 비행승무원 인터페이스 의 Subpart로 구성	- 성능기반 인증기준 도입으로 소형비행기 안전성, 항공산업의 지속적 발전 도모 - EASA는 CS-VLA (Very Light Aircraft)를 CS-23에 통합
Part 25	감항분류가 수송(T)류인 비행기에 대한 기술기준 - 최대이륙중량이 5,670kg을 초과하는 수송류 비행기에 대하여 적용함 - 일반, 비행, 구조, 설계 및 구조, 동력장치, 장비, 운용제한사항, 표시 및 비행 교범, 전선연결시스템의 Subpart로 구성	
Part 26	수송류 비행기에 대한 감항성유지와 안전성 향상기준 - 비행기 시스템을 위한 향상된 감항성 프로그램, 설계변경 비행기 안전 - 광범위한 피로손상, 연료탱크 인화성 - 수리개조를 위한 손상허용 데이터의 Subpart로 구성	
Part 27.	감항분류가 보통(N)인 회전익 항공기에 대한 기술기준 - 최대중량 3,175kg 이하이며, 탑승자가 9인 이하의 회전익 항공기 기술기준 - 일반, 비행, 구조, 설계 및 구조, 동력장치, 장비, 운용제한사항, 표시 및 비행 교범의 Subpart로 구성	
Part 29	감항분류가 수송(TA 또는 TB)인 회전익 항공기에 대한 기술기준 - 최대 중량이 9,000kg을 초과하고 승객좌석수가 10개 이상인 회전익 항공기(TA)에 대한 기술기준 - 최대 중량이 9,000kg 이하이나 승객좌석수가 10개 이상인 회전익 항공기(TB)에 대한 기술기준 - 일반, 비행, 강도, 설계 및 구조, 동력장치, 장비, 운용제한 사항, 표시 및 비행 교범의 Subpart로 구성	

항목	내용	비 고
Part 30	비행선에 대한 기술기준 - 조종석을 제외한, 9석 이하의 좌석 배열을 가진 연식(nonrigid), 근평형 (near-equilibrium)의 보통급 비행선에 대한 감항기술기준을 규정 - 일반, 비행, 구조, 설계 및 구조, 동력장치, 장비, 운용제한사항 및 정보의 Subpart로 구성	FAA는 LSA로 분류
Part 33	항공기 엔진에 대한 기술기준 - 항공기 엔진에 대한 기술상의 기준으로서 항공기 엔진의 형식증명 등과 이에 대한 변경을 위한 기준 - 일반, 설계 및 구조(일반), 설계 및 구조(왕복엔진), 블록시험(왕복엔진), 설계 및 구조(터빈엔진), 블록시험(터빈엔진)의 Subpart로 구성	EASA는 CS-E로 규정
Part 34	항공기 엔진의 연료·배기가스 배출기준 - 항공안전법 제23조의 규정에 의한 항공기 엔진 및 부수 장치의 배출물에 대한 기술상의 기준 - 일반, 연료방출, 배출증명, 기준압축비의 측정, 매연배출 평가, 가스배출물의 측정, 시험연료의 규격, 후기연소기엔진 가스배출물의 측정의 Subpart로 구성	배기 방출이란 항공기 엔진의 배출구에서 부터 대기로 방출되는 물질들을 뜻함. 연료 배출은 항공기의 지상, 항공 운항 간에 항공기의 가스 터빈 엔진에서 배출되는 연료를 뜻함
Part 35	프로펠러에 대한 기술기준 - 프로펠러에 대한 형식증명의 발급과 변경에 관한 기술상의 기준 - 일반, 설계 및 구조, 시험 및 검사 의 Subpart 적합성 입증 후 프로펠러 형식증명서, 부가형식증명서를 받을 수 있음	EASA는 CS-P로 규정
Part 36	항공기 소음규정 - 일반, 아음속 제트 비행기(연식, 중량구분),프로펠러 구동 비행기(연식, 중량구분), 프로펠러 구동 STOL비행기, 헬리콥터(3,175kg 미만), 틸트로터, 모니터링을 위한 소음 측정, 공항 소음 평가, 소음측정을 위한 균형 접근 등의 Subpart로 구성	
Part 45	식별표시 - 적용, 표식, 식별정보, PMA,TSO 부품표식, 수명제한 부품의 표식으로 구분	수명제한(Life-limit)부품이란 형식설계, 감항성유지지침서 또는 정비교범 등에서 강제적으로 교환 한계가 정해진 부품임
경량 항공기	경량항공기의 비행안전을 위한 기술상의 기준 - 타면조종형비행기 기술기준 - 체중이동형비행기 기술기준 - 동력패러슈트 기술기준	

항목	내용	비 고
	- 자이로플레인 기술기준 - 경량 헬리콥터 기술기준 - 기타 기술기준(경량항공기용 왕복불꽃점화엔진, 경량항공기용 왕복압축 착화엔진, 고정 또는 지상조절형 경량항공기 프로펠러, 경량항공기 낙하산)	
초경량비행장치	초경량비행장치의 비행안전을 확보하기 위한 기술상의 기준 - 행글라이더에 대한 기술기준 - 패러글라이더에 대한 기술기준 - 기구류에 대한 기술기준 - 낙하산류에 대한 기술기준 - 동력비행장치, 회전익비행장치, 동력패러글라이더 인증기술기준 - 무인비행장치 인증 기술기준 - 새로운 형태의 비행장치 시험비행 운용기준	FAR Part 31은 유인자유기구로 분류. EASA는 CS-31GB 유인자유기구-가스, CS-31HB 유인자유기구-열기구, CS-31TGB 유인계류식기구로 분류
Part VLR	감항분류가 경회전익 항공기(VLR; Very Light Rotorcraft)류인 회전익 항공기에 대한 기술기준 - 최대이륙중량이 600kg 이하인 경회전익 항공기에 적용하는 감항성 기준(Airworthiness Code)을 규정 - 일반, 비행, 구조, 설계 및 구성, 동력장치, 항공장비, 운용한계 및 정보의 Subpart로 구성	EASA는 CS-VLR로 규정
KTSO	항공기 기술표준품 형식승인기준 - 항공안전법 제27조 및 같은 법 시행규칙 제55조, 제57조 및 제58조에 따른 기술표준품 형식승인에 관한 세부절차를 규정(총 29조항)	FAR은 TSO, EASA는 ETSO로 규정

4.2.2 기술기준 참고자료

몇몇 기술기준들을 잘못 해석할 가능성이 있기 때문에 감항당국은 기술기준들에 대한 이해를 도모하기 위해 부연 설명하고, 해당 기술기준들을 이행하기 위한 적절한 절차들을 제시하는 참고 자료들을 발행한다. FAA는 감항 표준들과 별개로 권고회람서(AC; Advisory Circulars)문서를 발간하는데 비해, EASA에서는 CS-25, CS-27, CS-29의 Book 1은 인증 기술기준(CS; Certification Specification)을 Book 2에서는 미국 권고회람서와 유사한 성격의 수용가능한 적합성 입증방법(AMC; Acceptable Means of Compliance)을 기술하고 있다. 2017년에 개정된 성능에 기반한 CS-23은 인증기술기준과 적합성 입증 방법/지침자료(AMC/GM; Guidance Material)를 별도로 분리하여 규정하고 있다. EASA의 수용가능한 적합성 입증방법(AMC)은 기본규정(BR; Basic Regulation) 및 이행규정(IR; Implementing Regulation)에 포함된 요구 사항을 충족시키는 수단으로 사용되며, 지침 자료(GM)는 기술기준 및 적합성 입증방법에 포함된 요구 사항을 달성하는 방법에 대한 설명 및 해석 자료이다. 여기에는 기술기준 및 적합성 입증방법을 올바르게 이해하고 적용하는 데 도움이 되는 사례정보가 포함되어 있다.

적합성 입증방법/지침자료의 번호체계는 관련 기술기준 규정들에 붙여지는 번호와 동일한 번호체계가 사용한다. EASA 이행규정(IR; Implementing Regulation) Part 21, Part-M, Part-145, Part-66, Part-147, Part-T 등의 경우에는 적합성 입증 방법/지침자료가 함께 포함되어 발행되고 있다.

FAA에서는 AC 20-53C에 낙뢰에 의한 증기 발화로부터 항공기 연료시스템 보호(Protection of Aircraft Fuel Systems Against Vapor Ignition Caused by Lightning), AC 20-73에 항공기 결빙보호(Aircraft Ice Protection), AC-23-19A에 Part 23 항공기기 기체 인증 지침(Airframe Guide for Certification of Part23 Airplanes) 등과 같은 권고회람서(AC; Advisory Circular)를 작성하여 기술기준의 이해를 도모한다.

4.2.3 기술기준 관리절차

각 기술기준은 표준 편찬 및 수정 업무를 수행하는 실무 그룹에 의해 만들어진다. 해당 표준들은 공표되기에 앞서서 FAA와 EASA 등의 감항당국에 의해 공공 평가 과정을 거치며 이 공공 평가 과정에서 이해 관계자들과 관련 조직들의 의견을 반영하게 된다.

우리나라는 2006년부터 항공기등의 기술관리절차 지침에 의해 기술자료의 검토, 기술 기준 및 특수기술기준의 제정, 개정 관리절차를 규정하여 ICAO 부속서 8 '항공기감항성'의 표준 및 권고(SARPs) 요건에 적합하도록 유지·관리하고 있다.

각 기술기준은 제정 당시의 항공 기술을 기준으로 하여 제정된 것이지 앞으로의 항공 기술의 발달을 감안하여 제정된 것들이 아니다. 따라서 비재래식 항공기를 인증해야 하거나 특이한 설계기술이 적용된 항공기등에는, 적용할 만한 관련 기술기준의 감항 요구도들이 적절한 안전 표준을 갖추지 못할 수 있다.

이러한 경우를 대비해서 FAA와 EASA뿐 아니라 우리나라에서도 KAS 21.16을 통해서 특수기술기준(Special Condition)을 추가할 수 있는 방안을 마련하고 있다. 이는 특정 설계 또는 특정 기종에만 적용되는 것으로, 형식증명이 발급되는 인증기준(certification basis)의 하나의 조건으로 포함된다.

예를 들어서, 보잉 777의 경우 지상에서 작동하는 접이식 윙팁을 가지고 있으나 이에 대한 규정은 마련되지 않은 상태이다. 이런 경우 제조사에서 해당 설계와 작동의 안전성에 대한 입증방법을 제시하면 감항당국에서 이를 검토하고 이에 대한 인증을 특별 조건으로 인증에 추가하는 방식으로 이루어진다.

에어버스 A380의 경우 복층 구조로 인한 내부 계단의 사용 및 비상탈출구 배열을 포함한 약 50여 가지의 특수기술기준이 적용되었다. 이는 기존의 기술에 기반한 설계가 아닌 최신 설계에 필요하기 때문에 CS-25 항공기에 특수기술기준이 추가된 것이다.

국내에서 개발된 KC-100 항공기의 경우 디지털 전자식 엔진제어 장치(FADEC; Full Authority Digital Engine Control)가 적용되었는데, 이는 Part 23에서 다루고 있지 않기 때문에 이에 대한 특수기술기준이 형식증명서상에 인증기준의 하나로 추가되었으며(표 4.3), 해당 특수기술기준은 KAS Part 23의 2013년 개정판에 부록으로 추가되었고, 2018년 개정판에서는 제외되었다.

표 4.3 KC-100에 적용된 특수기술수준 (KAS Part 23, 2013년 개정판 수록)

부록 S 특수기술기준(K23-001-SC)

제1조(목적) 이 특수기술기준은 현행 기술기준에 없는 새로운 기술이나 특이한 설계를 부분적 또는 대체 방안으로 사용하는 항공기를 개발하여 형식증명을 받고자 할 경우 해당 기술이 기술기준과 동등한 수준 이상의 안전성을 확보할 수 있는 기준을 설정하는 것을 목적으로 한다.

제2조(적용대상) 이 특수기술기준은 다음의 경우에 적용한다.

1. 한국항공우주산업(주)이 설계한 KC-100 비행기의 왕복엔진 전자식 엔진제어시스템

제3조(적용 특수기술기준) KC-100 비행기의 왕복엔진 전자식 엔진제어시스템 장착은 다음의 기준에 적합하여야 한다.

1. 항공기기술기준(KAS Part 23) 23.1309(a)항부터 (e)항

제4조(적합성 입증) 이 특수기술기준을 적용하여 적합성을 입증할 경우 전자식 엔진제어시스템의 고장은 파국적 고장(Catastrophic Failure)으로 분류하여 적용한다.

4.3 항공기 기술기준

4.3.1 항공기 기술기준 비교

항공기 기술기준을 제정할 때에는, 안전성 측면에서의 감항 표준의 수용 가능기준과 동일한 기준의 실용성 사이에 균형이 필요하다. 인증 표준 적용은 비용 문제와도 연관이 되어 있는데, 문제는 안전성이 언제나 규칙의 엄격함과 비례하는 것이 아니라는 사실이다. 어느 한도 이상의 불필요한 안전의 증가는 막대한 추가 비용을 발생하게 하며 그 한도를 넘어간 '지나치게 엄격한 감항 규정'은 더 이상 '실용적'이지 못하므로 이에 대한 절충이 필요하다. 항공기 기술기준 제정시 경제적인 측면, 실용적인 기술측면과 특정한 형식의 항공기에 적용하여야 할 것 등을 고려하여야 한다. 항공기에 대한 인증 프로세스가 잘 확립되어 있을 때 안전한 항공기 설계가 이루어지며, 이는 제안된 설계와 방법이 항공기등의 기술기준에 따르고, 항공기가 안전하게 작동함을 입증하기 위한 지상 및 비행시험에 의해서 가능하다.

항공기 인증에서 사용되는 '분류(classification)'라는 용어는 유사한 추진, 비행, 또는 착륙 특성을 갖는, 즉 비행기, 회전익 항공기, 글라이더, 또는 기구 등을 뜻한다. 또한 '카테고리

표 4.4 국제적 항공기감항인증 기술기준 비교

인증구분	항공기기준/기기범위	KAS	FAA FAR	EASA CS
표준감항 증명	활공기	Part 22	-	CS-22
	보통류 비행기	Part 23	Part 23	CS-23
	수송류 비행기	Part 25	Par 25	CS-25
	보통 회전익 항공기	Part 27	Part 27	CS-27
	수송 회전익 항공기	Part 29	Part 29	CS-29
	비행선	Part 30	Part 30	-
	경회전익 항공기	Part VLR	-	CS-VLR
안전성 인증	LSA (Light Sport Aircraft)	경량항공기비행안전을 위한 기술상의 기준	Order 8130.2J (특별감항증명; 설계표준 ASTM)	CS-LSA
안전성 인증	Ultralight Vehicle	초경량비행장치의 비행 안전을 확보하기 위한 기술상의 기준	Part 31; 유인자유기구 Part 103; 초경량 비행기 Part 105; 낙하산 Part107; 소형무인항공기	CS-31; 기구류

(category)'라는 용어는 항공기의 계획된 용도 또는 운항 한계에 따라 분류되는 항공기의 집합을 뜻한다. 항공기 카테고리의 예로는 '일반, 수송류'가 있다.

한국, 미국, 유럽의 항공기 기술기준을 표 4.4와 같이 나타내었다. 본장에서는 우리나라 비행기, 회전익 항공기, 경회전익 항공기 기술기준과, 경량항공기와 초경량 비행장치의 비행 안전기술상의 기준을 개략적으로 설명한다.

4.3.2 적합성 입증방법(Means of Compliance)

형식증명 신청자나 부가형식증명 신청자는 모든 해당 기술기준에 대해 해당요건을 충족함을 증명하는 적합성 입증방법을 제시하여야 한다.

적합성 입증방법(MOC; Means of Compliance)은 항공기 기술기준에 적합함을 입증하기 위하여 사용되는 방법으로서 산업표준을 적용하거나, 주요사항 검토서를 참고하거나, 대체 방안을 제시하는 방법을 활용한다. 적합성 입증방법은 규정 요구사항을 만족시키는 유일한 방법은 아니며 여러 가지 방법 중 하나의 방법이 될 수 있다. 산업표준은 항공무선 기술 위원회(RTCA; Radio Technical Commission for Aeronautics), 국제자동차기술협회(SAE; Society of Automotive Engineers International), ASTM International, 유럽 민간항공장비기구(EUROCAE; European Organization for Civil Aviation Equipment) 등이 포함되지만 이에 국한되지는 않는다.

적합성 입증방법은 항공기 기술기준을 준수할 수 있는 허용 가능한 방법을 제시하여야 하며 기술기준에서 정한 안전수준을 유지하고 특정기준의 안전 목적에 부합되어야 한다. 적합성 입증방법은 형식증명신청자나 부가형식증명신청자가 정의하는 방식을 사용할 수 있으며 MOC 0에서 MOC 9까지의 code를 사용하고 있으며 크게 기술평가, 시험, 검사 및 구성품 인증의 네 가지 적합성 형태로 분류한다(표 4.5).

- MOC 0: 단순 정의 및 일반적인 요구사항으로 검증이 필요하지 않음
- MOC 1(설계검토): 설계도면과 같은 문서를 검사하거나 유사성 자료를 근거로 검증함. 기본설계, 상세설계검토 회의시 사용되는 설계검토자료, 규격서자료가 이에 해당되며 재료사양서도 포함됨
- MOC 2(계산/분석): 구조 하중, 응력, 비행성능, 전기부하 등에 대해 이론적 또는 수치적 해석을 통해 검증하는 방법으로 계산 자료와 이론적인 검토자료, 기능분석자료, 전기부하해석 자료, 중량 및 무게중심자료가 이에 해당됨

- MOC 3(안전평가): 항공안전과 관계되며, 안전 분석 개념과 방법이 제시되어야 하며, 초기 위험도 분석, 서브시스템/시스템 위험도 분석과 운영 및 지원 위험도 분석 보고서가 이에 해당됨. SW 경우는 안전성 평가기준에 의함
- MOC 4(실험실 실험): 기체, 착륙장치 등 세부계통 차원의 리그(Rig) 또는 별도 시험설비를 활용한 시험을 통해 검증하며, 시험계획서, 시험보고서 및 시험해석 자료가 이에 해당됨. 형상 설계에 필요한 풍동시험도 포함됨
- MOC 5(지상시험): 항공기 차원의 지상시험을 통해 검증함. 지상시험계획서, 지상시험보고서 등이 이에 해당됨
- MOC 6(비행시험): 항공기에 조종사가 탑승하야 수행하는 시험으로 비행시험 계획서에 의한 비행시험보고서가 기준자료임
- MOC 7(설계검사/감사): 재료, 부품, 과정 및 공정이 형식설계에 합치함을 검증함. 항공기에서 수행하는 비계측 검사, 항공기 목업(mock up)을 통해 검사함
- MOC 8(시뮬레이션): 비행조종 컴퓨터의 고장 등 실제로 비행하기 어렵거나, 비용이 많이 드는 경우에 시뮬레이션을 통해 검증함
- MOC 9(구성품 인증): 구성품 차원의 각종 인증결과를 활용하여 품질보증함

표 4.5 적합성 입증방법(MOC)

적합성 형태	적합성입증방법(MOC)	관련 문서
기술 평가	MOC 0: (1) 적합성 기술서 (2) 설계 참고자료 (3) 선정방법, 적용계수 등 (4) 정의	(1) 설계자료 (2) 기록문서
	MOC 1: 설계검토 자료 (예; 기본설계, 상세설계 검토회의자료)	(3) 설명자료 (4) 도면
	MOC 2: 계산/분석	(5) 실증보고서
	MOC 3: 안전 평가	(6) 안전 분석서
시험	MOC 4: 실험실 실험	(7) 시험계획서 (8) 시험보고서 (9) 시험해석 자료
	MOC 5: 관련제품의 지상시험	
	MOC 6: 비행시험	
	MOC 8: 시뮬레이션	
검사	MOC 7: 설계검사/감사(audit)	(10) 검사 및 감사보고서
구성품인증	MOC 9: 구성품인증	장비품질보증은 9개의 MOC를 포함하며 장비 레벨에 대한 적합성 입증방법임

항공기 기술기준에 따라 표 4.5의 적합성 입증방법을 선정하고 적합성 입증자료를 관리하고 점검하기 위한 적합성 점검표(CCL; Compliance Check List)를 작성하여야 한다. 표 4.6에는 미국 FAA의 FAR Part 23 '감항분류가 보통, 실용, 곡기, 커뮤터류 비행기'급 형식 인증기준에 부합되게 개발한 4인승 민간항공기 KC-100의 적합성점검표 작성사례를 나타내고 있다. 2017년 8월 이전에 고시된 FAR Part 23 경우 적합성 입증 항목이 총 2,300여 개에 달하고 있으나, 이중 KC-100 항공기 인증기준에 따라 미 적용항목을 식별한 결과 1,000여 개의 적합성 입증 항목에 대해 300여 개의 적합성 입증문서를 도출하였다.

표 4.6 KC-100 적합성 점검표(CCL) 사례

Section	Sub-section	Title	Amend-ment	MOC	Doc number	Doc Title
§23.75	(e)	Llanding distance	23-50	6	KPCP xxxxx	Flight Test Plan for KC-100 Airplane Landing Gear System
§23.671	(a), (b)	Control Systems General	-	6	KPCP xxxxx	Pilot Flight Evaluation Plan for KC-100
					KPCR xxxxx	Pilot Flight Evaluation Report for KC-100
§23.723	(a), (b)	Shock absorption tests	23-49	4	KPCP xxxxx	Main Landing Gear Drop Test Plan for KC-100
§23.951	(a), (b)	Fuel System general	23-43	1,6	KPCP xxxxx	KC-100 Fuel System
					KPCP xxxxx	Flight Test Plan for KC-100 Fuel System
					KPCP xxxxx	Flight Test Report for KC-100 Aircraft Fuel System
§23.954	(a), (b), (c)	Fuel System Lightning Protection	23-7	1,4	KPCR xxxxx	Direct Lightening Test Report for KC-100
					KPCR xxxxx	KC-100 Fuel System
§23. 1309	(a), (b)	Equipment, Systems, and Installation	-	3	KPCP 32004	Ground Test Plan for KC-100 Brake System
					KPCR xxxxx	Ground Test Report for KC-100 Brake System
					KPCR xxxxx	Flight Test Report for KC-100 Aircraft Landing Gear System

표 4.7 ASTM 기준에 대한 Far Part 23 AMOC

Part 23	허용되는 적합성 입증방법		잠재적인 추가 MOC
	ASTM표준	FAA 변경	
23.2205 시스템과 구조의 상호작용	없음	해당사항 없음	- ASTM 표준은 §23.2205에 대한 적합성을 보여주는 방법을 포함하지 않음 - §23.2205의 적합성이 필요한 인증을 신청하는 경우 §23.2010에 따라서 FAA에서 허용하는 MOC를 사용해야 함 - ASTM F44에서 §23.2205의 적합성을 입증하는 표준을 개발중임
23.2210 구조설계하중	F3264-17, Section 6.3	없음	
23.2215 비행하중조건	F3264-17, Section 6.4	- ASTM F3116/F3116M-15, Section 4.1.4가 FAA 4.1.4를 대체함 - ASTM F3116/F3116M-15, Section 4.10.1.1가 FAA 4.10.1.1을 대체함	- ASTM F3264-17은 질량 평형추가 적절한 하중에 대해서 설계되었음을 보여주는 방법을 포함하지 않음 - 비행조종면상에 평형추를 갖는 비행기의 인증을 신청하는 경우 §23.659의 개정판 23-63을 사용하거나 또는 §23.2010에 따른 다른 적합성 입증방법에 대한 FAA의 수용을 획득해야 함

FAR Part 23이 2017년 8월 성능기반 기술기준으로 변경됨에 따라 FAA에서는 Part 23 기술기준에 부합하는 적합성 입증방법문서로서 산업체에서 개발한 산업표준(consensus standards)을 사용함을 승인하였다. 산업표준의 사용은 특정 설계와 기술에 대한 안전 목표를 어떻게 충족시킬 수 있는지를 명확히 하고, Part 23에 따라 인증된 비행기에 대한 안전 강화 기술을 적기에 지원 하는데 있다. 또한 항공기술혁신과 신기술채택을 촉진하기 위해 요구되는 새로운 표준의 신속한 개발을 지원하기 위한 것이다.

표 4.7은 ASTM 기준에 대한 FAR Part 23 승인적합성 입증방법(AMOC; Accepted Means of Compliance) 사례를 나타내고 있다.

4.3.3 항공기 기술기준의 구조

항공기 인증을 위한 기술기준(KAS Part 23, 25, 27, 29, 30, Part VLR)을 살펴보게 되면, 이들 규정 간의 공통으로 존재하는 체계가 존재하여 해당 규정들의 통일성과 유사성을 가지고 있음을 확인할 수 있다. 머리말이나 페이지 목록 등을 제외하고, 공통적으로 Subpart와 부록(appendices)이 존재한다. 각각의 Subpart는 하나의 제목하에 여러 절들(예: Subpart B 비행의 경우 '성능', '안정성' 등)을 포함하고 있으며, 상기의 각 표준들은 일반적으로 동일한 장절 번호하에서 동일한 주제와 내용을 다루고 있다(예, '중량중심범위' 절은 XX.27, '비행하중 일반'절은 XX.321 등). 이는 기존표준들 간의 이동과 필요시 비교를 용이하게 식별하도록 한다. 감항 기준 구조의 일부 상세 내역을 보면 다음과 같이 이루어져 있다.

- Subpart A 일반: Subpart A는 해당 규정이 적용되는 항공기의 형식 및 범주에 관한 정보를 제공한다.
- Subpart B 비행: Subpart B에서는 항공기의 성능, 조종성 및 기동성, 안정성 등의 관련 요구도 충족 여부를 확인하기 위한 비행시험에 대한 내용을 다루고 있다. 다만 Subpart B에서만 비행시험 관련 내용을 다루고 있는 것은 아니다. 다른 Subpart들에서도 비행시험을 통해 확인해야 하는 내용들이 포함되어 있다.
- Subpart C 구조(강도): Subpart C는 비행 및 지상 하중 평가, 기체골격 구조 설계, 조종시스템, 착륙장치, 및 기타 구성 요소들에 대한 요구도를 포함하고 있다. 내 추락성과 피로 요구도 관련 항목들도 Subpart C에 포함된다.
- Subpart D 설계 및 제작: Subpart D는 설계 기법, 소재, 안전율, 조종 시스템 및 착륙장치 설계, 구조 시험, 조종실 및 객실 설계, 화재보호, 및 플러터 요구도 등의 내용을 다룬다.
- Subpart E 동력장치: Subpart E는 추진체 및 연료 계통, 배기 계통 등 관련 시스템과 관련된 내용을 다루고 있다. Subpart E에서는 이외에도 추진체 제어, 부속물, 화재보호 등도 다루어진다.
- Subpart F 장비: Subpart F는 계기장착, 전기계통, 등화, 안전장비와 기타장비품인 조종실음성기록 장치, 비행기록 장치와 관련된 내용을 다루고 있다.
- Subpart G 운용제한사항, 표시 및 비행교범: 항공기 운항을 하는데 조종사 및 기타 승무원들에게 가용하여야 하는 표식 및 표시들부터 비행교범 내용까지 모든 정보에 관한 요구도를 다룬다.
- Subpart H 전선연결시스템: Subpart H는 전선, 전선기구, 또는 이들의 조합된 형태를 말한다. Part 25 수송류 비행기에 특정된 Subpart이다.
- 부록: 부록들은 단순화된 설계 하중 기준, 자재의 가연성 평가 시험 절차, 유지감항지침 등의 다양한 정보를 제공한다.

4.3.4 활공기 기술기준(KAS Part 22)

활공기(glider)는 주로 엔진을 사용하지 않고 자유 비행을 하며 날개에 작용하는 공기력의 동적 반작용을 이용하여 비행이 유지되는 공기보다 무거운 항공기를 뜻한다. 활공기는 활공기 지식과 비행시험을 이수한 조종사 면장등급을 지정할 때 사용되며 산업체에서는 세일플레인(sailplane) 용어를 사용하고 있다. 세일플레인은 열이나 상승기류의 자연환경에 의해 고도를 얻을 수 있어 효율적인 장시간 비행이 가능하다. 그림 4.2에는 일반적인 활공기를 나타내고 있고 활공기 구성도는 그림 4.3에 나타내었다.

미국은 최대속도가(Vne) 수정대기속도로 222km/h(120kts) 이하인 활공기를 경량항공기(LSA; Light Sport Aircraft)에 포함시켜 형식증명서는 발급하지 않고 특별감항증명(SLSA;

그림 4.2 활공기(Schleicher ASK-24)

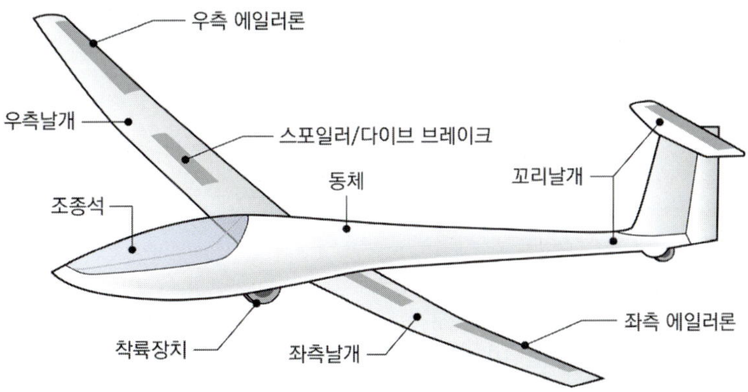

그림 4.3 활공기 구성도

Special Category Light Sport Aircraft)을 받도록 규정하고 있다. EASA CS-22 기술기준에는 최대 중량이 750kg 이하의 활공기와, $W/b^2 = 3kg/m^2$을 초과하지 않으며, 최대 중량이 850kg 이하의 단발 엔진(스파크 점화 또는 압축 점화) 동력 활공기를 규정하고 있으며 인증서를 발급하고 있다. 활공기와 동력 활공기의 최대 탑승 인원은 2명이다.

'동력활공기'라는 용어는 CS 22.65에 명시되어 있는 최소 상승률과 CS 22.51의 최대 이륙 거리를 충족할 수 없어 항공기 자체의 동력만으로 이륙하는 것이 금지된 동력 활공기를 뜻한다. 따라서 활공기와 유사한 방식으로 이륙하게 되며 이러한 동력 활공기는 '자체비행유지 동력 활공기'라고 일컬어지며 추가적인 요구도가 적용된다. CS-22는 동력 활공기에 설치되는 엔진과 프로펠러 관련 표준이 명시된 Subpart H(엔진)와 J(프로펠러)를 포함한다. 물론 CS-E와 CS-P에 따라 인증받은 엔진이나 프로펠러도 동력 활공기에 장착될 수 있다.

우리나라 KAS Part 22에서는 활공기를 자체중량이 70kg을 초과하고 설계최대중량이 600kg을 초과하지 않는 무동력 활공기에 대해 기술기준을 규정하고 있으며 인증서를 발급하고 있다(항공안전법 시행규칙 제2조 제3호). 우리나라는 활공기를 상급, 중급, 초급, 특수 활공기로 구분하고 있으며, KAS Part 22 기준에 적합하다는 것을 해당 형식 활공기의 비행시험과 기타의 시험 및 자료에 의하여 증명하여야 한다.

- 상급활공기: 감항분류가 제1종과 제2종인 활공기
- 중급활공기: 감항분류가 제3종인 활공기로서 초급활공기 이외의 것
- 초급활공기: 감항분류가 제3종인 활공기로서 윈치예항(자동차에 의한 예항을 포함)에 적합하지 아니한 것
- 특수활공기: 감항분류가 동력활공기(S) 또는 상급·중급·초급활공기에 속하지 않는 기타의 활공기

KAS Part 22 기술기준은 활공기가 중량이 작고 시스템이 복잡하지 않아 일반, 비행, 강도, 설계 및 구조, 장비, 운용한계 등의 활공기 설계에 필수적인 요구도만 규정하였으며, 기존 Subpart의 구조 대신에 일반적인 번호 체계를 따라 요구도를 간소화시켰다.

KAS Part 22 기술기준을 주요항목에 대해서는 개략적으로 요약하였으며, 일부 기술기준은 제목 위주로 정리하여 기술기준에 대한 이해를 도모하도록 하였다.

22.3 (비행)

이륙은 고무줄 사출, 윈치예항, 비행기 예항시 이륙이 용이하고 또 활주중 과도하게 앞으로 기울어지는 경향이 없이 행하여야 한다.

착륙은 비행경로에 직각이 되는 바람의 성분이 3m/s의 경우에 있어서는 조종장치가 조작 한계에 도달하지 않고, 조종에 곤란을 일으킴이 없이 착륙을 수행할 수 있어야 한다.

자유비행중 비행성에 대해서는 다음 사항이 요구된다.

- 실속속도는 각각의 공력형상에 대해 V_{S0} 및 V_{S1}는 비행시험에 의하여 결정함
- 종의 트림 안정성 및 조종성
- 횡안정, 방향안정성, 트림 및 조종성
- 실속특성 및 저속도에서의 비행성

22.5 (강도)

강도상의 요건은 제한하중 및 종극하중에 의한다.

비행하중 및 지상하중은 원칙적으로 활공기의 중량 및 관성력과 균형되어야 하며, 하중의 분포는 안전칙의 근사적 상태 또는 거의 실제의 상태로 하여야 한다.

또한, 비행하중 및 지상하중에 의하여 일어나는 구조부분의 변형을 위하여 외력 또는 응력의 공포가 명료히 변하는 경우에는 이를 고려하여 강도를 계산하여야 한다.

22.7 (설계 및 구조)

일반설계 및 구조에 대하여서의 적합성 또는 신뢰성은 시험에 의하여 입증하여야 한다.

조종계통의 설계에서 모든 조종장치는 용이하고 확실히 조작되는 것이라야 하며, 조작하는 방향을 활공기의 운동방향에 일치시키거나 피 조작부의 운동방향에 일치시켜야 한다.

조종석의 설계에서는 다음 사항을 만족해야만 한다.

- 조종석의 시계에서는, 방풍 및 그 주위의 구조는 충분히 넓고 명료하고 충분한 시계를 가져야 함
- 상해에 대한 보호에서 승무원을 상해할 우려가 있는 부분에는 쿠션이 되어 있어야 함
- 비상탈출에 대해서 활공기는 비상의 경우에 있어서 승무원이 신속히 탈출할 수 있게 고려되어야 함

22.9 (장비)

장비품은 소정의 형식의 것으로서 장비한 때의 기능이 충분히 신뢰되는 것이라야 하며, 계측기의 종류는 다음의 계기로 구성된다.

- 제1종 활공기 및 제2종 활공기에 있어서는 속도계 및 고도계
- 윈치 예항을 행하는 제3종 활공기에 있어서는 V_W를 판정하는 장치

22.13 (예항장치 및 사출장치)

- 활공기의 예항장치 및 사출장치는 국토교통부장관의 승인을 받은 것이라야 함
- 예항장치는 언제나 예항선을 이탈 또는 절단할 수 있는 장치를 비치하여야 함

4.3.5 소형비행기 기술기준(KAS Part 23)

미국 FAA는 1965년 2월 1일 소형비행기에 대한 기술기준을 제정하였으며 현재의 성능기반기술기준으로 개정되기 전까지 63차례의 개정이 이루어졌다. 기존의 소형비행기 기술기준은 좌석이 9석 이하, 최대이륙 중량이 5,670kg 이하인 일반, 다목적, 곡예비행기와 좌석이 19석 이하, 최대이륙중량이 8,618kg 이하인 커뮤터용 범주의 비행기로 구분하였다.

각각의 비행기들의 범주는 다음과 같다.

- 일반: 일반 비행기는 비곡예 운항으로 제한됨. 비곡예 운항에는 실속 비행(급상승 실속은 제외), 비행기의 횡경사가 60도 이하인 요구도 내에 들어 있는 몇 가지 단순한 기동이 포함됨
- 다목적: 다목적 비행기는 일반 운항, 스핀, 횡경사가 60도~90도 사이인 요구도 내에 들어 있는 몇 가지 곡예 기동을 할 수 있음
- 곡예: 곡예용 범주의 비행기는 거의 제한 없이 각종 기동을 할 수 있다. 여기서 비행시험의 결과로 제한을 두는 것이 필요하다고 확정된 기동은 제외됨
- 커뮤터용: 통근 비행기는 일반 운항에 사고를 유발하지 않는 기동으로 제한되며, 급상승 실속은 제외된 실속 비행, 비행기의 횡경사가 60도 이하인 급선회 기동이 가능함

본 규범적 기술기준을 적용한 우리나라 소형비행기는 한국항공의 4인승 KC-100(2013년 3월 28일 형식증명 획득)이며 이를 군용훈련기로 개조한 KC-100AF는 개정형식증명을 2015년 12월 30일에 획득하였다.

일반적으로 FAR Part 23의 적용을 받는 소형 비행기는 복잡하고 빠른 대형 비행기들보다 단순하고 느린 기종이었으며, 그 결과 중량과 엔진 형식에 기반을 둔 현재의 표준들에 대한 접근방식은 효과적이었다. 이 기술기준에 근거하여 수십 년간 안전한 비행기를 생산할 수 있었지만, 항공기술의 발달로 초경량 비행기에 대한 요구조건이 FAR Part 23의 기존 가정들을 변화시켰다. 새로운 소형 터빈 엔진, 복합 에어프레임, 경량 디지털 전자장비는 FAR Part 23의 소형 비행기가 FAR Part 25의 대형 비행기들만큼 뛰어난 운항 능력과 성능을

갖출 수 있도록 하였다.

FAR Part 23 기술기준은 원래의 의도를 넘어서는 향상된 성능과 시스템의 복잡성을 다루도록 발전되어 왔지만 불행하게도, 이 과정에서 FAR Part 23급의 느리고 단순한 소형 비행기들이 복잡한 비행기로 전환되고 있는 기준으로 인해 부담을 갖게 되었다. 불가능한 것은 아니지만 단순한 복좌 비행기를 증명하는 것은 난해하고 비용이 많이 드는 일이다. 동시에 FAR Part 23은 매우 복잡한 고성능 터빈 엔진 제품이 장착된 비행기에 대하여 완전히 다루지 못하고 있다. 또한 통합 조종석, 이동 지도 전시 등 광역항법보조장치(WAAS; Wide Area Augmentation System) 등의 항공전자 제품에 신기술이 도입되어 매년마다 이를 다루는 기술기준수는 증가되고 있었다.

이런 일련의 사태는 FAA로 하여금 해당 문제를 보다 심각하게 받아들여, 결국에는 전담팀을 구성하여 장래의 FAR Part 23 기술기준의 변경을 위한 권고 사항들을 연구하게 되었다. 여러 해에 걸친 연구 결과로, FAA는 2009년에 'Part 23 소형 비행기 인증 절차 연구' 보고서를 발간하여 향후 20년을 위한 일반 항공 분야 권장사항들을 제시하였다. 전담 팀에서 제시한 첫 번째 권고사항은 비행기의 중량과 추진기관구분에 기반을 두고 있는 현존의 FAR Part 23을 향후에는 비행기의 성능과 시스템의 복잡성에 기반을 둔 것으로 새로 구성해야 한다는 것이었다. 이 연구 보고서에서는 다음과 같은 3개의 계층 구조 내에서 소형비행기 기술기준을 다루도록 하는 것을 제안하였다.

- Part 23 범주 A: 낮은 수준의 복잡성, 저성능
- Part 23 범주 B: 중간 수준의 복잡성, 중간 정도의 성능
- Part 23 범주 C: 높은 수준의 복잡성, 고성능

2012년 2월 1일 미국의회는 연방 항공 현대화 및 개혁법(Public Law 112-95; 49 USC 40101 note)을 통과시켜 FAA가 항공산업체와 협의하여 항공기 인증 및 승인절차를 평가토록 규정하였다. 또한 2013년 11월 12일 소형비행기 활성화법(공법 113-53; 49 USC 44704 note)을 통과시켰는데 여기에는 크게 네 가지 목표가 설정되어 있다.

- 안전성을 높이고 인증 비용을 절감할 소형 비행기에 대한 규제 체제를 구축함
- 혁신과 기술 채택을 촉진할 안전 목표 설정
- 규범적 규칙을 성능 기반 규정으로 대체
- 합의 표준을 사용하여 특정 설계 및 기술로 안전 목표를 달성할 수 있는 방법을 명확화함

앞서 설명하였지만, Part 23에 따라 인증된 비행기의 범위는 성능, 승객좌석 수, 설계 복잡도, 기술 및 운용 목적 측면에서 다양하다. 현재 각 Part 23 비행기의 인증 요구조건은 중량, 승객좌석 수 및 추진 유형을 포함한 요소를 조합하여 결정되었다. 비행기의 추진 유형 및 중량과 그에 연결된 성능 및 복잡도 사이에 명확한 관계가 있고, 그에 따른 보통류(N), 실용류(U), 곡예 및 커뮤터급(C) 감항분류는 일반적으로 적절하였다.

최근의 항공기술 발전으로 예전의 소형항공기와 단순한 비행기만이 존재하던 중량 범위 내에 고성능의 복잡한 비행기가 추가되었으며, 경량, 고성능 비행기의 도입으로 Part 23에 따른 비행기에 대한 적절한 수준의 안전성을 확보하기 위해서는 더 엄격하고 까다로운 기술기준을 포함하도록 Part 23을 개정하게 되었다. 그 결과 고성능 비행기에 대한 일부 더 엄격하고 까다로운 기준이 단순하고 낮은 성능의 비행기 인증에 적용함에 따라 예전보다 향상된 비행안전성을 이룩하도록 하였다.

새로운 FAR Part 23 및 CS-23에서 적용한 성능기반규정은 기존 규범적 규정을 대체할 뿐 아니라 인증 절차와 개념 전반에 걸쳐 변화를 가져왔다. 기존 특정 기능, 설계요소 또는 시험을 포함시키도록 규정하는 방식에서 안전 성능을 만족하여야 하는 측정 가능한 결과 및 효과를 목표하는 규정으로 변화한 것이다. 성능표준은 적합성 입증방법을 규정하지 않고, 효과, 성과 등의 결과를 규정함으로써 설계표준(design standard)에서 성능표준(performance standard)으로 변화하도록 하고, 이 목표를 달성하는 방법을 신청자가 선택하고 감항당국과 합의하도록 하여 적합성 입증에 유연성을 부여하는 방식이 특징적이다.

성능기반 규정은 신청자 및 감항당국에 유연성을 부여하고, 인증비용을 절감할 수 있는 장점이 있으며 기술변화 및 새로운 위험에 대하여 신속하게 대응할 수 있다. 하지만 적절한 성능기준을 설정하는 데에 어려움이 있고, 그 기준의 효과 및 성능이 규범적 규정에 비해 모호한 점이 존재한다. 또한 신청자와 감항당국 사이에 세부 기준 및 입증 방법에 대한 합의 문제가 발생할 수 있으며 무엇보다 친숙한 기존 체제와 규정으로부터의 사고전환이 어려울 수 있으나 인증비용의 절감 및 비행기 제작기술변화 및 새로운 위험에 대한 신속한 대응이 가능하여 큰 장점이 있다.

EASA는 FAA의 소형비행기 기술기준의 전면 개정에 부응하여 FAA 및 외국 민간항공당국(CAA) 간의 인증 요구조건의 조화와 비용 절감과 동시에 안전성을 향상시킬 수 있는 조화(harmonize) 잠재성을 조사하여 국제적으로 인정된 적합성 입증방법과 함께 국제적 조화를 용이하게 하는 성과 기반 안전 규정을 채택하면 상당한 비용 절감과 안전이 향상된 장비 장착이 가능하다는 판단을 하였다. 또한 이러한 새로운 접근법을 통해 저위험도의 단순한 비행기를 위한 별도의 CS-VLA(Very Light Aircraft)가 신규 규정에서 달성될 수 있는 것과 동일하게 혁신적인 장점을 제공하지 못한다는 것도 분명히 확인하였다.

EASA는 경비행기(VLA)의 범위와 기술의 한계로 인해 소형비행기에 비해 보다 현대적이고 일반적이지 않은 CS-VLA에 대한 인증 노력이 추가로 이루어져서 비용대 효과면에서 부정적인 측면을 파악하였다. CS-VLA 비행기는 이미 미국 인증체계에서 허용되었기 때문에 CS-VLA의 요구조건을 새로운 개념의 CS-23에 포함시키는 것은 적절하였다. 우리나라도 EASA와 마찬가지로 기존 경비행기 기술기준을 KAS Part 23의 보통류 비행기로 통합시켰다(그림 4.4).

표 4.8에는 기존 특정한 설계 및 입증방법을 규정하는 규범적(prescriptive) 규제와 안전성능 및 효과를 규정하는 성능(performance)기반 규제의 비교를 나타내고 있다. 그림 4.5에는 Part 23 기술기준 변경 사항을 정리하였는데 기존의 규범적 규정의 총 374항목 대비 성

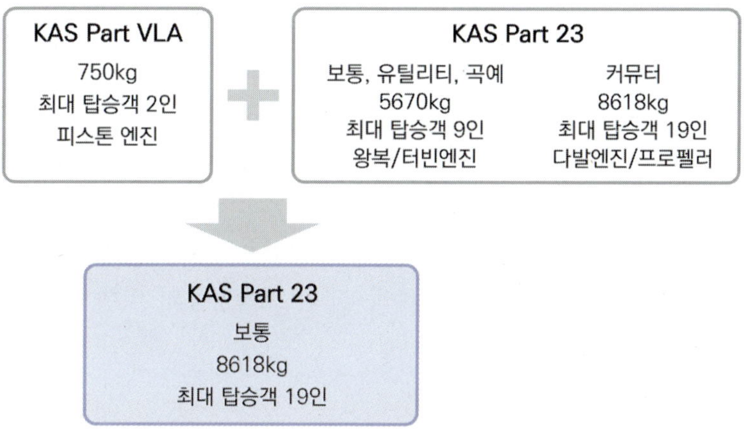

그림 4.4 소형비행기 인증분류 개편사항

표 4.8 규범적 표준과 성능기반 표준 차이

규범적 표준 (Prescriptive Standard)	성능기반 표준 (Performance Standard)	비고
실속속도 61kts 이하	모든 비행형상에서 가장 불리한 조건을 고려하여 실속속도를 결정	설계 요소
기동 별 비행하중 조건 규정	모든 비행하중을 고려할 것	적합성 입증방법
플러터 시험, 해석 방법 규정	플러터가 없어야 함 (시험, 해석방법 삭제)	적합성 입증방법
안전벨트	승객 보호 수단을 갖출 것	설계 요소
특정 연료(화석연료) 계통 설계 규정	동력원 계통의 일반적 안전 성능	설계 요소

능기반규정은 총 66항목으로 대폭 축소하여 상위수준 요구조건만을 규정으로 채택하였으며 설계표준 및 적합성 입증방법은 산업체 표준으로 이관하였다.

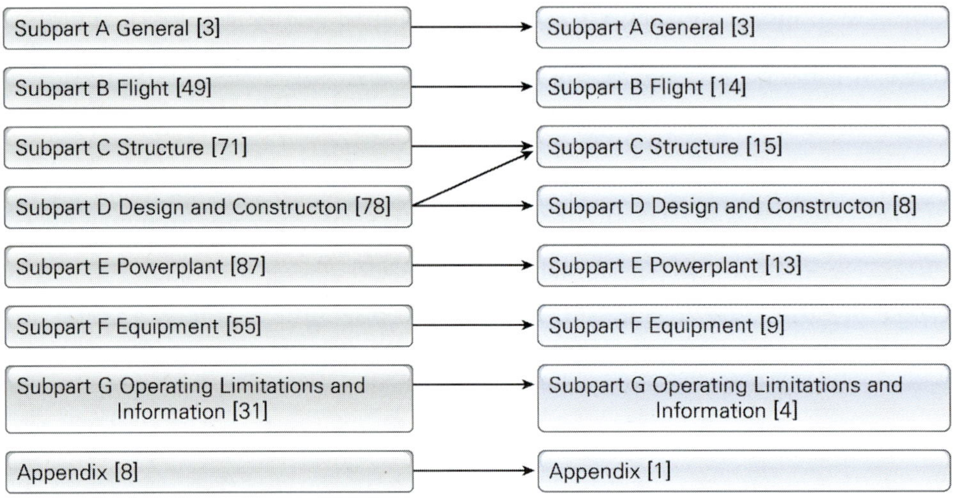

그림 4.5 Part 23 기술기준 변경

소형 비행기 감항기준은 그림 4.6과 표 4.9에 나타냈듯이 기본적으로 비행기의 감항분류를 용도, 중량에 따른 구분의 보통, 실용, 곡예, 커뮤터를 보통으로 통합하여 탑승객의 인원수에 따른 Level 1,2,3,4의 비행기 인증수준과 저속, 고속성능의 비행기 성능수준으로 개정하였다.

Level 1 (Pax 0~1) Level 2 (Pax 2~6)

Level 3 (Pax 7~0) Level 4 (Pax 10~19)

그림 4.6 보통류 비행기 인증수준

표 4.9 보통류 비행기 인증

비행기 인증수준		비행기 성능수준	
수준 1	최대 승객 좌석 0~1	저속	V_C/V_{MO} 250 KCAS 또는 M_{MO} 0.6 이하
수준 2	최대 승객 좌석 2~6		
수준 3	최대 승객 좌석 7~9	고속	V_C/V_{MO} 250 KCAS 또는 M_{MO} 0.6 초과
수준 4	최대 승객 좌석 10~19		

우리나라는 2017년 8월 개정된 소형 비행기 기술기준인 FAR Part 23을 기반으로 이와 동등한 수준의 KAS Part 23을 제정하였다. 이는, 첫째로 항공기 제품의 인증체계를 항공선진국 수준과 동등한 수준으로 유지하고, 두 번째로는 소형비행기 설계 기준에 최신 기술을 적용하여 안전성을 증가시키고, 세 번째로는 성능이 낮은 비행기의 인증절차 간소화 등 항공기등 제작산업의 활성화를 지원하고, 네 번째로는 국제 수준의 인증체계 구축을 통해 국내 제작 항공기에 대한 국제 신임도 제고를 위함에 있다.

우리나라 소형비행기 인증기준은 항공안전법 제19조(항공기기술기준) 제1호 '항공기등의 감항기준'에 따라 제정된 2017년 6월 2일 국토교통부 고시 제2017-360호에 따른 것이다. 본 인증기준은 항공안전법의 제20조 '형식증명', 제21조 '형식증명승인', 제22조 '제작증명', 제23조 '표준감항증명' 및 제30조 '수리개조승인'에 적용된다.

KAS Part 23 기술기준 중요내용을 Subpart 별로 아래와 같이 요약하였다. 참고로, 새로 변경된 KAS Part 23 번호체계의 경우 서브파트는 23.2000(적용 및 정의)부터, 서브파트 B는 23.2100(중량 및 무게중심)부터 시작하는 방식을 채용하고 있다. 이는 FAA에서 Part 23 개정시 번호체계의 혼선을 피하기 위해서 EASA에서 추천한 방법으로, 동일 번호상에 서로 다른 내용을 가지고 있는 경우도 있었기 때문이다.

예외적으로, 규범적 요구조건인 23.1457(조종실 음성기록장치), 23.1459(비행자료기록장치) 그리고 23.1529(감항성유지지침서)의 경우 개정안에서도 번호가 변경되지 않았으며, 기본적으로 Part 23, 25, 27 및 29에 모두 동일하다.

(1) 기록장치들과 감항성유지지침서

23.1529 (감항성유지지침서)

23.1529에서는 신청자가 감항당국이 인정할 수 있는 감항성유지지침서를 해당 기술수준의 부록 A(감항성유지지침서)에 따라서 준비하도록 요구하고 있다. 만약 첫 비행기의 인도 또는 표준 감항증명이 발행 중에서 나중에 일어나는 시기 전에 지침서의 완성을 보장하는

계획이 있는 경우에는 형식증명시 지침서가 완성되지 않을 수 있다.

이는 기존의 23.1529와 규정의 번호뿐 아니라 내용까지도 동일하게 유지된 것이다. 그 이유는, 해당 조항의 변경되는 경우 이 조항을 참고하는 다른 조항에 미치는 영향이 적지 않았기 때문이다. 따라서 FAR의 경우 23.1529는 신 번호체계 내에서도 별도로 기존 규정(legacy regulation)하에 위치하고 있으며, KAS의 경우에도 Part 23의 시작부분에 위치한다.

(2) Subpart B 비행

23.2100 (중량 및 무게중심)

감항인증 신청자가 비행기의 안전한 운항을 위한 중량 및 무게중심의 한계를 규정하고, 신청자가 감항당국에게 인정을 받을 수 있는 허용치를 사용하여 비행기의 하중 조건 범위 내에서 중량과 무게중심의 각 조합에서 이 Subpart의 각 요구조건 적합성을 입증함을 규정해야 한다. FAA의 최초 제안은 '한계를 제공하는 중량 및 무게중심'으로 수정을 제안했으나, 보다 명확한 변경을 위해서 '중량 및 무게중심에 대한 한계'로 제안한 항공기 소유자 및 조종사 협회(AOPA; Aircraft Owners and Pilots Association)의 추천을 받아들였다.

23.2105 (성능데이터)

인증을 요청하는 비행기의 인증 및 성능 수준을 기반으로 여러 조건에서 이 Subpart의 성능 요구조건을 충족시켜야 한다.

- 모든 비행기에 대하여 해수면 기준의 정체된 대기 및 표준 대기조건
- 수준 1, 2의 고속 비행기와 수준 3, 4의 비행기에 대하여 운항범위에서의 주변 대기조건

신청자는 다음 조건에 대하여 이 절에서 요구한 성능 데이터를 개발하여야 하고 성능 데이터는 대기조건, 냉각 요구 및 동력원에 대한 기타 수요로 인한 손실을 고려하여야 한다.

- 해수면으로부터 3,048m(10,000ft)까지의 공항 고도
- 해당 온도가 성능에 부정적인 영향을 미칠 수 있는 경우 운항한계 범위 내에 있는 표준 대기 온도보다 높거나 낮은 온도

FAA의 초기 제안에서는 고온에 대한 성능 데이터의 개발만을 요구했으나, 일부 설계의 경우에는 고온이 아닌 저온에서도 성능에 대한 제한을 가질 수도 있다는 EASA 및 AOPA의 제안을 수용해서 표준대기 온도보다 높거나 낮은 온도로 확정했다. 예를 들어서, 배터리

로 작동하는 전기추진의 경우 저온에서 성능의 저하를 예상할 수 있기 때문에 이에 대한 대비라고 볼 수 있다. 연소를 통해서 추진되는 기관의 경우 일반적으로 고온에서 부정적인 영향을 받았던 것에 비해서 가까운 장래에 예상되는 기술에 대한 대비라고 해석할 수 있다.

23.2110 (실속속도)

23.2110에는 신청자가 동력을 공회전 또는 추력 0으로 설정하고 각 비행 형상에 대해 최악의 조건을 고려하여 일반 운항에 사용되는 각 비행 형상에 대해 비행기 실속 속도 또는 최소 안정 비행 속도를 결정할 것을 규정하고 있다.

23.2115 (이륙성능)

23.2115에서는 신청자가 실속 속도 안전성 여유, 최소 조종 속도 및 상승 구배를 고려하여 지상 회전과 초기 상승 거리를 15m(50ft)로 결정한 내용을 포함하여 비행기 이륙 성능을 결정할 것을 규정하였다.

또한, 23.2115에서는 수준 1, 2 및 3 고속 다발엔진 비행기, 최대 이륙 중량이 5,670kg (12,500lb)을 초과하는 다발엔진 비행기 및 수준 4 다발엔진 비행기에 대해 갑자기 추력을 상실한 후 가속-정지, 지상 회전 및 초기 상승 15m(50ft), 순 이륙 비행경로를 이륙 성능 결정에 포함할 것을 규정하였다.

23.2120 (상승요구조건)

23.2120에는 신청자가 비행기의 인증 수준, 엔진 및 성능 능력에 따라 지면 효과가 없을 때 다양한 최소 상승 성능을 입증할 것을 규정하였다. 최소 상승 성능 정보는 조종사가 활주로 끝을 벗어나 장애물로부터 적정한 간격에 있는지 여부를 결정할 수 있도록 하기 위해 필요하다. 신규 엔진 기술, 특히 전기 기술은 현재 요구조건에 있는 많은 상세 시험형상과 동력 가정을 무효화하는 대체 형상을 허용하고 있다.

23.2120에는 초기 상승 높이를 Part 25 상승 요구조건인 이륙 표면으로부터 11m(35ft)에서 15m(50ft)으로 일반화할 것을 포함하였다.

23.2120(b)에서는 '다발 엔진 비행기에서 임계 추력 상실 후'의 조건을 명시하고 있는데, 이는 기존 임계엔진에서 용어가 변경된 것이다. FAA의 경우 기존의 임계엔진고장(failure of critical engine)으로부터 임계추력상실(critical loss of thrust)으로 변경된 것인데, 그 이유는 쌍발 엔진인 경우 임계엔진(critical engine)이 명백하게 지정되지만 다발엔진에서는 임계엔진에서는 고장 모드가 쌍발 엔진에서 하나가 고장나는 형태를 따르지 않을 수 있기 때

문이다.

23.2125 (상승정보)

23.2125에는 신청자가 운용한계 이내의 각 중량, 고도 및 대기 온도에서 다음 대상에 대한 상승 성능을 결정할 것을 요구하고 있다.

- 모든 단일엔진 비행기
- 수준 3 다발엔진 비행기, 초기 상승 형상에서 이륙할 때 추력 임계손실 이후
- 모든 다발엔진 비행기, 모든 엔진이 가동되는 상태에서 순항 비행 단계 중에 그리고 순항 형상에서 추력의 임계손실 이후

23.2125에는 신청자가 단일 엔진 비행기에 대한 추력 완전 상실 후 비행기의 활공 성능을 결정할 것을 요구하고 있다.

23.2130 (착륙)

23.2130은 신청자가 착륙을 위한 운용한계 이내의 각 중량과 고도에서 표준 온도에 대한 착륙거리를 선정하도록 요구한다.

착륙거리 결정은 착륙표면의 15m(50ft) 높이에서 시작하며, 평균 기량의 조종사가 손상이나 부상이 없이 일관되게 착륙거리를 만족할 수 있도록 접근 및 착륙에 대한 속도, 형상 및 절차를 이용해서 착륙하고 정지하기를 요구한다.

21.130은 착륙을 위한 운용 한계 이내의 각 중량 및 고도에서 표준 온도에 대해 요구한다.

FAA의 최초 개정안에서는 착륙하고 정지(수상 운용의 경우 5.6km/h(3kts)의 속도에 도달)로 제안하였다. 그러나 지면과 수상에서 정지가 갖는 의미가 서로 다르기 때문에 수상 운용에 대한 표현을 삭제하자는 의견을 수용했다. 여기서 5.6km/h(3kts)라는 속도는 수상 운용에 대한 권고지침서인 AC 23-8C에서 인용한 것이고, 기존의 Part 23에서는 완전한 정지 외에 지정된 표면(지상, 수상)은 없었다. 23.2130(a)의 준수를 위한 정보는 MOC에서 설명하는 것으로 결정되었다.

23.2135 (조종성)

23.2135는 인증이 요청된 모든 하중조건상의 운용한계 내에서 예외적인 조종기량, 경계 또는 체력을 필요로 하지 않으면서 비행기가 조종성 및 기동성을 가질 것을 요구한다.

23.2135는 착륙거리 결정에 사용되는 가장 가파른 것과 동일한 접근경사도를 사용해서

VREF-5kts(9.3km/h)의 속도에서 착륙형상으로 손상 또는 심각한 부상이 없이 착륙을 완료할 수 있도록 요구한다.

23.2135(c)에서는 추력의 치명적인 손실 이후 상승할 수 있는 성능이 없는 모든 인증수준 1과 2의 다발엔진 비행기가 방향제어의 손실 전에 실속하도록 요구하고 있다. 이는 새로운 요구조건으로, 이러한 등급의 비행기에서 엔진고장 이후 발생하는 높은 수의 치명적인 사고에 따른 대책이다.

23.2140 (트림)

23.2140에서는 다발엔진에 대한 추력의 치명적인 상실을 포함해서 비행기가 발생 가능한 비상운용 동안 조종사에게 피로 또는 방해를 유발하지 않으면서 비행기의 인증수준에 따른 다양한 조건에서 세로, 가로 및 방향 트림을 유지할 수 있도록 요구한다.

23.2145 (안정성)

23.2145는 곡예등급으로 인증받지 않은 비행기가 일반 운용 조건에서 정적 및 동적 세로, 가로 및 방향 안정성을 갖도록 요구하고 있으며, 전체 운용 비행선도 내에서 조종력 피드백을 제공하도록 요구한다.

23.2145는 또한 조종사의 업무부하를 증가시키거나 비행기와 탑승자를 위험하게 만드는 불안정으로 이르는 발산특성을 나타내지 않도록 요구한다.

23.2150 (실속특성, 실속경고 및 스핀)

23.2150은 우발적인 실속을 방지하기에 충분한 여유를 제공할 수 있는 분명한 실속 경고와 함께 비행기가 직선, 선회 및 가속선회 비행시 제어 가능한 실속특성을 가질 것을 요구한다.

23.2150은 곡예등급으로 인증되지 않은 수준 1, 2 비행기와 수준 3 단발엔진 비행기에 대해서 제어된 비행으로부터의 우발적인 이탈(departure) 경향을 갖지 않도록 요구하고 있다. 일반적으로 수준 3 다발엔진 및 수준 4 비행기는 이탈과 관련된 사고가 많지 않았다.

21.2150(e)에서는 스핀을 포함하는 곡예용으로 인증된 비행기의 경우, 스핀 특성이 다음 상황에서 제한치를 초과하지 않고 회복되어야 하며 회복 불가능한 나선강하를 초래하지 않도록 요구한다.

- 일반적인 비행 또는 엔진 동력을 제어하는 경우
- 조종사의 방향감각 상실 또는 무력화로 인한 경우

23.2165 (결빙조건)

23.2165는 결빙조건에서 비행에 대한 인증을 요청한 신청자가 방빙시스템이 정상작동하에서 이 서브파트의 각 요구조건에 대한 적합성을 입증하도록 요구한다. 이에 대한 예외로는, 스핀 및 250KCAS(463km/h CAS), VMO 또는 MMO, VNE를 초과하는 속도에서 입증되어야만 하는 모든 요구조건, 또는 기체가 결빙이 발생하지 않는다고 입증한 속도에 해당하는 사항이다.

초기 FAA의 개정안에는 방빙시스템이 정상작동이라는 조건이 포함되지 않았지만, 이러한 경우 방빙시스템이 고장 나거나 성능이 저하된 상태의 경우까지도 입증을 해야 하는 것으로 해석될 수도 있기 때문에 정상작동에서(under normal operation)라는 조건이 추가되었다.

23.2165는 결빙조건과 비결빙조건에서 실속경고가 동일할 것을 요구하고 있다. 또한 23.2165에서는 결빙조건 비행에 대한 인증을 요청한 신청자가 인증이 요청되지 않는 모든 결빙조건에 대한 입증방법을 제공하고 이러한 조건을 회피하거나 탈출할 수 있는 비행기의 능력을 입증하도록 요구한다.

23.2165에서는 신청자가 비행기의 운용을 위한 인증을 받지 못한 결빙조건에서는 이착륙을 포함한 비행이 제한되는 운용한계를 결정하도록 요구한다.

이와 같은 23.2165 결빙조건은 결빙상태에서 비행하기 위한 인증 신청자에게만 적용된다.

(3) Subpart C 구조

23.2200 (구조설계 포위선도)

23.2200에서는 신청자기 해당 서브파트의 요구조건에 대한 적합성을 입증할 수 있는 비행기의 설계 한계, 범위 및 운용 변수를 설명하는 구조설계 포위선도를 요구한다.

포함되어야 할 변수로는 구조 설계 대기속도, 착륙 강하 속도 및 기타 대기속도 제한이 있으며, 이 경우 구조 설계 대기속도는 난류에서 조종력 상실에 대비해서 보호할 수 있는 비행기의 실속 속도보다 충분히 커야 한다.

공허중량, 최대중량, 이륙 및 착륙중량, 최대 무연료 중량을 포함한 설계중량, 무게중심, 그리고 관성모멘트 또한 구조설계 포위선도의 일부이다.

초기 FAA의 개정안에서는 설계 기동속도 VA, 설계 순항속도 VC, 설계 급강하속도 VD 외에 설계 플랩 및 착륙장치 속도까지도 결정하도록 요구하였으나, 일부 항공기의 경우 특정 상황에서는 이러한 속도가 적절하지 않을 수도 있다는 우려가 제기되었다. 특히 EASA에서는 이러한 세부적인 속도의 정의를 사용하는 대신 보다 일반적인(generic) 용어를 사용하기를 추천하였다. FAA에서는 EASA의 CS 23.320의 문구와 유사한 규정문을 채용하면서 보다 일반화된 속도 용어를 적용하였고, 규범적인 표준은 MOC로 옮기는게 적절하다고 판단하였다.

23.2210 (구조설계하중)

23.2210에서는 신청자가 비행, 지상 및 수상 운항을 포함 주기 또는 계류하는 동안 발생할 수 있는 내외부에서 가해지는 압력, 힘 또는 모멘트로 인해서 발생하는 구조설계 하중을 요구한다.

23.2210에서는 또한 신청자가 구조설계 포위선도의 경계 내의 모든 변수조합에 대한 구조설계 하중을 결정할 것을 요구하고 있으며, 이러한 하중의 크기와 분포의 결정은 물리법칙에 기반해야 한다.

23.2215 (비행하중조건)

23.2215에서는 다음 비행 조건에서 초래되는 구조설계 하중을 요구한다.

- 크기와 변화율이 측정된 돌풍 통계에 기반한 대기돌풍 상황
- 대칭 및 비대칭 기동
- 다발엔진의 경우 한 동력장치의 고장으로 인한 비대칭 추력상황

기존의 규정은 돌풍하중과 대칭, 롤링, 요잉 기동하중, 날개, 수평꼬리날개 및 수직꼬리날개에 작용하는 하중에 대한 규범적인 요구조건을 정의하였고, 이를 통해서 구조상의 과하중으로 인한 구조상의 손실의 발생이 드물게 일어나는 수준의 안전성을 확보하였다.

그러나 새로 제안되었던 개정안에서는 이를 MOC에 포함시키는 것이 보다 적절하다고 판단하면서 수직, 수평 대기돌풍, 대칭 및 비대칭 기동 등으로 용어를 변경해서 제안하였다. 이에 대해서 EASA에서는 이와 같이 제안된 용어가 과도하게 설계에 특화된 것이라고 언급하였고 FAA에서는 이를 받아들여 이러한 설계 특화된 표현을 제외하였다.

23.2240 (구조내구성)

22.2240에서는 신청자가 예상 가능한 원인으로 인한 구조물의 파괴를 방지하기 위한 절차를 개발하고 수행하도록 요구하고 있으며, 이에 따라 개발된 검사 또는 절차는 23.1529에서 요구하는 감항성유지지침서의 감항성 한계에 포함되어야 한다.

또한 여압이 되는 비행기의 경우에는 문과 창문의 파손으로 인한 급격한 압력강하에서도

지속적인 안전한 비행 및 착륙이 가능해야 하며, 최대 운용 고도가 12,500m(41,000ft)를 초과하는 비행기에서는 급격한 감압이 발생하기 전에 이를 탐지할 수 있도록 요구한다.

23.2270 (비상조건)

23.2270에서는 비행기가 비상착륙 조건에서 손상이 되더라도 탑승자가 비상탈출에 방해가 되는 부상으로부터의 보호를 제공할 것을 요구한다.

또한 비행기는 모든 탑승자에 대해서 의도한 기능을 만족하면서 탑승자에게 부상을 야기할 수 있는 위해요인을 발생시키지 않는 좌석, 탑승자의 상체를 구속하는 방법, 그리고 단일 조치 구속 해제장치로 구성된 좌석 및 구속장치를 갖추어야 한다.

23.2270은 비행기의 좌석, 구속장치 및 객실 내부에 대해서 예상되는 비행 및 비상착륙 조건을 고려해야 하며, 이와 같은 장치가 사용되지 않을 때 탑승자의 탈출이나 비행기의 운항에 방해가 되지 않도록 요구한다.

(4) Subpart D 설계 및 구성

23.2300 (비행조종계통)

23.2300에서는 신청자가 비행기의 비행조종계통이 적절한 성능을 발휘할 수 있도록, 그리고 가능한 위험으로 보호되도록 설계할 것을 요구하고 있다.

트림 시스템이 장착되는 경우 우발적, 잘못된 또는 갑작스런 트림의 작동이 방지되어야 하며, 다음 항목을 표시하는 수단이 제공하도록 요구한다.

- 비행기의 운동과 관련된 트림 조작 움직임의 방향
- 트림 범위 내에서 트림의 위치 및 가로/방향 트림에 대한 중립위치
- 신청자가 인증을 요청한 모든 무게중심 범위 및 형상에서 이륙을 위한 트림 범위

FAA의 개정안에는 플러터, 잘못된 형상(misconfiguration) 등을 포함한 여러 가지 항목으로부터의 중대(major), 위험(hazard) 및 재난(catastrope) 위험을 방지해야 한다는 규정이 있었으나, 여기서 플러터의 경우 23.2245 공탄성에서 이미 충분히 처리하고 있으며, 잘못된 형상의 경우 그 의미가 구성품의 잘못된 장착을 의미하는지 플랩, 스피드브레이크 등의 전개 여부에 따른 날개의 형상을 의미하는지 명확하지 않았다는 의견에 따라서 이를 오장착(misrigging)으로 변경하였다.

또한, '안전위험도의 수준으로부터 보호해야 한다'는 표현이 모호하다는 의견에 따라서 이를 '위험을 방지한다'로 변경하였다. 또한, 기존의 기계적인 비행조종시스템에서는 해당되지

않았던 시스템 안전평가(SSA; System Safety Assessment)를 포함하게 되어 부가적인 비용을 초래한다는 의견이 있어서 FAA에서는 플러터, 오장착 및 안전위험도가 포함된 조항을 삭제하였다.

23.2305 (착륙장치계통)

23.2305에서는 비행기의 착륙장치 및 접힘 시스템은 착륙을 고려한 충분한 운동에너지를 흡수할 수 있는 수단을 갖추어야 하며, 또한 이륙중단 능력을 증명하는데 필요로 하는 비행기의 경우 이에 따른 추가적인 운동에너지를 고려할 것을 요구한다.

또한 23.2305는 접이식 착륙장치를 갖춘 비행기가 착륙장치가 전개된 상태를 확실하게 유지하는 적극적 수단 및 주요 수단을 사용하여 전개할 수 없는 착륙장치를 전개할 수 있는 보완 수단을 갖출 것을 요구한다.

23.2315 (탈출수단 및 비상구)

이륙 또는 착륙을 위해서 배치된 객실을 갖춘 비행기의 경우, 수준 1, 2 및 단발엔진인 수준 3 비행기의 비상착수를 제외하고 비상착륙 이후 신속하고 안전한 탈출이 가능하도록 요구한다.

이때 내부와 외부에서 용이하게 찾을 수 있으며 개발할 수 있는 출입구 또는 비상구를 갖추어야 한다.

FAA의 초기 개정안에는 비상착륙 이후 발생할 수 있는 상황에서 90초 이내에 탈출할 수 있는 출구 설계가 제공되어야 한다는 조항이 제안되었다. 그러나 여러 업체뿐 아니라 EASA에서는 이와 같은 시간제한을 삭제하고 보다 덜 규범적인 표현으로 대체할 것을 제안하였으나, 이는 모든 비행기에 대해서 적절하지 않다는 것이 그 이유였다.

대신 비상탈출에 대한 적절한 적합성 입증수단(MOC; Methods of Compliance)을 통해서 해결하는 것이 적절하다는 입장이었고, 여러 제조사에서는 시간 대신에 신속한 또는 신속하고 안전한 탈출 등의 표현으로 변경하도록 추천하였다. FAA에서도 이러한 의견을 받아들여 90초 탈출은 불필요하게 규범적이라고 인정하고 이를 신속하고 안전한 탈출이 가능하도록으로 변경하였다.

23.2325 (화재보호)

23.2325에서는 지정된 화재 방호구역 외부의 전기배선 및 전기 케이블에 대한 절연이 자체적인 소화기능을 갖도록 요구하고 있으며, 수준 1, 2 및 3의 비행기 조종실 및 객실 재료

는 화염 내성을 가질 것을 요구한다.

23.2325에서는 동체에 열·음향 재료가 장착된 경우 화염전파의 위험이 없어야 할 것을 요구하였다.

또한 23.2325는 비행시 접근 불가능하고 지정된 화재방호 구역 외부에 있는 수하물 및 화물 격실의 비행기 재료가 자체적인 소화기능을 가질 것을 요구하였다.

(5) Subpart E 동력장치

23.2400 (동력장치 장착)

23.2400에서는 서브파트의 목적에 따라서 추진에 필요하며 추진안전성에 영향을 미치거나 비행기에 보조동력을 제공하는 각 구성품을 포함하도록 요구한다.

23.2400은 각 비행기의 엔진에 대한 형식증명을 받아야 하는 단순 비행기를 제외하고 신청자가 운항 및 정비시 예상되는 위해요인을 고려해서 각 동력장치를 장착하도록 요구한다.

또한, 동력장치의 구성품은 제한사항 및 장착지침을 준수하거나 또는 위험을 초래하지 않는다는 것을 입증해야 한다.

23.2405 (자동동력조종계통)

23.2405에서는 작동중인 동력장치에 대한 동력 또는 추력을 자동으로 제어하는 동력 또는 추력제어 시스템이 정상 작동시 비행 승무원에게 표시를 제공해야 하고, 조종사가 자동화 기능을 무시할 수 있는 수단을 제공해야 하며 또한 우발적인 비활성화를 방지할 것을 요구한다.

또한 23.2405는 자동출력 또는 추력제어 시스템이 단일고장 또는 예상되는 복합적인 고장시 비행기의 지속적인 안전비행과 착륙을 방해하지 않도록 요구한다.

23.2420 (역추력장치)

23.2420에서는 비행기가 사용 가능한 역추력 시스템의 설정조건에서 지속적인 안전 운항과 착륙이 가능할 것을 요구한다.

또한, 23.2420에서는 비행기가 역추력 시스템의 단일 고장 또는 예상되는 복합된 고장 발생이나 기능의 불량에서도 지속적인 안전 비행과 착륙이 가능하도록 요구한다.

FAA의 개정안에서는 사용 가능한 모든 '역추력 시스템 설정'에서도 지속적인 안전한 비행과 착륙이 가능해야 한다고 요구하였다. 그러나 완전한 역추력 설정하에서 안전한 비행과 착륙의 가능여부와 포함한 여러 가지 문제가 제시되면서 해당 조항의 문구는 '시스템이 정상 작동하는 동안'으로 변경되었다.

23.2430 (연료시스템)

23.2430에서는 각 연료시스템이 적어도 한 형상에서 각 발전장치에 대해서 독립적인 연료공급을 제공하고, 직접적인 낙뢰 또는 번개로 인한 열손상 발생 가능성이 높은 지역 또는 연료환기를 위한 배출구에서의 코로나(corona) 또는 스트리머(streamer)에 의한 연료시스템 내의 연료 점화를 방지할 것을 요구한다.

23.2430에서는 각 연료 시스템이 최대동력 또는 추력을 달성하는데 필요한 연료에 비행기의 운항 비행영역 내의 모든 온도조건에서 예상되는 변수에 대한 여유분이 추가된 연료를 공급하고 비행기에서 연료를 제거하는 수단을 제공하도록 요구한다.

또한, 23.2430은 예상되는 작동조건에서 관상하중에 노출되는 경우에도 유지가 가능하고 연료공급이 위험한 혼합을 방지하도록 요구하였다.

23.2440 (동력장치 화재예방)

23.2440에서는 동력장치를 지정된 화재보호 구역에서만 장착할 것을 요구하고 있으며, 지정된 화재구역은 화재나 과열이 발생하는 경우 비행기의 위험을 격리하고 완화할 수 있는 수단이 제공되어야 한다.

또한 23.2440은 농축 인화물질을 저장하는 구성품에 내화성이 있거나 방화 차단막으로 둘러싸여 있어야 하며, 화재조건에 노출된 인화성 유체, 기체 또는 공기를 이송하는 각 구성품, 라인 및 피팅에 내화성을 가질 것을 요구한다.

FAA의 개정안에 대한 EASA의 의견은 제안된 조항에 과도하게 많은 설계 세부사항이 포함되어 있으며 이는 MOC에 포함되는 것이 적절할 것이라는 의견을 보였다. 그러나 FAA에서는 제안된 요구조건의 일부 내용이 그 성격상 규범적이라고 하더라도 화재예상에 이러한 조항을 포함시키는 것이 안전에 결정적으로 중요하다고 판단해서 안전을 잠재적으로 저하시키는 모든 것을 방지하기 위해서 이를 유지하는 것으로 결정하였다.

(6) Subpart F 장비

23.2500 (비행기 수준 시스템 요구조건)

23.2500에서는 비행기가 인증이 요구되는 주간 및 야간 시계비행방식 그리고 계기비행방식에서 운항하는 경우 다음 사항을 만족하도록 요구한다.

- 안전하게 운용되기 위해서 필요한 장비와 시스템이 비행기의 인증 및 성능 수준에 적용

가능한 안전성 수준을 만족해야 함
- 신청자가 지정한 운용 및 환경 한계 전반에 걸쳐 의도한 기능을 수행할 수 있어야 함

23.2515 (전기 및 전자 시스템 낙뢰보호)

23.2515에서는 계기비행방식(IFR) 운용을 위해서 승인된 비행기에서 고장이 발생하는 경우 비행기의 지속적인 안전 비행 및 착륙을 방해할 수 있는 전기 또는 전자 시스템을 비행기가 낙뢰에 노출되는 동안 및 이후 비행기 수준의 기능을 계속해서 수행할 수 있도록 설계하고 장착할 것을 요구한다.

또한 23.2515는 시스템의 복구가 시스템의 다른 운항 또는 기능 요구조건과 충돌하지 않는 한 이러한 시스템이 비행기가 낙뢰에 노출된 이후 적시에 기능의 적상 작동으로 자동적으로 복구하도록 요구한다.

23.2520 (고강도전자기장[HIRF] 보호)

23.2520에서는 고장이 발생할 경우 비행기의 지속적인 안전비행 및 착륙을 방해할 수 있는 기능을 수행하는 전기 및 전자 시스템을 비행기가 고강도 전자기장(HIRF; High Integrity Radiated Fields) 환경에 노출된 동안 그리고 이후 비행기 수준의 기능에 부정적인 영향을 받지 않도록 설계 및 장착할 것을 요구한다.

또한, 23.2520은 계기비행방식 운항에 대해서 승인된 비행기의 경우 시스템의 복구가 다른 운항 또는 기능 요구조건과 충돌하지 않는 한 이러한 시스템이 비행기가 HRIRF 환경에 노출된 이후 적시에 기능이 정상작동으로 자동으로 복구할 것을 요구한다.

(7) Subpart G 비행승무원 인터페이스 및 기타 정보

23.2600 (비행승무원 인터페이스)

23.2620에서는 조종사 격실과 해당 장비 사이에 대해서 조종실, 조종실 내부 장비, 그리고 조종사의 시야를 포함한 모든 장비의 배열은 각 조종사의 과도한 집중, 경계 또는 피로가 없이 활주, 이륙, 상승, 순항, 하강, 접근 및 착륙까지 주어진 임무를 수행하는데 지장이 없어야 하며, 비행기의 운용한계 내에서 모든 기동을 수행할 수 있도록 요구한다.

23.2615 (비행, 항법 및 동력장치 계기)

23.2615에서는 장착된 시스템이 비행, 항법 및 동력장치에 대한 변수를 설정하거나 모니터링하는 비행승무원에게 각 비행단계마다 해당 작업의 수행을 위해서 필요한 정보를 제공

하도록 요구한다.

또한, 23.2615에서는 다른 시스템과 결합하여 단일 고장 또는 예상되는 복합적인 고장이 발생한 후에도 지속적인 안전한 비행과 착륙에 필요한 정보를 사용할 수 있도록 설계 및 장착되도록 요구한다.

23.2620 (비행기 비행교범)

23.2620에서는 신청자가 각 비행기에 대한 운용한계, 운항절차, 성능정보, 적재정보, 설계, 작동 또는 취급 특성으로 인해서 안전한 운항에 필요한 기타 정보를 제공할 것을 요구한다.

4.3.6 수송류 비행기(KAS Part 25)

본 기술기준은 최대이륙중량이 5,670kg을 초과하는 수송류 비행기에 대하여 적용한다. EASA CS-25에는 대형 터빈 추진 비행기의 기준을 정하며, 중량, 엔진 수, 탑승객 수와 관련된 제한은 없으며 비행기의 운항 조건(주기장, 지상 또는 수상 활주, 이륙, 순항 및 착륙 등), 환경적 조건(고도 및 온도 등), 하중 조건(공허중량, 무게 중심 위치, 중량 배분 등)에 상응하는 최대 중량이 아래의 중량을 초과하지 않아야 한다.

- 감항 인증 신청자가 선택한 특정 조건하에서의 최대 중량
- 해당되는 각각의 입증된 구조 하중과 비행 요건을 충족시키는 최대 중량
- FAR Part 36의 소음 인증 요건을 충족하는 최대 중량

CS-25는 오직 터빈 추진 비행기에 대해서만 적용되는데 비해 CS-25보다 앞서 공표된 FAR Part 25는 기존의 오래된 규정들에서부터 파생되었기 때문에 왕복동 엔진을 사용하는 항공기에 대한 제한이 없다. 따라서 왕복동 엔진으로부터 동력을 얻는 수송류 비행기들은 지금도 여전히 유효한 형식증명서를 가지고 전 세계에서 운항되고 있다. 최근에는 왕복동 엔진으로 추진되는 대형 항공기가 설계되지는 않고 있다.

KAS Part 25의 Subpart A 일반에서는 당초 형식증명을 받은 것보다 승객용 좌석을 더 늘리기 위한 부가형식증명(또는 형식증명추가)을 받고자 하는 경우와 신청일자에 상관없이, 1987년 10월 16일 이후에 제작된 비행기에 대하여 부가형식증명(또는 형식증명추가)을 받고자 하는 경우에는 특별규정을 제정하여 소급 적용할 수 있다(25.2; 소급 적용을 위한 특수

규정). 또한 대형비행기의 특수성으로 장거리운항(ETOPS; Extended Range Twin Engine Operations) 형식설계에 대한 특수규정을 포함하였다.

최근에는 외국 감항당국(FAA, EASA)에서 수송급 항공기에 대해 추가된 항목의 기술기준을 KAS Part 25에서도 아래와 같이 추가하였다.

- **25.1324 받음각 시스템**: 25.1323(대기속도 지시계통)의 호우 조건, Part 33의 부록 D(최소 승무원수 결정기준)에서 정의된 혼합 단계와 빙 결정(ice crystal) 조건, 부록 C(착빙조건)에서 정의된 결빙 조건과 부록 O(과냉각 대형 입자 결빙 조건)에서 구체화된 결빙 조건에 따른 오작동을 방지하기 위한 적절한 수단을 가지거나 가열되어야 함
- **25.1420 초냉각 대형 강설 조건**: (a) 25.1419(결빙방지) 요건 이외, 결빙조건에서의 비행에 대한 인증이 요구되는 경우, 최대이륙중량 2,722kg(60,000lb) 이하 또는 가역(reversible) 비행조종 장치가 있는 비행기는 부록 O(과냉각 대형 입자 결빙 조건)의 결빙조건에 대해 안전하게 운용할 수 있어야 함
- **25.1801 화장실 산소공급 시스템**(Lavatory Oxygen Systems): 이 기준은 최신의 AD2012-116(고정익 항공기를 위한 운항기술기준)의 요구사항을 적용함
- 부록 O(과냉각 대형 입자 결빙 조건)의 신설

KAS Part 25 기술기준의 주요내용과 FAA의 권고회람서(AC; Advisory Circular)에서 관련 항목을 제시한 기술기준에 대해서 Subpart 별로 아래와 같이 요약하였다.

(1) Subpart B 비행

25.25 (일반; 중량한계)

최대중량은 다음을 넘지 않게 설정해야 한다.

- 특정조건에 대하여 신청자가 선정한 최대중량
- 구조상 하중요건 및 비행요건에 적합함이 증명된 최대중량
- 소음기준의 요건에 대한 적합성을 보일 수 있는 최대중량

최소중량은 다음보다 작지 않아야 한다.

- 신청자가 선정한 최소중량
- 설계최소중량(이 기술기준의 각 구조하중조건에 대한 적합성을 보일 수 있는 최소중량)
- 각 비행요건에 대한 적합성을 보일 수 있는 최소중량

25.103 (성능; 실속속도)

지시실속속도 VSR는 신청자가 정의한 보정속도로서 $1-g$의 실속속도보다 작지 않아야 하며 다음 식으로 표현된다.

$$V_{SR} \geq \frac{V_{CL_{MAX}}}{\sqrt{n_{ZW}}}$$

$n_{ZW} = V_{CL_{MAX}}$에서 비행경로에 수직한 하중계수

W=비행기 총 중량

S=공력학적 지시날개 면적

q=동압

25.113 (성능; 이륙거리 및 이륙활주)

건조한 활주로에서 이륙경로에 따라 이륙 출발점으로부터 이륙면상 10.7m(35ft)의 고도에 도달하는 위치까지 이동한 이륙경로에 평행한 수평거리.

25.125 (성능; 착륙)

착륙면상 고도 15m(50ft)에서부터 착지하여 완전히 정지하기까지의 (착수의 경우는 5.6km/h(3kts)의 속도가 될 때까지) 필요한 수평거리.

(2) Subpart C 구조

25.307 (일반; 구조의 증명)

구조가 이 장의 강도 및 변형에 관한 기준에 적합하다는 증명은 각각 가장 엄격한 하중조건에 따라 행하여야 하며, 구조해석은 그 방법이 경험상 신뢰할 수 있는 것이 증명되어 있는 구조와 동일한 구조인 경우에 한하여 증명에 사용해도 좋다.

제한하중시험이 적당하지 않다고 인정되었을 경우는 종극하중시험을 행할 수도 있다.

25.333 (비행기동과 돌풍조건; 비행기동영역선도($V-n$ 선도))

강도상의 요건은 기동영역선도($V-n$ 다이어그램)의 범위 내의 대기속도와 하중계수와의 모든 조합에 대해 적합해야 하며, 25.1501항(운용제한사항, 표시 및 비행 교범)에 규정된 비행기의 구조적 운용한계를 결정하기 위해서는 이 영역선도를 사용하여야 한다(그림 4.7).

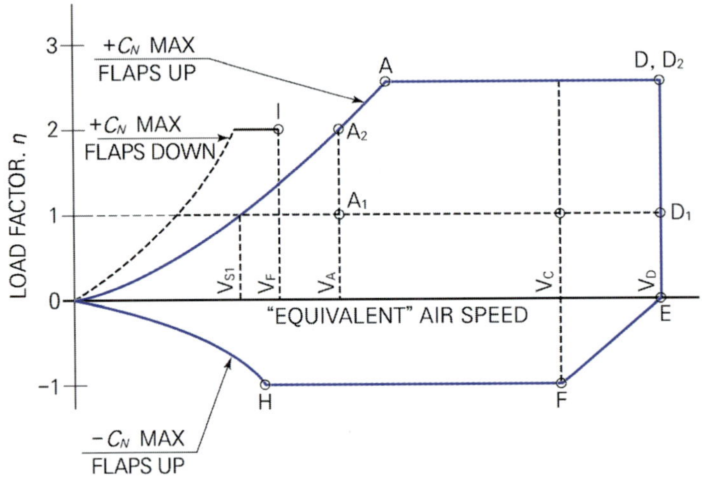

그림 4.7 기동영역선도

25.362 (기타 조건; 엔진 파손 하중)

엔진마운트, 파일런 및 인접한 지지 기체 구조의 경우, 블레이드, 샤프트, 베어링, 베어링 지지대, 조류 충돌 등 파손으로 인한 동적 해석의 결과로써 극한 하중 조건은 가장 치명적인 일시적 동적 하중과 진동으로 결합된 1g 비행 하중을 반드시 고려해야 함. 이러한 극한 하중 조건으로 인한 영구 변형이 지속적인 안전한 비행과 착륙을 방해하지 않아야 한다.

위에서 명시된 극한 하중은 엔진마운트와 파일론에 적용시 1.0 안전율을 곱하고, 인접한 지지 기체 구조에 적용시 1.25 안전율을 곱한다.

25.395 (조종면 및 조종계통 하중; 조종계통)

세로방향, 가로방향, 진행방향과 항력의 각 조종계통 및 이들의 지지구조는, 25.391(조종면 하중)에 규정된 조건에 있어서 조종면에 작용하는 계산상의 힌지모멘트의 1.25배에 상당하는 하중에 따라 설계되어야 한다.

25.571 (피로 평가; 구조의 손상허용과 피로평가)

일반·강도, 세부설계 및 제작에 대한 평가를 통하여 비행기의 수명 중에 피로, 부식, 제조결함 또는 우연한 손상에 의한 치명적인 결함이 비행기 수명 기간에 걸친 운용 중에는 초래되지 않는다는 것을 입증하여야 하며, 이 평가는 그 손상이 비행기의 치명적인 결함을 초래하는 모든 구조부재(예: 주익, 미익, 조종면 및 조종계통, 동체, 엔진 마운트, 착륙장치 및 주요 연결장치)에 대해 수행하여야 한다.

25.581 (낙뢰피해방지; 낙뢰와 정전기 방지를 위한 전기적 접속 및 보호조치)

낙뢰에 의한 방전 및 전기적 쇼크에 의한 위험스러운 영향으로부터 비행기 및 비행기의 각 시스템, 비행기의 탑승자 및 지상이나 수상에서 이 비행기와 접촉하는 자가 보호되도록 하여야 한다.

위험스러운 정전기 충전이 축적되지 않게 예방되도록 하여야 하며, 또한 비행기는 낙뢰의 심각한 영향에 대하여 보호되어야 하며 비행기 제작에 사용되는 재료도 이러한 점이 고려되어야 한다.

그림 4.8 항공기 낙뢰

25.631 (일반; 조류 충돌에 의한 손상)

비행기 꼬리부분의 구조는 속도가 25.335(a)항에 의해 선정된 VC(비행경로와 일치하는 조류와의 상대속도, 해면고도 기준)와 같을 때 3.6kg(8Ib)의 새가 충돌한 후에도 안전하게 비행을 계속하고 착륙할 수 있도록 설계하여야 한다.

25.775 (승객, 승무원 및 화물을 위한 설비; 전면창 및 측면창)

내측 유리판은 파편이 생기지 않는 재료를 사용하여야 한다.

조종사 정면에 있는 전면 유리창 및 지지구조는 조종사가 통상적인 임무를 수행할 때, 1.8kg(41b)의 조류가 비행경로를 따라서 25.335(a)항의 설계대기속도에 의해 선정된 해면고도 기준의 VC값과 같은 상대속도로 충돌해도 관통되지 않고 견딜 수 있어야 한다.

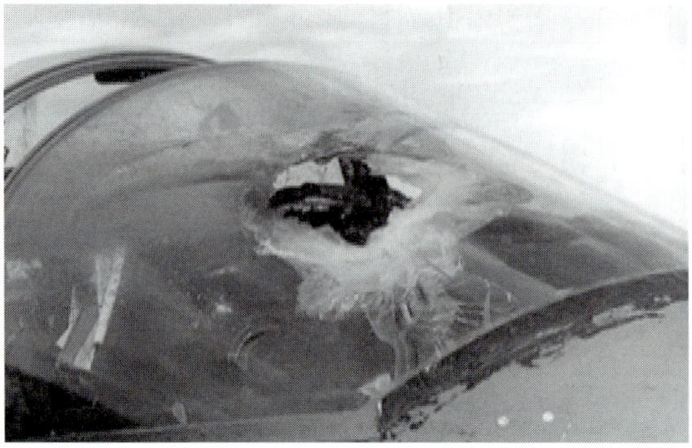

그림 4.9 조종석 캐노피 조류 충돌

25.869 (화재방지; 화재 보호: 계통)

전기계통의 구성품은 25.831 환기계통 (c)항 및 25.863항의 가연성 유체의 화재방지의 화재 및 연기 보호 규정에 적합하여야 하며, 비상 절차시 사용되는 화재 위험 구역에 설치된 장치는 내화성이 있는 것이어야 한다.

전설연결시스템(EWIS; Aircraft Electrical Wiring Interconnect System) 구성품은 25.1713항의 EWIS 화재방지 요구조건을 만족하여야 한다.

(3) Subpart E 장비

25.1329 (계기장착; 자동 조종장치)

각각의 조종사에게 자동조종장치 및 자동추력제어장치의 자동조종을 빠르게 해지할 수 있는 기능이 제공되어야 한다.

자동조종장치의 빠른 해지를 위한 장치는 두 조종사의 조종간 또는 이와 동등한 위치에 설치되어야 하며, 자동추력제어기능의 빠른 해지를 위한 장치는 추력제어레버에 설치되어야 한다.

자동조종기능 및 자동추력제어기능의 빠른 해지 장치는 각각의 조종사가 조종간 또는 추력제어레버를 작동하는 중 바로 작동할 수 있어야 한다.

25.1419 (안전장비; 결빙방지)

신청자가 결빙 조건에서의 비행을 위한 인증을 요구하는 경우, 비행기는 부록 C(착빙조건)에 제시되어 있는 연속최대 결빙상태 및 불연속 최대결빙 상태하에서 안전하게 운항할 수 있어야 하며, 이를 입증하기 위하여 다음 사항들을 충족해야 한다.

- 비행기 구성품들에 대한 결빙방지 장치가 적절하다는 것을 입증하기 위하여 여러 가지

비행기 운용 형태를 고려한 해석을 수행하여야 함

- 결빙방지에 대한 해석을 확인하고 결빙으로 인한 비정상적인 상태를 점검하며 결빙방지 계통과 그 구성품들이 효과적이라는 것을 실증하기 위해 비행기와 그 구성품들은 여러 가지 비행 형태와 측정된 자연 대기에서의 결빙조건 및 필요한 경우 비행시험을 수행하여야 함
- 방빙장치 또는 제빙장치가 정상적으로 작동하지 않을 때 이를 승무원에게 알리는 호박색의 경고등 또는 이와 동등한 경고장치를 갖추어야 함
- 터빈엔진 비행기의 대해 이 항의 결빙 방지 요건은 기체구조에 일차적으로 적용됨. 동력장치 장착에 있어 Subpart E 동력장치의 부가적인 요건이 적용될 수 있음

4.3.7 보통 회전익 항공기(KAS Part 27) 및 수송 회전익 항공기(KAS Part 29)

(1) 헬기 형식구분

감항분류가 보통(N)인 회전익 항공기의 항행의 안전을 확보하기 위한 기술상의 기준은 최대중량 3,100kg(7,000lb) 이하이며, 탑승자가 9인 이하의 회전익 항공기에 적용한다. 본 기술기준의 적합성 입증방법으로서 검사를 수행할 경우에는 항공안전법 제20조(형식증명 등), 제21조(형식증명승인), 제22조(제작증명), 제23조(감항증명 및 감항성 유지), 제24조(감항승인), 제25조(소음기준적합증명), 제27조(기술표준품 형식승인), 제28조(부품제작자증명), 제30조(수리·개조승인)기준에 의하여야 한다. 다발 회전익 항공기는 부록 C(Category A에 대한 기준)에 나와 있는 Category A 항공기로 형식증명되어야 한다.

수송인 회전익 항공기의 범주는 다음과 같다.

- 회전익 항공기는 KAS Part 29의 요건들에 따라 Category A 또는 Category B로 분류되어 인증받아야 함. 다발 회전익 항공기는 그 운항한계에 따라 Category A와 Category B 양쪽 모두로 분류되어 인증될 수도 있음
- 최대 중량이 9,000kg(20,000lb)을 초과하고, 탑승 인원이 10명 이상인 회전익 항공기는 Category A로 분류되어 형식증명을 받아야 함
- 최대 중량이 9,000kg(20,000lb)을 초과하고 탑승 인원이 9명 이하인 회전익 항공기는 Category A에 대한 KAS Part 29의 Subpart C, D, E, F을 충족하면서 Category B로 분류되어 형식증명을 받을 수 있음
- 최대 중량이 9,000kg(20,000lb) 이하이고 탑승 인원이 10명 이상인 회전익 항공기는 Category A에 대한 KAS Part 29의 29.67(상승: 한 개의 발동기가 부작동하는 경우

(OEI))(a)(2), 29.87(제한고도-속도 포위선도), 29,1517(제한 고도–속도 포위선도)과 KAS Part 29의 Subparts C, D, E, F를 충족하면서 Category B로 분류되어 형식증명을 받을 수 있음
- 최대 중량이 9,000kg(20,000lb) 이하이고 탑승 인원이 9명 이하인 회전익 항공기는 Category B로 분류되어 형식증명을 받을 수 있음

Category A는 KAS Part 29에 명시된 격리식 엔진을 갖춘, 엔진에 고장이 발생한 상황에서도 예정된 이착륙 데이터를 사용하여 운항을 할 수 있는 다발 엔진 회전익 항공기를 뜻한다. Category A 회전익 항공기는 하나의 엔진에 문제가 발생한 상황에서도 안정적인 성능을 보이며 지속적인 안전 운항이나 이륙이 가능한 성능을 갖는다. Category B 회전익 항공기는 단발 엔진 회전익 항공기 또는 Category A의 표준들을 충족시키지 못하는 다발 엔진 회전익 항공기를 지칭하며 엔진에 고장 발생시 지속적인 안전 운항을 보장할 수 없으며, 예정되지 않았던 착륙을 해야 한다.

KAS Part 27과 Part 29에는 Subpart A 일반에 아래의 규정을 만족하는 안전벨트 및 어깨끈을 장비한 좌석을 장착하여야 하는 소급적용을 위한 특수규정을 설정하였다.

- 각 탑승자의 좌석에는 한번에 체결할 수 있는 일체형 안전벨트와 어깨끈이 있어야 함
- 모든 탑승자는 머리에 손상을 줄 수 있는 물체와 부딪히지 않도록 안전벨트와 어깨끈으로 보호되어야 함
- 안전벨트 및 어깨끈은, 해당되는 경우 회전익 항공기 형식증명기준에 규정된 정적강도 요구조건과 동적강도 요구조건을 만족해야 함

KAS Part 27과 Part 29는 헬기의 용도, 설계특성 및 성능 등에 따라 헬기 형식을 표 4.10과 같이 구분하고 있다.

표 4.10을 참고하면, 중량 3,100kg 이하의 헬기도 KAS Part 29의 관련 기준을 만족시킴으로써 Category A로 인증받을 수 있다. 단발 엔진을 장착한 헬기의 경우에는 Category A 증명을 받을 수 없으나 쌍발엔진을 장착한 경우에는 Category A 인증을 받을 수 있다.

비행안전성 확보차원에서 Category A로 인증을 받은 헬기를 선호하는 것이 일반적이며 해외수출을 위해서는 쌍발엔진 장착 소형헬기는 Category A 인증이 필수적이다.

수송급 헬기는 Category A나 Category B로 인증을 획득할 수 있다. 다발 헬기는 각 등급에 해당하는 적절하고 차별화된 운용한계(예를 들어 총중량 및 이륙과 관련된 제한 기준)와 함께 Category A와 Category B로 동시에 인증을 받는 것이 가능하다.

표 4.10 헬기의 형식 구분

KAS Part 27 보통급 회전익			KAS Part 29 수송급 회전익(4)		
기준 (최대중량, 승객좌석수)	Cat A	Cat B	기준 (최대중량, 승객좌석수)	Cat A	Cat B
3,100kg↓ 9↓	예(1)	예	9,000kg↓ 9↓	예	예
–	–	–	9,000kg↓ 10↑	예	예(2)
–	–	–	9,000kg↑ 9↓	예	예(3)
–	–	–	9,000kg↑ 10↑	예	아니오

(1) 다발 엔진의 경우 KAS Part 27 부록 C에 명시된 KAS Part 29 요구조건을 충족함으로써 Category A 인증 가능
(2) 29.67 (a) (2), 29.87, 29.1517 및 Category A 요구 사항의 서브파트 C, D, E 및 F를 충족하는 경우
(3) 카테고리 A 요구 사항의 서브 파트 C, D, E 및 F를 충족하는 경우

(2) Category A 및 Category B 헬기 감항기준의 비교

보통회전익 항공기와 수송급 헬기 형식에 따른 감항기술기준 적용범위를 표 4.11에 나타내었다. 수송급 Category A 헬기는 KAS Part 29 기술기준의 Subpart B(비행), Subpart C (구조), Subpart D(설계 및 구조), Subpart E(동력장치), Subpart F(장비) 기술기준을 만족하고, 결빙(icing) 증명과 비상 탈출 실증 기준이 추가로 요구된다.

표 4.11 감항기준 적용범위 비교

감항기준		보통회전익 항공기		수송 회전익기	
		보통	Category A	Category A	Category B
Part 27, Part 29 공통사항		O	O	O	O
Part 27만 해당		O	O	X	X
Part 29	Category A Subpart B 요구사항	X	O	O	X
	Category A Subpart C, D,E,F 요구사항	X	O	O	X
	결빙 증명	X	X	O	O
	비상 탈출 실증	X	X	O	O
Part 29 만 해당		X	X	O	O

표 4.12에는 Category A 및 Category B 헬기의 감항기준 비교를 나타내었다. Category A 헬기는 2개 이상의 다발 엔진을 장착하고, 2개의 엔진 고장시에도 이착륙이 가능하고, 연료 및 전기 시스템이 격리 가능하여야 한다.

표 4.12 Category A, B 헬기의 감항기준 비교

Category A	- 2개 이상의 엔진장착
	- 1개의 엔진 고장 시에도 안전한 이착륙 성능 보장(Category A 이착륙 성능)
	- 엔진격리(isolation): 1개 엔진 고장이 다른 엔진의 기능에 영향을 주지 말아야 함
	  · AC29.903. b (1) Category A; 엔진 격리
	  · AC29.903. b (2) Category A; 엔진 회전제어
	- 연료 시스템 Isolation: 1개의 연료 시스템 고장이 다른 연료 시스템 기능에 영향을 주지 말아야 함
	  · AC29.953 Fuel System Independence
	- 전기 시스템 Isolation: 1개의 전기 시스템 고장이 다른 전기 시스템 기능에 영향을 주지 말아야 함
	  · AC29.1351 Electrical Systems and Equipment-General

Category B	- 단발이나 2개 이상의 엔진 장착 가능 - Category A 이착륙 성능이 요구되지 않음

(3) KAS Part 27과 KAS Part 29 상세 감항기준 비교

헬리콥터의 인증시험항목을 도출하기 위해 KAS Part 27과 Part 29의 세부규정을 상호 비교·분석하였다. 앞에서 설명한 바와 같이 Category 분류는 전체적으로 KAS Part 29 요구조건이 KAS Part 27의 요구조건 대부분을 포함하고 있다. 다음은 KAS Part 27과 KAS Part 29 기술기준의 차이점을 Subpart B(비행), Subpart C(구조), Subpart D(설계 및 구조), Subpart F(장비) 및 Subpart G(운영제한사항, 표시 및 비행교범)에 대해 분석하였다.

Subpart B (비행)

KAS Part 29가 KAS Part 27에 비해 보다 더 상세한 이착륙 성능과 비행성능에 대한 규정을 정의하고 있다. 먼저 이륙 성능에 대한 규정을 보면 KAS Part 29는 이륙 중 발생할 수 있는 항공기 고장 상태에서 성능, 이륙 직후 상승비행시 항공기 주변의 장애물을 제거할 수 있는 장치 등에 대한 항목을 명시하고 있고, 자동 활강시 KAS Part 27은 활강각도에 대한 규정만 있지만, KAS Part 29는 활강시 최소 하강율에 대한 전진속도와 가장 오래 활

강할 수 있는 활강각도에서 전진속도를 추가로 요구하고 있다. 착륙시 KAS Part 29는 항공기 분류별 착륙거리, 지면 조건 등에 대한 자세한 항목을 요구한다. 그리고 KAS Part 29에는 비행 중 발생한 진동을 감쇠할 수 있는 동적 안정성 조건이 추가되어 있다.

Subpart C (구조)

일반적으로 구조에 대한 규정은 KAS Part 27과 KAS Part 29가 거의 동일하다. 단 KAS Part 29의 경우 수송용 헬리콥터에 대한 규정이므로 하중이 비대칭으로 부과될 때 착륙장치 간의 하중 분배 비율에 대해 추가로 규정하고 있다.

Subpart D (설계 및 구조)

항공기 설계 및 내부시스템 배치 등에 대한 규정에는 KAS Part 27과 KAS Part 29간에 차이가 있다. 먼저 설계시 KAS Part 29는 플러터에 관련된 규정에 발산(divergence)을 추가하여 규정하고 있으며, KAS Part 29는 1.0kg의 조류와 충돌 시에도 안전운항이 가능하도록 설계에 반영할 것을 요구하고 있다. 항공기의 비상탈출구의 경우, KAS Part 29는 수용 가능한 승객 정원과 탈출구의 크기에 따라서 아래 표 4.13과 같이 탈출구의 종류를 네 가지로 분류하며, 비상 탈출구의 배치, 접근 방법, 복도폭 등에 대해서도 추가로 규정하고 있다. 화재 방지를 위한 휴대용 소화기 또는 항공기에 장착된 소화장비에 대한 항목도 추가되어 있다.

연소가열기 화재보호 방화구역은 KAS Part 27은 기체 전반에 걸쳐 필요한 사항을 제시하고 있는 데 반해, KAS Part 29는 연소실(combustion heater) 화재구역(fire zones)에 대해서만 자세한 요구항목을 제시하고 있다. KAS Part 29의 경우 규모가 큰 엔진을 사용하기 때문에 엔진에 냉각팬을 설치하는 것에 대한 규정을 제시하고 있다.

표 4.13 비상탈출구(29.807)

승객 정원	I형(61x122)	II형(51x112)	III형(51x91)	IV형(48x66)
1~10				1
11~19			1 또는 2	2
20~39		1		1
40~59	1			1
60~79	1		1 또는 2	2

주기; 탈출구의 치수 표기는 폭 x 높이에 단위는 cm로, 모서리가 둥근 직사각형 형태를 갖는다.

KAS Part 29에 해당하는 대형 수송 헬기는 여러 개의 연료탱크를 사용할 수 있기 때문에, 이에 대한 규정이 추가되어 있다. 먼저 연료 시스템에서 연료탱크 간 연료 유입을 위한 연결 부분과 다양한 비행조건에서 연류탱크의 유입구, 카뷰레이터 증기 유입구에서 유동이 원할하도록 배치하는 것에 대한 규정이 있다. 연료량이 일정 수준 이하가 되었을 때 연료탱크 간 유동과 연료주입에 대한 항목이 추가되어 있다. 또한 연료 시스템을 구성하는 부품 중 연료분사 시스템 설치에 대한 규정이 추가되어 있다.

오일 시스템에서 KAS Part 29에는 항공기 작동 중 발생하는 진동, 관성력, 오일 압력을 오일 라디에이터(radiator)가 견딜 수 있는지와 오일 밸브에 대한 규정이 추가되어 있다.

냉각시스템에서 이륙, 이륙 직후 상승비행 동안 냉각 성능에 대한 시험과 제자리 비행시 최대하중을 부과하거나 지면효과가 작용할 때의 냉각 성능에 대한 시험이 추가되었다. KAS Part 29는 카뷰레이터, 흡입시스템, 인터쿨러(inter-cooler), 애프터 쿨러(after-cooler)와 각 장치의 하위부분의 설계, 제작, 설치에 대한 규정이 추가되어 있으며, 배기시스템의 설계 및 구성 중 왕복엔진 회전익기의 배기 열교환기의 설치, 작동조건에 대해 추가적으로 규정하고 있다. 또한 보조 동력 장치를 구동, 정지, 긴급정지시킬 수 있는 수단에 대한 장착을 추가적으로 요구하고 있다.

엔진과 관련된 부품에 대해 KAS Part 29는 KAS Part 27에 비해 몇가지 항목을 추가적으로 규정하였다. 각 엔진의 카뷰레이터에 공기온도를 제어할 수 있는 장치의 장착에 대한 항목과 엔진의 과급기(supercharger) 제어에 대한 접근을 조종사뿐만 아니라 비행 엔지니어(탑승시)까지 가능하도록 규정하고 있다. 배터리 점화 시스템에 대한 자세한 항목이 KAS Part 29에 추가되어 있다. 엔진의 화재방지를 위해 KAS Part 27은 엔진 내부의 모든 장치에 대해 규정하고 있는데 반해, KAS Part 29에서는 지정 화재구역의 범위와 이 영역에 요구되는 규정에 대해서 더욱 세부적으로 규정하고 있다. KAS Part 27은 화재를 인식할 수 있는 장비에 대한 항목만 존재하지만, KAS Part 29는 소화 시스템 전체에 대한 요구사항을 규정하였다.

Subpart F (장비)

기체에 탑재되는 탑재장비에 대한 규정을 비교하였다. KAS Part 29에 적용되는 항공기 규모가 크기 때문에 다양한 범위의 탑재장비가 존재한다. KAS Part 29에는 압력계와 연결된 유관과 고도계 교정, 조종석에 위치한 각종 장비에 대한 항목이 추가되어 있고, 특히 Category A 회전익기에 대해서는 전원공급원에 관련된 규정을 추가하였다.

KAS Part 27은 축전지의 설치에 대한 규정만 있지만, KAS Part 29는 분배버스, 피더

(feeder), 각 제어 장치와 보호장비를 포함하는 전기 분배 시스템과 같은 전반적인 전자장비에 대해 규정하고 있다. 또한 전자시스템의 실험과 전자장비의 화재, 화재 시 발생하는 연기에 대해 전자장비를 보호하는 것에 대한 규정이 KAS Part 29에 추가되어 있다.

KAS Part 29는 승객에게 안전벨트 착용을 알릴 수 있는 별도의 장치가 필요함을 규정하고 있다. 라디오 통신, 항법 장비에 대한 규정과 객실 내부의 기압을 조절할 수 있는 장치, 산소호흡기에 대한 규정이 KAS Part 29에 추가되어 있다.

KAS Part 27에서만 요구되는 탑재장비에 대한 항목은 전력원과 메인버스를 분리시킬 수 있는 마스터 스위치에 대한 것과 전선의 허용용량과 발열, 설치에 대한 규정, 각 스위치에 요구되는 규정이 추가되어 있다.

(4) 운영제한사항, 표시 및 비행교범

KAS Part 29는 동력이 손실되었을 때 안전한 착륙을 보장할 수 없는 고도와 비행속도를 제시하도록 요구한다. KAS Part 29는 TSO-C77(APU; Auxiliary Power Unit)을 만족하는 보조동력장치를 설치했을 경우 요구되는 성능규정을 추가하였다.

(5) 부록 (Appendix)

KAS Part 29의 부록 C, D는 항공기 결빙시 인증과 비상탈출 절차의 실증기준에 대해서 기술하고 있으며 부록 D에는 고강도전자기장(HIRF) 환경 및 장비품에 대한 고강도전자기장 시험수준이 추가되었다. KAS Part 27과 KAS Part 29의 비교분석결과 몇 가지 조항에서 차이점은 있으나 전체적으로 KAS Part 29가 KAS Part 27을 대부분 포함하고 있음을 알 수 있다. KAS Part 29에 추가된 주요 내용은 이착륙 절차가 보다 상세히 명시된 사항, 동적안정성 조건, 수상이착륙에 대한 기체구조강도, 보조양력조종면의 구조강도, 조류 충돌, 얼음 결빙, 승객비상탈출로에 대한 조항이다. 이 조항들은 KAS Part 29에 해당하는 항공기가 수송급으로 보다 더 규모가 크고, 다수의 장비가 필요하므로, 이에 대한 추가적인 안전조항을 포함한 것이다. KAS Part 27과 KAS Part 29에서 요구되는 인증항목이 대부분 유사하므로 시험항목의 종류에는 큰 차이가 없다. 하지만 항공기의 규모와 탑재장비에 따라 KAS Part 29에 세부적인 조항이 추가되었기 때문에 시험시설의 규모나 수행범위에 다소 차이가 발생할 것으로 판단된다. 대부분 KAS Part 29의 조항이 광범위하고 세부적이므로 KAS Part 29를 기준으로 시험항목을 도출하는 것이 타당하다.

4.3.8 보통류 회전익 항공기(KAS Part 27)

KAS Part 27 기술기준 중요 내용을 기술기준별로 아래와 같이 요약하였다.

(1) Subpart B 비행

27.45 (성능; 일반)

성능요구는 정지하고 있는 공기와 표준대기 상태에서 증명되어야 하며, 이용마력은 엔진 마력에 대응되어야 하며, 승인된 마력을 초과할 수 없으며, 다음의 손실이 있다.

- 장착손실
- 부품과 특수한 주위대기상태, 특수한 비행상태에 대한 적절한 조치로 인하여 흡수되는 마력

27.51 (성능; 이륙)

이륙은 이륙출력 및 회전수에서 최전방 중심위치의 상태에서 다음 조건에 적합해야 한다.

- 특별한 조종기술이나 특별히 양호한 제반 상태를 요구하여서는 안 됨
- 만일 엔진의 고장이 있을 경우에는, 비행경로상에 있는 어떠한 지점에도 안전하게 착륙할 수 있어야 함

위의 조항에 대한 적합성의 증명은 다음의 각 범위에 대하여 이루어져야 한다.

- 고도: 표준해면에서부터 해당 회전익 항공기의 도달 가능한 최대고도까지 혹은 고도 2,100m(7,000ft)까지 중에서 어느 것이든 더 낮은 고도
- 중량: 표준해면에서의 최대중량에서부터 각 고도에서 신청자가 선정하는 것보다 작은 중량

27.65 (성능: 상승(모든 엔진이 작동하는 경우))

헬리콥터 이외의 회전익 항공기에 대해서, V_Y의 속도에서 정상 상승률은 다음과 같은 조건에서 결정되어야 한다.

- 각 엔진의 연속최대출력의 운전상태
- 착륙장치를 후퇴시킨 상태
- 증명을 발급받고자 하는 중량, 고도 및 온도의 상태

또한, 상승률의 상승구배는 다음과 같아야 한다.
- 증명을 발급받고자 하는 항속거리 내의 중량, 고도 및 온도로 결정되는 이륙과 15m (50ft) 높이의 장애물 위를 상승시의 수평거리가 요구된다면 적어도 1:10 이상이어야 함
- 표준해면 상태하에서는 적어도 1:6 이상이어야 함

27.71 (성능: 활강성능)

KAS Part 29의 Category A 엔진 격리 요건을 만족하지 못하는 단발 및 다발 헬리콥터의 경우, 최소 하강률 및 최대 활공각 속도는 자동회전비행에서 다음에 따라 결정하여야 한다.
- 최대 중량일 것
- 신청자가 선정한 회전익 회전속도일 것

27.75 (성능: 착륙)

회전익 항공기는 다음 조건에서 수직가속도가 과대하지 아니하고, 또한 도약, 전복, 그라운드 루프, 포포이스(porpoise) 혹은 수상루프의 경향이 없이, 또한 특별한 조종기술 또는 극히 양호한 조건을 요구함이 없이, 안전하게 착륙할 수 있어야 한다.
- 해당 회전익 항공기의 형식에 적합한, 혹은 신청자가 선정한 진입 및 활공의 속도를 갖는 상태
- 진입 및 착륙은 단발 회전익 항공기의 경우, 동력차단의 상태, 다발 회전익 항공기의 경우, 한 개의 엔진이 부작동하는 상태와 각각의 작동엔진이 승인된 작동상태 한계 내에 있는 상태에서 이루어져야 함
- 진입 및 착륙은 정상자동회전비행으로부터 이루어져야 함

또한, 다발 회전익 항공기는 상용운용상태 중에 동력장치가 완전히 고장 났을 경우에 안전하게 착륙할 수 있어야 함

27.151 (비행성: 비행 조종)

길이방향 조종, 가로방향 조종, 방향조종 및 콜렉티브 조종을 수행하기 위해 과도한 조종력, 마찰력 또는 예비하중이 필요하지 않아야 한다.

조종시스템에 작용하는 힘과 유격으로 인해 조종시스템의 입력에 대해서 회전익 항공기

가 원활하고 즉각적으로 반응하지 못해서는 안 된다.

27.171 (비행성: 안정성; 일반)

회전익 항공기는 보통의 운항에 예상되는 시간 중, 보통의 여하한 운동에 있어서도 조종사에게 과도한 피로나 긴장을 가져오는 일이 없이 비행할 수 있어야 한다. 상기의 사실을 증명하고자 하는 비행에는 3회 이상의 이륙 및 착륙을 포함할 비행시험을 하여야 한다.

(2) Subpart C 강도

27.309 (일반: 설계제한사항)

다음의 수치와 제한을 신청자가 선정하여야 한다.

- 설계최대중량
- 엔진의 작동시 및 부작동시의 주회전익의 회전속도범위
- 규정된 회전속도범위에 대응하는 최대전진속도
- 최대후진속도 및 최대횡진속도
- 상기 속도범위의 각 제한사항에 대응하는 기체의 중심위치 범위
- 동력장치와 이에 연결된 회전부분과의 회전속도 비
- 양 및 음의 제한운동하중배수

27.339 (비행하중: 합성제한운동하중(Resultant Limit Maneuvering Loads))

제한운동하중배수의 적용에서 비롯되는 하중은 각 회전익 허브의 중심 및 각 보조양력면에 작용한다고 가정하며 또한 설계최대 선단속도비에서의 동력중 및 동력차단 비행을 포함하는 최대로 불리한 운동상태에서의 회전익 및 보조 양력면 간의 하중의 방향 및 분포에 작용한다고 가정한다.

여기서 선단의 속도비라 함은 회전익면에 평행한면 상에서의 회전익 항공기의 비행속도성분과 회전익 선단의 속도와의 비로서 다음의 식에 의해 표시된다.

$$\mu = \frac{V\cos\alpha}{\Omega R}$$

V: 비행경로의 방향으로의 공기 상대속도 ㎧(ft/s)

α: 대칭면에서의 피치 불변축의 투영과 비행경로에 수직한 면과 대칭면과의 교선이 이루는 각(rad, 축이 후향일 때)

Ω : 회전익의 회전속도 rad/s

R : 회전익의 반경 m(ft)

(3) Subpart D 설계 및 구조

27.629 (일반: 플러터)

회전익 항공기의 각각의 공기역학적 표면에서 예상되는 모든 속도 및 출력상태에서 플러터를 발생하여서는 안 된다.

27.723 (착륙장치: 완충시험)

착륙시의 관성하중배수 및 착륙장치의 여유에너지 흡수능력은 낙하시험에 의하여 증명하여 행하거나 또는 차륜, 타이어 및 완충장치를 정상관계로 대치한 구조에 대해서 수행한다.

27.725 (착륙장치: 제한 낙하시험)

제한낙하시험은 아래의 방법에 따라 수행하여야 한다.

- 낙하높이는 착륙장치의 가장 낮은 점으로부터 지면까지 33cm(13in)로 하여야 함
- 착륙장치를 시험하는 자세는 각 장치의 에너지 흡수의 관점으로부터 가장 불리한 착륙상태로 가정하여 시험하여야 함

27.775 (승객, 승무원 및 화물을 위한 설비: 바람막이 및 창)

바람막이 및 창의 글라스는 파괴되어도 위험한 파편이 되지 않는 안전한 것이어야 한다.

27.783 (승객, 승무원 및 화물을 위한 설비: 출입구의 문)

닫힌 승무원실 및 객실에는 적절하고, 또한 용이하게 열릴 수 있는 한 개 이상의 출입구 문을 설비하여야 한다.

(4) Subpart F 장비

27.1303 (일반: 비행계기 및 항법계기)

필요한 비행계기 및 항법계기는 다음과 같다.

- 대기속도계
- 고도계
- 자기 방향지시기

27.1309 (일반: 장비, 시스템 및 장착)

장비, 시스템 및 장착은 예상되는 모든 운용조건에서 의도된 기능을 충분히 발휘할 수 있도록 설계하고 장착하여야 한다.

다발 엔진 회전익 항공기의 장비, 시스템 및 장착은 작동불량 또는 고장일 때 회전익 항공기에 위험을 가져오는 일이 없도록 설계하여야 한다.

단일 엔진 회전익 항공기의 장비, 시스템 및 장착은 예상되는 고장 및 결함 발생시, 회전익 항공기에 위험을 최소화 하도록 설계하여야 한다.

위의 모든 사항에 대한 합치성을 증명하는 데 회전익 항공기의 낙뢰 타격에 대한 효과를 고려하여야 한다.

27.1419 (안전장비: 결빙방지)

회전익 항공기 구성품들에 대한 결빙방지 장치가 적절하다는 것을 입증하기 위하여 여러 가지 회전익 항공기 운용 형태를 고려한 해석을 수행하여야 한다.

회전익 항공기 고도 범위 내에서 이 KAS Part 29의 부록 C(결빙증명)에 따라 결정된 계속적인 그리고 간헐적인 최대 결빙조건에서 회전익 항공기가 안전하게 운용할 수 있음을 실증하여야 한다.

결빙방지에 대한 해석을 확인하고 결빙으로 인한 비정상적인 상태를 점검하며 결빙방지 시스템과 그 구성품들이 효과적이라는 것을 실증하기 위해 회전익 항공기와 그 구성품들은 여러 가지 비행 형태와 측정된 자연 대기에서의 결빙조건 및 필요한 경우 비행시험을 수행해야 한다.

(5) Subpart G 운용제한사항, 표시 및 비행교범

27.1587 (성능자료)

회전익 항공기에는 다음의 자료를 비치하여야 한다.

- 고도-속도의 제한포위선을 결정하는 데 충분한 자료
- 대기속도, 온도 및 고도 등의 여러 요인에 의한 영향을 받는 제자리비행 한계 고도, 정

상상승율 및 정상하강율
- 지상부근에서의 운용에 대한 안전한 최대풍향, 풍속성분

또한, 비행교범에서 성능자료를 기재한 장에는 27.51(이륙)의 규정에 적합하게 사용하고 있는 이륙 중량 및 고도에 관한 관련자료를 기재해야 한다.
- 시험에서 사용한 이륙표면의 상태 및 이륙경로상의 각 상승속도를 포함한 이륙 방법에 관한 관계자료
- 시험에서 사용한 착륙표면의 상태 및 적정한 진입속도와 활공속도를 포함한 착륙방법에 관한 관계자료

4.3.9 수송류 회전익 항공기(KAS Part 29)

KAS Part 29 기술기준 중요내용을 기술기준별로 아래와 같이 요약하였다.

(1) Subpart B 비행

29.25 (일반 : 중량한계)

최대중량 다음의 것보다 크지 않아야 한다.
- 신청자가 신청한 최대중량
- 설계최대중량(소정의 구조하중조건에 적합함이 증명된 최대중량)

또한, 최소중량은 다음보다 작지 않아야 한다.
- 신청자가 신청한 최소중량
- 설계최소중량(소정의 구조하중조건에 적합함이 증명된 최소중량)

29.33 (일반: 주회전익 회전속도 및 피치 한계)

주회전익의 회전속도 범위는 다음의 조건에 적합하도록 설정한다.
- 동력중의 경우 주회전익 운용속도의 변화에 적응하는 충분한 여유를 가지며 또한 동조장치 및 조속기의 특성에 상응하는 것
- 동력차단의 경우 증명을 발급받고자 하는 항공기의 상대속도 및 중량의 전 범위에 걸쳐 자동회전비행이 가능

29.35 (성능: 일반)

성능은 통상의 조종기술에 따르는 조건에서 결정되어야 하며, 또한 성능요건의 적합성은 다음의 조건에서 증명되어야 한다.

- 해면상의 정지해 있는 표준상태의 대기중일 것
- 승인된 대기조건 범위일 것

29.49 (성능: 최소운용속도 성능)

TA급 헬리콥터의 하버링 성능은 이륙성능의 결정을 위한 다음의 조건에 대한 중량 고도 및 온도의 범위에서 결정된다.

- 발동기가 이륙출력 이하로 운전되고 있을 것
- 착륙장치는 펼친 상태로 있을 것
- 이륙상승 및 이륙중지경로를 결정을 위해 사용된 것과 일치하는 고도일 것

29.55 (성능: 이륙결심지점(TDP 급: TA급))

이륙결심지점(TDP; Take Off Decision Point)은 이륙을 계속할 수 있는 최초의 지점이며, 이륙을 포기할 수 있음이 입증된 최종지점이다.

이륙결심지점(TDP)은 이륙경로에 대하여 설정되어야 하며, 이륙결심지점(TDP)을 지정하기 위해 필요한 변수(예를 들면 속도와 고도)는 2개를 초과하지 않아야 한다.

이륙결심지점(TDP)은 임계발동기가 고장난 후 조종사가 이를 인지할 때까지의 시간차이를 고려하여 결정한다.

29.59 (성능: 이륙경로; TA급)

이륙경로는 이륙절차를 시작한 지점에서부터 이륙면 위로 300m(1,000ft) 상승하고 OEI를 만족하는 지점까지의 경로를 말한다.

그림 4.10에는 Category A 헬기의 정상이륙절차를 나타낸다.

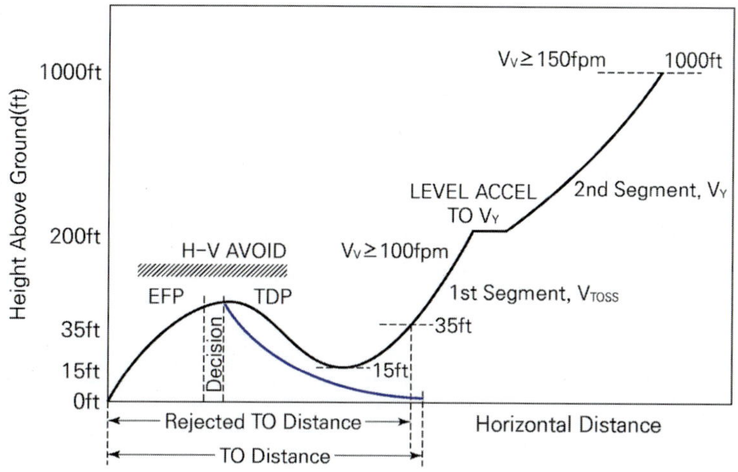

그림 4.10 Category A헬기 정상이륙 절차

29.61 (성능: 이륙거리; TA급)

정상이륙거리는 이륙시작점으로부터 다음 지점까지의 이륙경로의 수평거리가 된다. 다음 지점이라 함은 이륙결심지점 전의 발동기정지지점에서 임계발동기가 부작동하는 경우에도 회전익 항공기가 이륙면 위로 최소 10.5m(35ft) 및 안전이륙속도(VTOSS) 이상에 도달하여 이를 유지하며 또한 양의 상승률을 이루게 되는 지점을 말한다.

29.63 (성능: 이륙; TB급)

이륙하여 15m(50ft) 장애물을 넘는데 필요한 수평거리는 중심위치가 가장 불리한 상태에서 결정되어야 한다.

29.64 (성능: 상승; 일반)

29.65(상승: 모든 엔진이 작동하는 경우) 및 29.67(한 개의 엔진이 부작동하는 경우; OEI)의 요구조건에 대한 적합성은 해당 회전익 항공기에 대해 정해진 운용한계 범위 내의 각각 중량, 고도 및 온도와 각 형상에 대해서 가장 불리한 무게중심에 대해서 입증되어야 한다.

29.75 (성능: 착륙; 일반)

회전익 항공기는 다음의 조건에 적합하여야 한다.

- 수정된 착륙자료는 평탄하고 건조하며 단단한 수평한 지면에 대해서 결정되어야 함
- 진입 및 착륙은 특별한 조종기술과 특별히 양호한 조건을 필요로 해서는 안 됨

- 착륙은 과대한 수직가속도 및 도약, 전복, 그리이운드 루프, 포포이스 혹은 수상루프의 경향이 없어야 함

29.81 (성능; 착륙거리; TA급)

활주로면 상공 15m(50ft)이 되는 지점으로부터 착륙하여 완전히 정지(수상착륙에서는 3노트 정도)하기 위하여 필요로 하는 수평거리는 29.79항(착륙: TA 급)에 따라 정해진 접근 및 착륙경로로부터 결정해야 함.

(2) Subpart C 강도

29.301 (일반: 하중)

강도상의 요건은 제한하중(운용중에 예상되는 최대하중) 및 극한하중(제한하중에 규정의 안전율을 곱한 것)에 의하여 규정한다.

29.397 (조종면 및 조종계통 하중: 제한 조종력 및 제한 조종력 토크)

페달 및 조종간에 대한 제한조종력은 다음과 같다.
- 페달; 60kg(130lb)
- 조종간; 전방 및 후방 45kg(100lb), 횡방향 30kg(67lb)

(3) Subpart D 설계 및 구조

29.602 (일반: 중요부분)

중요부분이라 함은 파손시 회전익 항공기에 치명적인 영향을 미칠 수 있는 부분으로서 요구되는 수준의 무결성을 보증할 수 있도록 그 중요 특성을 판별하여 관리해야 한다.

29.610 (일반: 낙뢰 및 정전기에 대한 보호)

회전익 항공기의 구조는 낙뢰에 의한 치명적인 영향으로부터 보호되어야 한다.

29.631 (일반: 조류 충돌)

회전익 항공기는 1.0kg(2.2lb)의 조류와 충돌한 후에도 안전한 비행을 계속하여 착륙할 수 있거나(수송 TA급) 안전하게 착륙할 수 있도록(수송 TB급) 설계되어야 함. 회전익 항공기의 속도(회전익 항공기의 비행경로 방향으로 조류에 대한 상대속도)는 VNE 또는 VH(둘

중 작은 값을 적용한다)와 같아야 하며 비행고도의 범위는 2,400m(8,000ft)까지로 한다. 적합성은 시험을 충분히 대체할 수 있을 만큼 설계가 유사한 회전익의 시험에 근거한 해석 또는 시험에 의해 입증되어야 한다.

조류가 항공기의 캐노피나 기체부분에 충돌하면 조종사의 시계를 방해하거나 조종사의 조종업무를 과다하게 만들어 큰 재해를 야기할 수 있다.

표 4.14에는 수송 회전익기와 수송류 비행기에 대한 전면창 및 측면창과 비행기 꼬리부분이 조류와 충돌할 때 조류의 무게를 비교하였다.

표 4.14 조류 충돌 기준 비교

조류 충돌	KAS Part 29	KAS Part 25
전면창 및 측면창	1.8kg(4lb) Vc 기준	1.0kg(2lb) V_{NE} 또는 V_H 중 작은 속도 h < 2,400m
꼬리부분 구조	3.6kg(8lb) Vc 기준	-

그림 4.11 조류 충돌

29.725 (착륙장치: 제한낙하시험)

제한낙하시험은 아래의 방법에 따라 행하여야 한다.

- 낙하높이는 적어도 20.4cm(8inch)로 하여야 함
- 낙하높이는 착륙장치의 가장 낮은 지점에서 지면까지의 거리를 기준으로 33cm(13inch)가 되어야 함

그림 4.12에는 착륙장치 낙하시험을 나타낸다.

그림 4.12 착륙장치 낙하시험

29.777 (승객, 승무원 및 화물을 위한 설비: 승무원 실내의 조종장치 및 조작장치)

승무원 실내의 조종장치 및 조작장치는 조종사석에 관련하여 신장 1.5m(5ft 2in)로부터 1.8m(6ft)까지의 조종사가 착석했을 경우에 승무원실의 구조 또는 조종사의 피복에 닿지 않고 조작범위 전체에 걸쳐 자유로운 조작이 되도록 배치하고 설비하여야 한다.

(4) Subpart E 동력장치

29.901 (장착 : 일반; 장착)

이 장에서 동력장치란 주회전익 및 보조회전익 구조를 제외한 회전익 항공기의 다음의 각 부분을 포함한다.

- 추진에 필요한 것
- 주요 추진장치의 제어에 영향을 미치는 것

29.903 (일반: 발동기)

각 발동기는 형식증명된 것이어야 한다.

29.923 (회전익 구동계통: 회전익 구동계통 및 조종기구의 시험)

내구시험, 일반, 회전익구동계통 및 회전익조종기구는 적어도 200시간에 이 절의 요구사항을 충족시키는 데 필요한 시간을 더한 시간 동안의 시험을 행하여야 한다.

(5) Subpart F 장비

29.1303 (일반: 비행계기 및 항법계기)

다음의 비행계기 및 항법계기가 장착되어 있어야 한다.

- 대기속도계; 초과금지 속도(V_{NE})가 낮아서 조종사가 제대로 조종했음에도 불구하고 과속 경보가 울리는 TA급 회전익 항공기에는 최대허용 대기 속도계가 장착되어야 함
- 정밀고도계
- 자기방향지시기
- 시, 분, 초를 표시하는 초침이 있는 시계 혹은 숫자표시시계
- 대기온도계
- 자이로식 전후좌우 경사지시기
- 자이로식 방향지시기
- 승강계(수직속도계)

29.1316 (일반: 전기전자시스템에 대한 낙뢰 보호)

전기전자시스템은 계속적인 안전 비행과 착륙을 방해할 수 있는 고장이 발생하지 않도록 다음 사항을 고려하여 설계되고 장착되어야 한다.

- 회전익 항공기가 낙뢰에 노출되는 동안에 또는 노출된 후에 기능이 심하게 영향을 받지 않아야 함
- 회전익 항공기가 낙뢰에 노출된 후 시스템이 시기 적절하게 정상 기능 상태로 자동적으로 회복되어야 함

(6) Subpart G 운용제한사항, 표시 및 비행교범

29.1503 (운용한계: 대기속도한계; 일반)

회전익 항공기에 있어서 그 운용속도한계가 정해져 있어야 한다.

29.1505 (운용한계: 초과금지속도)

초과금지속도 VNE는 40노트 수정대기속도(CAS; Calibrated Airspeed)보다 작아야 한다.

29.1587 (비행교범: 성능자료)

비행 교범의 성능 정보는 표현의 명확성을 위해 필요한 한계까지 또는 승인된 선택 장비

또는 절차의 영향을 결정하기 위해 증명되어야 한다.

TA급의 회전익 항공기에 대한 비행규정에는 운항에 관한 규정에 따라 운용시 필요한 자료를 포함하는 성능자료의 개요를 해당 자료를 얻는 대기 속도 등의 조건의 기술과 함께 기재하여야 한다. 또한 다음의 사항을 기재하여야 한다.

- 이륙시의 지시대기속도 및 이륙중의 임계발동기 부작동시의 조치
- 대기속도의 수정

4.3.10 비행선(KAS Part 30)

비행선(airship)는 항공안전법 제2조(정의) 제1호 및 같은법 시행규칙 제2조(항공기의 기준)에 의해 정의되며, 비행기와는 달리 날개를 지나가는 공기흐름의 압력차를 이용해서 양력을 생성하는 것이 아닌, 공기보다 가벼운 기체 또는 공기에 열을 가하는 기관을 장착해서 양력을 생성하는 비행체를 뜻한다(그림 4.13).

그림 4.13 연식비행선(Goodyear GZ-20A)

KAS Part 30 비행선 규정은 조종석을 제외한, 9석 이하의 좌석 배열을 가진 연식(nonrigid), 근평형(near-equilibrium)의 전형적인 보통급 범주의 비행선에 대한 형식증명서 발행 및 변경에 적합한 감항기술기준을 규정하고 있다.

KAS Part 30 기술기준 중요내용을 기술기준별로 아래와 같이 요약하였다.

(1) Subpart B 비행

30.21 (일반: 적합성의 입증)

이 규정의 각 요구조건에 대한 적합성은 인증을 신청한 하중조건 범위 내의 해당 중량과

무게중심 위치에서 입증되어야 한다.

표 4.15와 같은 일반 공차가 비행시험 중에 인정되지만, 특정시험에 있어서는 이보다 더 큰 공차를 인정할 수 있다.

표 4.15 비행선 일반 공차

항 목	공 차
중량	+5% ~ −10%
중량에 의해 영향을 받는 주요 항목	+5% ~ 1%
무게중심	허용범위의 ±7%

30.25 (일반: 중량 한계)

최대 중량은 다음을 만족하도록 설정되어야 한다.

- 신청자가 선정한 최대중, 설계최대 중량보다 큰 값이어서는 안 됨
- 좌석당 각 승무원의 무게를 77kg(170lb)로 가정하였을 때 다음의 중량보다 큰 값이어야 함
- 곤돌라의 최대 설계중량까지 곤돌라에 중량을 탑재할 경우 도달하는 중량보다 큰 값이어야 함

설계 최소 중량은 다음의 합을 초과하지 않도록 설정하여야 한다.

- 30.29(공허중량과 무게중심)항의 규정에 따라 결정된 공허중량
- 최소 필요 승무원들의 무게(각 승무원당 77kg(170lb)으로 가정)
- 최대연속출력으로 30분간 운용 시 필요한 연료의 무게

30.51 (성능: 이륙)

각 비행선에 대하여 이륙 후 15m(50ft) 장애물 위에 상승하는데 필요한 거리를 다음에 대하여 결정하여야 한다.

- 최대 정적 중량의 비행선
- 승인된 운용 한계 내에서의 엔진 작동
- 정상 이륙 상태에서 엔진 냉각공기의 공급을 조절하는 카울 플랩 또는 다른 수단의 사용

30.65 (성능: 상승: 모든 엔진 작동상태)

비행선은 해면 고도에서 적어도 분당 91m(300ft)의 정상 상승률과 1:12의 정상 상승각을 가져야 함

30.75 (일반: 착륙)

착륙 면으로부터 15m(50ft) 고도에서 착륙 후 완전히 정지하는데 필요한 수평 거리는 착륙시 가장 위험한 비행선 형상에 대하여 결정되어야 한다.

(2) Subpart C 구조

30.301 (일반: 하중)

강도에 대한 요건은 별도의 규정이 없는 한 규정된 하중은 제한하중이며, 비행 및 지상 하중은 비행선의 각 부품의 질량 및 해당될 경우, 비행선의 가상 관성력(virtual inertia)의 영향을 고려한 관성력과 평형상태이어야 한다.

30.311 (일반: 설계 속도)

특정 요구조건에서 규정된 경우를 제외하고, 선정된 설계 대기속도는 등가대기속도(EAS)이다.

- 설계 최대 수평비행 대기속도 V_H는 모든 엔진이 최대 연속출력으로 작동되고 비행선의 중량이 부력과 평형을 이루거나 또는 최소 항력을 발생토록 적재된 상태의 수평비행 중 얻을 수 있는 최대속도임
- 최대 돌풍 강도에 대한 설계 대기속도 V_B는 65km/h(35kts) 또는 $0.65V_H$ 중 더 작은 값보다 작지 않아야 함
- 설계 급강하 대기속도 V_D는 V_H 또는 모든 엔진이 최대 연속출력으로 작동되고 비행선이 최소 항력 형상인 상태에서 급강하시 얻을 수 있는 최대 속도보다 작지 않아야 함

30.333 (비행하중: 설계 기동 하중)

조종면을 포함하여 비행선은 표 4.16에 나열되어 있는 기동 조건으로부터 유발되는 하중을 받는 것으로 고려하여야 한다.

표 4.16 기동비행 조건

순번	비행 상태	속도	중량	자세	추력방향	조종면 위치	
						러더	엘리베이터
1	수평비행	V_H	Wt	(2)	전방	중립	(2)
2	수평비행	$0.71V_H$	Wl	(2)	후방	중립	(2)
3	기수 내림	V_H	W0	+30°	전방	중립	(2)
4	기수 올림	V_H	W0	-30°	-	중립	(2)
5	하강 후 조종간 당김	V_H	Wt	(2)	전방	중립	(2)
6	선회 진입	V_H	W0	수평	전방	최댓값	중립
7	선회 후 배면비행	V_H	W0	수평	전방	(3)	중립
8	급강하 진입	V_H	W0	수평	전방	중립	완전히 내림
9	상승 진입	V_H	W0	수평	전방	중립	완전히 올림
10	선회 후 상승	V_H	W0	수평	전방	최댓값	완전히 올림
11	선회 후 급강하	V_H	W0	수평	전방	최댓값	완전히 내림
12	선회	(1)	W0	수평	전방	최댓값	중립
13	선회 회복	(1)	W0	수평	전방	(3)	중립
14	선회 회복 후 상승	(1)	W0	수평	전방	(3)	완전히 올림
15	선회 회복 후 급강하	(1)	W0	수평	전방	(3)	완전히 내림
16	Light Flight	V_H	(2)	(2)	전방	중립	(2)

주기; (1) 속도는 정상 상태 조건에서 결정되어야 함
(2) 최대 하중조건을 생성하기 위해 필요한 중량/자세
(3) 최대 러더값으로 75° 선회 후 반대 방향의 최대 러더값을 적용함

(3) Subpart D 설계 및 구조

30.613 (재료의 강도 특성과 설계치)

통계적인 근거로 설계치를 설정하기 위한 재료 강도 특성은 규격에 적합한 재료에 대한 충분한 시험의 결과로 구한 것이어야 하며, 설계치는 재료 및 구조에 대한 다음과 같은 기준 또는 규격에 의한 것이거나 국토교통부장관장이 승인한 것이어야 한다.

- MIL-HDBK-5, 비행체의 구조물에 대한 금속재료 및 요소(Metallic Materials and Elements for Flight Vehicle Structure)
- MIL-HDBK-17, 비행체의 플라스틱 재료(Plastics for Flight Vehicles)
- ANC-18, 목재 비행기 구조물의 설계(Design of Wood Aircraft Structures)

- MIL-HDBK-23, 복합재를 이용한 비행체의 구성(Composite Construction for Flight Vehicles)
- Federal Requirement 191-A, 직물 시험방법(Textile Test Methods)

30.673 (조종계통: 주 비행 조종장치)

주 조종장치란 조종사가 피치, 롤을 직접 조종하는데 사용되는 장치를 말하며, 조종계통의 형식에 관계없이, 어떤 조종계통의 임의의 연결 또는 전달 요소가 파손되더라도 조종을 완전히 상실할 가능성이 최소화되도록 설계되어야 한다.

30.881 (기낭: 기낭 설계)

기낭은 배튼(batten) 끝의 주름이 허용되는 계류 및 취급 조건을 제외한 모든 비행 조건과 지상 조건에서의 제한 설계하중을 견디고 팽창력을 유지할 수 있도록 충분한 초과 압력(대기압을 초과하는 기낭의 압력량)으로 가압되고 이를 유지할 수 있도록 설계되어야 한다.

기낭 직물은 제한 하중의 4배 이상의 극한 강도를 가져야 하며, 직물 또는 비금속 재료로 만들어진 서스펜션 계통(Suspension system)의 구성품은 규정된 제한 하중의 4배보다 큰 극한 강도를 가져야 한다.

또한, 보조 기낭(Ballonets)은 용량의 중심이 기낭의 부력 중심과 세로축 방향으로 일치하도록 설계되고 장치되어야 한다.

(4) Subpart E 동력장치

30.903 (일반: 엔진)

엔진 형식증명은 다음 사항을 만족해야 한다.
- 모든 엔진은 승인된 것이어야 하고 다음에 적합하여야 함
- 형식증명을 받은 것이어야 한다. KAS Part 33을 인증 기준에 대한 참고기준으로 사용할 수 있음
- 비행선의 일부로서 증명받아야 함

30.905 (일반: 프로펠러)

모든 프로펠러는 승인된 것이어야 하고 다음에 적합하여야 한다.
- 형식증명을 받은 것이어야 함
- 비행선의 일부로서 증명받아야 한다. KAS Part 35를 인증 기준에 대한 참고기준으로

사용할 수 있음

30.929 (일반: 엔진장비의 결빙 방지)

증명을 요구하는 결빙상태에서 운용 시 과대한 출력 손실 없이 만족할만한 기능을 발휘토록 하기 위하여 프로펠러(목제 프로펠러는 제외)와 다른 엔진장비의 부품들은 결빙으로부터 보호되어야 한다. 기낭이 프로펠러로부터 떨어져 나온 얼음에 대하여 보호되지 않는 비행선의 경우, 얼음 제거장치 보다는 결빙 방지 장치를 사용하여야 한다.

(5) Subpart F 장비

30.1303 (일반: 비행 및 항법 계기)

다음의 비행 및 항법 계기를 장착하여야 한다.
- 대기 속도계
- 고도계
- 자기식 방향 지시계
- 대기 온도 지시계
- 기낭 및 보조기낭의 압력을 표시하는 계기
- 부양 가스와 외부 공기 사이의 온도차를 측정하는 장치
- 비행선의 피치 자세를 표시할 수단
- 상승률 지시계

30.1322 (계기: 장착; 경보, 주의 및 지시 등)

경보등, 주의등 또는 지시등이 조종실에 장착된 경우에는 국토교통부장관이 별도로 승인하는 경우를 제외하고는 다음 규정에 적합하여야 한다.
- 경보등(즉시 수정조작을 필요로 하는 위험을 나타내는 등)의 경우 적색으로 표시
- 주의등(차후 수정조작을 필요로 할 것이라는 것을 나타내는 등)의 경우 황색으로 표시
- 안전한 운항상태를 나타내는 등의 경우 녹색으로 표시

4.3.11 경회전익 항공기(KAS Part VLR)

경회전익 항공기(VLR; Very Light Rotorcraft)는 인증된 최대 이륙 중량이 600kg 이하이

고 다음 사항을 만족한다. KAS-VLR은 CS 27을 단순화하여 제정한 것으로, 앞서 FAR 23을 단순화한 것을 토대로 CS-VLA(Very Light Aircraft)를 제정했던 선례를 따른 것이다.

- 단순한 형상설계
- 2좌석 이하로 설계됨
- 터빈 또는 로켓엔진으로 구동되지 않음
- VFR 비행으로 제한된 경회전익기

(1) Subpart B 비행

KAS-VLR 25 (일반: 중량한계)

최대중량(maximum weight)은 다음의 값보다 크지 않아야 하며,

- 신청자가 선정한 최대중량
- 설계최대중량. 이 기준의 각 해당 구조하중 조건에 대하여 적합성이 입증되는 최고의 중량
- 각 해당 비행 요건에 대한 적합성이 입증되는 최고 중량

또한 다음의 합 중에서 가장 큰 값보다 작지 않아야 한다.

- KAS-VLR 29(공허중량 및 대응 무게중심)에 따라 결정된 공허중량, 정격 최대연속출력에서 1시간 동안 운용할 수 있는 연료의 중량, 오일이 만재된 상태(full capacity)의 오일 중량, 각 좌석에 대해 86kg의 탑승자 중량
- KAS-VLR 29절에 따라 결정된 공허중량, 최대 연료 중량, 오일이 만재된 상태의 오일 중량, 86kg의 1인 조종사 중량과 제거 가능한 밸러스트의 중량

최소중량(minimum weight)은 다음 중량의 합을 초과하지 않아야 하며, 각 해당 구조 하중조건과 비행조건에 대한 적합성이 입증된 설계최소중량보다 작지 않아야 한다.

- KAS-VLR 29절에 따라 결정된 공허중량
- 각 승무원의 중량은 77kg 또는 신청자가 선정한 더 가벼운 중량으로 가정함

KAS-VLR 45 (성능: 일반)

달리 규정되지 않은 경우, 이 기준의 성능 요건은 정지된 공기 및 표준대기 조건에서 만족해야 하며, 성능은 80% 상대습도와 특정 비행 조건을 근거로 특정 주위대기조건하에서의 엔진이용출력과 상응되어야 한다.

KAS-VLR 71 (성능: 활공 성능)

최소 하강률 대기속도와 최대 활공각 대기속도는 다음 조건의 자동회전비행(autorotation) 상태에서 결정하여야 한다.

- 최대 중량
- 신청자가 선정한 로터 속도

KAS-VLR 73 (성능: 최소운용속도 성능)

인증을 받고자 하는 중량, 고도 및 온도의 범위에 걸쳐 다음 조건에서 제자리비행이 가능한 고도를 결정하여야 하며,

- 이륙 출력 상태
- 정상적인 이륙 절차에 해당하는 고도에서 경회전익기가 지면효과를 받고있는 상태

또한, 위에서 결정한 제자리비행 한계고도는 표준대기와 최대중량 조건에서 최소한 915m 이어야 한다.

KAS-VLR 143 (비행 특성: 조종성 및 기동성)

경회전익기는 정상 비행중인 상태와 기동중인 상태에서 안전한 조종성 및 기동성을 가져야 하며, 사이클릭 조정은 초과금지속도(VNE)에서 만족스럽게 롤 및 피치 조종을 할 수 있는 여유가 있어야 한다.

경회전익기가 지상 또는 지상 부근에서 경회전익기 형식에 해당하는 임의의 기동(예를 들면, 측풍이륙, 횡진 비행 또는 후진 비행) 중에 조종능력을 상실하지 않고 비행할 수 있는 풍속을 정하여야 하며, 다만, 이때의 풍속은 31km/h(17kts) 이상이어야 한다.

KAS-VLR 151 (비행특성: 비행조종장치)

세로, 가로, 방향, 그리고 콜렉티브 조종장치는 과도한 초기작동력, 마찰, 또는 예비하중(preload)이 필요하지 않아야 하며, 경회전익기 조종시스템에 작용하는 힘과 유격은 조종시스템 입력에 대한 원활하고 즉각적인 반응을 저해하지 않아야 한다.

(2) Subpart C 강도 요건

KAS-VLR 301 (일반: 하중)

구조강도 요건은 제한하중(운용 중 예상되는 최대하중)과 극한하중(제한하중에 규정된 안

전율을 곱한 값)으로 명시된다. 별도로 규정하지 않는한, 명시된 하중은 제한하중이다.

또한, 명시된 비행하중, 지상하중, 그리고 수상하중은 경회전익기의 질량 요소를 고려한 관성력과 평형을 이루어야 한다. 이 하중은 보수적으로 실제조건에 근사하게 분포하거나 실제조건을 대표할 수 있도록 분포되어야 한다.

KAS-VLR 337 (비행하중: 제한기동 하중계수)

경회전익기는 다음의 제한기동 하중계수를 충족하도록 설계하여야 한다.

- 양(+)의 한계 +3.5에서 음(−)의 한계 −1.0까지의 제한기동 하중계수 범위에서 설계함
- 다음의 경우에는 제한기동 하중계수 양(+)의 한계 +2.0 이상, 그리고 음(−)의 한계 −0.5 이상을 적용할 수 있음
- 선정한 하중계수를 초과할 확률이 해석 및 비행시험을 통해서 극히 희박(extremely remote)한 것으로 입증된 경우
- 선정한 하중계수가 최대 설계중량에서 최소 설계중량 사이의 모든 중량에 대하여 적합한 경우

KAS-VLR 341 (비행하중: 돌풍 하중)

경회전익기는 제자리비행을 포함한 모든 임계대기속도에서 9.1m/s(30ft/s)의 수직돌풍으로 인한 하중을 견딜 수 있도록 설계하여야 함.

KAS-VLR 547 (주요구성품 요건: 메인로터 구조)

로터 허브 및 블레이드를 포함하여 메인로터 조립체는 다음에 규정된 요건에 따라 설계하여야 한다. 또한, 메인로터의 구조는 다음의 하중을 견딜 수 있도록 설계하여야 한다.

- 치명적인 비행하중
- 정상적인 자동회전비행 상태에서 발생하는 제한하중. 이와 같은 조건에서 고도의 영향을 고려하여 로터의 회전수를 선정하여야 함

메인로터 구조는 다음 사항을 모사한 하중에 견딜 수 있도록 설계하여야 한다.

- 로터 블레이드, 허브 및 플래핑 힌지의 경우, 지상 운용 중에 발생하는 정지장치에 대한 각 블레이드의 충격하중
- 정상적인 운용 상태에서 예상되는 기타의 치명적인 조건

(3) Subpart D 설계 및 구성

KAS-VLR 602 (일반: 치명 부품)

치명 부품(critical parts)은 경회전익기에 파국적인 영향을 미칠 수 있고 치명 특성으로 식별되어야 하는 고장을 유발하는 것으로서 요구되는 수준의 건전성을 보장할 수 있도록 관리되어야 하는 부품을 말한다.

형식설계에 치명 부품을 포함하는 경우, 치명 부품 목록을 설정하여야 한다.

KAS-VLR 629 (일반: 플러터)

예상되는 모든 속도 및 출력상태에서 경회전익기의 각각의 공력면(aerodynamic surface)에서 플러터가 발생하지 않아야 한다.

KAS-VLR 653 (로터: 로터 블레이드 통기 및 배수)

로터 블레이드는 다음의 규정에 적합하여야 한다.

- 블레이드의 내부압력을 통기하는 방법을 강구하여야 함
- 배수구를 설치하여야 함
- 블레이드의 내부에 물이 고이지 않도록 설계하여야 함

(4) Subpart E 동력장치

KAS-VLR 901 (일반: 장착)

동력장치 장착이라 함은 메인로터 및 보조로터 구조물 외에 다음에 해당하는 경전익기의 각 부분을 포함한다.

- 추진에 필요한 부분
- 주 추진장치의 조정에 영향을 미치는 부분
- 일상적인 검사 주기 또는 오버홀 주기 내에 주요 추진장치의 안전성에 영향을 미치는 부분

(5) Subpart F 항공장비

KAS-VLR 1303 (일반: 비행 및 항법 계기)

다음의 비행 및 항법 계기가 요구된다.

- 대기속도지시기

- 고도계
- 자기방향지시기

그림 4.14 속도계, 방향지시계, 고도계

KAS-VLR 1322 (계기: 장착; 경고등, 주의등 및 권고등)

경고등, 주의등 및 권고등을 조종실에 장착하는 경우에는 다음의 요건을 충족하여야 한다.

- 경고등(즉시 수정조작을 요하는 긴급 상태를 표시하는 등)은 적색으로 함
- 주의등(수정조작을 요하는 상태를 표시하는 등)은 백색으로 함
- 안전한 상태를 표시하는 등은 녹색으로 함

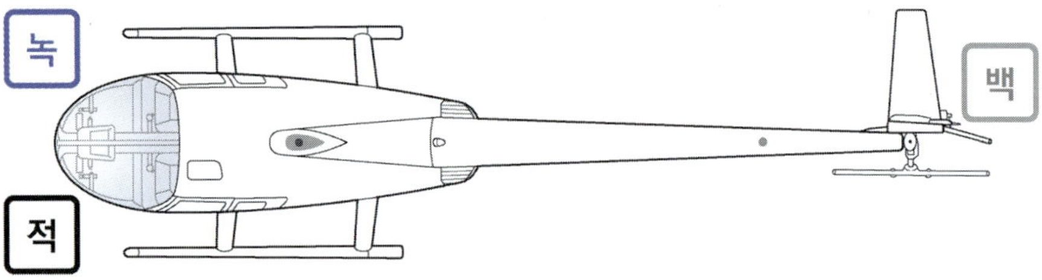

그림 4.15 경회전익기 등화

(6) 운용한계 및 정보

KAS-VLR 1505 (일반: 초과금지속도)

초과금지속도 VNE는 수정대기속도(CAS)로 74km/h(40kts)보다 커야 한다.

KAS-VLR 1581 (경회전익기 및 승인된 비행 매뉴얼: 일반)

경회전익기의 비행 매뉴얼은 각 경회전익기에 비치되어야 하며, 다음 사항을 포함하여야 한다.

- KAS-VLR 1583절~1589절에서 요구된 정보
- 설계, 운용 또는 조종특성으로 인한 안전운용에 필요한 기타의 정보

KAS-VLR 1583절~1589절까지에 나열된 비행 매뉴얼 내용은 해당 경회전익기에 적정한 것으로 기재, 확인, 승인된 것이어야 한다.

4.3.12 경량항공기 비행안전을 위한 기술상의 기준

경량항공기(LSA)는 항공안전법 제2조(정의) 제2호 및 같은법 시행규칙 제4조(경량항공기의 기준)에 의해 정의되며, 항공기 외에 공기의 반작용으로 뜰 수 있는 기기로서 최대이륙중량, 좌석수 등 국토교통부령으로 정하는 기준에 해당하는 비행기(타면 조종형 비행기, 체중이동형 비행기), 경량 헬리콥터, 자이로플레인(gyroplane) 및 동력패러슈트(powered parachute) 등을 말한다(그림 4.16). 표 4.17에는 무게 및 좌석 수에 따른 항공기 기준을 나타내고 있다.

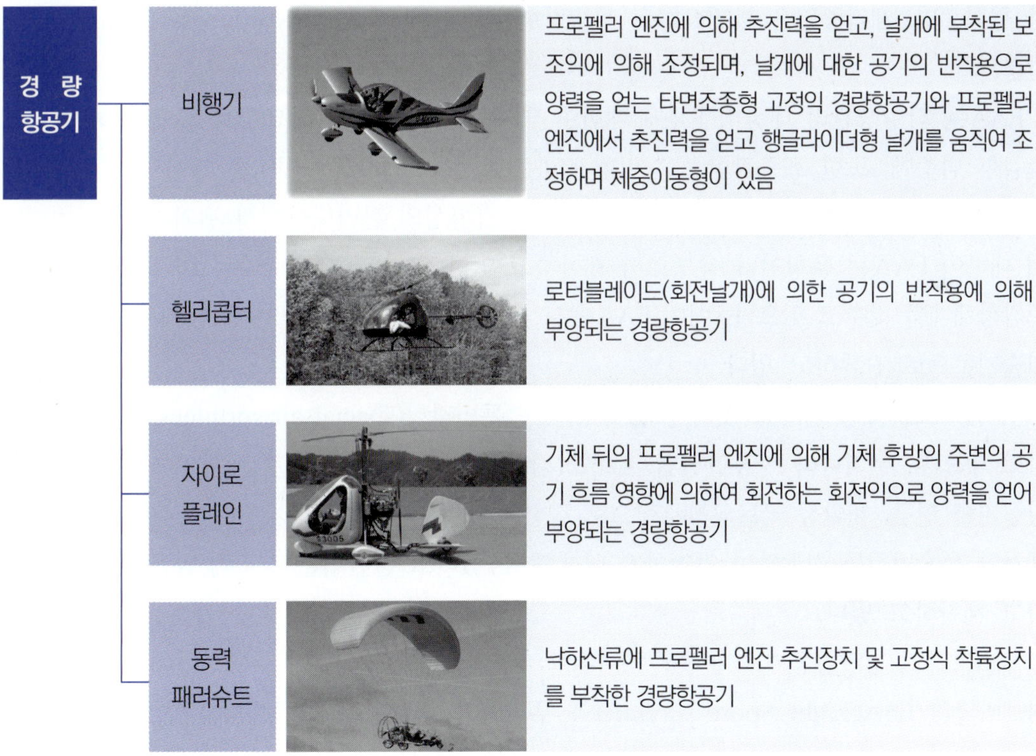

그림 4.16 경량 항공기 분류 체계도

표 4.17 무게 및 좌석 수에 따른 항공기 기준

구분	경량항공기	초경량비행장치	항공기
무게기준	자체중량 115kg 초과, 최대이륙중량 600kg(수상기 650kg) 이하	자체중량 115kg 이하	최대이륙중량 600kg (수상기 650kg) 초과
좌석수	2인 이하	1인 이하	제한 없음

경량항공기는 항공안전법 제108조(경량항공기 안전성인증 등) 및 같은법 시행규칙 제284조(경량 항공기의 안전성 인증 등)에 의해 안전성인증을 받아야 하며 경량항공기 비행안전을 위한 기술상의 기준은 고시 제2019-307호(2019.6.17)로 지정하고 있다.

경량 항공기 인증방식은 FAR Part 23(소형비행기) 감항기술기준은 적용되지 않으며 산업표준(consensus standards)을 적용할 수 있다. 이는 FAA, 산업계, 실험항공기협회(EAA; Experimental Aviation Association)가 연합으로 ASTM 위원회를 구성하거나, 제작자가 FAA와 합의하에 스스로 기준을 만들어 안전성을 입증할 수 있다. 일반 소형기의 제작을 위한 형식증명, 제작증명은 불필요하고 특별감항증명서(Special Airworthiness Certificate)가 발급된다.

FAA는 감항성관리 대상비행체에 대하여 국제적으로 표준이 필요한 부분에 대하여는 표준감항 범주에, 또한 표준감항으로 비행체의 감항성을 확보하기 어려운 경우 특별감항으로 분류하고 있다. 또한 기타 개인적으로 사용되는 감항성의 관리대상에서 제외가 되는 비행체에 대하여 FAA는 운항이나 용도로서 제한하고 있다. 그러나 우리나라는 미국과 동일한 표준감항체계를 갖추고 있으나, 이미 FAA에서 제외된 비행선 및 활공기에 대해서도 현재까지 기술기준으로 잔류하고 있다.

미국은 표준감항 범주를 벗어난 것에 대하여 특별감항(special airworthiness)을 대상으로 삼고 있으며, 우리나라 항공안전법 제23조(감항증명 및 감항성 유지)에서 "특별감항증명은 항공기를 연구, 개발등 국토교통부령으로 정하는 경우로서 항공기 제작자 또는 소유자 등이 제시한 운용범위를 검토하여 안전하게 비행할 수 있다고 판단되는 경우에 발급하는 증명"이라고 제한하고 있다.

우리나라의 경량항공기로 분류된 대부분의 비행체는 미국에서는 특별감항에 포함되어 있다. 미국의 LSA(Light Sport Aircraft)와 우리나라 경량항공기 중에서 타면조종형비행기, 동력패러슈트, 체중이동형비행기, 자이로플레인이 있으나, 우리나라에서 경량항공기 범주에 속하는 경량헬리콥터의 경우 미국에서는 표준감항범주에 포함되어 있고, 미국의 LSA에 속하는 활공기(gliders) 및 비행선(airships)은 우리나라 항공기범주에, 미국의 기구(balloons)

는 우리나라 초경량비행장치 범주에 포함되어 있다.

우리나라의 항공법상 경량 항공기는 감항인증의 대상이 아닌 안정성 인증의 대상으로, 이의 입증을 위한 검사는 다음과 같다.

- **초도검사**: 경량항공기 설계·제작 후 최초로 안전성인증을 받기 위하여 행하는 검사(외국에서 도입 후 최초 검사시에도 적용)를 말함
- **정기검사**: 초도검사 이후 안전성인증서의 유효기간이 도래되어 새로운 안전성인증서를 교부받기 위하여 실시하는 검사를 말함
- **수시검사**: 경량항공기의 비행안전에 영향을 미치는 엔진·부품의 교체 또는 대수리·대개조 후 경량항공기 기술상의 기준에 적합한지를 확인하기 위하여 행하는 검사를 말함
- **재검사**: 초도/정기검사 또는 수시검사에서 불합격 처분된 항목에 대하여 보완 또는 수정 후 다시 검사하는 것을 말함

고시된 경량항공기 비행안전을 위한 기술기준(제2019-307호)의 경량항공기 인증절차에서는 안전성인증, 제작관련 요건, 감항성 유지 요건, 정비수행 요건 및 정비확인 절차 및 안전성인증 신청 및 검사 절차를 다음과 같이 정한다.

(1) 인정할 수 있는 외국의 기술기준

항공안전법 제108조 제1항에 따른 경량항공기의 안전성 인증과 동등하다고 인정할 수 있는 외국의 기술기준은 다음과 같다.

- ASTM International
- 미국 항공규정(FAR)
- 유럽연합 항공규정(CS)
- 영국 항공규정(BCAR)
- 오스트레일리아 항공규정(CAO)
- 캐나다 항공규정(DS)
- 프랑스 항공규정(ultra-légars motorisés)
- 독일 항공규정(LTF)
- 체코 항공규정(UL2)

(2) 안전성인증 종류 및 운용범위 제한사항

경량항공기의 안전성인증 종류는 다음 표 4.18과 같다.

표 4.18 경량항공기의 안전성인증 종류

구분	내 용
제1종	외국기술기준에 따라 원제작사가 제작한 경량항공기
제2종	국내 또는 국외의 원제작사로부터 구매한 경량항공기 키트(Kit)를 국내의 제3의 제작자가 최종 조립한 경우 - 외국기술기준에 따라 경량항공기를 생산하는 외국의 원제작사로부터 기술지원을 받아 국내에서 생산한 동일 모델의 경우. 다만, 국내의 제작시설이 원제작사가 있는 국가의 제작증명을 받은 경우에는 이를 제1종으로 함 - 2012년 9월 9일 이전에 초경량비행장치나 무등록항공기에서 전환한 경우
제3종	제작국가의 설계·제작 기준에 적합하게 제작되었으나, 제작자가 적합성 확인서를 발급하지 않은 경우
제4종	초경량비행장치에서 경량항공기로 전환된 경량항공기 중 이 기술기준에 따른 해당 항공기운용지침과 계속감항성의 유지요건을 충족하지 못한 경우 제1종, 제2종 또는 제3종의 경량항공기가 아래와 같은 사유로 지속적인 감항요건을 충족할 수 없는 경우 - 제작사의 폐업 등으로 인하여 지속적인 기술지원을 받지 못함 - 제작사의 지침 없이 수리 또는 개조작업이 이루어짐 - 인증받지 않은 엔진을 오버홀하여 재사용하는 경우 - 제작사가 정비프로그램을 제공하지 않았거나, 제공받은 정비프로그램이 경량 항공기 기술기준을 충족하지 못하는 경우

또한 경량항공기의 종류별 운용범위 제한사항은 아래 표 4.19와 같다.

표 4.19 경량항공기의 종류별 운용범위 제한사항

구분	운용범위 제한사항
제1종	운용범위를 추가로 제한하지 않음
제2종	조종교육을 위한 비행 및 항공기대여업을 목적으로 하는 비행은 허용되지 않는다. 다만, 소유자 본인을 대상으로 하는 조종교육과 2012년 9월 9일 이전부터 경량항공기 비행교육용 또는 항공기대여업에 사용했던 경량항공기는 제외함
제3종	제4종의 운용범위 내에서 동승할 수 있으며, 조종교육을 위한 비행(소유자 본인을 대상으로 하는 조종교육은 제외) 및 항공기대여업을 목적으로 하는 비행은 허용되지 않음
제4종	1) 조종사 이외의 동승자는 탑승할 수 없음 2) 조종교육을 위한 비행 및 항공기대여업을 목적으로 하는 비행은 허용되지 않음 3) 비행승인을 받은 이착륙장 또는 비행장의 출발장소로부터 반경 10km 또는 해당 초경량비행장치 비행구역(UA)을 초과하여 비행할 수 없음 4) 인구 밀집지역의 상공을 비행할 수 없음 5) 그 밖에 항공안전기술원이 안전성인증서에서 지정한 운용범위 및 제한사항을 초과하여 비행할 수 없음

(3) 신청자격(경량항공기 안전성 인증)

경량항공기에 대한 안전성 인증 신청 자격은 다음과 같다.

- 경량항공기의 소유자 또는 소유자를 대신하는 대리인은 해당 항공기의 경량항공기 안전성인증을 신청할 수 있음
- 안전성인증 신청자는 교통안전공단 이사장이 정한 경량항공기 안전성인증검사 신청서에 첨부 서류를 포함하여 제출하여야 함

(4) 안전성 인증의 신청

안전성 검사의 종류에 따른 신청 서류는 아래 표 4.20과 같다.

표 4.20 경량항공기의 종별 안전성 인증 신청서류

구분	안전성 인증 신청서류(1)
초도검사(2)	- 경량항공기 안전성인증검사 업무운영세칙 별지 제1호 서식의 경량항공기 안전성인증검사 신청서 - 이 기술기준 또는 외국기술기준의 설계 및 제작 기준에 따라 증명된 형식에 적합하다는 제작자 적합성 확인서(Statement Of Compliance) - 제작자 능력확인을 위한 서류 1부 - 경량항공기운용지침 1부 - 정비교범 1부 - 부품도해목록 1부 - 중량 및 평형보고서 1부 - 경량항공기 비행시험보고서 1부 - 경량항공기 안전지시 및 필수기술회보 수행현황 1부
정기검사	- 경량항공기 안전성인증검사 업무운영세칙 별지 제1호 서식의 경량항공기 안전성인증검사 신청서 - 경량항공기 운용지침(변경사항이 있을 경우 변경된 부분만 제출) - 경량항공기 안전지시 및 필수기술회보 수행현황 - 중량 및 평형보고서(작업 실적이 있는 경우) - 정시점검, 주요 정비 및 수리·개조 수행에 관한 기록 - 경량항공기 총 비행시간 및 전회 오버홀 후의 비행시간을 기재한서류
수시검사	- 경량항공기 안전성인증검사 업무운영세칙 별지 제1호 서식의 경량항공기 안전성 인증검사 신청서 - 중량 및 평형보고서(작업 실적이 있는 경우) - 주요 정비 및 수리·개조 수행에 관한 기록 - 경량항공기 총 비행시간 및 전회 오버홀 후의 비행시간을 기재한 서류

구분	안전성 인증 신청서류(1)
재검사	- 경량항공기 안전성인증검사 업무운영세칙 별지 제1호 서식의 경량항공기 안전성인증검사 신청서 - 중량 및 평형보고서(수리·개조 작업 실적이 있는 경우) - 주요 정비 및 수리 개조 수행에 관한 기록

주기: (1) 모든 검사시 항공 보험에 가입되었음을 증명하는 서류가 필요함
(2) 수입한 중고 경량항공기인 경우 다음 서류 추가 제출이 필요함

4.3.13 초경량비행장치

초경량비행장치는 항공안전법 제2조(정의) 제3호 및 같은법 시행규칙 제5조(초경량비행장치의 기준)에 의해 정의되며, 항공기와 경량항공기 외에 공기의 반작용으로 뜰 수 있는 장치로서 자체중량, 좌석 수 등 국토교통부령으로 정하는 기준에 해당하는 동력비행장치, 행글라이더, 패러글라이더, 기구류, 낙하산류 및 무인비행장치 등을 말한다(그림 4.17).

초경량 비행장치는 항공안전법 제124조(초경량비행장치 안전성인증) 및 같은법 시행규칙 제305조(초경량비행장치 안전성 인증 대상 등)에 의해 안전성인증을 받아야 하며 초경량 비행안전을 확보하기 위한 기술상의 기준은 고시 제2019-725호(2019.12.6)로 지정하고 있다.

EASA에서는 우리나라 경량항공기와는 다르게 LSA(Light Sport Aircraft)라는 표현으로 비행기에 한정되어 있다. 기타 체중이동형 및 자이로플레인, 동력패러슈트등에 대해서는 각 국가가 자체적으로 정한기준을 사용하고 있다. 또한 우리나라 초경량비행장치에서 기구류를 제외한 모든 비행체들에 대하여 EASA에서 인증규정(CS; Certification Standard)을 마련하고 있지 않고 각 국가가 자체적으로 정한기준을 사용하고 있다.

우리나라 초경량비행장치에 속하는 비행체들에 대한 중량은 EASA와 다음과 같은 차이가 있다.

- 우리나라 초경량비행장치의 동력비행장치에는 1인승 이하로 되어 있으나 EASA에서는 2인승까지 정하고 있음
- 국내 1인승 자체중량 115kg 이하로 정하고 있으나, EASA에서는 1인승 육상비행기, 헬리콥터, 동력패러슈트의 경우 MTOW 300kg 이하, 수륙양용 또는 수상헬리콥터의 경우 MTOW 330kg 이하로 정하고 있고, 기체낙하산이 장착된 육상비행기의 경우 MTOW 315kg 이하로 정하고 있음

초경량 비행장치

분류	사진	설명
동력 비행장치		타면조종형은 무게(115kg 이하) 및 좌석이 1개로 제한되어 있을 뿐 구조적으로 일반 비행기와 거의 같다고 할 수 있으며, 조종면, 동체, 엔진, 착륙장치의 네 가지로 이루어지며, 이 외에 체중을 이동하여 비행장치의 방향을 조종하는 체중이동형이 있음
행글라이더		행글라이더는 가벼운 알루미늄합금 골조에 질긴 나일론 천을 씌운 활공기로서, 쉽게 조립하고, 분해할 수 있으며, 약 20~35kg의 경량이기 때문에 사람의 힘으로 운반할 수 있음
패러글라이더		낙하산과 행글라이더의 특성을 결합한 것으로 낙하산의 안정성, 분해, 조립, 운반의 용이성과 행글라이더의 활공성, 속도성을 장점으로 가지고 있음
기구류		커다란 구피(공기 주머니)의 아래 부분이 뚫려 있어서, 그곳으로 강한 불꽃을 쏘아 올리면 구피 내부의 공기가 뜨거워지고, 온도차에 의한 공기의 부력을 이용하여 하늘로 떠오르는 열기구 외에 공기보다 가벼운 헬륨가스의 부력을 이용하는 가스기구가 있음
무인비행장치		사람이 타지 않고 무선통신장비를 이용하여 조종하거나, 내장된 프로그램에 의해 자동으로 비행하는 무인비행기 외에 무인헬리콥터, 무인멀티콥터, 무인비행선이 있음
회전익 비행장치		일반 항공기의 헬리콥터와 구조적으로 같지만, 무게(115kg 이하) 및 좌석이 1개로 제한을 받는다. 엔진을 이용하여 동체 위에 있는 주회전날개를 회전시킴으로써 양력을 발생시키는 헬리콥터 외에 고정익과 회전익의 조합형이라고 할 수 있으며 공기력 작용에 의하여 회전하는 1개 이상의 회전익에서 양력을 얻는 자이로플레인이 있음
동력패러글라이더		낙하산류에 추진력을 얻는 장치를 부착한 비행장치
낙하산류		가항력을 발생시켜 대기중을 낙하하는 사람 또는 물체의 속도를 느리게 하는 비행장치

그림 4.17 초경량 비행장치 분류 체계도

– 국내 초경량동력비행장치에는 2인승은 없으나, EASA에서는 2인승 육상비행기, 헬리콥터, 동력패러슈트의 경우 MTOW 450kg 이하, 수륙양용 또는 수상 헬리콥터의 경우 MTOW

495kg 이하로 정하고 있고, 기체낙하산이 장착된 육상 비행기의 경우 MTOW 472.5kg 이하로 정하고 있으며, 자이로플레인의 경우 MTOW 560kg 이하로 정하고 있음

- 국내 초경량인력활공기에 속하는 행글라이더와 패러글라이더는 2인승 이하 자체 중량이 70kg 이하로 되어 있으나, EASA에서는 1인승의 경우 자체중량 80kg 이하, 2인승 100kg 이하로 정하고 있음
- 국내 초경량 무인동력비행장치에 속하는 무인비행기(자체중량 150kg 이하), 무인 회전익비행장치(자체중량 150kg 이하), 무인비행선(자체중량 180kg 이하)의 경우, EASA에서는 운용중량 150kg 이하로 정하고 있음

고시된 초경량비행장치의 비행안전을 확보하기 위한 기술상의 기준 총칙 제5조 안전성인증절차 등은 다음과 같다.

- 초경량비행장치의 안전성인증을 받으려는 자는 인증기관의 장이 정한 절차와 방법에 따라 신청하여야 함
- 인증기관의 장은 안전성인증을 할 때에는 해당 초경량비행장치가 이 기술기준을 충족하는지 확인한 후 안전성인증서를 발급하여야 함
- 인증검사 기관의 장은 초경량비행장치가 이 기술기준에 적합한지 여부를 확인하기 위하여 필요한 추가적인 시험, 계산 또는 입증자료의 제시를 신청자에게 요구할 수 있음
- 안전성인증 검사를 위하여 제출되거나 보관되어야 하는 기술자료는 서면 자료 또는 전자식 자료(Electronic Data)로 할 수 있음

05 무인항공기 감항인증기준

Unmanned Aircraft Airworthiness Certification

2007년 오스트리아 쉬벨 S-100은 EASA로부터 'permit to fly'를 받은 최초의 군용무인헬리콥터로 EASA 형식증명 획득을 위해 CS-LURS의 '특수기술기준'을 적용하고 있음

5.1 무인항공기 개요

5.1.1 개요

국제민간항공기구(ICAO)에서는 무인항공기를 1944년 시카고 협약인 국제민간항공협약(Convention on International Civil Aviation) 제8조(표 5.1)에 따라 조종자 없이 비행할 수 있는 항공기인 '무조종자 항공기(Pilotless Aircraft)'로 정의하였으며, 2011년 ICAO 회람 328 무인항공기시스템(UAS; Unmanned Aircraft System)을 발행하여 무인항공기시스템이 민간관제공역인 비분리 공역(non-segregated airspace)과 비행장과의 통합에 대한 ICAO 전망을 각국에 통보하고, 통합에 따른 유인항공기와의 근본적인 차이점을 고려하여 각 국가가 ICAO 정책개발을 지원하도록 하였다. 무인항공기시스템이 항공우주분야에서 최첨단 기술개발에 기반을 두고 있고, 새롭고 개선된 민간/상용 응용분야뿐만 아니라 모든 민간항공의 안전과 효율을 개선할 수 있도록 하였다.

표 5.1 시카고 협약 Article 8

Article 8	
Pilotless Aircraft	No aircraft capable of being flown without a pilot aircraft be flown without a pilot over the territory of a contracting State without special authorization by that State and in accordance with the terms of each authorization. Each contracting State under take to insure that the flight of such aircraft without a pilot in regions open to civil aircraft shall be so controlled as to obviate danger to civil aircraft.

무인항공기 시스템(UAS; Unmanned Aircraft System)은 조종사가 탑승하지 않고 자율적으로 운항하거나, 원격조종하도록 설계된 무인항공기(UA; Unmanned Aircraft)와 무인항공기 통제소(UCS; Unmanned Aircraft Control Station), 통신 링크(communication link), 그리고 발사 및 회수 장비(launch and recovery element)로 구성된다(그림 5.1).

무인항공기는 날개, 로터 등으로 대표되는 양력 발생장치와 조종면, 구조물로 구성되는 기체, 추진계통, 비행조종계통, 항공전자계통 및 세부계통으로 구성된다.

무인항공기 통제소는 항공기의 상태를 원격으로 감시하고 명령을 내리며, 무인항공기를 조종하기 위한 비행조종계통, 무인항공기의 임무계획장비와 탑재통제장비 등으로 구성된다.

통신링크는 조종사가 무인항공기를 안전하게 조종하고, 통신, 항법 및 감시운영환경에 통합할 수 있도록 하기 위한 무인항공기와 통제소 간의 정보를 교환할 수 있는 논리적인 연결이다. 발사 및 회수장비는 무인항공기를 발사 및/또는 회수중에 무인항공기를 제어하는 장치를 말한다.

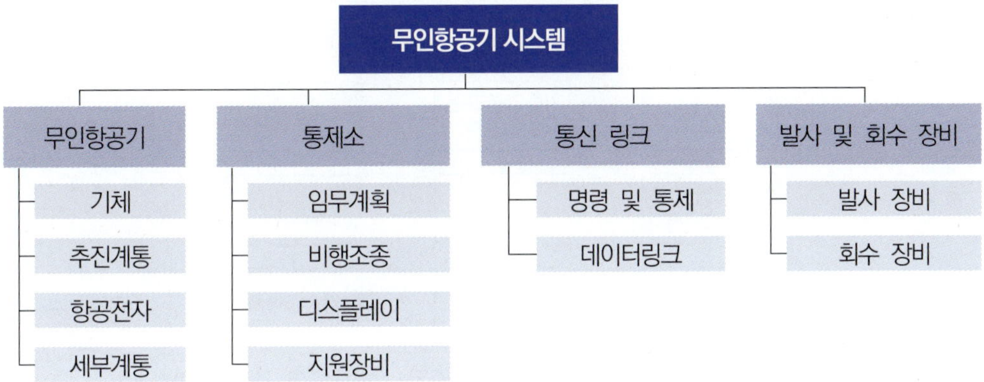

그림 5.1 무인항공기 시스템 구성 요소

통신링크는 무인항공기와 통제소(네트워킹 또는 비네트워킹)의 물리적인 부분이 포함되며 그림 5.2와 같이 인증되어야 한다. 통신링크 인증문제는 다른 절차를 통해 평가되고 검증된다.

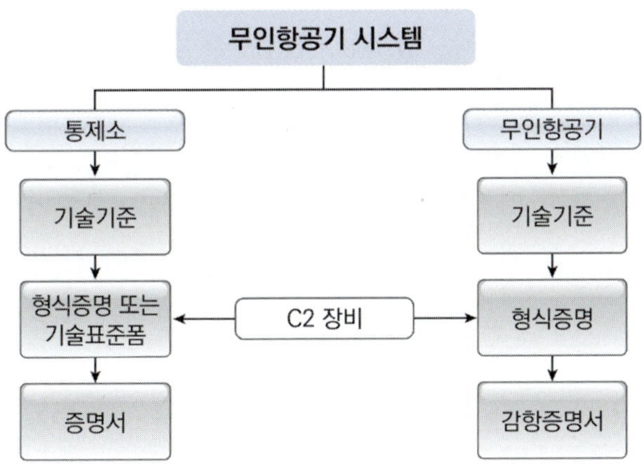

그림 5.2 특정 UAS의 설계승인 사례 1(C2는 무인항공기 및 통제소 인증절차의 일부로 간주)

무인항공기 및 통제소는 기술기준에 의한 형식증명을 받을 수 있고, 그 중에서 통제소는 기술표준품 표준서(TSO; Technical Standard Order)를 받는 것도 가능하다. 명령 및 통제/

데이터링크는 인증규격서 또는 장비의 최소성능 기준에 의해 TSO를 받고, 무인항공기는 기술기준에 의한 형식증명과 감항증명을 받는 절차가 그림 5.3에 나와 있다.

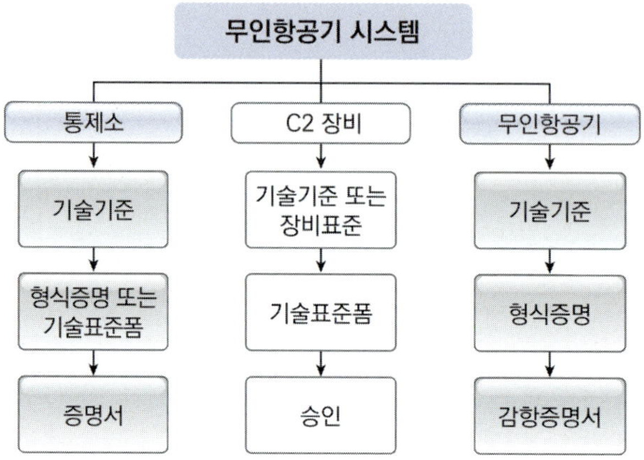

그림 5.3 특정 UAS 의 설계승인 사례 2(C2는 기존기준을 가진 TSO)

무인항공기는 주로 표적 및 기만용, 감시정찰용, 공격용등으로 군사용 위주로 개발 및 사용되어 왔지만, 힘들고(dirty), 더러우며(dirty), 위험한(dangerous) 임무를 수행할 수 있는 특징으로 인해 민간 수요가 급증하고 있다. 또한 항공산업의 발전으로 첨단화, 다양화되어 기상관측, 환경감시, 방송 통신 중계 등 고도의 임무를 수행할 수 있는 무인항공기가 개발 및 제작되고 있다. 특히, 최근에는 멀티콥터(Multi-copter)형 '드론(Drone)'과 무인항공기가 혼용되고 있다. 민간 활용 드론에는 농업용, 촬영용, 물류수송용, 예술용 드론등이 있다. EASA는 드론을 "조종사가 탑승하지 않은 항공기를 말하고, 지상 또는 다른 차량/비행체 조종사에 원격조종하에 자율적으로 비행이 제어됨"으로 정의하고 있다.

최근 무인항공기의 운용이 증대되면서, 위에서 설명한 무인항공기시스템(무인항공기, 통제소, 통신링크, 발사 및 회수장비) 자체적으로나 유인항공기와 함께 운영하는데 필요한 감항인증의 필요성이 대두되었다. 즉, 무인항공기도 유인항공기와 동일하게 '항공기가 안전하게 비행할 수 있는 성능'인 감항성이 있다는 감항증명을 받고, 비행 중인 다른 항공기들과의 충돌위험과 지상에 대한 인적·물적 피해가 없도록 해야 한다. 대부분 유인항공기만을 대상으로 개발된 인증기술기준을 무인항공기 운용범위 확대와 성능 고도화에 따라 이에 맞게 개발하여 비행안전 위험성을 최소화하여야 한다.

5.1.2 무인항공기 분류

일반적으로 무인항공기는 표적 및 기만용, 정찰용, 전투용, 화물 운송용, 연구개발용 및 민간/상용 무인기 등으로 구분할 수 있다. 우리나라 항공안전법에서는 항공기를 이륙중량과 좌석수에 따라 비행기, 헬리콥터, 비행선, 활공기 등의 항공기와, 경량항공기 및 초경량비행장치로 분류하고, 조종사의 탑승 유무에 따라 유인항공기와 무인항공기로 분류하고 있다. 다음은 우리나라 항공안전 법령에 따른 무인항공기, 무인비행장치등을 기술하고 이를 표 5.2에 정리하였다.

무인항공기는 항공안전법 제2조(정의) 6호에 의거하여 항공기에 사람이 탑승하지 아니하고 원격조종 등의 방법으로 비행하는 항공기로 정의하고 있으며, 항공안전법 시행규칙 제2조(항공기의 기준) 1항의 나목에 따라 연료의 중량을 제외한 자체 중량(EW; Empty Weight)이 150kg를 초과하고 엔진이 1개 이상인 비행기 또는 헬리콥터를 말한다.

항공안전법 제2조(정의) 3호와 항공안전법 시행규칙 제5조(초경량비행장치의 기준) 5항의 가목에서 무인비행장치는 연료의 중량을 제외한 자체중량이 150킬로그램 이하인 무인비행기, 무인헬리콥터 또는 무인멀티콥터를 말한다.

표 5.2 유인항공기와 무인 항공기의 분류(항공안전법 기준)

항목	중량	구분	근거/비고
유인 항공기	최대이륙중량 600kg 초과	항공기	- 항공안전법 시행규칙 2조 1항 가목 - 비행기 또는 헬리콥터
	최대이륙중량 600kg 이하	경량항공기	- 항공안전법 2조 2항 - 비행기, 헬리콥터, 자이로플레인, 동력패러슈트
	자체중량 115kg 이하	초경량항공기	- 항공안전법 2조 3항 - 동력비행장치, 행글라이더, 패러글라이더, 기구류 및 무인 비행장치
무인 항공기	자체중량 150kg 초과	무인항공기	- 항공안전법 시행규칙 2조 1항 나목 - 비행기 또는 헬리콥터
	자체중량 150kg 이하	무인비행장치	- 항공안전법 5조 5항 - 무인비행기, 무인헬리콥터, 무인멀티콥터

최대이륙중량: 비행체가 이륙할 때 상승할 수 있는 최대중량
자체중량: 연료와 탑재물의 중량을 제외한 비행체 중량

무인항공기는 여러 가지 목적으로 활용할 수 있도록 무인 항공기 시스템의 비행요소인 무인 비행체의 이륙중량, 운영 고도, 조종 방식, 이착륙 방식, 에너지원 및 운동 에너지 등에 따라 분류할 수 있으며 이에 따라 감항인증기술기준을 제정할 수 있다. 최근에는 인증 기술기준의 국제적 변화에 따라 무인항공기 분야도 점진적으로 안전위험성을 고려하고, 성능기반 기준을 적용하고 있으며 기존 무인비행장치 분류기준을 위험도와 성능에 따라 모형비행장치, 저위험 무인 비행장치, 중위험 무인 비행장치 및 고위험 무인 비행장치의 4단계로 세분화하고 있다.

(1) 모형비행장치

- 개념: 위험도가 현저히 낮아 필수사항 외 관련 규제를 일소(네거티브 방식)하는 기체로서 '모형비행장치(가칭)'로 정의, 단계별 완화 고려
- 대상: 비사업용으로 사용하며, 자체중량 250g 이하로 법령에서 정하는 장비 미탑재 · 일정 운영요건을 준수하는 기체로 규정
- 분류근거: 국내 시판되는 취미용 기체(약 20종) 대상 안전성 시험(총 110회 소티) 결과, 평균 무게 96.2g, 평균 비행고도 82m, 평균 비행거리 137m, 평균 비행시간 7분으로 나타남(표 5.3)

표 5.3 모형비행장치 고도, 거리 비교

분 류	평 균	최대 시험 결과값	권장 사항
고 도	82m	117m	20m(아파트 8층)
거 리	137.0m	378.1m	50m

(2) 저위험 무인비행장치

- 개념: 위험도는 낮지만 온라인 교육이수, 소유주 등록제 등 최소한의 안전 관리는 필요한 기체로서 '저위험 무인비행장치(가칭)'로 정의
- 대상: 7kg 이하 무게 중 1,400J(잠정)의 충격량 이하로 규정(법령상에는 무게·속도로 명기)
- 분류 근거: 1,400J은 무인기 충돌·추락 시 개방된 곳에 있는 사람들에게 치명적인 상해를 가져올 수 있으나, 주거용 구조물 내의 사람에게는 치명적인 상해를 입히지는 않는 운동에너지

(3) 중위험 무인비행장치

- 개념: 농업, 사진촬영 등 사업용으로 주로 활용되는 기체로서 신고, 자격, 보험 등 일부 사항 외에는 저위험 드론과 유사하게 관리
- 대상: 250g~7kg 무게 중 1,400J(잠정)을 초과하거나, 7~25kg 무게 중 14,000J(잠정) 이하 기체로 규정(법령상에는 무게·속도로 명기)
- 분류근거: 14,000J은 무인기 충돌·추락 시 일반적인 주거용 건물(철근구조)을 관통하여 건물 내 사람에게 치명적인 피해 유발 가능

(4) 고위험 비행장치

- 개념: 조종자격·기체검사·비행승인·보험가입 등 고도의 안전관리가 필요한 기체로서 '고성능 무인비행장치(가칭)'로 정의
- 대상: 150kg 이하 드론 중 앞서 정의된 분류에 해당하지 않는 기체

표 5.4는 드론의 무게·속도에 따른 충격량 기준을 나타낸다.

표 5.4 드론 무게·속도에 따른 충격량 기준

무 게	1,400J	무 게	14,000J
0.25kg	105m/s (378km/h)	7kg	63m/s (226.8km/h)
4kg	26m/s (93.6km/h)	12kg	48m/s (172.8km/h)
7kg	20m/s (72km/h)	25kg	33m/s (118.8km/h)

5.1.3 세계의 무인항공기 감항증명체계

(1) 국제민간항공기구(ICAO)

ICAO는 무인항공기 규정 개발 업무에서 ICAO의 잠재적인 역할에 대해 논의하기 위해 2006년 5월에 캐나다 몬트리올에서 최초의 예비 모임을 가지고, 뒤이어 2007년 1월에 EUROCAE와 회의를 개최하여 ICAO 연구 그룹을 창설하기로 결정했다. 2011년 11월 17일 개최된 제188-6차 ICAO 항행위원회 회의에서는 그동안 UASSG에서 연구한 국제민간항공협약 부속서 2(항공규칙) 및 부속서 7(항공기 국적 및 등록 기호)에 무인항공기 관련 규정안의 국제기준을 신설하는 안을 승인하고 각 조약국의 의견을 종합하여 2012년 11월 15

일 이를 발효하였다. ICAO의 주요업무 중 하나는 무인항공기를 위한 규정을 제정하여 무인항공기가 다른 항공기들과 동일하게 취급되도록 하는 것이다. 여러 가지 우선순위 중에서 가장 우선시되는 것은 유인 항공기에 적용되는 용어들을 수정하여 보편적으로 통용되는 전문 용어를 개발하는 것이다. ICAO의 또 다른 주요 업무는 조약의 19개 부속서들을 UAS에 적용 가능하도록 수정하는 것이다. 장차, UAS를 상업적으로 이용함에 있어서 부적절한 제한사항들 때문에 문제가 발생하지 않도록 실용적인 해결책을 개발해야 한다. UASSG는 앞으로 UAS 관련 규정의 기초를 개발하고자 하는 국가들을 위해 광범위한 배경 정보를 담고 있는 'ICAO Unmanned Aircraft System Circular (UAS 회보)'를 2010년 초부터 발간하고 있다.

2011년도에 발행한 ICAO 회보 328(AN/190(UAS))에서는 크게 아래와 같은 무인항공기에 대한 내용을 나타낸다.

- 모든 민간 항공기는 감항성에 관하여 공통적 범주에 있음
- 부속서 8에 따라 해당 무인항공기 감항당국이 해당 감항요구도에 따라 설계 측면의 인증서를 발행함
- 감항증명시 국제 표준안을 따라야 함
- 원격조종스테이션 및 데이터링크(C2/Datalink)에 대한 책임은 제조국에 있음
- 명령 및 통제 시스템 데이터링크를 인증 절차에 포함함

ICAO의 무인항공기 감항성 인증 기준을 살펴보면, 국제민간항공협약 제31조는 모든 민간항공기는 국제항공운영시 그 등록국의 감항증명서를 필요로 한다고 규정하고 있고 제33조에서는 체약국의 감항증명서가 적어도 부속서 8에서 요구하는 최저수준을 지켜야 한다고 규정하고 있다. 부속서 8은 감항증명의 기준을 제시하며 감항증명시 국제 최소표준안을 따라야 한다고 규정하고 있다. 그러나 무인항공기 운용에 적합하기 위해서는 원격조종스테이션(Remote Pilot Station), C2(Command and Control)/데이터링크(Data Link)가 포함되어야 한다. 원격조종스테이션 및 C2/데이터링크의 인증절차를 마련하기 위해 두 가지 사안을 염두에 두고 있다. 첫 번째는 원격조종스테이션의 인증을 원격조종항공기 형식증명과 함께 발급받는 방안이다. 즉, 하나의 원격조종항공기 형식증명하에 원격조종스테이션의 인증책임이 포함되는 것이다. 원격조종항공기 제조국은 발급받은 무인항공기 감항성에 대해 책임이 있으며 원격조종스테이션의 적절한 감항인증 요건에 대해서도 책임을 가지게 된다. 두 번째는 원격조종스테이션에 대한 부속서 8의 표준절차를 개정함과 동시에 감항형식인증을 새롭게 규정하는 방안이다. 이 경우 무인항공기와 원격조종스테이션이 각각의 사안별로 감항인

증을 받게 되는 것을 의미한다. 즉 첫 번째 방안의 경우 하나의 인증서에 무인항공기와 원격조종스테이션의 감항성을 인증받는 것이고, 두 번째 방안의 경우 각기 다른 두 개의 인증서를 받게 된다. 2011년 11월17일 ICAO 항행위원회 회의에서 채택된 무인항공기 감항증명과 관련된 내용은 다음과 같다.

무인항공기시스템(RPAS: Remotely Pilot Aircraft System)은 자국규정과 관련 부속서에 따른 방법으로 승인을 받도록 하되 첫째로 RPA는 자국 규정과 부속서 8에 다른 방법으로 감항증명을 받도록 하고, 둘째로 원격조종스테이션(Remote Plot Station), C2/데이터링크 및 기타 필요 한 요소들은 자국 규정과 관련 부속서에 따른 방법으로 증명을 받고 이를 유지하도록 하고 있다.

국제민간항공기구는 여러 가지 무인항공기시스템(RPAS)에 공통적으로 적용할 수 있는 표준 제정이 힘들다는 판단하에 단계적으로 표준을 개발하고 있으며, 현재 몇 가지 주요 기본 원칙을 전제로 국제 표준 및 권고(SARPs)를 제정하고 있다. 국제민간항공기구의 무인항공기시스템 관련 표준 및 권고 개발을 위한 주요 기본 원칙으로는 운영자의 경우, 무인항공기 운영자 증명서(ROC; RPAS Operator Certificate)를 소지한 한 명의 운영자만을 고려하며, 무인항공기시스템의 경우에는 항공기의 무게가 25kg 이상이고, 비분리 공역에서 계기비행방식의 국제운영을 하는 대상으로 한정하고 있다.

ICAO의 무인항공기 전문가 패널인 RPASP(Remotely Piloted Aircraft Systems Panel)는 총 8개의 작업그룹(Working Group)으로 구성되었다. 이중 감항성을 담당하는 WG 1에서는 2018년 6월 RPASP 11차 회의에서 타 그룹 및 ANC의 주요 의견을 반영하여 부속서 8 표준 및 권고의 제정안을 제출한 상태이며, 내부 검토 과정을 거쳐 2021년 1분기 채택 및 2024년 4분기 의무적용을 목표로 하고 있다(그림 5.4)

향후 RPASP WG 1에서는 비행 중 정비 범위 및 무인항공기통제소 손상 발생시, 관리주체 등 주요 현안에 대해서 연구중이며, 실질적인 실행안 개발을 위하여 기존 감항매뉴얼

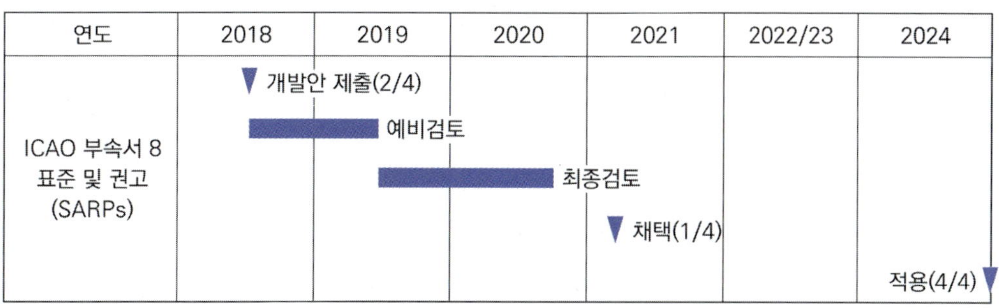

그림 5.4 ICAO 부속서 8 SARPs 개발일정

(DOC9760)과 무인항공기 감항매뉴얼(DOC10019) 간의 차이점 분석을 수행하고 있다. 이와 더불어 승객이 탑승하거나 새로운 형태를 가진 무인항공기 또는 OPA(Optionally Piloted Aircraft)에 대한 규제 마련 방안도 지속적으로 수행하고 있다.

(2) 미 연방 항공청(FAA)

점점 그 규모가 확대되고 있는 민간 시장과 UAS를 다른 항공기들과 마찬가지로 조종하고 싶다는 민간 운영자들의 증가하는 욕구에 대응하기 위해 FAA는 새로운 정책, 진행 절차 및 승인 절차를 개발하고 있다. FAA의 다양한 부서에서 모인 전문가 팀이 UAS가 초기 단계에서부터 과도한 규제를 받지 않고 점진적으로 보다 자유롭게 운항될 수 있도록 하는 규정을 개발하기 위해 노력하고 있다. 이 새로운 UAS 규정을 개발하고 시행하는 것은 장기간의 시간이 걸릴 것으로 예상되며 지금도 진행 단계 중에 있다.

FAA는 연구개발, 조종요원 훈련, 시장 조사용 UAS에 대한 특별감항증명서 발행과 관련된 절차를 확립하기 위해 'UAS 및 선택적 조종 항공기(OPA; Optionally Piloted Aircraft)의 감항 인증'에 관한 훈령 Order 8130.34D를 발행하였다. 8130.34D를 통해서 신청자는 UAS, OPA 또는 UAS/OPA에 대한 인증을 신청할 수 있다. UAS는 UA상에 조종사가 탑승하지 않는 무인항공기를 의미하며, UAS에 대한 특별 감항증명을 받을 수 있다. OPA는 항공기에 조종사가 탑승하지만 조종은 지상의 운용자 또는 탑승한 조종사를 통해서 이루어질 수 있으며, OPA는 실험증명(experimental certificate)과 특별비행허가(special flight permit)를 받을 수 있다.

OPA/UAS로 지정(designation)받는 인증된 항공기는 OPA 또는 UAS로 비행할 수 있다. 항공기에 조종사가 탑승하면 OPA, 탑승하지 않으면 UAS가 된다. 이는 실험증명(experimental certificate)과 특별비행허가(special flight permit)를 받을 수 있다.

훈령 Order 8130.34D에서는 몇 가지 기본 원칙들을 기술하였다. 감항 인증은 운영자가 확정된 공역을 사용할 수 있도록 허용하며, 각 유형의 운항별로 특별히 적용되는 특수한 조항을 포함한다. 예를 들어, 감항 인증은 시계비행(VFR; Visual Flight Rules) 이하의 항공기 운항 및 주간 비행에 대해서만 적용되는 요건들을 포함한다. 이외에 적절한 항공 교통관제 시설과 UAS 간의 긴밀한 협력이 필요하며 제대로 작동하는 트랜스폰더(자동 무선 레이더)가 필요하다. 무인항공기는 다른 항공기들의 비행에 영향을 주어서는 안 되며, 지상의 관찰자 또는 수반되는 추적기가 UAS를 자신의 시야 내에 계속 두고 있어야 한다. UAS는 안전 운항을 지속할 수 없거나 인명 또는 재산에 대한 위험을 초래할 수 있는 상황이 임박할 시에는 즉시 비행을 종료하기 위한 절차에 돌입하고, 시스템과 무인 항공기 간의 연결이

끊어진 경우, 무인항공기는 자동적으로 회수 수단을 가동하여 무인항공기가 시험 비행 구역을 벗어나지 않도록 해야 한다. 추적기, 관찰자 및 기타 UAS 통제소들은 이런 연결 끊어짐과 예상되는 UA의 반응을 즉시 통보받는다.

FAA는 무인항공기에 대하여 형식증명을 발행하지 않고 있으며, 비행허가를 통해 제한적인 비행만 허용하고 있고 일상적인 공역에서의 비행은 불허하고 있다. 이는 무인항공기 시스템 기술의 미성숙과 이로 인한 안전성 확보기준이 없기 때문이다.

그림 5.5는 계획된 운영형태에 따라 UAS 비행에 대한 다양한 인증 옵션을 보여준다. 첫째로, 중량이 25kg 이하인 소형 무인항공기는 Part 107 'Unmanned Aircraft System' 안전규정을 따르고, 두 번째로, 25kg 이상의 무인항공기는 49 USC 44807/FESSA 2210의 면제 규정으로 공역인증은 면제 또는 승인신청서(COA; Certificate of Waiver or Authorization)가 요구된다. COA는 FAA의 항공교통기구(ATO; Air Traffic Organization)에서 무인항공기 운영자에게 발행하는 증명서이며, 공역 운영 및 기술에 관한 검토를 하며 통상 신청 후 60일 이내에 처리한다. 세 번째로는 형식인증 및 감항성에 의한 무인항공기 비행으로서 크게 표준감항인증에 의한 형식증명(사람, 재산 운송가능)과 실험분류의 특별감항증명(연구 및 개발, 규정 준수 입증, 승무원 훈련, 전시, 시장 조사)으로 구분한다. UAS에 대한 가장 일반적인 특별감항증명의 범주는 실험분류(experimental category)의 인증이며, FAA 훈령 8130.34D에는 UAS 및 OPA의 특별 감항증명절차를 포함한다.

소형 UAS 규정(Part 107)은 2016년 8월 29일에 발효되었으며, 이는 NAS에서 일상적인 소규모 UAS 운영을 가능하게 하는 최초의 포괄적인 규정이다(표 5.5).

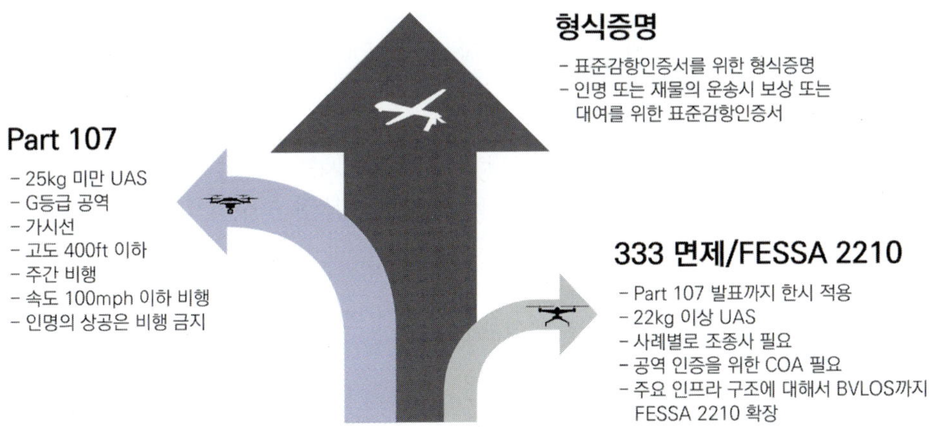

그림 5.5 UAS 인증 옵션

표 5.5 소형 무인항공기 규정(Part 107) 요약

항 목	내 용
운영제한 (Operational Limitations)	- 무인 항공기의 무게는 25kg(55lb) 이하 - 가시거리(VLOS)운영: · 육안으로 관측가능한 범위(VLOS; Visual Line of Sight) 내에서 운영 - 운영에 직접 관련하고 있지 않은 인체의 상공 비행 금지 - 주간에만 비행 허용, 황혼시 비행(일출 전 30분~일몰 후 30분) · 적절한 충돌 방지 조명을 갖추어야 함 - 타 무인항공기 통행우선권(right of way)의 양보 - 최대 비행속도 160km/h(87kts), 최대 고도 120m(400ft), 최소가시거리 4.8km (3mile) - 공역할당: · 클래스 A(5.5km)(18,000ft) 운영 금지 · 클래스 B, C, D 및 E 공역; 필수 항공교통관제(ATC) 권한 · 클래스 G 공역: ATC 승인 없이 허용 - 1명의 운영자가 동시에 2대 이상의 UAS 운영 불가 - 이동중인 차량이나 항공기에서 운영 불가 - 기장(PIC: Pilot in Command)의 비행 전 검사 - 부주의하거나 무모한 작업 금지 - 유해 물질 운송 금지 - 외국 등록 소형 무인 항공기는 Part 107(Small Unmanned Aircraft System)에 따름 · Part 375(Navigation of Foreign Civil Aircraft within the U.S) 요구 사항을 충족해야 함
원격기장 (Remote Pilot in Command)	- 원격조종사 위치 선정 - 운영자(operator)는 소형 UAS 등급의 PIC 증명서를 보유하거나, PIC 보유자 감독하에 있어야 함 - 원격 조종사 증명서 획득자격: · FAA 승인 지식 시험 센터에서 항공 지식 시험 통과 · 학생 파일럿 이외의 Part 61 '파일럿 증명서'를 보유 및 UAS 온라인 교육 과정을 완료 · 교통 보안 국의 심사 · 면허 취득 이후 매 24개월마다 시험에 의한 소형 UAS 조종자 증명 취득 · 17세 이상 · 국제 표준 개발시까지 외국 인증된 UAS 조종자 증명자는 FAA 발급 소형 UAS 조종자 증명서를 획득해야 함 - 원격 조종사 조치사항: · UAS 및 규정에 따라 보관해야 하는 모든 관련 문서/기록을 FAA에 제공

항 목	내 용
	· 최소한 심각한 부상, 의식 상실 또는 $500 이상의 재산 피해를 초래하는 작업 후 10일 이내에 FAA에 보고 · 소형 UAS가 안전한 작동을 위한 상태인지 확인하기 위해 특정 항공기 및 지상관제소 점검을 위한 '비행 전 검사' 수행 * 신청자가 면제 증명서의 조건에 따라 안전하게 운영할 수 있음을 입증할 경우 위에 언급된 대부분의 제한 사항은 면제됨
항공기 요구조건 (Aircraft Requirements)	- FAA 감항증명은 불필요 - 원격 지휘 조종자(PIC)는 소형 UAS를 비행 전 점검하여 안전한 작동 상태에 있는지 확인해야 함
모형항공기 (Model Aircraft)	- 모형 항공기에는 Part 107 미적용 - 공역(NAS) 의 안전위험비행 금지

미국 국가공역 체계(NAS; National Airspace System)는 관련 정보, 서비스, 규칙, 규정, 정책, 절차, 인력 및 장비와 함께 미국의 영공, 항법 시설 및 공항이다. 여기에는 군과 공동으로 공유하는 구성 요소가 포함된다(그림 5.6)

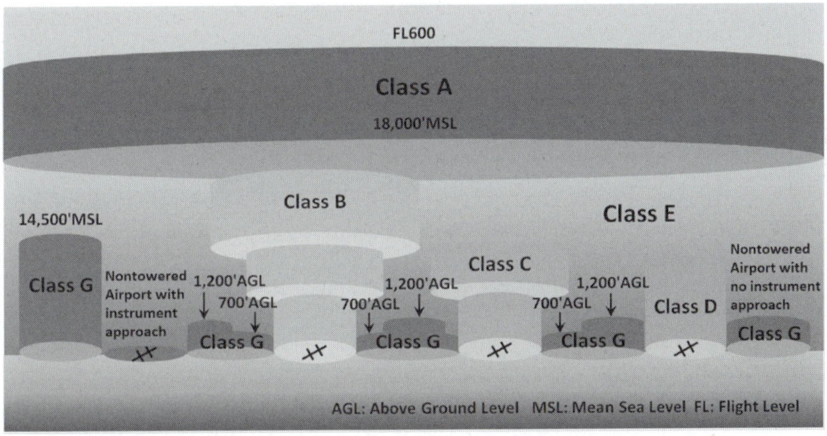

그림 5.6 미국 국가공역 체계(NAS)

현재 미국 국가공역 체계(NAS)에 접근이 필요한 UAS 운영에 대한 세 가지 기준 공역 관련 운영 규정이 있다.

- Part 91(General Operating and Flight Rules)
- Part 101(Moored Balloons, Kites, Amateur Rockets, Unmanned Free Balloons, and Certain Model Aircraft)
- Part 107(Small Unmanned Aircraft System)

여기서 Part 107 소형 UAS 규칙에는 면제 증명서를 신청하는 옵션이 포함되어 있어 제안된 운영이 안전하게 수행될 수 있다고 FAA가 판단하는 경우 소형 UAS 운용이 특정 운영 규정에서 벗어날 수 있다. 2017~2018 회계 연도 동안 수천 건의 UAS 면제, 영공 승인 및 면제가 접수 및 처리되었다.

표 5.6은 현재 UAS에 사용 가능한 공용, 민간 및 취미 옵션을 나타내고 각 방법과 관련된 매개 변수를 설명한다.

표 5.6 UAS 운용 옵션

Section / Part	항공기 요구조건	조종사 요구조건	공역 요구조건	
Part 107	UAS<25kg	Part 107 원격조종사 증명(소형 UAS 등급)	클래스 B, C, D 및 E 공역(면제 또는 승인신청서)	VLOS, 클래스 G, 120m, 인명 상공비행 금지 (일부 규정은 면제)
Part 91/ Section 333	면제	항공종사자 증명 (FAA)	Blanket COA 또는 표준 COA(특정 공역)	UAS<25kg
Part 91/ 형식증명 항공기	제한형식 또는 특별분류 증명	항공종사자 증명 (FAA)	Part 91 공역 요구조건	연구, 개발, 승무원훈련, 시장조사, 규정준수 및 전시
Part 91,107/ 공공 항공기	공공기관에 의한 자체 증명	공공기관에 의한 자체 증명	Blanket COA 또는 표준 COA(특정 공역)	공공항공기 운영 (AC 00-1.1A); UAS 시험장 운영
Part 101/ 모형항공기 Section 336	UAS<25kg	커뮤니티 기반 조직 (CBO; Community-Based Organization)	공항으로부터 8km 이내 알림 요구조건	취미 또는 오락, VLOS, Section 336 운영규정, CBO 표준

(3) 유럽 항공안전청(EASA)

EASA는 UAS 업무의 조정과 협력을 위해 ICAO, FAA, NATO와 협력하여 형식증명을 위한 기술기준 및 특수기술제정등과 같은 인증절차를 연구하고 있다. EASA에서는 무인항공기를 "조종사 없이 자율적으로 운항하거나 원격 조종 하도록 설계된 항공기를 의미한다"라고 정의하고 있다.

EU의 기본규정(BR; Basic Regulation) (EC) No 2018/1139 article 56에서는 "무인 항공기의 운항 특성 및 운항 지역의 특성을 고려하여 인증서가 요구될 수 있다"라고 포괄적으로 무인항공기 인증을 명시하고 있다.

현재 EASA 기본 규정(BR; Basic Regulation) (EC) No 2018/1139 부속서 IX에서는 무

인 항공기의 설계, 생산, 유지 및 운영을 위한 필수 요구조건을 다음과 같이 나타낸다.

- 무인 항공기의 운영자와 조종사는 특히 안전, 개인 정보 보호, 데이터 보호, 책임, 보험, 보안 및 환경 보호의 의도된 운영과 관련된 해당 EU 및 국가 규정을 알고 있어야 한다. 운영자와 원격 조종사는 지상의 사람들과 다른 공역 사용자로부터 무인 항공기의 안전한 운영과 안전한 분리를 보장할 수 있어야 한다. 여기에는 생산자가 제공한 운용 지침, 영공에서 무인 항공기의 안전하고 환경 친화적인 사용, 그리고 무인 항공기의 모든 관련 기능 및 해당되는 항공 및 항공교통관제(ATM; Air Traffic Management)/항공항법서비스(ANS; Air Navigation Services) 절차 규정이 포함됨
- 무인 항공기는 의도된 기능에 적합하도록 설계 및 제작되어야 하며 사람을 위험에 빠뜨리지 않고 운영, 조정 및 유지되어야 함
- 무인 항공기 운용으로 인해 발생하는 안전, 개인 정보 보호, 보안 또는 환경과 관련된 위험을 완화할 필요성이 있을 경우, 개인 정보 보호 및 개인 정보 보호 원칙을 고려한 해당 기능을 갖추고 있어야 함. 설계 및 기본적으로 데이터 필요에 따라 이러한 특징과 기능은 항공기와 운영의 성격과 목적을 쉽게 식별할 수 있어야 한다. 특히 특정 지역에서의 운영과 관련하여, 적용 가능한 제한, 금지 또는 조건이 준수되어야 함
- 무인 항공기의 생산 또는 마케팅을 담당하는 조직은 무인 항공기 운용자에게 관련 정보를 제공해야 하며, 무인 항공기의 제한과 운영 및 환경 성능, 감항성 한계 및 비상 절차를 포함한 안전 운영에 필요한 정보가 명확하고 일관되며 모호하지 않은 방법으로 제공되어야 함. 인증서 또는 신고서가 필요 없는 운영에 사용할 수 있는 무인 항공기의 기능은 그러한 운영에 적용 가능한 공역 규칙을 충족시켜야 함

무인 항공기 운영중 지상 및 기타 공역 사용자의 안전을 위해 감항성 관련 다음의 요구사항을 충족해야 한다.

- 무인 항공기는 무인 항공기를 운영하는 사람 또는 제3자(재산 포함)를 공중 또는 지상에서 안전할 수 있도록. 그 기능이나 세부사항을 포함해서 설계해야 함
- 무인 항공기는 모든 예상 비행 조건에서 위험에 비례하는 제품 무결성(product integrity)을 제공해야 함
- 무인 항공기는 하나 이상의 시스템이 고장 난 경우를 포함하여 모든 예상 운영 조건에서 필요에 따라 안전하게 제어 및 기동할 수 있어야 한다. 인적 요소 고려 사항, 특히 인간이 무인항공기를 안전하게 운영하는데 도움이 되도록 유용한 기술을 고려해야 함
- 무인 항공기를 원격으로 제어하기 위한 무인 항공기 및 엔진, 프로펠러, 부품, 비장착장

비 및 장비는 항공기가 설계된 운항 전체에 걸쳐 충분히 예측 가능한 운영 조건에서 의도한 대로 작동해야 함
- 무인 항공기를 원격으로 제어하기 위한 무인 항공기 및 엔진, 프로펠러, 부품, 비장착 장비 및 장비는 별도로 고려되며, 고장 조건의 가능성과 그 영향의 심각성이 미미하도록 설계되어야 함
- 무인 항공기를 원격으로 제어하기 위한 모든 장비는 상황 인식 제공 수단, 예상 상황 및 응급 상황 관리를 포함한 비행 운영이 용이해야 함
- 무인 항공기, 엔진 및 프로펠러의 설계에 관련되는 조직은 무인 항공기 및 시스템의 내부 및 외부 조건에서 발생하는 위험이 안전에 미치는 영향을 최소화되도록 예방 조치를 취해야 함. 여기에는 전자적 수단에 의한 간섭에 대한 보호가 포함됨
- 무인 항공기를 생산하는 데 사용되는 제조 공정, 재료 및 구성품은 설계 특성에 부합하는 적절하고 재현 가능한 특성과 성능을 가져야 함

EU 위원회(commission) 이행규정(IR; Implementation Regulation) No 2019/947에서는 '무인 항공기 운영 규정과 절차'를 다음과 같이 명시하고 있다.
- 무인 항공기는 그 중량과 상관없이 유인 항공기와 나란히 동일한 '단일 유럽 하늘 영공(Single European Sky Airspace)' 내에서 운항할 수 있음
- 유인 항공의 경우와 마찬가지로 규칙과 절차의 통일된 이행과 준수는 무인 항공기와 UAS의 운영뿐만 아니라 원격 조종사를 포함한 운영자에게도 본 규정과 절차가 적용됨
- UAS 운용의 구체적인 특성을 고려했을 때, 유인 항공기 운영만큼 안전해야 함
- 무인항공기 기술은 광범위한 운항을 가능하게 한다. 무인항공기 운용중 지상 사람 및 기타 영공 이용자의 안전을 보장하기 위해 감항성, 조직, 무인항공기 운용에 관련된 요구조건을 설정해야 함
- UAS 운용에 적용되는 규정과 절차는 운영 또는 활동의 성격과 위험에 비례해야 하며, 해당 무인 항공기의 운용 특성과 인구 밀도, 표면 특성 및 건물의 유무 등 운영 영역의 특성에 맞게 조정되어야 함
- 위험 수준 기준 및 기타 기준을 사용하여 '개방(open)', '특정(specific)', '인증(certified)' 범주(category)의 세 가지 운영 범주를 설정해야 함
- '개방형' 범주의 운영은 가장 낮은 위험을 나타내는 운영을 포함해야 하며, 표준 항공 적합성 절차를 따르는 UAS를 요구하지 않고, 위원회 위임 규정(EU) 2019/945(2)에 정의된 UAS Class를 사용하여 수행해야 함

- Class C0: MTOM ≤ 250g (payload 포함)
- Class C1: MTOM ≤ 900g (payload 포함)
- Class C2: MTOM ≤ 4kg (payload 포함)
- Class C3: MTOM ≤ 25kg (payload 포함)

- '특정(specific)' 범주의 운영은 더 높은 위험을 나타내는 다른 운영 유형을 포함해야 하며, 안전운영에 필요한 요건을 표시하기 위해 철저한 위험 평가를 수행해야 함
- '인증(certified)' 범주의 운영은 원칙적으로 위임 규정(EU) 2019/945에 따른 항공기 인증 외에 운영자 인증 및 원격 조종사 인가에 관한 규정을 따라야 함
- 무인 항공기의 운용자는 충돌 시 80Joules 이상의 운동 에너지를 사람에게 할 수 있는 무인 항공기를 운용하거나 프라이버시, 개인 정보 보호, 보안 또는 환경에 위험을 제공하는 항공기를 운용할 경우 이를 등록해야 함
- 이륙중량이 250g 이상인 무인 항공기는 보안에 위험이 있으므로 이러한 UAS 운용자는 '개방(open)' 범주에 해당 항공기를 운용할 경우 이를 등록해야 함

무인항공기는 Part 21(항공기등, 장비품 및 부품 인증절차)의 21.A.17A(형식증명 기준)(a)1 '감항당국이 별도로 규정한 사항이 있는 경우'와 21.A.17A(a)2 '특수기술기준(SC; Special Condition)'을 적용하여 형식증명신청자는 이를 충족함을 입증하여야 한다.

형식증명 기준은 21.A.17A(형식증명 기준)에 따라 설정된다. 유인 항공기로 개발된 인증규정(해당되는 경우)에 대한 요구 사항으로 구성되며, 기존 요구 사항이 적절하거나 적절한 안전 표준을 포함하지 않은 경우 21.A.16B(특수기술기준)에 따라 특수기술기준(SC)이 추가된다. 형식증명서는 21.A.21(형식증명서의 교부)에 따라 발급된다.

형식증명(TC)를 획득하기 위해서는 Part 21 Subpart J(설계조직승인)에 의해 요구된 대로 발행된 설계조직 승인(DOA; Design Organization Approval)이 있어야 한다.

감항 증명서는 Part 21 Subpart H(감항증명 및 제한 감항증명)에 따라 개별 UAV 시스템에 발행되고 Part 21 Subpart H의 감항성검토 증명서(Airworthiness Review Certificate)에 따라 갱신되며, 소음 증명서는 Part 21 Subpart I(소음증명)에 따라 개별 UAV 시스템에 발행된다. 또한 제한 감항증명서(restricted COA) 발급은 원격 운영 무인항공기에 고려된다.

많은 EASA 회원국(MS; Member State)에서 전용 법률을 통해 안전성이 보장되지만 EASA 회원국의 규정이 서로 조화를 이루지 않고, 인증서의 상호 인식에 대한 의무가 없다는 이유로 현재 상황은 완전히 만족하지 못하다. 이는 한 회원국에서 권한을 부여받은 무인항공기 운용자가 다른 회원국에서 운영하려면 다른 허가를 받아야 한다는 것을 의미한다.

현재, EU의 규정은 소형 무인항공기가 국지적으로 운영되고 있다는 가정에 근거하고 있으며, 이는 오늘날 대부분의 경우에 해당된다. 그러나 높은 고도에서 운영하거나 기지에서 먼 거리에서 운영할 수 있는 소형 무인항공기도 존재한다. 이러한 무인항공기의 운영은 여러 EASA 회원국에 영향을 미칠 수 있으므로 여러 가지 허가를 받아야 한다. 또한, 이러한 무인항공기는 상당한 수준의 자율성을 가지기 때문에 복잡할 수 있으며 일부 EASA 회원국은 이러한 복잡성과 국경 간 영향을 해결할 수 있는 능력이 없을 수 있다.

EASA는 고정익 무인항공기(CS-LUAS)와 무인헬리콥터(CS-LURS)를 위한 두 가지 인증 기술기준을 제시하였다. 이 인증은 2009년에 EASA가 채택한 정책 보고서(E.Y013-01; Policy Statement Airworthiness Certification of Unmanned Aircraft Systems(UAS))을 사용하고 있으며, 본 정책은 무인항공기의 형식인증(환경 보호 포함)에 대한 일반 원칙을 설정하였다.

오스트리아 쉬벨(Schiebel)사 CAMCOPTER S-100c(최대이륙중량 200kg)는 EASA로부터 비행허가(Permit to Fly)를 받은 최초의 군용무인헬리콥터로 EASA 형식증명 획득을 위해서 CS-LURS(Light Unmanned Rotorcraft System)의 기술기준을 기본으로 하여 S-100c에 적용가능한 총 215개의 SC-S-100c '특수기술기준'을 적용하고 있다. 표 5.7에는 CS-LURS와 S100c의 기술기준항목수를 나타낸다.

표 5.7 CS-LURS와 S-100c 기술기준 항목 비교

Subpart		CS-LURS 최대이륙중량: 750kg 이하	S100c 특수기술기준(SC) 최대이륙중량: 200kg
		항목수	항목수
A	일반	1	1
B	비행	20	17
C	강도 요구조건	26	24
D	설계 및 제작	43	30
E	추진계통	56	43
F	장비	22	21
G	운영제한치 및 정보	24	17
H	예비(탐지 및 회피)	-	-
I	통제소	17	22
합계		209	175

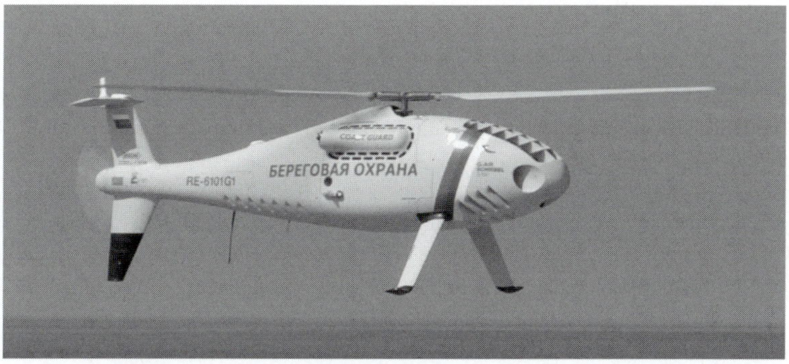

그림 5.7 Schiebel사 CAMCOPTER S-100c 무인 헬리콥터

S-100c(민간 버전)에 대한 사양은 다음과 같다(그림 5.7).

- 기체는 단순한 설계방식의 일반 헬리콥터
  - 단일 주 로터
  - 단일 토크방지 장치
  - 고정형 착륙장치
  - 전자 점화, 연료 분사 및 엔진관리시스템을 가진 단일엔진
  - 기체에 설치된 간단한 연료 시스템
- 기존의 조종사 탑승 체계를 항공기 제어 및 관리시스템(VCMS; Vehicle Control and Management System)으로 대체
- RPS(Remotely Piloted Station)에 위치한 단일 조종사가 무인항공기를 실시간으로 완전 통제함

RPAS(Remotely Piloted Aircraft System) 운영 조건에서 감항성 코드의 적용은 다음과 같이 제한된다.

- 일반 운영 제한
  - 사람 운송 금지
  - 알려진 결빙 조건 또는 뇌우 지역으로의 비행 금지
  - 곡예 비행 금지
  - RPAS 운영 승무원을 통한 비행 금지
  - 인구 밀도가 높거나 혼잡한 지역에 대한 비행 금지
  - RPAS 운용자에 대한 안전 여유가 충분하지 않은 비행운영 금지
  - 인구가 많거나 혼잡한 지역 비행 금지

· 규제된 공항 주변 비행 금지

- 매우 낮은 수준(VLL-OPS; Very Low Level Operating Condition)의 비분리 공역(non-segregated airspace)에서의 가시선(VLOS) 및 확장된 가시선(extended VLOS) 비행 운영
- 분리 공역(segregated airspace) 비행으로 국한되는 무선 가시선 운영(RLOS; Radio Line of Sight Operations)은 특정운영지역에만 가능

Airbus사 Atlante(최대이륙중량 570kg)는 고정익 무인항공기로서 EASA CS-VLA(Very Light Aircraft)의 기술기준과 긴급상황대처, 명령 및 통제 링크, 지상통제장비 및 시스템 안전평가 등의 특수기술기준(SC)을 통합하여 CS-LUAS(Light Unmanned Aircraft System) 기준에 따라 인증과정을 진행하고 있다(그림 5.8).

그림 5.8 Airbus사 Atlante 고정익 무인항공기

(4) JARUS

2007년에 결성된 무인기 시스템 규정제정을 위한 통합 기구인 JARUS(Joint Authorities for Rulemaking on Unmanned Systems)는 51개의 각 국가감항당국(NAA; National Aviation Authorities) 및 항공안전기관의 전문가 그룹으로 구성되어 있다. JARUS는 무인항공기 시스템(UAS; Unmanned Aircraft System)의 인증과 공역에의 안전한 통합을 위한 단일기술을 개발하고 안전 및 운영요구조건을 권장한다. JARUS는 각 참여기관의 요구조건 작성을 도모하고, 각 기관이 중복노력을 피할 수 있도록 보조자료를 제공한다.

JARUS의 Working Group은 표 5.8과 같이 7개로 구성된다.

표 5.8 JARUS Working Group

Working Group	설 명
WG 1	비행 승무원 자격 - RPAS 활동을 위한 자격 및 적격성 요구조건 - 원격 조종 자격 및 훈련
WG 2	운용 - 공역 접근을 위한 운용 요구조건 - RPAS 운용을 위한 조직적인 요구조건
WG 3	감항 - 다음을 위한 UAS 인증 및 감항성 조항/규격의 설정 - 회전익; 경량 회전익 무인 항공기시스템(CS-LURS) - 고정익; 경량 고정익 무인 항공기시스템(CS-LUAS) - 초경량 UAS(VL-UAS) - 비행선, 자유/계류식(tethered) 기구
WG 4	탐지 및 회피 - UAS의 탐지 및 회피 시스템을 위한 적절한 성능 조항 및 기능의 정의 - 전체 항공 시스템에서 충돌의 위험에 대한 안전 목표 설정
WG 5	명령, 제어 및 통신 - 명령 및 제어, ATM 통신 시스템을 위한 성능 조항 설정
WG 6	안전 및 위험 관리 - 특정 UAV 운용의 위험도 평가를 위한 방법론 제시 - 최상위 UAV 감항성, 시스템 안전 목표 및 보조자료(guidance material) 정의 - 심각도에 따른 UAV 고장 분류에 대한 추천사항 설정
WG 7	운영 개념 - 적절한 RPAS 규정 프레임워크에 대해서 요구되는 패러다임 변화 조사 - RPAS를 위한 분류체계 개발, RPAS 고려사항 인증, 발사 및 회수장비 고려사항

JARUS는 2013년부터 각 Working Group별로 기술기준(CS; Certification Specification), 보조자료(GM; Guidance Material)를 아래 같이 제공하고 있다.

- CS-LURS(Certification Specification for Light Unmanned Rotorcraft Systems), 2013.10
- RPAS C2 Link(Required Communication Performance Concept), 2014.10
- FCL(Flight Crew Licensing) Recommendations, 2015.9
- AMC(Acceptable Means of Compliance) RPAS 1309, 2015.11

- RPAS 'Required C2 Performance(RLP) concept', 2016.5
- Recommendations on the use of Controller Pilot Data Link Communications (CPDLC), 2016.6
- CS-LUAS(Certification Specification for Light Unmanned Aircraft Systems), 2016. 12
- Guidance Material to FCL Recommendations, 2017. 4
- Guidelines on Specific Operations Risk Assessment(SORA), 2017.7
- Operations Category A, 2018.7
- JARUS Glossary, 2018.7
- Guidelines on Specific Operations Risk Assessment(SORA) Issue 2.0, 2019.3
- Operations Category B, 2019.5
- SORA Standard Scenario STS-01 for Aerial Work Operations, 2019.5
- UAS Operational Categorization, 2019.9

JARUS는 향후 UAS 운영의 핵심요소를 다루는 높은 수준의 'CONOPS(Concept of Operations) 기본 틀(frame work)을 구성하고 있다. 이러한 기본 틀은 운영제품을 필요에 따라 개발하고, 수정함으로써 안정적이고 유연한 환경을 제공할 수 있다. JARUS의 향후 UAS CONOPS는 다음과 같다.

- 세 가지 범주(A, B 및 C) 또는 개방(open), 특정(specific) 및 인증(certified)을 통한 규제 감독
- 다양한 운영에 대한 ATM 개념
- VLOS, 확장(extended), 비가시선(beyond VLOS) 개념에 대한 감지 및 회피
- 가장 간단한 시스템에서 가장 복잡한 시스템까지의 C2(Command and Control)

JARUS가 이러한 개념을 지원하기 위해 운영, 기술, 안전 및 운영 요건, 기술기준과 같은 다른 결과물을 도출한다. 이러한 산출물에 대한 현재 JARUS 개발은 다음과 같다.

- 비행승무원 면허(FCL; Flight Crew Licensing) 적합성 입증수단(MOC; Methods of Compliance)
- 운영 요구사항
- 조직 요구사항
- CS-LURS, CS-LUAS의 CS-UAS 재구성

5.2 무인항공기 위험도 평가(JARUS 기준)

5.2.1 무인항공기 운영 범주

감항당국의 과제는 성능 기반 규제 접근방식과 같이 공역으로의 안전한 통합에 필요한 UAS의 설계, 제작 및 운용 승인에 대한 비례적 방법과 기준을 설정하는 것이다. UAS의 경우 조종사가 탑승하지 않음으로 인해 일반적으로 유인항공기에 적용되는 규정은 무인항공기에는 적합하지 않다. 따라서 다른 공역 사용자를 보장하면서 지상의 치명적인 인프라 구조 및 인명에게 불필요한 위험도를 노출하지 않도록 규제영역을 설계하는 것이 필요하다.

현재 UAS의 종류는 한정되어 있지만, 향후 UAS의 예상되는 종류, 운영환경 및 성능의 고도화로 인하여 감항당국은 보다 유연한 접근방법이 필요하며, 이로 인해서 위험기반(Risk-based) 접근방법이 요구되었다.

지상의 인명과 공역의 다른 사용자에게 재해(harm)를 입히고, 또한 주요 기반시설에 피해를 줄 수 있는 가능성을 판단하는 것이 위험기반 접근방법에서 중점적으로 고려할 사항이다. 사생활, 보안, 환경과 같은 기타 위험도 존재하지만 이러한 사항은 각 국가에 따라서 받

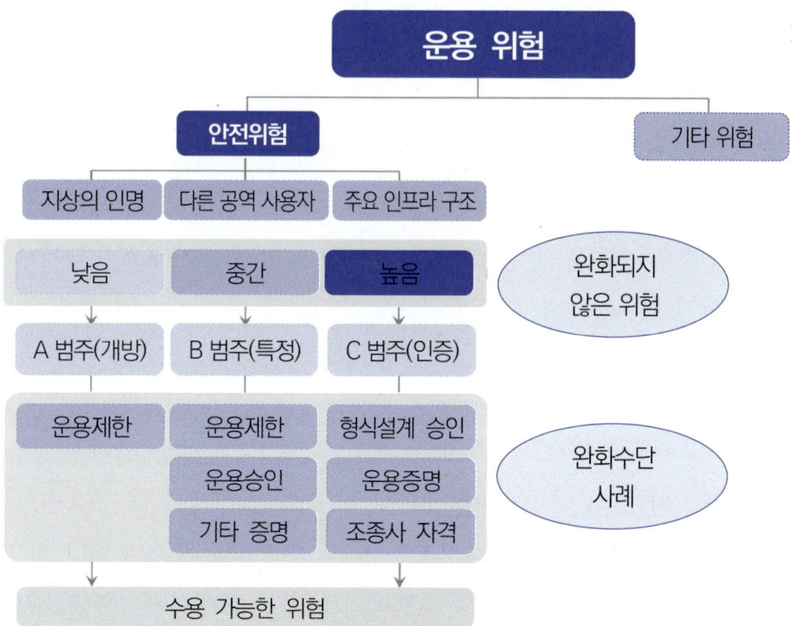

그림 5.9 UAS 운영 위험도에 따른 운영범주 분류

아들이는 정도가 다르기 때문에 안정성 평가와 운영범주 분류에서는 고려하지 않는다.

이와 같이 본질적인 위험도에 따라서 UAS의 운영을 개방(open), 특정(specific) 그리고 인증(certified) 범주로 구분할 수 있으며, 각 범주에 따라서 위험도를 허용할 수 있는 수준으로 감소시키는 위험도 완화수단 역시 달라진다. 정확한 범주의 항공기 운항을 확립하기 위해 위험에 대한 적절한 평가를 수행해야 하며 모든 UAS 운용의 잔류 위험은 허용 가능한 낮은 위험 수준에 있어야 한다. 이와 같은 운영 위험도에 따른 운영범주의 구분이 그림 5.9에 나와 있다.

카테고리 A 개방(Category A(Open))

이 범주는 완화되지 않은 위험이 낮은 UAS 운용을 식별한다. 최소한의 감항당국에 의한 규제(regulatory) 관여가 있을 것이라는 개념이 이 범주에 적용된다. 자체 인증 또는 산업 표준 이 채택될 수 있지만 필수적인 감항성 요구조건은 없다. 운영 제한(예: 특정 지리적 위치 및 VLOS로 제한)을 채택하면 위험 완화가 적용되므로, 항공 규제 기관이 발행한 승인을 통해 완화가 적용되지는 않는다. 운영자는 안전한 운영을 책임진다.

카테고리 B 특정(Category B(Specific))

UAS 운용이 카테고리 A의 운영 제한을 넘어서고 카테고리 C에서 예상되는 인증된 설계에 의존하여 안전성이(최소한 완전하게) 보장되지 않는 경우, 감항당국은 이 카테고리에 따라 운영을 독립적으로 평가한다.

허용 가능한 수준의 위험은 적용 가능한 완화를 식별하는 운영의 위험 평가에 의해 보장되며, 여기에는 운영자 또는 조종사의 설계, 운영 제한 및 자격을 다루는 요구 조건이 포함된다. 이 범주에는 다양한 수준의 감독이 필요하다. 항공 감항당국은 어떤 수준의 감독이 필요한지를 결정하고 운영 승인을 발행해야 한다. 몇몇 운영자는 카테고리 B에서 유사한 유형의 운영을 수행하고자 할 수 있다. 이러한 경우, 관계된 모든 사업자에 대해 개별 위험 평가를 요구하는 대신 당국이 승인한 일반 위험 평가의 가정 및 조건을 준수하는 것이 허용될 수 있다.

카테고리 C 인증(Category C(Certified))

이 범주에는 전통적인 유인 항공기와 유사한 모든 규제 감독이 적용된다. 이 범주의 UAS는 완화된 수준의 위험을 수반하며, 이는 운영상의 한계를 통해서만 완화될 수는 없다. 규제 감독을 통해 일정수준의 위험 완화가 적용된다. 이 범주의 UAS에는 형식증명, 감항 증명서,

비행 매뉴얼, 감항성유지 지침서, 생산 승인 및 기타 전통적인 민간 항공 관련 인증서가 필요할 수 있다.

5.2.2 무인항공기 특정운용 위험도 평가(SORA)

무인항공기 시스템 운용을 안전하게 개발, 평가 및 수행하는 방법에 대한 특정운용 위험도평가(SORA; Specific Operation Risk Assessment)는 JARUS WG 6에서 제시되었다. SORA의 목적은 UAS를 특정 범주(specific category) 내에서 운영하기 위해 인증에 대한 신청을 지원하는 위험도평가를 위한 방법론을 제시하는 것이다.

SORA는 특정 운용 환경에서 무인 항공기 시스템(UAS)을 비행하는 데 필요한 국가감항당국(NAA; National Aviation Authority) 인증에 필요한 사항에 대한 지침을 관할 당국과 신청자 모두에게 제공한다. SORA는 주로 UAS의 '특정(specific)' 범주를 목표로 한다.

이러한 맥락에서 위험은 발생 빈도(확률)와 관련 심각도(severity) 수준의 조합으로 이루어지며, 안전은 위험이 허용 가능한 것으로 간주되는 상태를 의미한다. 무인 항공기 시스템(UAS) 설계 무결성과 의도된 운영 유형 모두를 고려하여, 허용 가능한 위험에 도달하는 방법은 '개방(open)', '특정(specific)' 및 '인증(certified)' 범주에 따라 다를 수 있다. 그러나 안전 수준(즉, 지상 또는 공중에서 잠재적 사망의 확률)은 세 가지 범주에 대해 동일하게 유지되어야 한다.

운용체적(operational volume)은 정상 운영 시 UA 비행 경로인 '비행 구역(flight geography)'과 비상상황에 따라 처리된 비정상적 조건에서 예상된 UA 비행 경로인 '긴급체적(contingency volume)'을 모두 포함하는 것으로 정의된다. 통제 불능 운영은 UA가 이 운용체적(위험 완충지대 제외)에서 비행하고 있다는 것을 의미하며, 잠재적으로 공중 또는 지상에서 제3자에게 피해를 초래할 수 있다.

운용자가 의도된 운용체적 내에서 무인 항공기(UA)의 운영을 제어할 수 있고 운영이 허용 가능한 위험 수준에 도달했음을 보여주기 위해 SORA는 설계 및 운영 완화 메커니즘의 적절한 조합을 제공한다.

이러한 완화조치는 결정된 지상 및 공기 위험 등급에 상응하는 견고성 수준(낮음, 중간, 높음)을 충족해야 한다. 건전성 수준(level of robustness)은 무결성 수준(level of integrity)과 보장 수준(level of assurance)의 적절한 조합에 해당한다. 무결성 수준은 완화에 의해 달성되는 안전 이득(safety gain)이며, 보장 수준은 무결성 수준이 충족되었음을 보여주는

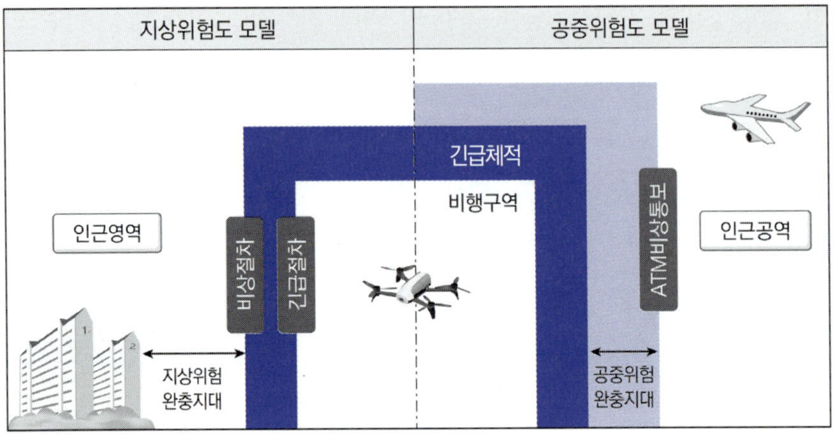

그림 5.10 SORA의 의미 모델

방법이다.

SORA에서 제시된 방법론은 군용, 실험용, 연구개발용 및 시제기를 포함한 모든 등급 및 크기 그리고 운영 종류의 무인항공기 시스템의 운영과 관련된 안전 위험도(safety risk) 평가를 목적으로 한다. 이는 위협 및 위험도 평가가 필요한 특정 범주에 특히 적합하지만, 이에 한정되지는 않는다.

그림 5.10은 SORA의 의미 모델(sematic model)을 도식적으로 나타내며, SORA 방법론은 제안된 ConOps(Concept of Operation)를 분석하고 수용 가능한 위험도 수준으로 운영될 수 있다는 논리적인 프로세스를 제공한다.

그림 5.10에서 하늘색 영역을 비행 구역(Flight Geography)으로 정의하며, 이는 정상적으로 운영되는 경우 해당 영역 내에서 비행한다는 의미이다. 하늘색 영역을 벗어나는 경우 운용자는 긴급절차(contingency procedure)를 적용하며, 결과적으로 파란색 영역인 긴급체적(contingency volume)을 벗어나지 않도록 하는 것이 목적이다.

하늘색 비행구역과 파란색 긴급체적을 합해서 운용체적(operational volume)으로 정의하며, 제안된 운용에 대한 승인이 이루어지는 영역이다. 운용체적 내에서의 운용을 통제된(in-control) 상태라고 하며, 이는 단순한 무인기의 조종이 아닌 UAS의 운용이 통제된다는 중요한 의미를 갖는다.

만약 파란색 영역을 벗어난다면 이는 통제되지 않은(out of control) 상태가 되며, 이때 인근의 지상 및 공역과는 일정한 안전거리가 유지되어야 한다. 그 이유는 무인기의 운용에 대한 통제가 더 이상 이루어지지 않기 때문에 기체가 곧 추락할 것으로 예상되며 이를 위한 완충지대(buffer)를 주어야 하기 때문이다. 운용체적을 벗어난 공간에서의 운용은 승인되지 않는다.

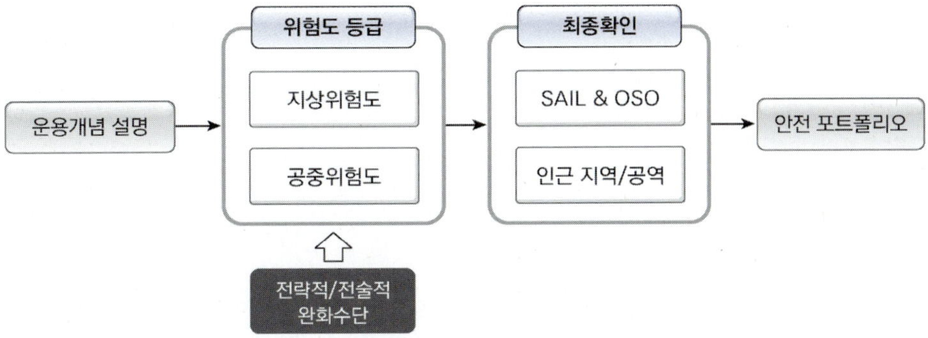

그림 5.11 SORA 프로세스

SORA는 총 10단계의 체계적인 절차로 구성되며, 이의 목적은 제안된 UAS의 운용 개념서인 ConOps를 분석해서 허용될 수 있는 수준의 지상 및 공중 위험도로 운용될 수 있다는 신뢰도를 설정하는 것이다.

위험도 평가를 위한 SORA 절차에 앞서 제안된 운용이 실현 가능한가의 여부를 확인하는 사전 평가가 필요하다. 만약 제안된 UAS의 운용이 개방(open) 범주에 해당하거나 감항당국에서 인정한 표준 시나리오에 해당한다면 SORA는 적용되지 않는다. SORA 방법론 절차는 그림 5.11과 같이 나타내며, 10개의 각 단계별 과정을 간단히 요약하면 다음과 같다.

1단계 ConOps 설명

CONOP에는 의도된 작업과 관련된 위험을 평가하는 데 필요한 모든 관련 기술, 운영 및 시스템 정보가 포함되어 있다. 여기에는 비행경로, 공역, 대기 및 지상 밀도(ground density) 지도, 항법서비스제공자(ANSP; Air Navigation Service Provider) 인터페이스 및 UAS의 의도된 사용과 관련된 기타 정보가 포함됨

2단계 및 3단계 지상 위험 등급(GRC) 결정

2단계: 내재 지상 위험 등급(intrinsic Ground Risk Class; 1에서 10까지의 범위)은 UAS 무게와 물리적 치수(지상에서 방출되는 일반적인 예상 운동 에너지) 및 의도된 운영에 따라 우선적으로 결정됨.

3단계: 최종 지상 위험 등급(내재 지상 위험 등급보다 높거나 낮을 수 있음)은 드론의 치사율에 영향을 미치는 설계측면과 아래 세 가지 완화 조치를 고려하여 결정됨

- 지상 위험 완충(buffer) 및 인구 밀도에 기초한 전략적 완화
- 지상 충격의 영향을 줄이기 위한 완화

- 통제 불능 영향을 다루고 제한하는 비상대응계획

4단계 및 5단계: 공중위험도(ARC; Air Risk Class) 결정

완화가 적용된 후의 초기 및 잔여 위험 모두 적용.

4단계: 최초 ARC 결정

초기 ARC는 ConOps에서 요청한 공역을 기준으로 평가됨. 공역 클래스를 정의하는 매개변수는 비일반적(예: 분리 공역) 대 일반적인 공역임.

항공 교통관제 대비-항공교통 관제, 공항 환경 대비-공항환경, 도시 대 농촌 환경의 공역으로 통제되는 고도.

5단계: 잔류(residual) ARC를 결정하기 위한 전략적 완화의 적용(선택사항)

잔류 ARC는 전략적 완화 조치를 적용한 이후의 잔류 공중 위험(air risk)이다. SORA에는 두 가지 유형의 전략적 완화 조치가 존재한다. 공중 위험 완화는 UA 운용자가 통제하는 운영 제한(예: 경계, 운영 시간)이거나, 공역 구조 및 관련 당국이 통제하는 관련 규칙임. 전략적 완화는 비행 전에 적용된다. ARC의 결정은 주어진 운영에 대해 ANSP와의 완전한 조정과 동의가 필요함.

6단계: 전술 완화 성능 요구 사항(TMPR; Tactical Mitigation Performance Requirement) 및 견고성 수준

전술 완화 성능 요구사항(TMPR) 및 건전성 수준 전술적 완화 조치는 운영 중에 적용되며, 전략적 완화 적용 후에도 남아 있을 수 있는 공중 충돌의 잔류 위험을 완화하는 데 사용된다. TMPR은 각 대기 위험 등급에 대한 감지, 결정, 명령, 실행 및 피드백 루프 기능을 다룬다. 이러한 완화는 무인 교통관제(UTM; Unmanned Traffic Management) 인프라에 의존하는 단순한 것에서부터 비협력 항공 교통관제(트랜스폰더가 없는 장비) 및 협력 항공 교통관제의 위험을 해결하는 보다 복잡한 TSO(Technical Standard Order) DAA 장비에 이르기까지 다양함.

7단계: SAIL 결정

제안된 ConOps, 최종 GRC 및 잔여 ARC를 통합하여 특정 보장 및 건전성 수준(SAIL; Specific Assurance and Integrity Levels; I~VI 범위)을 결정함.

8단계: OSO (Operational Safety Objectives) 식별

할당된 SAIL의 경우 운용자는 24개의 OSO 각각에 대한 준수 여부를 보여주어야 하지만 일부는 낮은 SAIL의 경우를 선택할 수 있음. 각 OSO는 SAIL에 따라 필요한 건전성 수준(높음, 중간 또는 낮음)을 충족해야 함.

OSO는 다음 영역을 다룬다.

- UAS 기술 문제
- 외부 시스템 저하
- 인적 오류
- 불리한 환경 조건

9단계: 인접 지역/항공 공역 고려 사항

SAIL에 관계없이 운용 볼륨(operational volume) 내에 머무르기 위해서 필요한 기술적인 억제 설계(containment design)와 관련된 안전 요구 사항을 준수하고, 이에 대한 적합성 확인을 통해서 운용제어 상실로 인한 지상 및 공중의 인근 영역 침범에 대한 위험을 해결함.

10단계: 포괄적인 안전 포트폴리오

포괄적인 안전 포트폴리오는 최종 승인 이전에 관할 기관 및 항공항법서비스 제공자(ANSP; Air Navigation Service Provider)에 제출된 SORA 안전 사례이다. 안전 포트폴리오에는 다음 정보가 포함된다.

- 고유 GRC를 수정하는 데 사용되는 완화정보
- 초기 ARC를 위한 전략적 완화
- 잔여 ARC를 위한 전술적 완화
- 인접 영역/항공 우주 고려 사항
- 운영 안전 목표

주어진 SAIL의 경우, 요구되는 안전 목표를 준수하지 않는 경우에는 GRC 또는 ARC를 감소시키기 위한 추가 완화 조치가 필요하거나, 운용체적 및 ConOps의 변경이 필요할 수 있다.

5.3 무인항공기 감항성 및 기술기준

5.3.1 무인항공기 감항성

자체중량이 150kg 이상의 무인항공기는 KAS Part 21 '항공기등, 정비품 및 부품 인증절차'의 21.17(적용기준의 지정)을 적용할 수 있다(표 5.9).

표 5.9 무인항공기 적용기준의 지정

Part 21.17(적용기준의 지정)
a) 형식증명 신청자는 항공기, 항공기엔진 및 프로펠러가 다음을 충족함을 입증하여야 한다. (2) 국토교통부장관이 규정한 특수기술기준 b) 항공기기술기준이 발행되지 아니한 특수한 분류의 일반적이지 않은 항공기와 이에 장착되는 엔진 및 프로펠러의 경우, Part 23, 25, 27, 29, 33 및 35에 포함된 요건 중에서 국토교통부장관이 해당 항공기에 적용하는 것이 적절하고 해당 형식설계에 적용할 수 있거나 안전기준으로서 동등 수준의 안전성(Equivalent level of safety)이 있다고 판단한 요건을 발췌하여 적용할 수 있음

무인항공기시스템은 그림 5.12와 같이 무인항공기 기체, 통제소, C2/데이터링크 및 엔진/프로펠러를 하나의 시스템으로 간주하여 형식인증을 받는 것이 일반적이다.

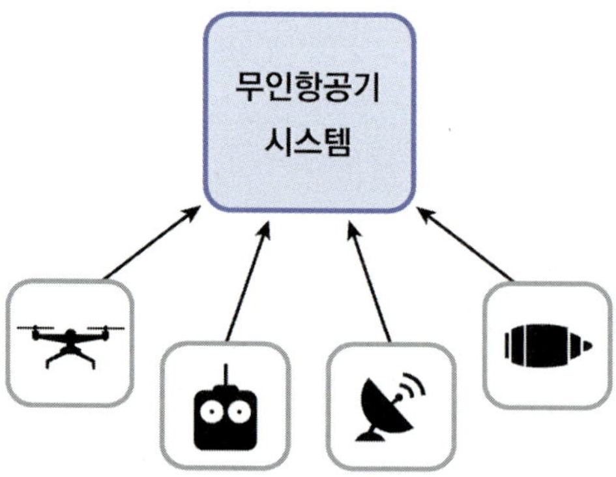

그림 5.12 무인항공기 시스템(UAS) 형식인증

그림 5.13에는 일반적인 항공기등과 비일반적인 항공기등으로 구분하여 형식증명 신청자가 충족함을 입증해야 하는 기술기준을 나타낸다.

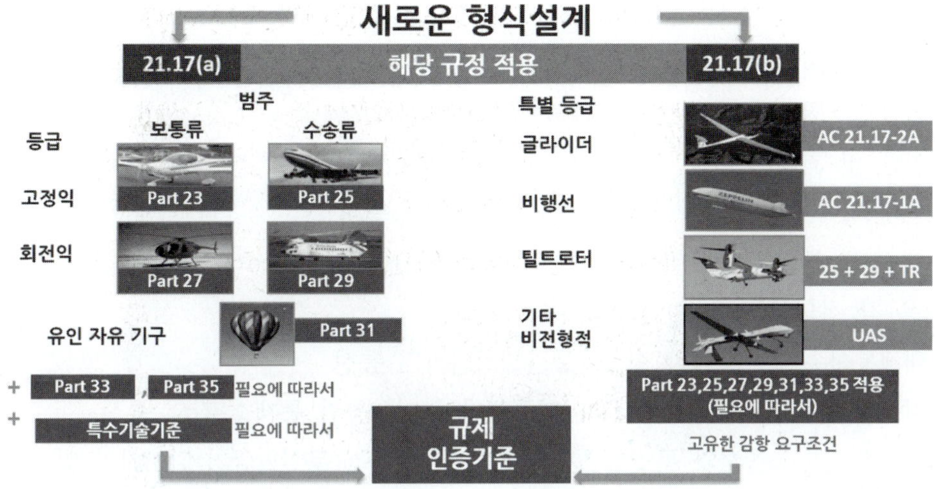

그림 5.13 KAS Part 21.17 적용기준의 지정

무인항공기에 대한 감항인증은 연료의 중량을 제외한 자체중량이 150kg 이상의 무인항공기는 항공안전법 시행규칙 제37조(특별감항증명의 대상) 제3조에 따라 특별감항증명의 대상이 된다. 항공기 특별감항증명 신청서에 비행교범, 정비교범과 기타 필요서류를 첨부하여 국토교통부장관 또는 지방항공청장에게 제출한다.

무인항공기의 비행허가 신청은 '무인항공기 비행허가 신청서'에 다음의 서류를 첨부하여 지방항공청장 또는 항공교통본부장에게 비행예정일 7일 전까지 제출한다(항공안전법 시행규칙 제206조 무인항공기의 비행허가 신청). 지방항공청장 또는 항공교통본부장은 내용을 심사한 후 항공교통의 안전에 지장이 없다고 인정되는 경우에는 비행을 허가한다.

- 성명 · 주소 및 연락처
- 무인항공기의 형식, 최대이륙중량, 발동기 수 및 날개 길이
- 무인항공기의 등록증명서 사본 및 식별부호
- 무인항공기의 표준감항증명서 또는 특별감항증명서 사본
- 무인항공기 조종사의 자격증명서 사본
- 무인항공기의 무선국 허가증 사본('전파법' 제19조에 따라 무선국 허가를 받은 경우에 한정함)
- 비행의 목적 · 일시 및 비행규칙의 개요, 육안식별운항계획(육안식별운항을 하는 경우에 한정함), 비행경로, 이륙 · 착륙 장소, 순항고도 · 속도 및 비행주파수
- 무인항공기의 이륙 · 착륙 요건
- 무인항공기에 대한 다음 각 목의 성능

· 운항속도
· 일반 및 최대 상승률
· 일반 및 최대 강하율
· 일반 및 최대 선회율
· 최대 항속시간
· 그 밖에 무인항공기 비행과 관련된 성능에 관한 자료

– 다음 각 목의 통신을 위한 주파수와 장비
· 대체통신수단을 포함한 항공교통관제기관과의 통신
· 지정된 운영범위를 포함한 무인항공기와 무인항공기 통제소 간의 통신
· 무인항공기 조종사와 무인항공기 감시자 간의 통신(무인항공기 감시자가 있는 경우에 한정함)

– 무인항공기의 항행장비 및 감시장비(SSR transponder, ADS-B 등)
– 무인항공기의 감지 · 회피성능
– 다음 경우에 대비한 비상절차
· 항공교통관제기관과의 통신이 두절된 경우
· 무인항공기와 무인항공기 통제소 간의 통신이 두절된 경우
· 무인항공기 조종사와 무인항공기 감시자 간의 통신이 두절된 경우(무인항공기 감시자가 있는 경우에 한정함)

– 하나 이상의 무인항공기 통제소가 있는 경우 그 수와 장소 및 무인항공기 통제소 간의 무인항공기 통제에 관한 이양절차
– 소음기준적합증명서 사본(항공안전법 제25조(소음기준적합증명) 제1항에 따라 소음기준적합증명을 받은 경우에 한정함))
– 해당 무인항공기 운항과 관련된 항공보안 수단을 포함한 국가항공보안계획 이행 확인서
– 무인항공기의 적재 장비 및 하중 등에 관한 정보
– 무인항공기의 보험 또는 책임범위 증명에 관한 서류

항공안전법 시행규칙 제37조(특별감항증명의 대상) 제3호 및 제4호에 따라 무인항공기는 국토교통부장관 또는 지방항공청장으로부터 제한분류와 실험분류의 특별감항증명서를 받을 수 있다. 지방항공청장은 제한분류의 특별감항증명서를 발급하는 경우에는 허용된 목적 이외의 비행을 금지하고, 가능한 인구가 밀집된 지역을 비행하여서는 안 된다. 실험분류의 특별감항증명서를 발급하기 위해서는 비행목적, 비행경로 및 항공기의 의무무선설비의 장착

(해당 항공기를 원격으로 조종하는 장소에 갖추어야 함)이 실험분류의 대상에 타당한지 확인하여야 한다. 실험분류의 특별감항증명서 유효기간은 1년 이내의 해당 비행 목적에 필요한 기간으로 한다.

항공안전법 시행규칙 제37조(특별감항증명의 대상) 제2호 및 제3호에 따라 무인항공기는 국토교통부장관 또는 지방항공청장으로부터 특별비행허가를 위한 특별감항증명서를 받을 수 있다.

5.3.2 무인항공기 기술기준

군용무인항공기는 북대서양조약기구(NATO; North Atlantic Treaty Organization)를 중심으로 150kg 이상의 대형 무인항공기 또는 150kg 이하의 소형 무인항공기에 대해 기술기준이 나와 있고 이를 적용하여 군용무인항공기가 설계, 제작되고 있다. 표 5.10에 나타낸 바와 같이 JARUS(Joint Authorities for Rulemaking on Unmanned Systems)에서는 최대이륙중량이 750kg 이하의 고정익 무인항공기(CS-LUAS; Certification Specification for Light Unmanned Aircraft Systems)와 최대이륙중량이 750kg 이하의 회전익 무인항공기(CS-LURS; Certification Specification for Light Unmanned Rotorcraft Systems)에 대한 기술기준을 제시하고 있다. 그러나 미국과 우리나라는 아직까지 무인항공기에 대한 인증기술기준은 제정되지 않고 있다.

우리나라에서는 사람이 탑승하지 아니하고 원격조종 등의 방법으로 비행하는 연료의 중량을 제외한 자체중량이 150kg을 초과하는 무인항공기는 특별 감항증명의 대상이 된다. 특별감항증명은 항공기의 연구, 개발 등 국토교통부령으로 정하는 경우로서 항공기 제작자 또는 소유자 등이 제시한 운영범위를 검토하여 안전하게 운항할 수 있다고 판단되는 경우에

표 5.10 무인항공기 감항인증기술기준 비교

분야	CS-LUAS (JARUS)	CS-LURS (JARUS)	STANAG 4671 (NATO)
일반사항	750kg 이하 고정익 무인항공기	750kg 이하 무인헬기	150kg~20,000kg 고정익 무인항공기
기술기준수	297 항목	209 항목	399 항목
비고	C2, GCS 미포함	C2, GCS 미포함	명령 및 통제 (C2: Command & Control), 지상통제장비 (GCS: Ground Control Station) 포함

발급하는 증명으로 신청서에는 비행교범과 정비 교범이 포함되어야 한다.

- 비행교범(항공기의 종류·등급·형식 및 제원(諸元), 항공기 성능 및 운영한계, 항공기 조작방법 사항)
- 정비교범(감항성 한계범위, 주기적 검사 방법, 장비품·부품 등의 사용한계 사항)

(1) JARUS CS-UAS

JARUS에서는 2013년 10월 CS-LURS(Light Unmanned Rotorcraft System), 2016년 11월 CS-LUAS(Light Unmanned Aircraft System)를 각각 제정하였다. CS-LUAS에 대한 개발이 시작된 이후 FAA와 EASA에서는 기존의 규범적 기술기준이었던 Part 23을 성능기반으로 변경하는 전면적인 재개정 작업에 착수하였다.

이러한 FAR Part 23/CS-23의 재구성을 통해 UAS 성능과 복잡성 및 운영 유형에 비례하는 요구 사항을 제공하기 위한 새로운 개념이 도입되었다.

JARUS에서는 새로운 개념에 따라 전체 CS-LUAS를 변경하는 것이 시기적으로 늦었고, 실용적이지 못하여 2016년 현재 형식으로 CS-LUAS를 발행하기로 결정하였다. 완벽하지는 않지만 최대이륙중량이 750kg인 대부분의 고정익 UA에 적합하다고 판단된다.

JARUS에서는 설계에 독립된 목표 요구조건(objective requirement)이라는 개념을 채택한 CS-UAS를 제정하고 있다. 이는 회전익 또는 고정익과 같은 특정 설계에 무관하게 만족해야 하는 목표를 설정하고, 해당 설계에 특화된 요구조건을 만족하기 위해서 감항성 설계표준(ADS; Airworthiness Design Standard)으로 이용한다는 것이다. 본 문서에 제시된 CS-UAS 감항성 설계 표준에는 CS-LUAS, CS-LURS의 권고사항과 기존의 산업표준이 사용될 수 있다(그림 5.14).

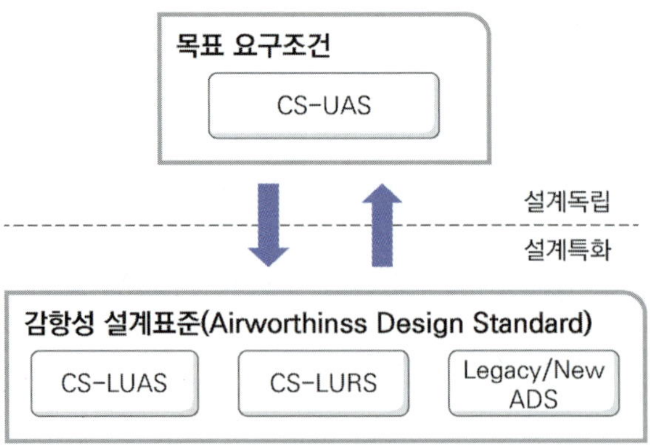

그림 5.14 JARUS CS-UAS 개념

CS-UAS의 적용 대상은 다음과 같다.

- 최대이륙중량 8,618kg(19,000lb) 이하: VTOL 기능 없음
- 최대이륙중량 3,175kg(7,000lb) 이하: VTOL 기능 있음
- 사람의 운송은 제외됨
- UAS가 설계된 운영이 개방(open) 범주가 아님
- 비결정론적(non-deterministic) 시스템은 제외(예; 인공지능, 기계학습 등)

CS-UAS는 안전분리(safe separation)를 보장하는 탐지 및 회피(detect and avoid)기술에 대한 성능 요구조건이 아직 개발되지 않은 것을 제외하고, 비가시거리(BVLOS) 운용에 대한 요구조건을 포함한다. CS-UAS는 원격조종스테이션(RPS; Remote Pilot Station), 발사 및 회수장비(LRE; Launch and Recovery Equipment), 그리고 C2 링크 장비에 대한 요구조건을 포함한다.

객관적인 목표 요구조건(objective requirements)은 설계와는 독립적이며 CS-UAS의 모든 범위에 적용 가능하다. 이러한 객관적인 요구조건이 설계별 세부 사항에 포함되어 감항성 설계표준(ADS; Airworthiness Design Standards)을 개발하기 위한 기준으로 사용된다. 운영 제한이 있든 없든 TC를 위해 ADS를 개발할 수 있지만, 어떠한 경우에도 목표 요구사항을 준수하는 데 사용된다.

본 CS-UAS 제2권의 지침 자료(GM; Guidance Material)와 함께 제1권의 객관적인 요구조건은 무인 항공기 시스템을 포함하도록 개발된 ICAO 부속서 8을 준수해야 한다.

본 CS-UAS 인증기준을 구축을 위한 기본 가정은 다음과 같다.

- 신청자가 UAS에 대한 형식증명(TC; Type Certificate)을 획득할 수 있도록 CS-UAS를 개발함
- 운영 제한이 없거나(언제 어디서나 비행) 운영 제한이 있는 TC를 예측함. 이 운영 제한은 유형 설계의 일부이며 형식증명자료집(TCDS; Type Certificate Data Sheet)에 수록됨
- ADS는 CS-UAS의 목표 요구조건을 준수하기 위해 개별 요구사항 및 관련 수락가능 적합성 입증방법(AMC; Acceptable Means of Compliance)으로 구성됨
- 추가 ADS(AMC 포함)는 업체에서 개발하고, 감항당국이 TC를 승인함
- CS-LUAS/LURS 및 AMC 또는 기타 기존 항공 설계 표준 및 관련 AMC를 운영 제한이 포함된 TC에 사용할 수 있음. 따라서 CS-LUAS/LURS 및 AMC 또는 TC에 대한 기존 항공 설계 표준 중 개별적으로 적용 가능한 요구 조건의 일부가 생성됨

- 위의 개념을 CS-UAS에 적용하여 ADS가 충족해야 하는 요구 사항과 동등한 수준의 안전성을 제공하기 위해 필요한 운영 제한사항을 식별해야 함
- 기존 ADS를 사용해도 AMC를 변경하면 새로운 ADS가 생성됨
- 운영 제한이 포함된 TC에 대한 새로운 ADS를 개발할 수 있음
  - 특정 시나리오에 대한 새로운 요구사항으로 개발됨. '전체 위험(total hazard) 및 위험 평가(risk assessment)'는 운영 시나리오 및 UAS 구성(아키텍처, 질량, 크기 등)을 기반으로 개별 적용 가능한 요구사항 및 AMC를 도출하는 데 사용됨
  - 운영 시나리오 및 UAS 구성(아키텍처, 질량, 크기 등)에 '전체 위험 및 위험 평가'를 적용하여 하나 이상의 기존 ADS에서 파생됨
  - ADS는 기존의 항공 설계 표준 및 관련 AMC에서 도출 가능함

UAS의 운용을 위해서는 무인 비행체에 물리적으로 장착되지 않는 별도의 외부 장비인 RPS(Remotely Pilot Station) 및 LRE(Launch and Recovery Equipment)가 필요하다. 그러나 이러한 비장착 장비에 대해서 완전히 표준화된 인터페이스 요구조건이 개발되기까지는, 비장착 장비의 설계 및 감항성유지는 UAS 형식승인 보유자(TCH; TC Holder)의 통제하에 있어야 하기 때문에 UAS 형식설계의 일부가 된다.

정상 운영에서 UA와 RPS에 대한 다음과 같은 옵션구성이 가능하다.

- 한 대의 UA와 한 대의 RPS
- 다양한 RPS와 호환되는 한 대의 UA
- 다양한 종류의 UA를 제어하는 한 대의 RPS
- 다수의 UA를 제어하는 한 대의 RPS
- 다수의 UA를 제어하는 다수의 RPS

이러한 다양한 옵션으로 인해서, 기존의 유인 항공에 적용되었던 방법으로는 해결이 불가능한 문제가 발생할 수 있다. 예를 들어서, UAS TC 보유자는 수용 가능한 형상 및 UAS의 제어가 한 RPS에서 다른 RPS로 변경되는 경우에는 RPS의 허용 가능한 형상 및 제어권 이양 프로세스를 정의해야 한다. 이러한 이양과정에서 UA 및 이와 연결된 RPS를 기록하기 위한 로그(log)가 필요하다.

ICAO RPAS의 WG-1에서 제안한 신규 부속서 8의 Part II, Chapter 3, Section 3.2.1.2에서는 표 5.11과 같이 기술하고 있다.

표 5.11 감항증명서(원격조종 항공기)

3.2.1.2 원격조종 항공기에 발급된 감항증명서(CoA; Certificate of Airworthiness)는 해당 원격조종 스테이션뿐 아니라 해당 감항 요구조건을 준수하는 원격조종시스템의 일부인 명령 및 통제/데이터 링크 (C2; Command and Control/Data Link), 그리고 형식설계에 명시된 기타 구성품과 관련된 원격조종 항공기(RPA; Remotely Piloted Aircraft)의 감항성 상태를 나타내야 한다.

부속서 8의 3.2.1.2 조항은 RPS/비장착 장비가 UAS 형식 설계의 일부라는 것을 의미하며, 국가감항당국(NAA)은 RPS/비장착 장비의 형식을 참조하여 개별 UA에 CoA를 발급함을 나타낸다. 따라서 CoA에는 승인된 형식설계에 따라 가능한 RPS 모델 목록을 포함한다.

만약 UAS가 형식설계에 열거된 RPS 모델과 함께 운영되고, UAS에 연동되는 RPS가 안전한 운영을 위한 조건을 갖추고 있다면 이는 UAS의 감항성 유지로 인정되어 CoA는 유효하다. 만약 비행 중 RPS의 안전한 운영 상태가 되지 않는다면, UA는 안전한 운영을 위한 조건을 갖춘 RPS에 연결되거나 또는 비상절차를 착수해야 한다. 이를 통해, UA는 승인된 UAS 형식설계의 일부이고 안전한 운영을 위한 조건을 갖추고 있는 한, UA는 다른 RPS의 통제하에 안전한 비행경로를 따라서 비행할 수 있다.

이와 같은 개념은 특정 정보를 기록해야 하며 다음 사항을 포함한다.

- UA의 경우, UA와 연결된 RPS는 항상 명확해야 함
- RPS의 경우, 어느 시점에 RPS에 어떤 UA가 연결되었는지 명확해야 함

RPS에 대한 이와 같은 개념은 운영에 필요한 LRE와 기타 비장착 장비에도 적용될 수 있다. 형식승인목적상, 감항성 요구조건에 따라서 이를 인증할 수 있는 방법으로 RPS의 경계(boundary)를 정의해야 한다.

RPS는 계층구조(hierarchy) 상에서 다음과 같은 3개 계층(layer)으로 설명될 수 있다.

- 1계층: RPS 핵심계층(Core Layer): 승무원이 RPA를 운용하는데 필수적인 모든 구성품 및 장비
- 2계층: 중간층(Intermediate Layer): RPS 운용을 지원하고, 핵심계층과 외부계층 사이의 인터페이스를 제공하며, 불필요한 입력으로부터 보호하기 위해 필요한 모든 자산(asset), 장비(equipment) 및 자원(resource)
- 3계층: 외부계층(Outside World Layer): 공공, 상업 및 제3자 인프라구조, 장비 또는 서비스

이와 유사하게 정상/안전 운영에 필요한 모든 장비(RPS, LRE 등)를 기준으로 세 개의 카테고리로 구분한다.

- 카테고리 1: 핵심(Core) 범주: 안전 운영을 위해 UA에 물리적으로 장착된 모든 장비 및 부품임. 이 범주의 부품 및 장비는 감항승인서(Airworthiness Approval)의 부품번호(P/N) 및 일련번호(S/N)에 따라서 개별적으로 기재됨
- 카테고리 2: 중간(Intermediate) 범주: 안전 운영을 위해서 필요하지 않은 UA에 물리적으로 장착되는 모든 장비 및 부품임. UA에 물리적으로 장착되지는 않았지만 안전 운영을 위해서 필요한 모든 장비 및 부품(LRE, RPS, C2 링크에 대한 요구 성능 기준 등). 해당 카테고리의 장비와 부품은 승인된 UAS 형식설계에 나열되며. 장비 및 부품은 형식승인 보유자의 통제를 받음
- 카테고리 3: 외부(External) 범주: UAS의 운영을 위해서 필요하지만 운영자 또는 형식설계 보유자의 책임 또는 통제를 받지 않아도 되는 장비, 부품, 인프라 구조, 서비스(UTM, ATM, 활주로 등)임

카테고리 1, 2 및 3의 모든 장비(equipment)와 부품(part)은 UAS의 일부이다. 그러나 카테고리 1과 2의 장비 및 부품만은 승인된 UAS 형식설계의 일부로 간주한다. CoA는 개별 항공기에 발급되며, 카테고리 1을 포함하지만, 형식설계에 따라 카테고리 2의 장비(LRE, RPS 등)를 참조하여 안전 운영을 위한 상태이어야 한다. CoA가 유효하기 위해서는 이와 같은 장비가 안전한 운영을 위한 조건을 갖추어야 한다.

CS-UAS와 AMC RPAS.1309에서의 고장조건 심각도는 유인 항공기 분류와는 다르다. FAA AC23.1309에서는 위험한(hazardous) 고장조건에서 비행승무원 이외의 탑승자에게 치명적인 부상(fatal injury)을 허용한다. AMC RPAS.1309에서 위험한(hazardous) 고장조건의 정의는 치명적인 부상을 제외한다. 따라서 AMC RPAS.1309에서는 단일 사망을 재난적(catastrophic)으로 분류하는 반면, FAA AC23.1309에서는 다중사망(보통 3명 이상)을 재난적(catastrophic) 고장조건으로 분류한다.

JARUS WG-3에서는, 궁극적인 목표가 사망을 방지하는 것이며, 따라서 본 CS-UAS의 목적은 재난적(catastrophic) 고장조건을 방지하여 궁극적으로는 사망을 방지하는데 있다.

FAA AC23.1309-1E과 AMC RPAS.1309에서는 위험한(Hazardous)과 재난적(Catastrophic) 고장조건을 표 5.12와 같이 정의하고 있다.

표 5.12 AC23.1309-1E과 RPAS.1309 고장조건 비교

구분	FAA AC23.1309-1E	AMC RPAS.1309
위험한 (Hazardous)	비행기의 능력 또는 승무원의 불리한 운영조건에 대처하는 능력을 저하시키는 고장조건 - 안전 여유도 또는 기능상 능력의 상당한 감소 - 비행승무원이 직무를 정확하게 또는 완전하게 수행할 수 없는 정도의 신체적 고통 또는 높은 업무부하 - 비행승무원 외의 다른 탑승자에 대한 중상 또는 치명적인 부상	RPAS의 기능을 저하시키거나 원격요원이 불리한 운영조건에 대처하는 능력을 저하시키는 고장 조건 - 사망자가 발생하지 않을 것으로 예상되는 RPA의 손실 - 안전 여유도 또는 기능상 능력의 상당한 감소 - 원격요원이 작업을 정확하게 또는 완벽하게 수행할 수 없는 정도의 신체적 고통 또는 높은 업무부하
재난적 (Catastrophic)	탑승자에 대한 다수의 치명상을 초래할 것으로 예상되거나, 또는 일반적으로 비행기의 손실을 동반한 비행승무원에 대한 무기력화 또는 치명적인 부상이 예상되는 고장조건	한 명 이상의 사망자를 초래할 수 있는 고장조건

(2) CS-LUAS

본 기준은 전체적 또는 부분적으로 최대 이륙 중량이 750kg 이하의 고정익 무인 항공기기에 적용되며, 총 297개의 기술기준이 있다. 경량 고정익 무인항공기 형식인증을 단일 원격 조종국에 의한 단일 무인항공기로 정의한다. 여객용과 결빙상태 비행 운영은 제외하며, 감지 및 회피기술의 개발되기 전에는 CS-LUAS는 비가시거리(BVLOS; Beyond Visual Line of sight)의 요구조건을 다룬다.

(3) CS-LURS(Light Unmanned Rotorcraft System)

최대이륙 중량이 750kg을 초과하지 않는 경회전익무인기 시스템에 적용하며, 경회전익무인기는 재래식 헬리콥터를 말한다. 총 209개의 기술기준이 있으며, 운영 측면에서 본 감항기준의 적용은 모든 주/야간 시계비행규칙(VFR; Visual Flight Rules) 가시선 운영으로 제한하며 모든 인원의 수송, 인지된 결빙 조건 내에서의 비행 그리고 곡예비행은 제외한다.

5.3.3 무인비행장치 기술기준

자체중량이 12kg 이상 150kg 미만인 무인동력비행장치는 신고대상이 되며, 국토교통부

장관의 비행승인을 받아야 하고 항공안전기술원(KIAST; Korea Institute of Aviation Safety Technology)으로부터 초경량비행장치 안전성 인증을 받아야 한다.

항공안전법 시행규칙 제308조(초경량비행장치의 비행승인) 제1조 제4호 가목에서는 최대 이륙중량이 25kg 이하인 무인비행기, 무인헬리콥터 또는 무인멀티콥터 등의 무인동력비행장치는 국토교통부장관의 비행승인을 받아야 하며 시행규칙 제305조(초경량 비행장치 안전성 인증대상 등)에 해당되어 '초경량비행장치의 비행안전을 확보하기 위한 기술상의 기준(고시 제2019-725호(2019.12.6.))'의 무인비행장치 인증 기술기준에 따른 안전성인증을 받아야 한다.

항공안전법 시행규칙 제306조(초경량비행장치의 조종자 증명 등) 제1조 4항 가목에서는 연료의 중량을 제외한 자체중량이 12kg 이상인 무인비행기, 무인헬리콥터 또는 무인멀티콥터는 조종자 증명을 받아야 한다.

표 5.13에는 위에서 설명한 초경량 비행장치에 속하는 연료를 제외한 자체 중량이 150kg

표 5.13 초경량 비행장치/항공기인 기기 무인비행장치 감항성 비교

구분	초경량 비행 장치 (자체중량 150kg 이하 무인동력비행장치)	항공기인 기기 (자체중량 150kg 이상 무인 비행장치)
안전성인증/ 감항증명	- 비행안전을 확보하기 위한 기술상 기준 적용 (MTOW 25kg 이상) - 안전성인증절차에 의한 안정성 인증서 발급 (지방 항공청)	- 특별감항 증명서(실험분류; 7일 전 신청, 국토교통부장관) - 기술기준 검사 - 유효기간 1년(연장 가능)
항공기 신고, 등록	- 신고(지방항공청장) - 신고불필요(12kg 이하 무인동력 비행 장치 (연료무게 제외, 배터리 포함)	- 항공기 등록증명서
조종자 증명	- 필요 - 필요 없음(자체중량 12kg 이하)	- 항공종사자 자격증 필요(EP; 자가용 조종사)
비행허가, 승인	- 비행계획수립(초경량 비행장치 비행 제한 공역) 및 승인(지방 항공청) - 최대이륙중량 25kg 이하 무인기 제외	- 비행허가 신청서(비행 전 7일) - 지방항공청장 비행허가
무인항공기 비행 준수 사항	- 육안 가시거리 내 비행 - 150m 미만 고도 비행 - 낙하물 투하 금지 - 인구밀집 상공 비행 금지 - 일몰 후부터 일출 전 야간 비행 금지	- 인명, 재산 위험초래 비행 금지 - 인구밀집상공 비행 금지 - 육안 식별 상태시 비행, 야간비행 금지
사고보고	- 사고 보고 필요	- 사고 보고 필요

이하인 무인동력비행장치와 비행기 또는 헬리콥터에 속하는 150kg 이상의 무인항공기의 감항성을 비교하였다. 두 무인항공기 공히 인명이나 재산의 위험을 초래할 수 있는 비행은 금지되어 있으며 사고보고가 필요하다.

최대 이륙중량이 150kg 이하의 무인비행장치는 초경량비행장치의 비행안전을 위한 기술상의 기준을 적용하여 안전한 비행을 확보함을 목적으로 하며 아래의 기준을 충족하여야 한다.

(1) 기술상의 안전기준

비행장치 전반의 공작방법, 계기 및 장비품의 작동시험, 비행장치의 정비작업 기준과 설계기준에 대하여는 제작사에서 제공한 기술기준을 준용한다. 또한 제작자는 일반 조종자의 기술을 지닌 자이면 누구나 이륙, 상승, 하강, 착륙을 안전하게 제어 조종할 수 있다는 사실을 증명할 수 있어야 한다.

(2) 시험비행 심사기준

외국에서 키트를 구입한 경우에는 그 제작국 정부 또는 제작회사에서 정한 시험비행 방법 등을 준수하여야 한다. 시험비행 방법을 명시하지 않거나 국내에서 설계·제작된 경우 또는 외국에서 완제기나 중고 비행장치를 도입한 경우에는 아래 사항을 수행한다.

- 저속에서 최대출력까지 예상되는 비행자세에서 5분 이상의 발동기 지상 시운전 중 지장 없이 운전되어야 함
- 최초의 비행 전에는 적어도 1회 이상의 지상 활주를 하여야 하며, 지상 활주에는 고속 지상 활주가 포함되어야 한다. 무인 회전익비행장치의 경우 공중정지 비행(Hovering) 유지 상태를 점검함
- 승·하강, 직선비행, 선회비행 등 이에 준하는 비행결과 제반 장치에 이상이 없이 비행이 가능하여야 함

(3) 설계 및 구조기준

- 무인비행장치의 조작·제어방법·긴급조치 및 운영한계와 필수 장비 및 장비 점검에 관한 운영규정이 있어야 함
- 무인비행장치의 외부에 다른 장치를 부착할 경우에는 명확하게 식별될 수 있는 것이어야 하되, 운항에 장애가 되어서는 안 됨
- 무인비행장치 점검시 기술기준에 적합하지 아니하는 손상·퇴화 등이 확인된 경우에는 비행을 중지하고 신속하게 수리하여야 함

06

군용항공기 감항인증

Military Aircraft Airworthiness Certification

2011년 5월 초도비행에 성공한 FA-50은 최대속도가 마하 1.6인 초음속 경공기로 2012년에 형식인증서를, 2013년에 1호기 감항인증서를 방위사업청으로부터 획득하여 필리핀, 이라크 등에 수출하였다.

6.1 군용항공기 감항인증 개요

군용항공기는 높은 신뢰성과 안전성이 요구되기 때문에 설계, 제작, 운용 등의 모든 과정에서 감항성 보장이 필요하다. 감항성은 "군용항공기가 운용범위 내에서 비행안전에 적합하다는 것"으로 정의되고 감항인증(堪航認證)이란 "군용항공기가 감항성을 가지고, 그 성능과 기능을 발휘할 수 있음에 대한 정부의 인증"을 말한다. 군용항공기 감항인증은 군용항공기의 안전을 다루며 관련 기관이 군용항공기의 비행안전성을 인증하면 다른 기관이 인증하더라도 동일한 결과가 나올 수 있어야 한다. 따라서 감항인증은 반복성, 추적성 및 문서화의 세 가지 원칙을 반드시 지켜야 한다.

미국은 육·해·공군 모두 독립적인 인증 절차를 갖추고 있고, 2002년 10월에 미군 표준 감항인증기준인 MIL-HDBK-516을 최초로 제정하여 모든 군용항공기에 감항인증 적용을 의무화하였으며, 국가 및 군의 특성에 맞게 제도를 구축하여 운영하고 있다.

유럽은 군용항공기에 대해서 2008년 군 감항당국 포럼(MAWA Forum; Military Airworthiness Authorities)을 창설하고 2015년에 유럽군 항공규정(EMAR; European Military Aviation Requirements)을 제정하여 각 소속 국가들의 군용항공기 인증 문제를 상호 조율하고 공통된 비전을 마련해나가고 있다.

우리나라는 2000년대 이전까지는 단순한 항공기 수요국가로서 항공기 인증에 대한 관심이 미미할 수밖에 없었는데, 2000년대 들어서면서 군용항공기 개발 사업이 본격적으로 진행되고 그 결과로 제품들이 내수뿐만 아니라 국외 수출로까지 이어지면서 국내 군용항공기 감항인증 체계구축에 대한 필요성이 실질적으로 제기되기 시작하였다. 2007년 12월 터키 정부와 한국우주항공(KAI) 간 터키형 기본훈련기인 KT-1T 수출을 진행하면서 터키 정부의

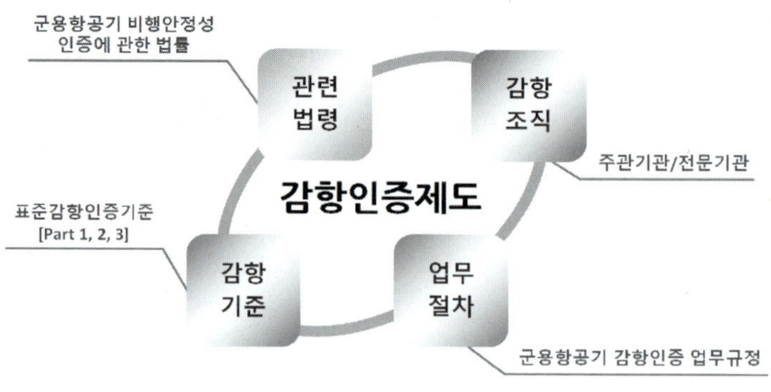

그림 6.1 감항인증 제도 구성도

요구에 의해 군용항공기 감항인증이 시작된 계기가 되었다.

감항인증 제도는 그림 6.1과 같이 관령법령, 법령을 수행하는 조직, 감항인증 업무절차와 감항인증 기준의 네 가지로 구분된다.

6.2 군용항공기 감항인증 법령

감항인증 법령을 살펴보며, 2009년 4월 1일 군용항공기의 안전성을 확보하고, 국외 수출을 지원하기 위한 목적으로 "군용항공기 비행안전성 인증에 관한 법률"이 제정되어(법률 제9560) 현재 6번의 개정이 이루어졌다. 본 법률은 군용항공기의 안전성 확보를 위한 계기를 마련했음은 물론 정부가 직접 안전성을 확인하고 인증을 하게 되었다는 측면에서도 큰 의미가 있다고 할 수 있다. 이 법률을 기반으로 표준감항인증기준, 감항인증절차, 전문기관 및

표 6.1 군용항공기 비행안전성 주요 인증 법률

항 목	내 용
제3조 (표준감항인증기준의 고시)	- 군용항공기 사업 계획의 수립 및 사업추진 단계별로 표준감항인증기준을 정하여 고시하여야 함
제4조 (감항인증의 절차 등)	- 감항인증신청 - 기종별 감항인증 계획안 수립 및 감항인증신의위원회 심의 - 기종별 감항인증기준에 적합한지에 대하여 단계별 감항성 심사
제9조(감항인증 기술 자료의 지원 · 유지)	- 군용항공기의 비행안전성을 지속적으로 확보하기 위하여 감항인증과 관련된 기술 자료를 관리 · 유지하여야 함
제10조(군용항공기 감항인증 전문기관의 지정 등)	- 방위사업청장은 군용항공기 감항인증 전문기관을 지정 · 고시할 수 있음
제11조(감항인증 주관기관의 지정 등)	- 방위사업청장은 감항인증을 신청받은 군용항공기의 종류 및 특성을 고려하여 군용항공기 사업별로 전문기관 중 1개 기관을 감항인증 주관기관으로 지정할 수 있음
제14조(항공안전법에 따른 형식증명 등과의 관계)	- 항공안전법 제20조에 따라 형식증명을 받았거나 같은 법 제21조에 따라 형식증명승인을 받은 항공기를 군용항공기로 사용하는 경우 형식인증을 받은 것으로 봄 - 안전성인증을 받은 경량항공기 또는 초경량비행장치를 군용항공기로 사용하는 경우 감항인증을 받은 것으로 봄

주관기관 등이 제도화되면서 국내 개발 항공기 및 해외도입 항공기에 대한 비행안전성을 확인하고, 민·군 감항인증 업무 협력 등을 통해 우리나라의 감항인증 기반을 확대하고 있다.

이 법률에서는 군용항공기란 국군이 사용하거나 군사용으로 국외에 수출하기 위한 비행기, 회전익 항공기, 비행선, 활공기 및 무인항공기로 정의하며 경찰청 · 해양경찰청 · 관세청용항공기도 군용항공기로 본다.

이 법률은 총 15조로 구성되어 있으며 주요 법률은 표 6.1과 같다

6.3 군용항공기 감항인증 조직

우리나라의 군 감항당국(MACA; Military Airworthiness Certification Authority)은 방위사업청이며, 형식인증, 감항인증은 방위사업청 방위산업진흥국 인증기획과가 관장하며, 운영중인 항공기에 대한 감항인증 권한은 육군, 해군, 공군 참모총장에게 위탁되어 있다.

감항인증업무의 의사결정 및 기술지원을 수행하는 방위산업진흥국 인증기획과의 업무는 다음과 같다.

- 감항인증 관련 법률 및 규정 제 · 개정
- 표준감항인증기준 작성 · 변경 및 고시
- 감항인증 정책수립 및 제도발전
- 단계별 주관기관 지원계획 수립 · 시행
- 주관기관 및 전문기관의 감항인증 업무 조정 · 통제
- 전문기관 지정 · 업무정지 · 취소
- 사업관리기관의 감항인증 관련업무 지원
- 감항인증 심의위원회 및 감항인증 기술실무위원회 운영
- 기종별 감항인증계획안(감항인증기준 포함) 승인
- 기종별 주요안전품목(CSI; Critical Safety Item) 승인
- 감항성 심사 결과 승인 및 감항관련 인증서 발급
- 감항인증 전문인력 자격관리
- 감항인증 관련 소요예산 반영 및 예산 지원

여기서 주요안전품목(CSI; Critical Safety Item)은 안전을 저해하는 항공기 또는 무장계통에 손실 또는 심각한 손상, 받아들이기 어려운 상해위험 또는 인명손실, 의도하지 않은 엔진 정지 때문에 발생하는 치명적이거나 심각한 고장을 일으키는 부품, 조립체, 조립장비, 발사장비, 회수장비 또는 지원장비를 말한다. CSI의 결정요소는 고장이나 그 후속 결과가 발생할 확률이 아닌 고장 자체의 결과이다. 주요안전품목(CSI)과 유사한 용어는 안전필수품목(SCI; Safety Critical Item), 비행안전중대항공기부품(FSCAP; Flight Safety Critical Aircraft Part), 비행안전품목(FSP; Flight Safety Part), 안전비행(SOF; Safety of Flight) 품목 등이 있다.

군용항공기 감항인증 업무를 주관하는 주관기관으로는 공군과 육군이 있으며, 다음의 업무를 수행한다.

- 감항성 심사 세부계획 작성 및 감항성 심사 주관
- 전문기관 분야별 업무 주관
- 전문기관 공통 업무 주관
- 군용항공기 사업별 감항인증팀 구성 및 운영
- 감항인증에 필요한 업무의 전문기관 간 중복, 누락 또는 이견 발생 시 방위사업청 방위산업진흥국장에게 조정 건의

국방과학연구소, 국방기술 품질원, 육군, 해군, 공군은 전문기관으로서 감항인증 업무의 전문성, 신뢰성 및 효율성 확보를 위해 전문기관 간의 업무분야를 사업별로 상호 협의하여 분장한다.

국과연

- 군용항공기 설계의 적합성 확인
- 지상 · 비행시험 지원

기품원

- 군용항공기 생산확인
- 방위사업청장이 사업별 특성에 맞게 부여하는 군용항공기 설계 적합성 확인

육군 · 해군

- 시험비행의 수행 및 지원
- 방위사업청장이 사업별 특성에 맞게 부여하는 군용항공기 설계 적합성 확인

공군

- 시험비행의 수행 및 지원
- 방위사업청장이 사업별 특성에 맞게 부여하는 군용항공기 설계 적합성 확인
- 자료관리
- 기종별 감항인증기준 유지 및 관리
- 감항인증 관련 검증자료, 기술자료 등의 유지 및 관리
- 기종별 주요안전품목(CSI) 목록 유지 및 관리

전문기관의 공통업무는 다음과 같으며, 그림 6.2에는 감항인증 조직의 구성도를 나타낸다.

사업별 감항성 심사

- 군용항공기 해당분야 감항성 심사 및 확인
- 단계별 감항인증 업무 수행결과 작성
- 기종별 감항인증 계획안(감항인증 기준 포함) 작성 지원 · 검토
- 기종별 주요안전품목(CSI) 검토
- 기술변경이 감항성에 미치는 영향성 검토

기타

- 감항인증의 정책수립 및 집행에 대한 업무 지원
- 표준감항인증기준 정기 및 수시 검토

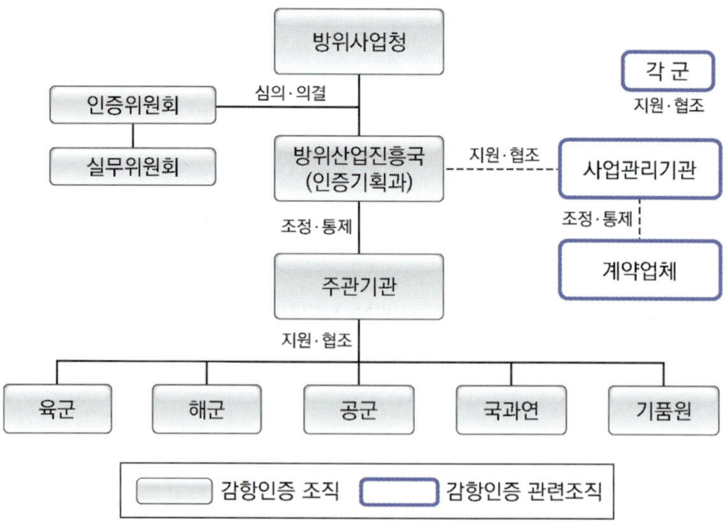

그림 6.2 감항인증 조직도

- 감항인증 관련 자료의 관리 · 조사 · 분석 지원
- 시험장, 장비 및 시설 지원
- 감항인증 전문인력과 능력의 확보 및 유지
- 해당 업무 분야별 세부 발전계획 수립 · 시행
- 감항인증 관련 항공기술의 연구개발 및 지원 협조

6.4 군용항공기 감항인증 절차

6.4.1 감항인증 종류 및 단계

군용항공기 감항인증 절차에 대해 군용항공기비행안전성 인증에 관한 업무규정(방위사업청 훈령 제561호, 2019. 11.01)의 문서체계에 따라 군용항공기 감항인증절차를 다음과 같이 정리하였다.

제7조 (감항인증의 종류)

감항인증의 종류는 군용항공기 사업 중에 표준감항인증기준(국제적으로 통용되는 감항인증 기준 포함)과 감항인증 절차를 적용하여 형식인증과 생산확인 단계를 모두 수행하는 일반감항인증(General Airworthiness Certification)과 일반감항인증을 적용하여 수행할 수 없는 특별감항인증(Special Airworthiness Certification)으로 구분한다.

제8조 (감항인증기준)

감항인증기준은 군용항공기 설계 · 제작 · 시험 등에 적용하는 일반적인 기술기준인 표준감항인증기준(SACC; Standard Airworthiness Certification Criteria), 국제적으로 통용되는 감항인증기준을 말하는 기타감항인증기준(OACC; Other Airworthiness Certification Criteria) 및 해당 군용항공기 사업의 특성에 맞게 작성한 기종별 감항인증기준(TACC; Tailored Airworthiness Certification Criteria)으로 구분한다.

제9조 (감항인증단계)

군용항공기 사업이 기종별 감항인증기준에 적합한지에 대하여 다음의 순서에 따른 단계별 감항성 심사를 하며 감항인증 수행 기본 절차는 표 6.2와 같다.

- 형식인증(Type Certification): 군용항공기 설계가 기종별 감항인증기준을 충족하여 비행안전에 적합하다는 인증
- 생산확인(Production Validation & Audit): 군용항공기가 설계에 맞게 생산될 수 있는 기술, 설비, 인력 및 품질보증체계 등을 갖추고 있는지에 대한 확인

표 6.2 감항인증 수행 절차도

<table>
<tr><th>구분</th><th>선행
연구</th><th>탐색개발</th><th>체계개발</th><th>양산</th><th>운용/유지</th></tr>
<tr><td>사업
관리</td><td>①</td><td>운용성
확인
②③</td><td>개발/운용 시험평가
④ ⑤ ⑥ ⑦⑧⑨</td><td>전력화 평가
⑩</td><td>최종운용성
확인</td></tr>
<tr><td>감항
인증</td><td>❶</td><td>❷❸</td><td>❹ ❺ ❻
형식인증</td><td>❼❽
생산확인/
감항인증</td><td>❾
감항성 유지</td></tr>
<tr><td>사업관리
수행절차</td><td colspan="5">① 사업추진기본전략(안), 사업관련 기본계획 작성
② 제안요청서 배포, 제안서 접수 및 평가
③ 체계개발 협상대상업체 선정
④ 체계요구조건검토(SRR), 체계기능검토(SFR), 기본설계검토(PDR)
⑤ 상세설계검토(CDR)
⑥ 초도비행준비검토(FFRR)
⑦ 기능적/물리적 형상확인(FCA/PCA)
⑧ 전투용 적합·부적합 판정
⑨ 국방규격 제정
⑩ 양산관리</td></tr>
<tr><td>감항인증
수행절차</td><td colspan="5">❶ 사업추진기본전략(안), 사업관련 계획서 작성 시 감항인증 방안 수립
❷ 제안서의 감항인증계획 평가
❸ 감항인증 신청(계약 이전)
❹ 기종별 감항인증계획 확정
❺ 최초 안전비행(SOF) 평가
❻ 형식인증서 발급
❼ 생산확인
❽ 감항인증서 발급
❾ 감항성 유지</td></tr>
</table>

단계별 감항성 심사를 생략할 수 있는 사업은 다음과 같다.

- 연구만을 목적으로 추진하는 사업
- 다음의 어느 하나에 해당하는 사업으로서 단계별 감항성 심사를 위하여 필요한 감항인증과 관련된 기술 자료의 획득이 제한되는 사업
  - 군용항공기를 구매하는 사업
  - 군용항공기를 개조·개량하는 사업 및 군용항공기의 부품·구성품 및 무기·장비 등을 제작·개조 또는 개량하여 군용항공기에 장착하는 사업으로서 외국업체를 통하여 추진되는 사업

항공기 개발 단계별로 시스템 개발 모델과 기술검토를 그림 6.3에 나타냈으며, 감항인증 업무를 수행하기 위한 사업관리 업무를 다음과 같이 정리하였다.

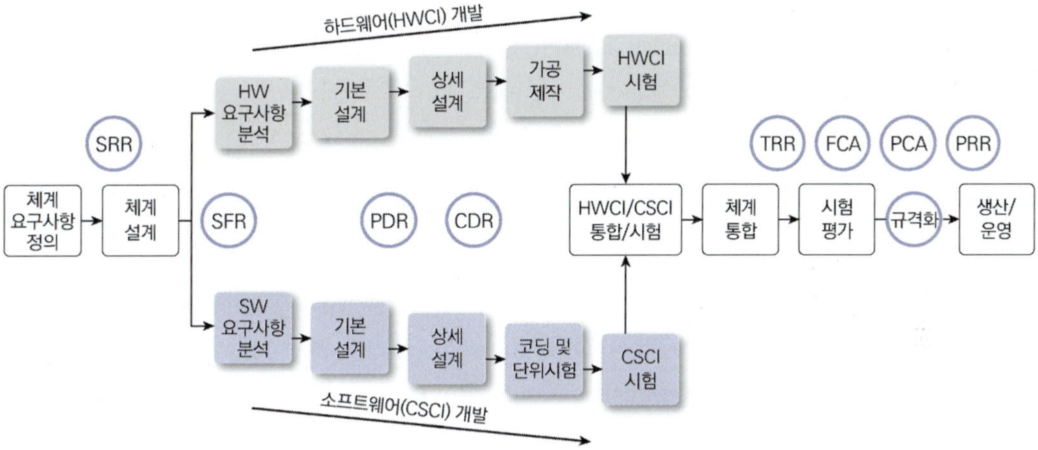

그림 6.3 항공기 시스템 개발 모델과 기술검토

선행연구단계

설계 요구도에 대한 연구 및 개발 가능성 연구를 수행하는 단계로서, 형상 개념설계 및 세부계통 구성 연구, 사업관리를 위한 초기 계획수립, 개략적인 개발 계획과 시험평가 계획 등 사업추진 기본계획을 작성하며, 감항인증과 관련해서는 사업계획 작성시 감항인증 방안을 수립하는 활동 등이 수행된다.

탐색개발 단계

무기체계개발 연구 개발 착수단계로서 기술적 위협요소를 제거하고 체계개발을 위한 기술 선정이 그 주요활동이다. 정량화된 방법을 사용하여 체계개발에 사용될 주요 구성장비의

성능과 기술성숙도(TRL; Technology Readiness Level)를 확인하는 개발 단계이다. 또한 작전운용 요구사항, 기술적·부수적 요구사항, 체계운용 요구사항을 설계요구사항으로 전환하고 할당하는 과정이다.

체계개발 단계

- 체계요구조건검토(SRR; System Requirement Review) 단계: 일반적으로 체계개발 요구도가 수립되는 체계개발 초기에 수행되는 단계로, 개발자가 구현하고자 하는 시스템의 요구도가 적절하게 수립되었는지 확인하는 설계검토 단계이며 체계요구조건 검토 회의(SRR; System Requirement Review)를 거쳐 검토된다. 체계기능 검토(SFR; System Functional Review) 회의는 체계개발 요구도가 각 기능/계통별로 할당되어 수립된 구체적인 요구도에 대하여 최적화 여부, 일관성 유지 여부, 완전성 여부 및 기술적 리스크를 평가하는 회의로서 기본적인 생산 체계의 적절성도 검토한다.
- 기본설계검토(PDR; Preliminary Design Review) 단계: 기술적 수준을 나타내는 기본설계검토단계는 기본절차 기능분석, 기능배분, 대안분석 수행 및 최적화, 시스템 종합 및 각종 세부 규격서에 대한 양식을 제시하는 개발단계로서, 개념설계의 결과인 기준형상에 대한 각 계통별, 분야별 세부 분석 및 각 계통에 대한 세부설계를 수행하는 단계이다. 감항인증 요구는 분할되어 최상위 수준의 기본설계 단계에서 설계요소로 배당된다. 새로운 요구가 발생할 경우 감항기준을 판단하고 분류절차를 따른다. 요구사항의 확정은 의도한 기능이 설계에 적합하게 반영되는지 여부에 따라 결정되며 예비설계에 대해 기본설계검토(PDR; Preliminary Design Review)회의를 거쳐 검토된다.
- 상세설계검토(CDR; Critical Design Review) 단계: 기본설계의 기준형상으로부터 관련 하드웨어, 소프트웨어 및 지원 품목들을 구체적인 형상으로 구현 및 제작이 시작되는 단계로서 주 임무 장비, 시험지원 장비, 설비, 인력 및 훈련, 기술자료, 수리 부속품 등의 군수지원 요소들을 하부시스템, 구성품, 부분품 및 세부부품 단위까지 세부적으로 구체화한다. 상세설계에서의 감항인증 요구는 부품단위로까지 할당된다. 이 단계에서는 기종별 감항인증 계획이 확정되고, 상세설계 검토(CDR; Critical Design Review)회의 이후 부품 제작 및 구성품 입증시험, 그리고 지상시험 결과물들을 기준으로 감항성 심사가 진행된다.
- 체계통합(Integration) 및 비행시험(Flight Test) 단계: 모든 부품·구성품들을 하나의 항공기 체계에 통합하는 단계이며, 이 통합 단계 동안 발생하는 변경과 개조 사항들에 대한 추적성이 유지되어야 하고, 이에 따른 검증기준을 보완한다. 초도비행준비검토

(FFRR; First Flight Readiness Review)회의는 항공기 개발 시험평가에 적용되는 것으로, 지상점검을 모두 완료한 항공기의 비행시험평가를 수행하기 전에 비행안전성에 대한 포괄적이고 심도 있는 검토회의를 말한다. 제작 및 최종 조립 업체의 품질시스템에 대한 검사를 하여 충족 시 이를 승인해 주는 생산 확인 활동이 이루어지며, 비행시험 결과 보고서와 기능적 형상확인(FCA; Functional Configuration Audit)와 물리적 형상확인(PCA; Physical Configuration Audit) 결과를 중심으로 최종 기종별 감항인증기준(TACC; Tailored Airworthiness Certification Criteria) 충족여부를 심사하여 형식인증서 발행 요건을 충족할 경우 방위사업청장이 군형식인증서(MTC; Military Type Certificate)를 발행한다.

양산 및 전개(Production & Fielding) 단계

제작된 항공기가 승인된 형식에 합치하는지를 확인하고, 제작자 품질보증체계 등의 생산확인 절차를 통해 방위사업청장은 군감항인증서(MCA; Military Certificate of Airworthiness)를 발행하여 호기별 항공기 이력서에 철하여 항공기와 함께 소요군에 인도한다. 이때, 방위사업청장은 감항성 유지를 위한 유지감항지침도 함께 제공한다.

제10조(감항관련 인증서의 종류)

감항성 심사 후 발급되는 감항관련 인증서의 종류는 다음과 같다.

- 형식인증서(Military Type Certificate): 군용항공기를 연구·개발 또는 구매하는 경우 감항성 심사 후 군용항공기 설계가 기종별 감항인증기준을 충족하여 비행안전에 적합하다는 정부의 인증서를 말함
- 감항인증서(Military Certificate of Airworthiness)
  - 군용항공기를 연구·개발 또는 구매하는 경우 형식인증된 설계에 따라 제작·검사되어 감항성이 확인된 군용항공기에 대하여 호기별로 발급되는 정부의 인증서를 말함.
  - 군용항공기를 개조·개량하는 경우 감항성 심사 후 감항성이 확인된 군용항공기에 대하여 호기별로 발급되는 정부의 인증서를 말함
  - 군용항공기의 부품·구성품 및 무기·장비 등을 제작·개조 또는 개량하여 군용항공기에 장착하는 경우 감항성 심사후 감항성이 확인된 항공기에 발급되는 정부의 인증서를 말함
  - 군용항공기를 연구·시험·수출·홍보 등을 위하여 한시적으로 운용하는 경우 감항성 검토 후 비행제한사항 및 비행안전을 위한 조건 등을 명시하여 대상 항공기에 발급되

는 정부의 인증서를 말함

- 특별감항인증서(Special Military Certificate of Airworthiness)
  - 군용항공기를 구매하는 경우 감항인증서 또는 이에 준하는 증명자료를 검토 후 감항성이 확인된 군용항공기에 대하여 호기별로 발급되는 정부의 인증서를 말함
  - 군용항공기를 개조·개량하는 경우 감항인증서 또는 이에 준하는 증명자료를 검토 후 감항성이 확인된 군용항공기에 대하여 호기별로 발급되는 정부의 인증서를 말함
  - 군용항공기의 부품·구성품 및 무기·장비 등을 제작·개조 또는 개량하여 군용항공기에 장착하는 경우 감항인증서 또는 이에 준하는 증명자료를 검토 후 감항성이 확인된 항공기에 발급되는 정부의 인증서를 말함

군용항공기 감항인증 절차는 형식인증, 생산확인 및 감항인증을 단계별로 수행하는 경우의 감항인증 절차와 감항성 심사를 생략하는 경우에 적용하는 감항인증절차 및 한시적으로 운용하는 군용항공기 감항인증 절차로 구분된다. 각각의 적용절차에 따라 발급되는 인증서는 그림 6.4와 같이 나타낸다.

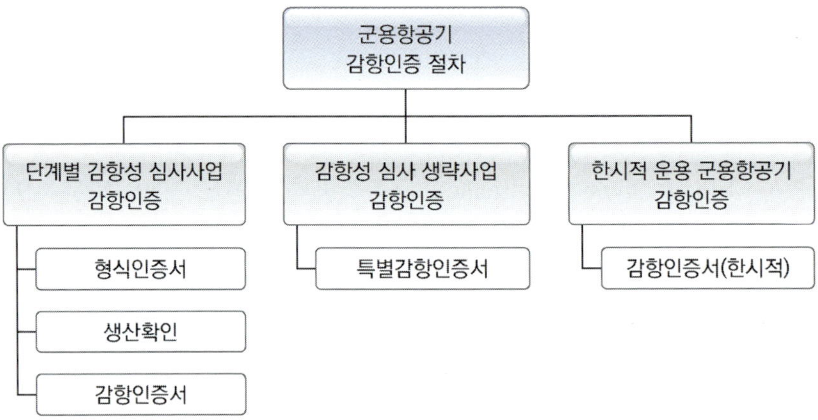

그림 6.4 군용항공기 감항인증 절차 및 인증서

6.4.2 단계별 감항성 심사를 수행하는 사업의 감항인증 절차

단계별 감항성 심사를 수행하는 사업의 감항인증절차도는 그림 6.5와 같다.

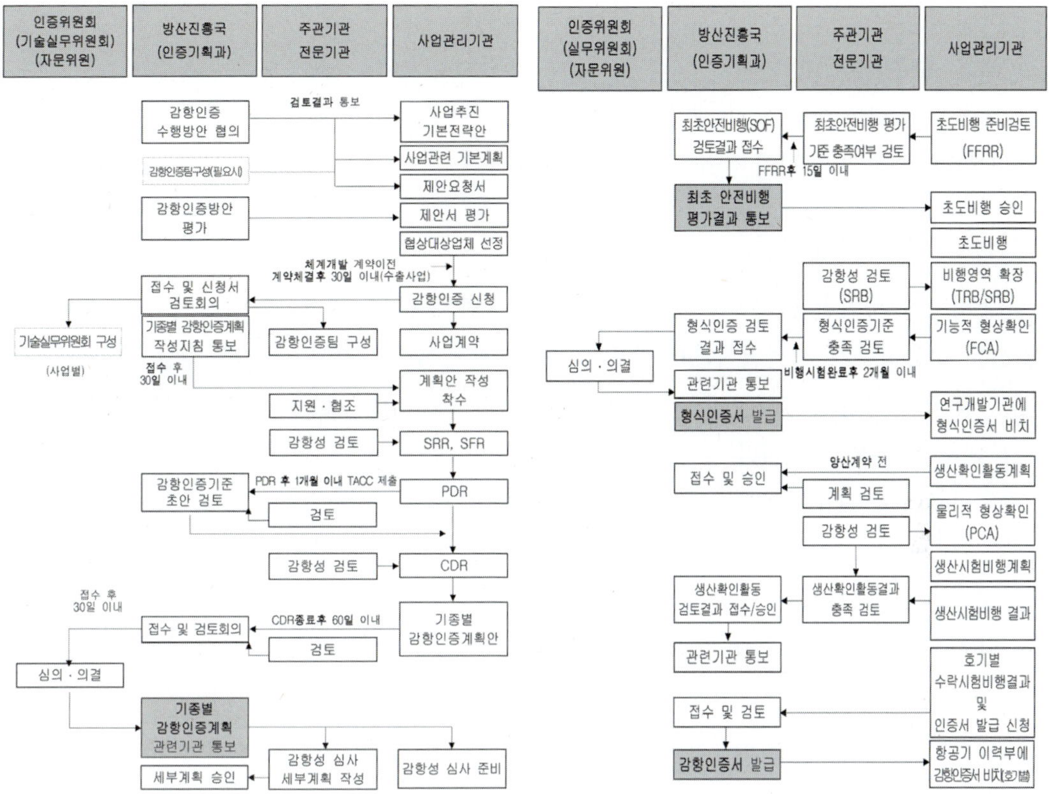

그림 6.5 단계별 감항성 심사를 수행하는 사업의 감항인증절차도

제14조, 제15조 (감항인증 준비 및 신청)

사업관리기관의 장은 사업추진기본전략, 사업관련 각종 계획서 및 제안요청서 작성시 해당사업의 특성을 고려하여 군용항공기 감항인증 규정을 준수하고 효율적인 업무수행이 가능하도록 사업특성에 맞는 감항인증 방안을 수립하여야 한다.

제안요청서(RFP; Request for Proposal) 작성 시 적용 감항인증기준과 감항인증 단계별 개략계획안이 업체 제안서(proposal)에 포함되도록 하여야 한다.

군용항공기 탐색개발사업, 핵심기술 연구개발사업 및 신개념기술 시범사업의 경우에 체계개발을 위한 감항인증 개략계획을 결과보고서에 포함하여야 하며, 방위산업진흥국장은 제안서 평가에 필요한 인력을 지원하고, 계약서에 포함될 감항인증 관련 내용을 협조한다.

사업관리기관의 장은 연구개발사업에 대한 감항인증을 체계개발 계약 이전에 다음의 내용을 포함하여 방위산업진흥국장에게 신청하여야 하며 방위산업진흥국장은 감항인증 신청 내용 등을 주관기관 및 전문기관의 장에게 통보하고 관련기관의 검토의견을 수렴하여 기종별 감항인증계획 작성지침에 반영할 수 있다.

- 사업 개요
- 적용 감항인증기준
- 개략적인 감항인증 계획(계약서에 포함될 감항인증 관련 내용 포함)
- 제한사항 및 요구사항

제16조 (감항인증팀 구성)

군용항공기 사업별 감항인증 업무의 전문성, 신뢰성 및 효율성을 보장하기 위해 주관기관의 장은 군용항공기 사업별 감항인증팀을 구성·운영한다. 감항인증팀은 해당 사업의 특성, 감항인증 업무의 규모 및 분야와 사업별 업무량을 고려하여 계획단계부터 활동하며 감항인증 관련사항 등을 검토한다.

감항인증팀은 표 6.3에 따라 구성되며 방위산업진흥국장은 주관기관이 구성한 감항인증팀에 대해 해당 사업의 규모와 구성원의 자격등을 검토하여 승인한다.

감항인증팀의 수행업무는 다음과 같다.

- 기종별 감항인증기준 및 감항인증계획안 검토
- 감항성 심사 세부계획 작성
- 안전검토심의회 참석 및 감항영향성 검토

표 6.3 감항인증팀 구성 서식

분야 (해당항목) / 기관명 (인원수)	성명	시스템 엔지니어	시스템 안전	기타 고려사항들	구조	재료	비행기술	무장·장착물통합	항공기세부계통	항공기 추진체	승무원 시스템	승객안전	컴퓨터자원	항공전자	전기계통	전자기 환경효과	진단계통	정비	비고
		00	00	00	00	00	00	00	00	00	00	00	00	00	00	00	00	00	
00기관 (0)																			
00기관 (0)																			
00기관 (0)																			
00기관 (0)																			
계		총 00명 (00기관 0명, 00기관 0명, 00기관 0명, 00기관 0명)																	

- 초도비행 제한사항 해제 또는 완화에 대한 검토
- 감항성 심사 및 결과보고서 작성

제18조 (감항인증계획 작성)

사업관리기관의 장이 감항인증신청을 하면 방위산업진흥국장은 30일 이내에 다음 사항을 포함하는 감항인증계획 작성지침을 해당 사업관리기관의 장에게 통보한다.

- 감항인증 단계별 절차
- 기종별 감항인증기준 및 적합성 검증방법(MOC)
- 안전비행(SOF) 계획
- 기종별 주요안전품목(CSI) 식별/관리절차

사업관리기관의 장은 표 6.4에 따라 기종별 감항인증기준 총괄표를 작성하여 기본설계검토회의(PDR) 종료 후 1개월 이내에 방위산업진흥국장에게 제출한다. 방위산업진흥국장은 기종별 감항인증기준 초안을 주관기관 및 전문기관에 검토요청하고, 주관기관은 검토결과를 방위산업진흥국장에게 제출한다.

기종별 감항인증기준안에 대한 검토결과가 사업관리기관의 장에게 통보되면, 사업관리기관의 장은 표 6.5를 고려하여 기종별 감항인증계획안을 작성하여 상세설계검토회의(CDR) 종료 후 60일 이내에 방위산업진흥국장에게 승인을 요청한다. 방위산업진흥국장은 기종별 감항인증계획안 접수 후 30일 이내에 관련부서와 사전 검토 수행 후 인증위원회의 심의를 거쳐 확정한다.

표 6.4 기종별 감항인증기준(총괄) 작성 양식

기술분야		대상(개)	적용(개)	주 요 입 증 자 료
1	(예) 시스템 엔지니어링	17	3	형상관리계획, 체계안전프로그램계획 등
2				
3				
4				
5				
6				
계				

표 6.5 감항인증계획안/감항성 심사결과안 주요내용

구 분	감항인증계획안	감항성 심사결과안
단계별 감항성 심사를 수행하는 사업	- 사업일반 - 감항인증개요 · 감항인증 대상/범위 · 감항인증 종류/방법 - 단계별 감항인증계획 · 설계/시험 단계 · 감항성심사 단계 · 인증서발급 단계 · 생산확인 단계(생산/수락시험비행계획 포함) · 감항인증 일정 - 기종별 감항인증기준(안) 및 적합성 검증방법(MOC) - 안전비행 계획(안전검토심의회 포함) - 주요안전품목 식별 및 관리계획 - 감항인증수수료(면제여부 포함)	- 사업일반 - 심사일반 · 심사기간 · 감항인증팀 구성 · 심사대상 - 분야별 감항성 심사결과 - 미충족 사항 조치계획 검토결과 · 미충족 항목/사유 · 비행안전 영향성 검토(IPT, 감항인증팀) · 조치계획 검토결과(감항인증팀): 면제요청 검토 포함 - 검증자료목록, 주요안전품목 목록

제19조 (감항인증업무 관리)

사업관리기관의 장은 확정된 기종별 감항인증계획에 따라 감항인증에 대한 업무를 관리하여야 하며, 탐색개발 및 체계개발단계에서 수행하는 다음의 주요 검토회의에 감항인증 전문인력이 참여할 수 있도록 한다.

- 체계요구조건검토(SRR; System Requirement Review)
- 체계기능검토(SFR; System Functional Review)
- 기본설계검토(PDR; Preliminary Design Review)
- 상세설계검토(CDR; Critical Design Review)
- 시험준비상태검토(TRR; Test Readiness Review)
- 초도비행준비검토(FFRR; First Flight Readiness Review)
- 안전검토심의회(SRB; Safety Review Board)
- 기능적 형상확인(FCA; Functional Configuration Audit)
- 물리적 형상확인(PCA; Physical Configuration Audit)
- 형상통제심의회(CCB; Configuration Control Board)
- 기타 주요 검토회의

제20조 (감항성 심사 및 단계별 감항인증 여부 결정)

감항성 심사는 주관기관의 장이 수행하며, 감항인증계획에 따라 감항성 심사 세부계획을 수립한다. 주관기관의 장은 기종별 감항인증계획이 확정된 이후 30일 이내에 기종별 감항인증계획에 따라 감항성 심사 세부계획을 작성하여 방위산업진흥국장의 승인을 받아야 한다. 감항성 심사 세부계획에는 사업 개요, 감항성 심사 개요, 심사중점, 방침/방법 및 감항성 심사 항목 및 기준과 안전비행(SOF; Safety of Flight) 계획이 포함된다.

주관기관의 장은 형식인증과 생산확인의 감항인증단계별 절차에 따라 감항성 심사를 수행하고 그 결과를 방위산업진흥국장에게 제출한다. 주관기관의 장은 면제가 필요한 사항에 대하여 사업관리기관의 장으로부터 면제요청사항 및 이에 대한 조치계획(미충족 항목 및 사유, 위험도 분석, 완화 방안, 완화방안 적용 이후 위험도 분석)을 제출받아 감항성에 미치는 영향성을 판단하여 감항성 심사결과에 포함한다. 방위산업진흥국장은 감항성 여부를 인증위원회의에 상정하고 심의를 거쳐 아래와 같이 구분하여 결정한다.

- 충족:
  - 기종별 감항인증기준의 모든 항목을 충족하는 경우
  - 기종별 감항인증기준의 일부 항목을 충족하지 못하나 비행안전에 미치는 영향이 경미한 경우
- 미충족:
  - 기종별 감항인증기준을 충족하지 못하고 비행안전에 미치는 영향이 중대한 경우

사업관리기관의 장은 미충족으로 결정된 경우 해당 기종별 감항인증기준의 미충족 사항을 보완하여 방위산업진흥국장에게 인증위원회의 재심의를 요청한다. 재심의 결과 다시 미충족 결정이 난 경우에는 방위사업추진위원회 또는 분야별 분과위원회에 해당 군용항공기 사업의 추진 여부에 대한 심의를 요청하여야 한다.

제21조 (형식인증)

형식인증은 군용항공기 설계가 형식설계와 합치하는지를 검증하기 위해 수행되는 반복 가능한 과정이다.

형식설계는 다음의 내용으로 구성된다.

- 해당 항공 시스템에 적용되는 감항인증기준을 충족함을 입증하는 형상 및 설계 특성들을 정의하는데 필요한 도면, 규격서 및 그 목록
- 해당 제품의 구조적 강도를 정의하는데 필요한 제원, 소재, 장비 특성 및 공정들에 관한 정보

- 안전한 운용 및 정비에 요구되는 모든 감항성 제한사항들
- 동일 형식 후속 제품들의 감항성, 소음특성, 연료 방출, 배기가스 방출에 대해 비교 결정하는데 필요한 기타의 모든 데이터

형식인증 단계에서는 초도비행 및 초도비행 이후의 안전비행(SOF; Safety of Flight)평가로 구분하여 감항성 심사업무를 수행한다.

형식인증을 위한 비행시험에 대한 일반적인 안전비행(SOF) 평가는, 사업관리기관의 장이 초도비행준비검토(FFRR) 회의를 개최하고, 주관기관의 장은 안전비행검토회의에 참석하여 최초 안전비행 평가기준의 충족여부를 검토하고, 아래의 사항을 포함하여 FFRR 이후 15일 이내에 최초 안전비행 검토결과를 방위산업진흥국장에게 제출함으로써 이루어진다.

- 최초 안전비행(SOF) 평가결과
- 미충족 사항 및 조치계획 검토결과
- 초도비행 제한사항

사업관리기관의 장은 초도비행 전까지 미충족 사항에 대한 보완 및 조치결과를 주관기관의 장에게 통보하고, 주관기관의 장은 이를 검토한 후 그 결과를 방위산업진흥국장에게 제출한다. 방위산업진흥국장은 초도비행 전까지 주관기관 검토결과를 종합하여 최초안전비행 평가결과를 사업관리기관의 장에게 통보하면, 사업관리기관의 장은 최초 안전비행 평가결과와 초도비행준비검토회의 결과를 종합하여 초도비행을 승인한다.

사업관리기관의 장은 초도비행 이후의 안전비행(SOF)을 위해 안전검토심의회(SRB; Safety Review Board)를 통해 비행영역을 확장하여야 하며, 주관기관의 장은 안전검토심의회에 참여하여 감항성을 지속 검토하여야 한다. 주관기관의 장은 초도비행 이후 심각하게 감항성을 저해하는 사안이 예상되거나 발생할 경우 지체 없이 사업관리기관의 장에게 시험비행중단을 요청하고 방위산업진흥국장에게 통보하여야 한다. 사업관리기관의 장은 관련 조치 내용을 방위산업진흥국장에게 통보하여야 하며, 방위산업진흥국장은 사업관리기관이 제출한 조치내용을 검토하여 그 결과를 사업관리기관의 장에게 통보한다.

주관기관의 장은 형식인증 검토회의 또는 기능적 형상확인(FCA)을 통해 기종별 감항인증기준 충족여부를 검토하여 표 6.5를 고려한 형식인증 검토결과를 감항성 심사 최종검토회의 완료 후 1개월 이내에 방위산업진흥국장에게 제출한다.

방위산업진흥국장은 형식인증 검토결과를 인증위원회의 심의를 거쳐 확정하고, 그 결과를 사업관리기관의 장, 주관기관 및 전문기관의 장에게 통보한다. 사업관리기관의 장은 인증위

대 한 민 국
방 위 사 업 청
THE REPUBLIC OF KOREA
DEFENSE ACQUISITION PROGRAM ADMINISTRATION
MILITARY AIRWORTHINESS CERTIFICATION AUTHORITY

형 식 인 증 서
Type Certificate
(번호 No. TC-2012-002)

1. 항공기 형식
Aircraft Type
FA-50

2. 개발자
Developer
한국항공우주산업(주)
Korea Aerospace Industries Ltd.

3. 항공기 분류
Aircraft Category
경공격기
Military Light Attacker

4. 개발자 주소
Developer Address
경상남도 사천시 사남면 공단 1로 78
78, Gongdan 1-ro, Sanam-myeon, Sacheon-si, Gyeongsangnam-do, Korea

5. 발행기준 및 조건
Basis of Issuance and Conditions

FA-50 항공기의 형식설계가 표준감항인증기준과 운용제한 조건을 바탕으로 법률에서 정한 감항인증 요구조건을 만족함을 인증하며, 상세 인증정보는 첨부된 형식인증자료에 명기되어 있음.

This Certificate certifies that Type Design for FA-50 Aircraft meets the Military Airworthiness Requirement according to Standard Airworthiness Certification Criteria with the operating limitations and conditions as specified in the Type Certificate Data Sheet based on *the Act on the Airworthiness Certification of Military Aircraft* of Republic of Korea.

6. 발행연월일
Date of Issuance 2012. 10. 31

방위사업청장
Commissioner of Defense Acquisition Program Administration

그림 6.6 형식인증서(FA-50)

[별지 제15호 서식]

형 식 인 증 자 료 집
(Type Certificate Data Sheet)
대 한 민 국
(The Republic of Korea)
방 위 사 업 청
(Defense Acquisition Program Administration)

형식인증번호(TC No.) :
개정번호(Revision) :
형식인증서 보유자(TC Holder) :
모델(Model) :
발행일자(Issue Date) :

형 식 인 증 자 료 집 번 호 (TYPE CERTIFICATE DATA SHEET NO.) : "형식인증번호 기입"

본 형식인증자료집은 형식인증서 ______________의 부분이며, 형식인증서가 발행된 ______가 「군용항공기 비행안전성 인증에 관한 법률」의 감항인증 요구조건을 충족하기 위한 조건과 제한사항을 규정한다.

This data sheet, which is a part of Type Certificate No. ____________, prescribes conditions and limitations under which the ________ for which Type Certificate was issued meets the Airworthiness Requirements of Korea Military Airworthiness Requirement Act.

형식인증서 보유자 (Type Certificate Holder)

형식인증서 보유자 기록 (Type Certificate Holder Record)

Page No.	1	2	3	4	5	6	7	8	9	10	11	12	13	14	15
Rev. No.	1	1	1	2	1	1	1	2	1	1	1	1	1	1	1

"최근에 개정된 버전에 의해 변경된 page 표시"

TCDS에 포함되어야 할 자료
[Information Required for Each Model Aircraft TCDS]

1 엔진(Engine)
2 연료(Fuel)
3 엔진한계(Engine Limits)
4 프로펠러 및 프로펠러 한계(Propeller and Propeller Limits)
5 회전날개 속도한계(Rotor Speed Limits)
6 변속기 토크한계(Transmission Torque Limits)
7 최대운용속도(Airspeed Limits)
8 무게중심 범위(Center of Gravity Range)
9 공허중량 무게중심 범위(Empty Weight C.G Range)
10 기준점(Datum)
11 수평수단(Levelings Means)
12 최대중량(Maximum Weights)
13 최대승무원(Maximum Crew)
14 좌석수(Number of Seats)
15 최대 화물량(Maximum Compartment Weights)
16 연료량(Fuel Capacity)
17 오일량(Oil Capacity)
18 최대운용고도(Maximum Operating Altitude)
19 조종면 움직임(Control Surface Movements)
20 제조연번(Manufacturer's Serial Numbers)
21 수입 요구사항 (Import Requirements)
22 적용감항인증기준(Certification Basis)
23 제작기준(Production Basis)
24 비행필수장비(Equipment)
25 서비스 정보(Service Information)
26 참고사항(Notes)
27 제한된 분류 항공기(Restricted Category Aircraft)
28 면제 및 이행사항(Waiver and Implementation Item)

※ 위의 항목중에서 군용항공기 사업별 특성에 맞게 선택하여 작성

그림 6.7 형식인증자료집(TCDS)

원회의 미충족 결정에 대하여, 기종별 감항인증기준의 미충족 사항을 보완한 후 방위산업진흥국장에게 인증위원회의 재심의를 요청하고, 재심의 결과 다시 미충족 결정이 난 경우에는 방위사업추진위원회 또는 분야별 분과위원회에 해당 군용항공기 사업의 추진 여부에 대한 심의를 요청한다.

사업관리기관의 장은 형식인증 완료 후 형식인증서 발급을 위하여 인증서 발급 신청서를 방위산업진흥국장에게 제출하고, 방위산업진흥국장은 인증위원회의 충족 결정에 대하여 그림 6.6과 같은 형식인증서를 기종별 감항인증기준 및 형식인증자료집(TCDS; Type Certificate Data Sheet)(그림 6.7)과 함께 사업관리기관의 장에게 발급한다. TCDS에는 엔진, 최대중량, 적용감항인증기준 등의 자료가 포함되어야 한다. 사업관리기관의 장은 발급된 형식인증서를 체계설계를 수행한 연구개발기관에 비치하여 유지하도록 하여야 한다.

제22조 (생산확인)

군용항공기는 방위사업법에 따라 국방기술품질원에서 납품물량 전체에 대해 품질보증을 실시하여 제작증명서와 같은 별도의 인증행위는 하지 않고 생산확인업무를 수행한다.

사업관리기관의 장은 최초 양산계약을 체결하거나 생산이 3년 이상 중단된 경우 양산계약 이전에 아래의 내용을 포함하는 생산확인계획안을 작성하여 방위산업진흥국장에게 제출하여야 한다. 여기서 품질보증체계 및 주요안전품목 관리체계에 대한 생산확인기준은 기품원이 내부절차에 따라 수립된 생산확인기준을 사업특성에 맞게 적용한다.

- 제작자 품질보증체계 검증 계획
- 확정된 주요안전품목(CSI)/제작원 목록 및 관리계획
- 생산시험비행 계획

방위산업진흥국장은 생산확인계획안을 주관기관의 검토를 거쳐 승인하고 해당 사업관리기관의 장, 주관기관 및 전문기관의 장에게 통보하여야 한다. 주관기관의 장은 생산시험비행 종료 후 다음 사항을 포함한 생산확인 결과를 방위산업진흥국장에게 제출하여야 한다.

- 제작자 품질보증체계 검증 결과
- 주요안전품목 및 제작원 관리 체계 평가 결과
- 생산시험비행 결과
- 미충족 사항 조치계획
- 검증자료 목록
- 결론 및 건의

방위산업진흥국장은 생산확인결과를 승인하고, 그 결과를 사업관리기관의 장, 주관기관 및 전문기관의 장에게 통보하여야 한다. 사업관리기관의 장은 생산확인결과 승인 이후 호기별 수락시험비행 결과를 포함하여 방위산업진흥국장에게 감항인증서 발급을 신청한다. 사업관리기관의 장은 생산확인 승인 후 아래와 같은 주요한 생산확인 요소의 변경이 발생한 경우, 변경내용 및 기승인된 생산확인에 미치는 영향성을 방위산업진흥국장에게 제출한다.

- 생산공장의 변경
- 품질보증체계에 영향을 미치는 주요한 생산시설 및 생산공정의 변경
- 감항성에 영향을 주는 품질보증체계의 주요한 변경

제23조 (감항인증서 발급)

군용항공기 감항인증은 어떤 항공시스템이 설정된 비행영역 내에서 안전하게 유지 및 운용될 수 있거나 되었음을 검증하기 위해 시행되는 반복적인 과정이다. 감항인증서 발행 및 유지를 위한 두 가지 필요조건은 첫째 항공시스템이 해당 형식설계와 합치하여야 하며, 둘째 항공시스템이 안전한 운용을 위한 조건을 유지하고 있어야 한다.

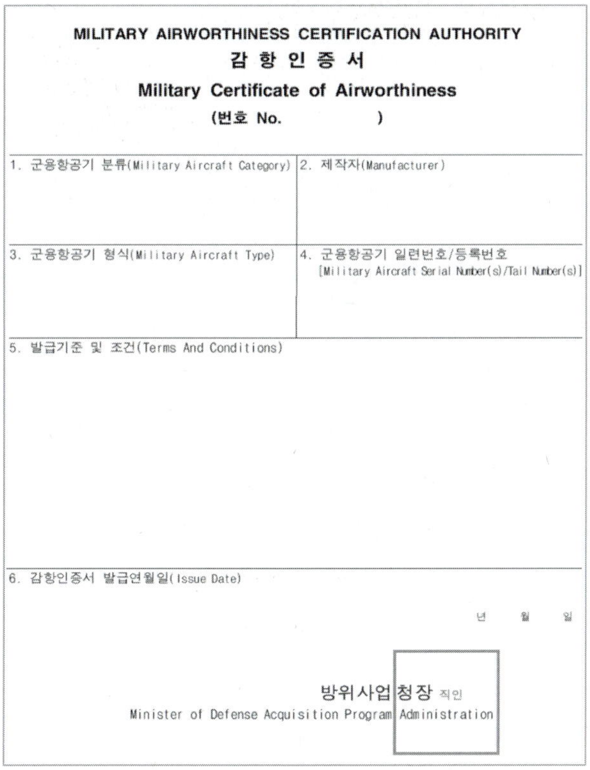
MILITARY AIRWORTHINESS CERTIFICATION AUTHORITY
감 항 인 증 서
Military Certificate of Airworthiness
(번호 No.   )

1. 군용항공기 분류(Military Aircraft Category)	2. 제작자(Manufacturer)
3. 군용항공기 형식(Military Aircraft Type)	4. 군용항공기 일련번호/등록번호 [Military Aircraft Serial Number(s)/Tail Number(s)]
5. 발급기준 및 조건(Terms And Conditions)	
6. 감항인증서 발급연월일(Issue Date)	

년 월 일

방위사업청장 직인
Minister of Defense Acquisition Program Administration

그림 6.8 감항인증서

방위산업진흥국장은 형식인증과 생산확인 결과 및 사업관리기관의 장이 제출한 호기별 수락시험비행 결과를 확인한 후에 호기별 감항인증서를 발급한다(그림 6.8). 사업관리기관의 장은 운용자로 하여금 발급된 항공기 호기별 감항인증서를 해당 항공기 이력부에 철하여 항공기 수명주기 동안 유지하도록 한다.

6.4.3 감항성 심사를 생략하는 사업의 감항인증 절차

제24조, 제25조 (감항인증 준비 및 신청)

사업관리기관의 장은 사업추진기본전략, 사업계획서 및 제안요청서 작성시 해당사업의 특성을 고려하여 사업특성에 맞는 감항인증 방안을 수립하여야 한다.

제안요청서(RFP: Request for Proposal)/오퍼요청서(LOR; Letter of Request) 작성 시 다음 사항을 포함한 감항인증계략 계획을 업체제안서에 포함하고, 구매계약서에 감항인증계획을 반영하여야 한다.

- 기종별 감항인증기준 제출계획
- 감항관련 인증서 또는 이에 준하는 증명서류 현황
- 주요안전품목(CSI) 현황
- 국내·외 생산별 품질보증 계획

사업관리기관의 장은 계약체결 이전에 다음의 내용을 포함하여 방위산업진흥국장에게 신청한다.

- 사업 개요
- 기종별 감항인증기준 제출계획
- 개략적인 감항인증 계획(계약서에 포함될 감항인증 관련 내용 포함)
- 제한사항 및 요구사항

제26조 (감항인증계획 작성)

사업관리기관의 장이 감항인증신청을 하면 방위산업진흥국장은 30일 이내에 다음 사항을 포함하는 감항인증계획 작성지침을 해당 사업관리기관의 장에게 통보한다.

- 감항인증 절차
- 기종별 주요안전품목(CSI) 식별/관리절차

기종별 감항인증기준안에 대한 검토결과가 사업관리기관의 장에게 통보되면, 사업관리기관의 장은 표 6.6을 고려하여 기종별 감항인증계획안을 작성하여 상세설계검토회의(CDR) 종료 후 60일 이내에 방위산업진흥국장에게 승인을 요청한다. 방위산업진흥국장은 기종별 감항인증계획안 접수 후 30일 이내에 관련부서와 사전 검토 수행 후 인증위원회의 심의를 거쳐 확정한다.

표 6.6 감항인증계획안/감항성심사결과안 주요내용

구 분	감항인증계획안
감항성 심사를 생략하는 사업	- 사업일반 - 감항인증개요 · 감항인증 대상 · 감항인증 종류/방법 · 감항인증 인증서 또는 이에 준하는 증명서류 - 단계별 감항인증계획 · 인증서발급 단계 · 감항인증 일정 (생산/수락시험비행계획 포함) - 기종별 감항인증기준 제출계획 - 안전비행 계획 (필요시) - 주요안전품목 식별 및 관리계획 - 감항인증수수료 (면제여부 포함)

제27조 (감항인증업무 관리)

사업관리기관의 장은 확정된 기종별 감항인증계획에 따라 감항인증에 대한 업무를 관리하여야 하며, 감항인증과 관련된 다음 사항을 계약자로부터 확보하여 방위산업진흥국장에게 제출하여야 한다.

- 기종별 감항인증기준
- 감항관련 인증서 또는 이에 준하는 증명서류
- 호기별 품질보증 자료
- 호기별 생산시험비행 결과
- 주요안전품목(CSI) 목록
- 감항성 유지절차

제28조 (특별감항인증서 발급)

감항인증서 발급을 위하여 사업관리기관의 장은 감항관련 인증서 또는 이에 준하는 증명

서류, 호기별 품질보증 자료 및 생산시험비행 결과, 인증서 발급 신청서를 방위산업진흥국장에게 제출한다.

방위산업진흥국장은 수락시험비행 후에 감항관련 인증서와 관련 자료를 근거로 수락시험비행 결과를 확인 후 그림 6.9의 특별감항인증서를 항공기 호기별로 사업관리기관의 장에게 발급한다. 사업관리기관의 장은 운용자로 하여금 발급된 항공기 호기별 특별감항인증서를 해당 항공기 이력부에 철하여 항공기 수명주기 동안 유지하도록 한다.

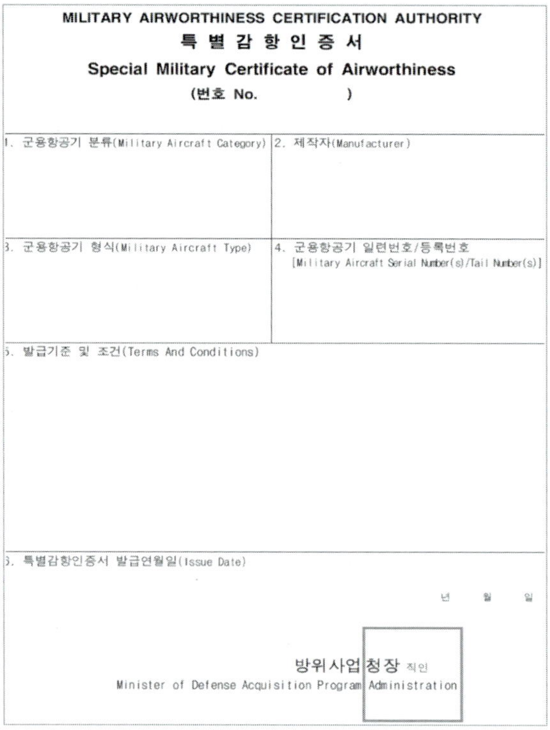
MILITARY AIRWORTHINESS CERTIFICATION AUTHORITY

특 별 감 항 인 증 서

Special Military Certificate of Airworthiness

(번호 No.)

1. 군용항공기 분류(Military Aircraft Category)	2. 제작자(Manufacturer)
3. 군용항공기 형식(Military Aircraft Type)	4. 군용항공기 일련번호/등록번호 [Military Aircraft Serial Number(s)/Tail Number(s)]

5. 발급기준 및 조건(Terms And Conditions)

6. 특별감항인증서 발급연월일(Issue Date)

년 월 일

방위사업청장 직인

Minister of Defense Acquisition Program Administration

그림 6.9 특별감항인증서

6.4.4 한시적으로 운용하는 군용항공기 감항인증 절차

제29조 (연구·시험·수출·홍보 등을 위한 감항인증)

연구·시험·수출·홍보 등을 위하여 한시적으로 운용하는 군용항공기에 대하여 감항인증을 받고자 하는 기관의 장은 다음 사항을 포함하여 방위산업진흥국장에게 감항인증을 신청한다.

- 군용항공기 운용 목적 및 기간
- 군용항공기 운용의 개요

· 비행계획(안)(비행 프로파일 등)

· 항공기 제원 및 형상

– 비행안전성관련 기술자료

– 비행 제한사항 등

주관기관의 장은 비행안전성관련 기술자료(비행운용을 위한 조건, 제한 및 한계사항을 포함) 검토결과를 방위사업진흥국장에게 제출한다. 방위사업진흥국장은 검토결과를 근거로 그림 6.10의 감항인증서(한시적 운용)를 신청기관의 장에게 발급한다.

MILITARY AIRWORTHINESS CERTIFICATION AUTHORITY

감 항 인 증 서

(한시적 운용)

Military Certificate of Airworthiness

(Provisional Operation)

(번호 No.)

1. 군용항공기 분류(Military Aircraft Category)	2. 제작자(Manufacturer)
3. 군용항공기 형식(Military Aircraft Type)	4. 군용항공기 일련번호/등록번호 [Military Aircraft Serial Number(s)/Tail Number(s)]
5. 운용 목적·기간 및 군용항공기 형상(Purpose, Validity Period and Military Aircraft Configuration)	
6. 비행 제한사항 및 비행안전을 위한 조건(Limitations)	
7. 감항인증서 발급연월일(Issue Date)	

년 월 일

방위사업청장 직인

Minister of Defense Acquisition Program Administration

그림 6.10 감항인증서(한시적 운용)

6.4.5 사업 종류별 감항인증 절차

사업 종류별 감항인증 절차를 적용하는 사업에는 군용항공기를 연구·개발하는 사업, 군용항공기 구매 사업, 군용항공기 개조·개량 사업, 군용항공기의 부품·구성품 및 무기·장비 등을 장착하는 사업등 4개의 사업으로 구분하여 감항인증서 및 특별 감항인증서를 발급한다(그림 6.11).

사업형태		인증서
연구·개발 사업		감항성 심사 후; - 감항인증서(호기별)(그림 6.8) 단계별 감항성 미수행 경우; - 특별감항인증서(그림 6.9), 감항인증서(한시적 운용)(그림 6.10)
구매 사업		인증서, 증명자료 있는 경우; - 특별감항인증서(호기별)(그림 6.9) 인증서, 증명자료 없는 경우; - 감항인증서(호기별)(그림 6.8)
개조·개량 사업		인증서, 증명자료 있는 경우; - 특별 감항인증서(개조·개량)(그림 6.13) 인증서, 증명자료 없는 경우; - 감항인증서(호기별)(그림 6.14)
부품·구성품 및 무기·장비 장착 사업		인증서, 증명자료 있는 경우; - 특별감항인증서(호기별 부품·구성품 및 무기·장비 운용)(그림 6.15) 인증서, 증명자료 없는 경우; - 감항인증서(호기별 부품·구성품 및 무기·장비 운용)(그림 6.16)

그림 6.11 사업 종류별 감항인증

제30조 (군용항공기를 연구 · 개발하는 사업의 감항인증)

군용항공기를 연구 · 개발하는 사업의 감항인증은 단계별 감항성 심사를 수행하는 사업의 감항인증 절차를 적용한다. 국내에서 연구개발하는 군용항공기 사업으로 해당사업의 특성을 고려하여 단계별 감항성 심사의 전부 또는 일부를 수행하지 않는 경우 단계별 감항성 심사를 수행하는 사업의 감항인증 절차를 준용한다. 이 경우 그림 6.9의 특별감항인증서 또는 그림 6.10의 감항인증서(한시적 운용)를 발급한다.

핵심기술, 신개념기술시범사업(ACTD; Advanced Concept Technology Demonstration), 탐색개발의 경우 감항인증 심의위원회 의결을 통해 한시적으로 운용하는 군용항공기 감항인증 절차를 적용한다. 수출항공기의 경우 단계별 감항성 심사를 수행하는 사업의 감항인증 절차를 준용하고 표 6.7의 수출항공기 감항인증 절차를 따르며, 그림 6.12의 수출항공기 감항인증 절차도를 따른다.

표 6.7 수출항공기 감항인증절차

1. 수출용 군용항공기의 감항인증을 받고자 하는 신청자는 아래의 사항을 포함하여 설명회를 수행함
   가. 사업개요
   나. 신청자의 책임
   다. 인증을 받고자 하는 항공기 형식
   라. 인증 필요성
   마. 인증절차 개요
   바. 예상되는 기술 인증주요사안 및 새롭거나 특이한 설계특성
   사. 주요 공급업체 및 특이한 제품 공급업체와의 관계
   아. 인증 일정 등
2. 군용항공기 수출사업은 해당 업체가 사업관리기관의 역할을 수행한다. 단 사업관리기관의 장은 감항인증관련 사업 및 개발부서와 독립적인 업무가 수행 가능하도록 고려함
3. 사업관리기관의 장은 계약 이전 수입국의 감항인증 요구사항과 국내 비행소요(비행시험, 조종사 훈련, 항공수송(Ferry), 개략적인 감항인증계획(감항인증 방법, 형식인증 필요성, 감항인증서 종류 등)을 방위산업진흥국장과 사전 검토회의를 수행함
4. 방위산업진흥국장은 원활한 수출지원을 위해 감항인증팀을 구성하여 계약 이전 단계부터 지원함
5. 사업관리기관의 장은 감항인증을 받고자 하는 수출사업에 대하여 계약체결 이후 30일 이내에 수출을 증명할 수 있는 관련 서류를 첨부하여 감항인증을 신청함
6. 수출용 군용항공기의 감항인증 기준의 작성 및 변경은 제11조(감항인증기준의 작성) 및 제12조(감항인증기준의 변경)를 따름
7. 수출용 군용항공기의 형식인증 절차는 제21조(형식인증)를 따른다. 단, 수출용 군용항공기의 기술변경 및 형식인증자료집(TCDS) 개정 등의 관리는 사업관리기관의 장 책임하에 수행한다.
8. 방위산업진흥국장은 형식인증과 생산확인 결과 및 사업관리기관의 장이 제출한 호기별 품질보증 자료 및 수락시험비행 결과를 확인 후 그림 6.7의 감항인증서를 호기별로 사업관리기관의 장에게 발급하여야 한다. 단, 수입국에 의하여 수락시험비행이 수행되지 못하는 경우에는 생산시험비행으로 대체하여 감항인증서를 발급할 수 있음
9. 기타 사항은 일반감항인증 절차를 준용함

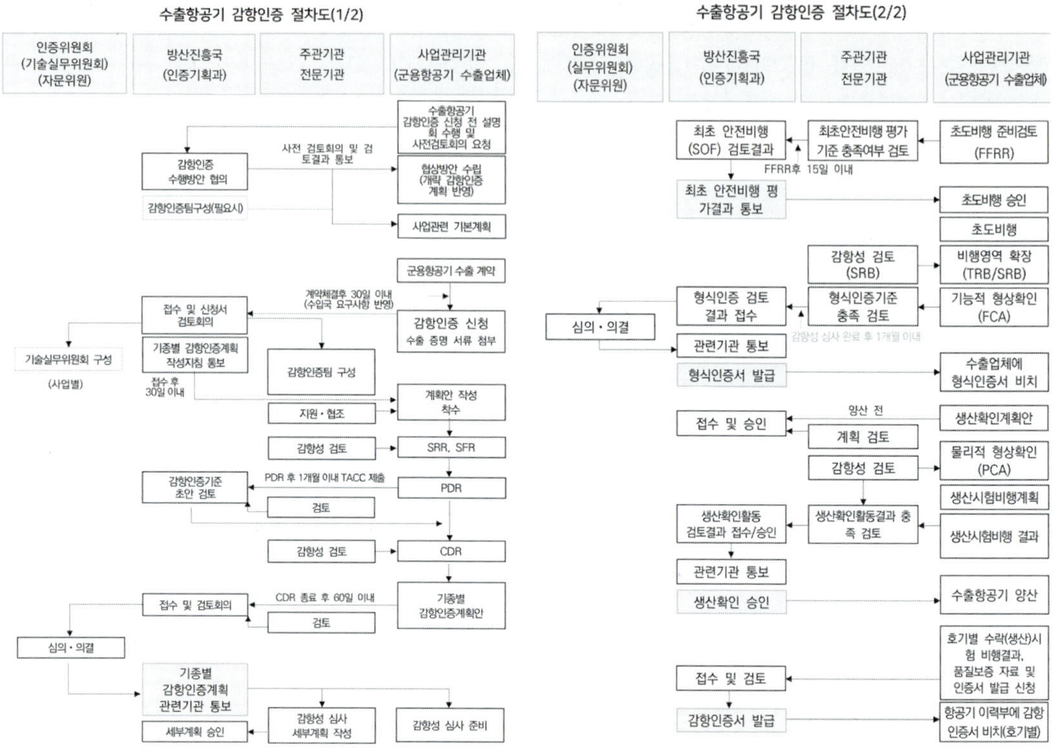

그림 6.12 수출항공기 감항인증절차도

제31조 (군용항공기를 구매하는 사업의 감항인증)

군용항공기를 구매하는 사업의 경우 다음의 절차를 따른다.

- 인증서 또는 이에 준하는 증명자료가 있는 경우: 감항성 심사를 생략하는 사업의 감항인증 절차를 적용하고 감항인증 완료 후 호기별로 그림 6.9의 특별감항인증서를 발급함
- 인증서 또는 이에 준하는 증명자료가 없는 경우: 단계별 감항성 심사를 수행하는 사업의 감항인증 절차를 준용하고 감항인증 완료 후 호기별로 그림 6.8의 감항인증서를 발급함

제32조 (군용항공기를 개조·개량하는 사업의 감항인증)

군용항공기를 개조·개량하는 사업의 경우 다음의 절차를 따른다.

- 인증서 또는 이에 준하는 증명자료가 있는 경우: 감항성 심사를 생략하는 사업의 감항인증 절차를 적용하고 감항인증 완료 후 대상 항공기 호기별로 그림 6.13의 특별감항인증서(개조·개량)를 발급함
- 인증서 또는 이에 준하는 증명자료가 없는 경우: 단계별 감항성 심사를 수행하는 사업

의 감항인증 절차를 준용하고 감항인증 완료 후 대상 항공기 호기별로 그림 6.14의 감항인증서(개조 · 개량)를 발급함

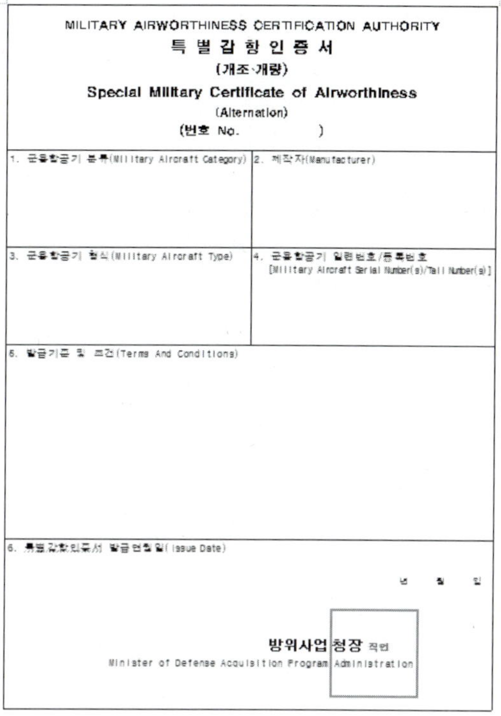
MILITARY AIRWORTHINESS CERTIFICATION AUTHORITY

특 별 감 항 인 증 서

(개조·개량)

Special Military Certificate of Airworthiness

(Alternation)

(번호 No.)

1. 군용항공기 분류(Military Aircraft Category)	2. 제작자(Manufacturer)
3. 군용항공기 형식(Military Aircraft Type)	4. 군용항공기 일련번호/등록번호 [Military Aircraft Serial Number(s)/Tail Number(s)]
5. 발급기준 및 조건(Terms And Conditions)	
6. 특별감항인증서 발급연월일(Issue Date) 년 월 일 방위사업청장 직인 Minister of Defense Acquisition Program Administration	

그림 6.13 특별감항인증서(개조 · 개량)

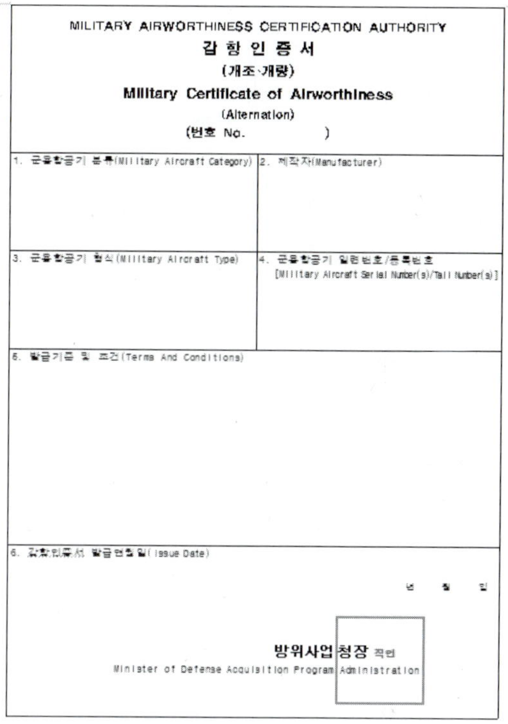
MILITARY AIRWORTHINESS CERTIFICATION AUTHORITY

감 항 인 증 서

(개조·개량)

Military Certificate of Airworthiness

(Alternation)

(번호 No.)

1. 군용항공기 분류(Military Aircraft Category)	2. 제작자(Manufacturer)
3. 군용항공기 형식(Military Aircraft Type)	4. 군용항공기 일련번호/등록번호 [Military Aircraft Serial Number(s)/Tail Number(s)]
5. 발급기준 및 조건(Terms And Conditions)	
6. 감항인증서 발급연월일(Issue Date) 년 월 일 방위사업청장 직인 Minister of Defense Acquisition Program Administration	

그림 6.14 감항인증서(개조 · 개량)

제33조 (군용항공기의 부품 · 구성품 및 무기 · 장비 등을 장착하는 사업의 감항인증)

군용항공기의 부품 · 구성품 및 무기 · 장비 등을 제작 · 개조 또는 개량하여 군용항공기에 장착하는 사업의 경우 대상항공기에 장착하려는 부품 · 구성품 및 무기 · 장비 등의 인증 여부를 고려하여 다음의 절차를 따른다.

- 인증서 또는 이에 준하는 증명자료가 있는 경우: 감항성 심사를 생략하는 사업의 감항인증 절차를 적용하고 감항인증 완료 후 대상 항공기 기종별 또는 호기별로 그림 6.15의 특별감항인증서(부품 · 구성품 및 무기 · 장비 운용)를 발급함
- 인증서 또는 이에 준하는 증명자료가 없는 경우: 단계별 감항성 심사를 수행하는 사업의 감항인증 절차를 준용하고 감항인증 완료 후 대상 항공기 기종별 또는 호기별로 그림 6.16의 감항인증서(부품 · 구성품 및 무기 · 장비 운용)를 발급함

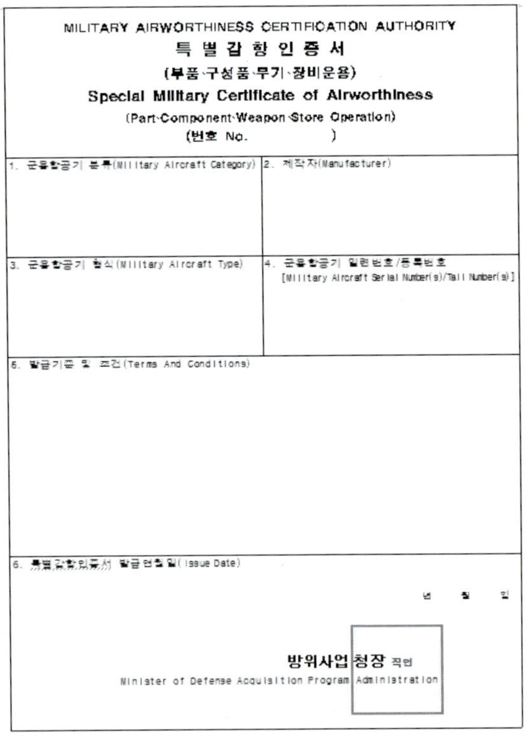

MILITARY AIRWORTHINESS CERTIFICATION AUTHORITY
특 별 감 항 인 증 서
(부품·구성품·무기·장비운용)
Special Military Certificate of Airworthiness
(Part·Component·Weapon·Store Operation)
(번호 No.)

1. 군용항공기 분류(Military Aircraft Category)	2. 제작자(Manufacturer)
3. 군용항공기 형식(Military Aircraft Type)	4. 군용항공기 일련번호/등록번호 [Military Aircraft Serial Number(s)/Tail Number(s)]

5. 발급기준 및 조건(Terms And Conditions)

6. 특별감항인증서 발급연월일(Issue Date)

년 월 일

방위사업청장 직인
Minister of Defense Acquisition Program Administration

그림 6.15 특별감항인증서(부품 · 구성품 및 무기 · 장비 운용)

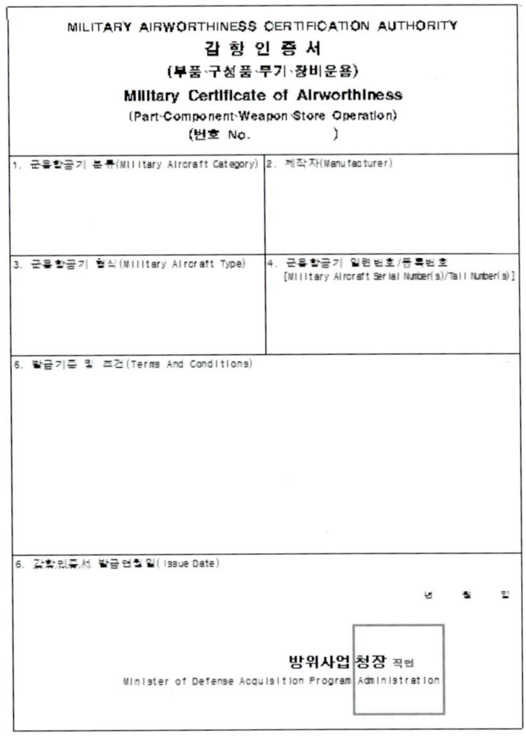

MILITARY AIRWORTHINESS CERTIFICATION AUTHORITY
감 항 인 증 서
(부품·구성품·무기·장비운용)
Military Certificate of Airworthiness
(Part·Component·Weapon·Store Operation)
(번호 No.)

1. 군용항공기 분류(Military Aircraft Category)	2. 제작자(Manufacturer)
3. 군용항공기 형식(Military Aircraft Type)	4. 군용항공기 일련번호/등록번호 [Military Aircraft Serial Number(s)/Tail Number(s)]

6. 발급기준 및 조건(Terms And Conditions)

6. 감항인증서 발급연월일(Issue Date)

년 월 일

방위사업청장 직인
Minister of Defense Acquisition Program Administration

그림 6.16 감항인증서(부품 · 구성품 및 무기 · 장비 운용)

6.4.6 각 군 주관 군용항공기 감항인증 절차

방위사업청장의 감항인증 권한 일부를 위탁받은 각 군 참모총장 등이 위탁 수행하는 사업에 대한 감항인증 업무는 다음의 지침에 의하며, 각 군이 주관하는 군용항공기 개조 사업의 감항성 영향성 평가 기본 흐름도는 그림 6.17과 같다.

- 위탁받은 감항인증 업무를 객관적으로 수행하기 위한 별도의 규정을 제정하고 이를 준수하여야 함
- 감항인증 전담조직이 위탁받은 감항인증 업무를 수행하도록 하여야 함
- 수탁기관의 장은 매년 1월에 전년도에 위탁 수행한 감항인증 업무 현황 및 결과를 방위사업청장에게 제출하여야 함

그림 6.16 기본흐름도의 감항인증 업무 수행 시 감항성 상세 분석을 필요하는 감항 영향성 판단기준은 아래와 같으며 각 군 담당부서는 해당 개조/개량/국산화 대체 개조에 대한 감항 영향성 판단 기준을 문서화하여 후속 업무에 활용토록 하여야 한다. 또한 각 군은 본 감

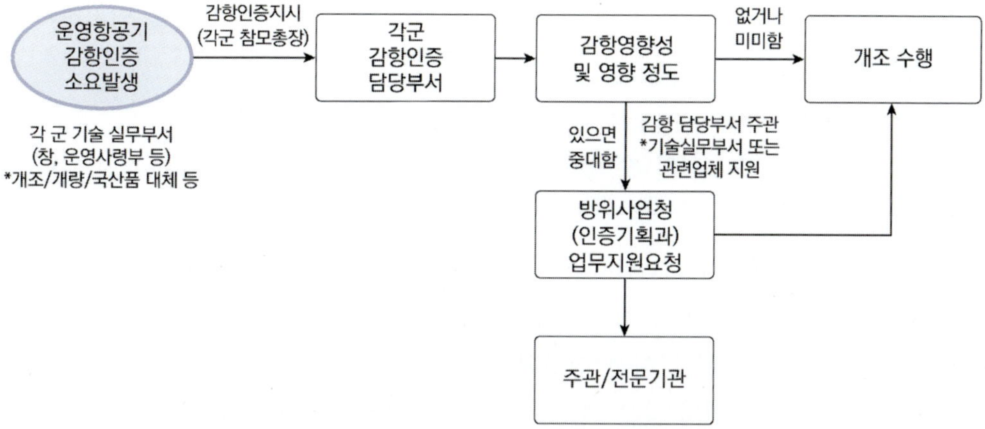

그림 6.17 각군 주관 군용항공기 개조 사업 감항인증 업무 흐름도

항성 판단기준을 기 운영 중인 형상통제절차에 반영하여 보강 운영하여야 한다.

- 구조 건전성, 추진/구동 계통 작동(소프트웨어 포함), 항공기 성능, 항공 역학적 특성(항력, 조종응답 및 안정성), 전자기 특성, 항법시스템 효과도, 비행제어 계통 입출력 요구도, 중량 및 평형, 생명지원 시스템, 조종석 소음수준에 중대한 영향을 주는 개조 또는 중요 소프트웨어의 갱신
- 승무원 시계 또는 임무수행 능력에 제한을 초래하거나 사고 또는 비상탈출 시 승무원 또는 승객에게 위험을 증가시키는 결과를 가져오는 개조
- 항공기의 외형선(안테나, 날개 펜스, 배지느러미 핀, 와류 발생기, 공기 흡입 계통, 보조 공기 흡입구 등)의 개조.
- 상황 인식, 항공기 조종, 무장 발사 등에 영향을 줄 수 있는 승무원에게 시현되는 시현기, 경고계통 또는 중대 정보 제공기능의 개조
- 폭발성 무장, 폭발성 또는 발화성 액체, 레이저 에너지 등과 같은 에너지원을 장착하거나 모든 형태의 해로운 방사를 할 수 있도록 항공기 개조
- 운영 비행교범의 운영 제한치나 비상절차에 영향을 미치는 개조
- 장착물 관리계통 및 이에 수반되는 무장 계통 소프트웨어를 포함한 무장 투하/발사 계통에 대한 개조
- 항공기 시스템, 장착된 세부계통 또는 연동장비에 아래와 같은 영향을 주는 비행 임무 운영에 필요한 장비의 개조 및 장착
  - 항공기, 세부계통 또는 연동장비의 조작, 지시계 또는 시현기에 영향을 미치거나 항법 시스템에 영향을 미칠 수 있는 전자기 에너지 방출
  - 승무원의 임무수행 능력을 방해하거나 감소시킬 수 있는 빛 또는 소음 에너지 방출

· 이륙 및 착륙단계 동안 사고 시 조종사, 승무원 또는 승객에게 위험을 방지하기 위한 고정기능
· 표준의 항공기 시스템, 세부계통 또는 구성품 기능을 대체
· 비상 탈출능력을 감소시킬 수 있는 승무원 공간에 불명확하거나 잠재적인 상해 위험 부과

– 비개발품목(NDI; Non Development Item) 또는 상용완성품(COTS; Commercial Off the Shelf)을 포함한 장비의 장착이 승인된 형상에 영향을 미치는 개조
– 기타 유지감항인증을 위한 사전 설정된 제한치들에 영향을 주는 개조. 여기에는 현행 기술교범에 승인되어 있지 않은 하드웨어의 추가, 삭제, 재질 교체 또는 재형상 및 소프트웨어 갱신이 포함됨

각군의 해당 시스템 개발 또는 세부계통 개조 관리부서는 다음의 내용을 포함한 계획을 수립하고 감항영향성 평가결과를 작성하여야 한다.

– 사업 범위 및 평가 주요일정: 사업 일정을 위주로 상세 평가일정 수립
– 감항영향성 분석방법: 아래에 나열된 업무 중 해당 사업에 적용할 업무를 식별하여 간략하게 기술. 분석 방법은 정량적, 정성적, 귀납적, 또는 연역적이어야 하며 반드시 분석 목적과 일관된 결과를 생성해야 함
  · 예비위해성목록(PHL; Preliminary Hazard List) 작성
  · 예비위험요소분석(PHA; Preliminary Hazard Analysis)
  · 시스템요구도 위해성분석(SRHA; System Requirement Hazard Analysis)
  · 세부계통위해성분석(SSHA; Subsystem hazard Analysis)
  · 시스템위해성분석(SHA; System hazard Analysis)
  · 운영지원위해성분석(O&SHA; Operating and Support Hazard Analysis)
  · 건강위해성분석(HHA; Health Hazard Assessment)
  · 기능적위해성분석(Functional Hazard Analysis)(소프트웨어 포함)
  · 복합시스템(System-of-System) 위해성분석
  · 환경위해성분석(Environmental Hazard Analysis)
– 평가 방법: 수행된 위해성 분석 결과 및 설계에 의해 위해성을 제거할 수 없는 경우 이에 수반되는 위험도를 평가하기 위한 방법을 기술함. 가능한 한 MIL-STD-882 (System Safety)에서 적용하고 있는 아래의 평가방법 적용
  · 시스템 및 세부계통 심각도 및 발생확률 평가

· 시스템 위험도에 대한 소프트웨어 기여도 평가

- 해당 분석업무 수행 및 결과 문서화: 해당 분석업무 결과물을 종합
- 감항 영향성 판단 보고서 작성

감항 영향성 및 영향 정도 판단 절차는 미 국방부 시스템 안전 표준절차서인 MIL-STD-882(System Safety)의 절차를 활용한다. 본 절차는 해당 시스템 개발 또는 세부계통 개조를 수행할 군 실무 담당자 또는 개조를 제안한 업체 실무자가 주관하여 수행한다.

6.5 군용항공기 감항인증 기준

미 공군은 군용항공기의 표준감항인증기준(Airworthiness Certification Criteria)으로 2002년 10월에 MIL-HDBK-516을 최초로 제정하였다. 제정 당시에는 고정익 비행체에 대한 요건만을 규정하고 있었으나, 이후에 회전익 항공기 및 무인기에 대한 요건을 추가하여 2004년 2월에 Rev.A로 개정하였고, 2005년 9월에는 MIL-HDBK-516B로 2014년 12월에는 MIL-HDBK-516C로 개정하였다(그림 6.18). MIL-HDBK-516B는 개발하고자 하는 항공기의 감항성 프로그램을 정의하는데 편리하게 사용될 수 있는 점검표 형식으로 구성되어 있다. 즉, 각 감항성 인증요건과 이에 해당되는 합동군사규격지침서(JSSG; Joint Service Specification Guide), 군사표준서(MIL Standards), 미 육군 항공설계표준서(ADS; Aeronautical

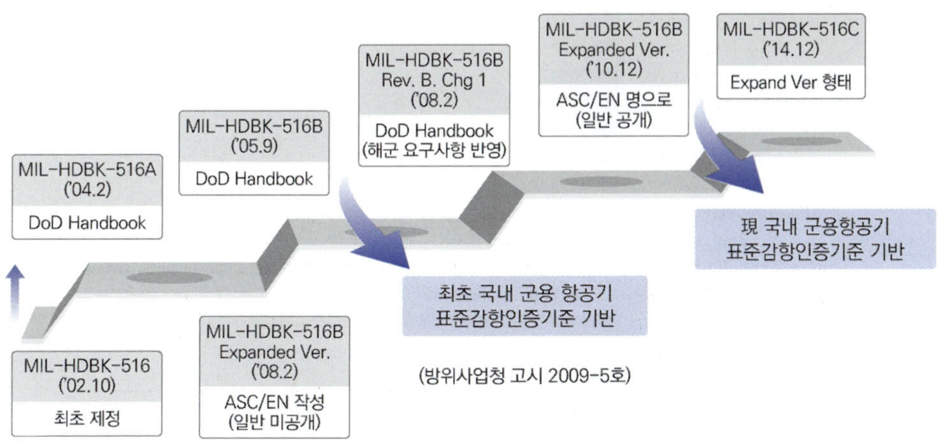

그림 6.18 MIL-HDBK-516C 변천 과정

Design Standards), 군사편람(MIL Handbooks), 그리고 연방항공규정(FAR) 등의 상호관계를 함께 제시함으로써 기종별 감항인증기준(TACC; Tailored Airworthiness Certification Criteria)을 개발하는데 필요한 실무적인 내용을 수록하고 있다. MIL-Spec 개혁 정책을 따르고 공군 사업책임자(PM; Project Manager)와 연구책임자(CE; Chief Engineer)에 대한 감항인증 근거에 대한 지침을 마련하기 위하여 기존의 MIL-Spec과는 달리 기능적인 요구사항(functional needs)보다는 인증기준(certification criteria)을 주로 제시하고 있다. MIL-HDBK-516B Expanded는 국내 최초의 군용항공기 표준 감항인증 기술기준의 근거가 되는 문서인 MIL-HDBK-516B w/change 1의 수정, 보완본으로써 기술기준에 대한 표준과 적합성 검증방법을 상세하게 기술하여 기술기준의 의미를 상세하게 설명하고 있으며 17개 기술기준 분야의 871 기술기준으로 구성되어 있다.

현재 미 국방부의 기본적인 감항인증 기술 기준서는 2014년 12월에 제정된 MIL-HDBK-516C 'Airworthiness Certification Criteria'이며, 본 문서는 새로운 환경에 부합하는 성능기반의 군용항공기 인증기준을 마련하였으며 무인항공기에도 적용 가능토록 하였다. MIL-HDBK-516C는 MIL-HDBK-516B Expanded Version의 수정본으로 기술기준(Criterion)과 이에 대한 검증기준(Standards) 및 적합성 검증 방법(Methods of Compliance)을 추가적으로 제시하고 있다. MIL-HDBK-516C 감항인증 기술기준 항목이 그림 6.19에 나와 있다.

국내의 감항인증기술기준으로는 미 국방부의 MIL-HDBK-516B를 기반으로 한 2011년 12월 7일에 제정된 '표준감항인증기준'이 있으며, FA-50 항공기의 형식인증(Type Certification)은 2012년 10월에 이를 바탕으로 승인되었다. 이는 최초의 전투기 감항인증기술기준 적용

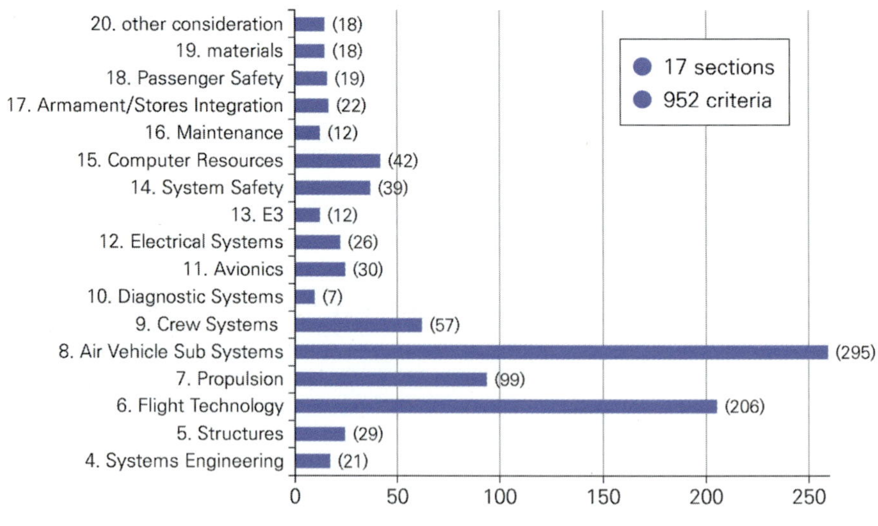

그림 6.19 MIL-HDBK-516C 기술기준

으로 비행안전성을 고려한 국내 전투기 개발 및 양산, 운영에 있어 전환점이 되었으며 이를 바탕으로 인도네시아 등 수출활성화에 기여하였다. 2017년 5월에는 MIL-HDBK-516C와 NATO STANAG 4671및 STANAG-4703을 토대로 군용항공기 표준 감항인증기준(Part 1, 2, 3)을 제정하였다. 표준감항인증기술기준 Part 1은 2011년 12월에 청고시 2011-1호로 제정한 군용항공기 표준 감항인증기준과 동일한 17개의 기술분야로 구성되어 있으며, 기존 기술기준 항목 수 대비 71개 항목이 증가된 952개 기술기준으로 구성되었다. 표준 감항인증기준 Part 2에는 NATO의 STANAG 4671을 기준으로 작성한 150~20,000kg의 최대이륙중량을 가진 군용 고정익 무인항공기기술기준이고, 표준감항인증기준 Part 3은 NATO의 STANAG 4703을 기준으로 작성한 150kg 이하의 군용고정익경량 무인항공기 시스템에 대한 기술기준이다(그림 6.20).

감항기술 기준을 선정하는데 있어 국내뿐 아니라 대외적으로도 통용될 수 있도록 표준성(standardization)과 객관성(objectivity)을 고려하여야 한다. 이에 더불어 국내의 여건과 현실을 반영하는 적용가능성(adaptability)을 고려하고 군 작전 임무를 충실하게 수행할 수 있도록 하여야 한다. 표준감항인증기술기준 제정의 목적은 첫째로 유/무인기 고정익/회전익 항공기 시스템의 감항성 결정에 사용될 표준감항인증 기준을 정하고, 둘째로 기종별 감항인증기준(TACC; Tailored Airworthiness Certification Criteria) 및 개조 감항인증 기준을 작성하는데 사용되는 기본적인 기술기준이다. 정확한 감항성 평가를 보장하기 위해 적용성과 해당 시스템의 특정 측정기준 값에 대한 완전하고 정확한 문서화가 매우 중요하다고 할 수 있다.

감항인증기준은 군용항공기 사업 계획의 수립 및 사업추진 단계별로 군용항공기의 형상 및 임무에 따라 요구되는 비행안전성을 확보하기 위하여 일반적으로 지켜야 할 기술기준이

[청고시 2009-5호,'09.9] [청고시 2011-1호,'11.12] [청고시 2017-3호,'17.4.11]

그림 6.20 청고시 표준 감항인증기준

다. 군용항공기 전 수명주기(life cycle) 동안 감항성 결정이 필요한 모든 시점, 특히 기능 또는 생산기준서의 변경이 발생할 경우에 항상 적용하여야 한다.

감항인증기준은 표준감항인증기준과 기타 감항인증기준 및 기종별 감항인증기준 등으로 구분한다.

6.5.1 표준감항인증기준(Standard ACC; Standard Airworthiness Certification Criteria)

군용항공기 사업시 항공기의 비행안전성을 확보하기 위해 설계·제작·시험 등에 적용하는 일반적인 기술기준으로서 방위사업청장이 고시한 감항인증기준을 말하며 Part 1, 2, 3으로 구성되어 있다(그림 6.21).

그림 6.21 표준 감항인증기준 (Part 1, 2, 3)

(1) 표준감항인증기준 Part 1

표준감항인증 기술기준 Part 1은 사업관리기관의 장, 감항인증 주관기관 및 전문기관의 장 및 계약자들이 해당 항공시스템의 기종별 감항인증기준을 작성하는데 사용되는 일반적인 기술기준이다. 이 문서는 미 국방성의 'MIL-HDBK-516C'를 바탕으로 작성되어 있으며 JSSG-2010(Crew Systems, Oxygen Systems Handbook), MIL-STD-1797B(Flying Qualities of Piloted Aircraft) 등 미 국방부 배포 통제의 이유로 미확보된 자료는 미 국방부에서 공개된 최신자료 등을 활용할 수 있다.

표준감항인증 기술기준 Part 1은 항공시스템의 전 수명주기 동안 감항성 결정이 필요한 모든 시점, 특히 기능기준선(functional baseline) 또는 생산기준선(production baseline)의 변경이 발생할 경우에 항상 적용되어야 한다.

표준감항인증 기술기준 Part 1은 유인, 무인, 고정익 또는 회전익 항공기를 포함한 각 항공시스템별로 안전한 운용 및 유지를 위한 최소한의 설계 수준이 설정되도록 고유의 기준들이 포함되어 있다. 무인항공기(UAV)에서는 유인 항공기와 마찬가지로 인명, 장비, 재산, 환경에 대한 피해와 관련된 안전비행(SOF; Safety of Flight) 위험요소를 고려한다. 승무원 또는 탑승객이 있는 무인항공기 역시 유인항공기에서와 똑같은 감항인증 요구조건이 적용된다. 어떤 항공기든 인원수송(예를 들어, 승객, 환자, 특수임무인원)의 임무를 하는 항공기는 여객기 인증 요구조건을 적용해야 한다.

무인항공기시스템(UAS; Unmanned Aircraft System)은 무인항공기(UAV; Unmanned Air Vehicle)와 통제소, 그리고 데이터 링크, 통신체계/링크, 발사 및 회수 장비(LRE; Launch and Recovery Equipment) 등 지원요소들로 구성되어 있다. 무인항공기는 크기, 중량, 복잡도에 따라 다양하다. 무인항공기시스템(UAS)이 운용될 환경(통제된 시험장, 공역, 사용용도, 함상운용)은 설계에서 폐기까지 이르는 무기체계의 기대수명까지 고려되어야 한다.

이와 유사하게, 함정에 탑재하여 운용할 목적의 항공기는 구조 건전성, 증기흡입에 대한 추진체계 동적반응 및 허용한도, 난류가 심한 조건에서의 접근 및 착륙에 대한 통제 시스템 반응, 전자기 환경 영향, 갑판 상의 항공기 취급, 지원 및 서비스, 조종사 시계 등 고유의 요구도를 갖고 있다.

상용파생항공기(CDA; Commercial Derivative Aircraft)는 관련 법령 및 규정에 따라 감항인증 업무를 수행한다. 상용파생항공기(CDA)는 KC-135(Boeing 707)이나 미 대통령 전용기(Air Force One VC-25, Boeing 747)와 같이 민간항공기를 군에서 운용하기 위해 개조 또는 해당 형상을 그대로 사용하는 항공기를 말한다. 모든 경우에서 일관되고 시기적절하며 정확한 감항성 평가를 보장하기 위해 적용성과 해당 시스템 특정 측정기준 값에 대한 완전하고 정확한 문서화가 매우 중요하며, 상용에서 전환된 항공기 형식 이외의 군사 목적의 개조부분에 대해 감항인증을 수행하여야 한다.

Part 1 감항인증기준 전체가 모든 형태의 항공시스템에 적용되는 것은 아니며 이전에 정의되지 않은 플랫폼별 고유의 기준에 대해서는 해당 형상별 안전 측면에 대한 충분한 검토가 추가되어야 한다. 해당 시스템의 인증기준을 작성하기 위해서는 적용할 감항인증기준의 완전한(필요충분한) 하부세트가 식별되어야 하며, 전체 기준에 대해 조정을 해야 한다. Part 1 인증기준은 엄격한 형상통제하에 완전한 문서화로 유지되어야 하며 일반적인 규칙은 다음과 같다.

- 시스템 또는 제품의 복잡도, 형태, 데이터 및 고유 용도를 고려하여 각 기준을 '적용',

'부분적용' 또는 '비적용'으로 식별. 비적용으로 분류한 모든 기준에 대한 근거를 문서화 할 것
- '적용'할 기준은 어떠한 형태로든 삭제 또는 수정될 수 없음
- '부분적용'의 경우 적용 또는 '비적용'에 해당하는 부분을 구분해야 함. 부분적으로 적용 가능하다고 판단한 근거를 문서로 남겨야 함
- 본 문서의 기준으로 충분히 다룰 수 없는 성능이나 시스템에는 적용 또는 부분적용 기준을 적절하게 추가하여 보완할 것
- 필요시에는 추가적인 기준을 개발할 것. 본 문서에 포함된 기준으로 성능 및 시스템을 충분히 다룰 수 없는 사유에 대해서는 문서화할 것. 추가된 기준이 향후 본 문서에 추가적으로 포함할지를 고려할 것
- 시스템의 종류, 성능 및 사용용도에 따라 표준과 적합성 검증방법은 조정 가능함

표준감항인증 기술기준 Part 1에 포함되어 있는 기준은 경력 기술자, 해당분야의 훈련된 전문가가 특정 무기체계의 기준 충족여부 확인을 위해 이해, 조정, 적용, 평가할 수 있어야 한다. 이러한 업무를 지원하기 위하여 해당 특정 기준별로 군사 및 민간 관련 문서들이 같이 포함되어 있다.

표준감항인증 기술기준 Part 1의 구조는 각 기술분야별로 '전형적 인증 시스템의 예'를 시작으로 각각의 기술기준에 대해 감항 인증기준(Criterion), 표준(Standard) 및 적합성 검증방법(MOC; Method of Compliance) 및 참고문서(References)로 구분하고 있으며, 이들은 모든 항공기 시스템에 적용되며 감항성 설계의 설정, 검증 및 유지를 위하여 필요한 최소한의 요구도이다(표 6.8). 인증기준(Criterion)은 항공기의 감항성을 평가하기 위한 원칙을 뜻하며, 표준(Standard)은 기술기준 충족을 위해 설정한 세부적인 요구조건을 뜻한다. 적합성 검증방법(MOC)은 감항인증 기준에 대한 적합여부를 검증 또는 시연하기 위한 논리적 또는 체계적인 수단으로써 감항당국의 감항인증에 활용될 수 있는 객관적인 증거를 제시하며 표 6.9과 같이 검사, 분석, 시범, 지상시험 및 비행시험 등으로 구분한다. 각 감항인증기준별로 적절한 곳에 참고문서들이 식별되어 있다. 원천참고문서는 다음의 참고문서들이 포함되지만, 이에 국한되지는 않는다. 여기서 미 연방항공청(FAA) 법령 14CFR Part 23, 25, 27, 29는 항공기 형식에 따라 달리 적용되며 항공기 크기와 사용도와 일치하여야 한다. 나열된 목록은 전체를 포함하지는 않으며, 사용자가 지침서로서만 활용하고 요구도로 인용할 목적으로 사용해서는 안 된다는 점에 대한 주의가 요구된다. 또한 사용자는 추가적인 미 FAA 권고회람서(AC; Advisory Circular) 또는 FAA의 법적 요구 이행에 대한 이해를 도모하기

위해 FAA 웹사이트에 게재한 지시서(orders) 및 알림서(notices)와 같은 FAA 문서들을 활용한다.

- 국제표준화협정(International Standardization Agreements)
- 연방규격(Federal Specifications)
- 미연방표준(Federal Standard)
- 상용물자기준(Commercial Item Descriptions)
- 미 국방규격(Department of Defense(DoD) Specifications)
- 미 국방표준(Department of Defense Standards)
- 미 국방성 지침서류(Department of Defense Handbooks)
- 다른 정부기관 문서, 도면, 도서류(Other Government documents, drawings and publications.)
- 비정부 표준 또는 기타 도서류(Non-Government standards and other publications)

표 6.8 Criterion, Standard 및 MOC 정의

구 분	내 용
기준(Criterion)	항공기의 감항성을 평가하기 위한 원칙
표준(Standard)	기준 충족을 위해 설정되어야 할 세부적인 요구조건임
적합성 검증방법(Method of Compliance)	감항인증 기준에 대한 적합여부를 검증 또는 시연하기 위한 논리적 또는 체계적인 수단. 적합성 검증방법은 감항당국의 감항인증에 활용될 수 있는 객관적인 증거를 제시하여야 함
참고문서(References)	-

표 6.9 적합성 검증방법(MOC) 분류 기준

구분	검증방법	설명	기준자료(예)
I	검사 (Inspection)	설계도면과 같은 문서를 검사하거나 유사성 자료를 근거로 검증	Inspection - Drawings, Design Review - Bill of Materials - Technical Description/Specification/Publication - Material and Process - Standards and Norms - Maintenance and Flight Manual - Similarity

구분	검증방법	설명	기준자료(예)
		구성품 차원의 각종 인증 결과를 활용하여 검증	Equipment Qualification - Declaration of Design and Performance - Software Qualification - TSO(Technical Standard Order) - Specified Aeronautical Equipment - Inspection on Equipment - Test on Equipment
A	분석 (Analysis)	하중, 응력, 성능, 전기부하 등에 대해 이론적 또는 수치적 해석을 통해 검증	Analysis - Calculations(Loads, Stress, Performance, etc.) - Theoretical Checks - Functional Analysis - Electrical Loads Analysis - Weight and Center of Gravity - Reliability/Maintainability/Safety Analysis
D	시범 (Demon-stration)	항공기에서 수행되는 각종 비 계측 검사 또는 항공기나 Mock-up에서의 시범을 통해 검증 및 시뮬레이션을 통하여 검증	Demonstration - Review on Aircraft(Static Demonstration) - Maintainability Demonstration - Demonstration on Mock-up - Inspection on Aircraft or System - Demonstration on Simulation Bench (Dynamic) - Flight Test Simulator
GT	지상시험 (Ground Test)	계통차원에서 Rig 또는 별도 시험설비를 활용한 시험을 통해 검증 및 항공기 차원의 지상시험을 통해 검증	Ground Test - Laboratory Test Reports - Bench Test Reports - Wind Tunnel Test Reports - Ground Test Reports
FT	비행시험 (Flight Test)	항공기 차원의 비행시험을 통해 검증	Flight Test - Flight Test Reports
N/A	해당사항없음 (Not Applicable)	단순 정의 또는 일반적인 요구사항으로써 검증 불필요	Compliance Statement/Assumption/ Definition - Compliance Statements - Requirements Applicability - Systems Definition - General Design Criteria - Type Design Documents

※ 필요시 검증방법 추가 또는 조정 가능

표준감항인증 기술기준 Part 1은 표 6.10과 같이 17개의 항공기, 헬리콥터 및 무인항공기 시스템 설계 및 인증에 필요한 전문분야기술별로 총 958항목의 기준으로 구성된다.

표 6.10 표준감항인증 Part 1 기술기준

번호체계/기술분야	세부 장, 절	내용	기술 기준수
4. 시스템 엔지니어링	4.1 설계기준 4.2 도구 및 데이터베이스 4.3 재료선정 4.4 제작 및 품질 4.5 운용자 및 정비 교범/기술지시서 4.6 형상관리	- 체계공학 일반(WBS, 형상관리, 비용분석, 군사규격 등) - 신뢰성, ILS, RAM 등 - 생산활동 [품질기능 전개(QFD; Quality Function Deployment), 항공기 인증체계 평가 프로그램(ACSEP; Aircraft Certification Systems Evaluation Program), 품질체계, 안전필수 부품(CSI; Critical Safety Item) 등]	22
5. 구조	5.1 하중 5.2 구조동역학 5.3 강도 5.4 손상허용 및 내구성(피로) 5.5 질량특성 5.6 비행허가 5.7 필수 구조관리	- JSSG-2006(Aircraft Structure)문서 - DO-178(SW Considerations in Airborne Systems and Equipment Certification) /160 (Environmental Conditions and Test Procedures for Airborne Equipment)/254 (Design Assurance Guidance for Airborne Electronic Hardware)문서 - 구조 일반(하중, 강도, 손상허용, V-n 선도 등) - 재료 및 특성 - 구조시험(정적, 내구성, 조류 충돌 등) - 중량 특성 및 관리 - MMPDS-08(Metallic Materials Properties Development and Standardization, MIL-HDBK-5 (Weapon System Integrity Guide) - 재료 특성(복합재/알루미늄), NDI 등	34
6. 비행기술	6.1 비행성 6.2 항공기 제어기능(VCF) 6.3 항공기 공기역학 및 성능	- MIL-HDBK-1797(Flying Qualities of Piloted Aircraft), JSSG-2008(Vehicle Control Management System)문서 - 공력·성능 해석 및 특성(풍동시험 포함) - 정·동안정성 해석, 비행제어(FBW, HW, SW 포함) - 비행성 평가(고정익, 무인기, 헬기 등)	206
7. 추진체 및 추진체 장착	7.1 추진체 위험관리 7.2 가스터빈 엔진 적용 7.3 기타 추진계통	- JSSG-2007(Engines, Aircraft, Turbine), MIL-HDBK-1783(Engine Structural Integrity Program(ENSIP) 문서 - 왕복엔진. 터빈엔진(APU/EPU 포함) 일반 - 기체-엔진 통합설계 - 공기흡입구 설계/해석	99

번호체계/기술분야	세부 장, 절	내용	기술 기준수
8. 항공기세부 계통	8.1 유압 및 공압계통 8.2 환경제어계통 8.3 연료계통 8.4 화재 및 위험 방지 8.5 착륙장치 및 감속계통 8.6 보조/비상 동력계통 8.7 공중급유 8.8 기계장치 8.9 외장화물고리계통(회전익) 8.10 구조용 외장 호이스트(회전익) 8.11 패스트 로프 삽입/전개계통 (회전익)	- JSSG-2009(Air Vehicle Subsystem) 문서 - 유압 및 공압, RCS 계통 - 연료계통/공중급유 - 화재 및 위험 보호 - 착륙장치(설계, 시험 등), 기계장치 - 전기계통	295
9. 승무원 시스템	9.1 탈출계통 9.2 승무원실, 통제소 및 항공기 내부 9.3 항공시스템 조명 9.4 인간공학적 성능 9.5 구명계통	- JSSG 2010(Crew System, Oxygen System) 문서 - 탈출계통(좌석, 절차 등), 인간공학 - 조종실 설계/배열, 조명장치 등 - 캐노피 통합, 추락생존성 - 기타(생명유지, 편의시설 등)	57
10. 진단계통	10.1 고장유형 10.2 작동	- FMECA, FRACAS, BIT - 고장 유형 및 영향성 분석	7
11. 항공전자	11.1 항공전자 아키텍처 11.2 항공전자 세부계통 11.3 항공기 항공전자	- JSSG-2005(Avionic Subsystem) 문서 - DO-178(SW Considerations in Airborne Systems and Equipment Certification)/160 (Environmental Conditions and Test Procedures for Airborne Equipment)/254 (Design Assurance Guidance for Airborne Electronic Hardware) 문서 - 항공전자 일반(종류, 특성 등): 항법, 통신, 식별, 임무 · 생존장비 등 - 항공전자 아키텍쳐 및 통합	30
12. 전기계통	12.1 발전계통 12.2 전력분배를 포함한 전기배선	- 발전계통 - 전력분배를 포함한 전기 배선 계통	26
13. 전자기 환경영향	13.1 구성품/세부계통 E3 품질검증 13.2 시스템 수준 E3 품질검증	- 구성품 수준 기준 및 검증 (MIL-STD-461G; Requirements for the Control of Electromagnetic Interference Characteristics of Subsystems and Equipment) - 시스템 수준 기준 및 검증(MIL-STD-461C) - 전자기 환경영향 시험 및 절차	12

번호체계/기술분야	세부 장, 절	내용	기술 기준수
14. 시스템 안전	14.1 시스템 안전계획 14.2 안전설계 요구도 14.3 소프트웨어 안전계획	- 안전일반(계획, 분석기법, 도구, 절차 등) - MIL-STD-882E(System Safety) - SAE ARP 4761(Guidelines and Methods for conducting the Safety Assessment Process on Civil Airborne Systems and Equipment), AC23-1309-1E (System Safety Analysis and Assessment for Part 23 Airplanes) 등	39
15. 컴퓨터 시스템과 소프트웨어	15.1 시스템 처리 아키텍처 15.2 시스템 처리 아키텍처 요소의 설계와 기능적 통합 15.3 하드웨어/전자장비 처리 15.4 소프트웨어 개발 절차 15.5 소프트웨어 아키텍처와 설계 15.6 소프트웨어 인증 및 설치	- DO 178(SW Considerations in Airborne Systems and Equipment Certification), JSSG-2008 (Vehicle Control Management System) - HW 설계/해석/시험/평가 - SW 설계/해석/시험/평가	42
16. 정비	16.1 정비교범/점검목록표 16.2 검사 요구도	- JSSG 2000(Air System)/2001(Air Vehicle) - 정비일반(검사, 교범, 기술도서 등) - 고장 탐구 절차	12
17. 무장 장착물 통합	17.1 기총/로켓 통합 및 인터페이스 17.2 장착물 통합 17.3 레이저 통합 17.4 안전 잠금장치	- MIL-HDBK-1763(Aircraft/Stores Compatibility: Systems Engineering Data Requirements and Test Procedures), MIL-HDBK-244A (Guide to Aircraft/Stores Compatibility) 문서 - 무장 통합 및 인터페이스 - 지상 및 비행시험(풍동시험, 구조시험, 분리시험 등)	22
18. 승객안전	18.1 승객 생존성 18.2 내화성 18.3 탑승자 생리적 요구	- JSSG 2010 (Crew Systems) 시리즈(관련 사항만) - 승객 탈출, 비상장비 및 비상부주	19
19. 재료	19.1 특성 및 공정 19.2 부식 19.3 비파괴 검사 19.4 마모 및 침식	- 재료 특성 공정 - 부식 - 비파괴 검사 - 마모 및 침식	18
20. 항공수송능력, 공중투하, 임무/시험장비 및 하물/탑재하중안전	20.1 항공 수송능력 및 공중투하 20.2 임무/시험장비 운용 및 장착	- 항공수송능력 및 공중투하 - 임무/시험장비 운용 및 장착	18
소계			958

표준감항인증 기술기준 Part 1의 17개 전문분야기술별(제4장~제20장) 개요를 다음과 같이 정리하였다.

제4장 시스템엔지니어링 (System Engineering)

시스템 엔지니어링 분야의 인증원천 자료는 다음과 같다.

- 신뢰성, 품질 및 제작계획서
- 계약자 정책 및 절차
- 내구성 및 손상허용 관리계획
- 작업지침서(work instructions)
- 공정규격서(process specifications)
- 생산/조립 진행보고서
- 품질 기록부
- 결함/고장 데이터
- 고장유형, 영향 및 치명도 분석((FMECA; Failure Modes, Effects, and Criticality Analysis) 문서
- 기술자료 묶음(TDP; Technical Data Package)
- 모든 주요안전품목/구성품의 부품번호/일련번호를 포함하는 제작현황 목록
- 규격완화/면제 및 반영되지 않은 설계변경 목록
- 승인된 1급 기술변경 제안서(ECP; Engineering Change Proposals)
- 미국 국방성 양식 250(DD Form 250), 자재검사 및 수령 보고서
- 형상관리 계획/공정 기술문서
- 단종 제작원 대비계획
- 노후화 부품 대비계획
- 시험보고서
- 시험계획서
- FAA 감항지침서(Airworthiness Directives) 및 권고회람서(Advisory Circulars)
- 제작사 발행 기술회보(Service Bulletins)
- 민간항공당국 인증계획
- 민간항공당국 인증기준
- 민간항공당국 인증보고서
- 시스템안전 분석보고서(System Safety Analysis Report)

- 위조방지계획(counterfeit prevention plan)

시스템 엔지니어링의 인증기준, 표준 및 적합성 검증방법은 모든 항공기 시스템에 적용되며 감항성 설계의 설정, 검증 및 유지를 위하여 필요한 최소한의 요구도를 나타낸다. 시스템 엔지니어링은 다분야(multidisciplinary) 학문별 공학관리 프로세스로 항공기 전체 수명주기 동안 통합되고, 균형적인 해결책을 제시하여야 한다. 시스템 엔지니어링의 목표는 비용 및 제품개발기간에 대한 위험도를 낮추고 최적의 비용효과를 나타내는데 있다.

시스템엔지니어링 분야에서는 설계기준, 도구 및 데이터 베이스, 재료선정, 제작 및 품질, 운용자 및 정비교범 및 형상관리의 22개 상세기준을 나타낸다.

그림 6.22는 시스템엔지니어링 프로세스 'V' 모델을 나타낸다.

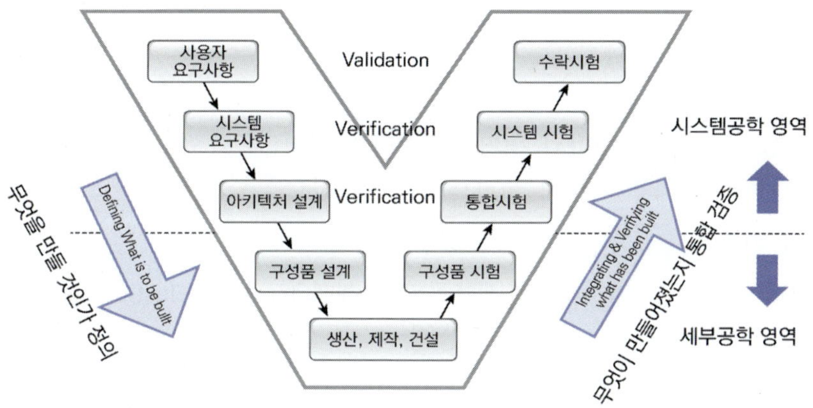

그림 6.22 시스템엔지니어링 프로세스(V 모델)

제5장 구조(Structure)

항공기 구조는 다음 사항을 포함한다.

- 동체
- 조종석
- 주익
- 메인/테일 로터
- 프로펠러
- 후방동체
- 테일 파일런
- 착륙장치의 구조요소
- 제어시스템
- 조종면
- 구동시스템
- 로터 제어 시스템
- 레이돔
- 안테나
- 엔진 마운트
- 나셀

- 파일런
- 역추력 장치 흡입구
- 공중 급유 메커니즘
- 함상 관련 공중 기구/장치
  - 고정익 캐터펄트 및 어레스트 구성품
  - 회전익/틸트로터 자세 회복 보조장치
  - 프로브/하푼 보호시스템 구성품 및 예비 구조
- 구조적 작동 메커니즘
- 좌석 구조물
- 장비 구조물
- 의료 구조 장비
- 저장 및 기내 탑재하중
- 화물
- 인원수용

구조분야의 인증원천 자료는 다음과 같다.

- 설계 기준(design criteria)
- 하중 해석(loads analyses)
- 내부 하중 및 응력 해석
- 재료, 공정, 부식방지, 비파괴 평가 및 수리 데이터
- 수행된 모든 설계개발 시험의 결과들
- 입증시험 결과
- 플러터(flutter), 구조 안정성 및 서보공탄성 해석(aeroservoelastic analyses)
- 하중 풍동시험 데이터
- 플러터 풍동시험 데이터
- 지상진동시험(GVT; Ground Vibration Test) 결과
- 손상허용(damage tolerance) 및 내구성 해석
- 구성품/전기체 정적 및 피로시험 결과
- 실무장 발사시험 결과 및 탄도 해석
- 조류 충돌시험 및 해석 결과
- 어레스트 와이어 충격시험 및 해석 결과
- 사용자 및 정비사 교범 또는 동등한 문서
- 비행운용 제한사항(flight operating limits)
- 강도 요약 및 운용 제한사항
- 손상허용 및 내구성 시험 결과
- 전기체 내구성 시험 결과
- 기능 시험 결과

- 비행하중 시험 결과
- 계측장비 및 보정시험 결과
- 조종면, 탭 및 완충장치 시험 결과
- 열탄성 시험 결과
- 제한 하중 강성(rigidity) 시험 결과
- 비행 플러터 시험 결과
- 질량 특성 통제 및 관리계획(인터페이스)
- 중량 및 평형 보고서(인터페이스)
- 관성 보고서(inertia report)
- 설계 비교연구 및 해석
- 연료시스템 시험 결과
- 실중량 측정 결과
- 중량 및 평형 실무지침서 또는 동등한 문서
- 위험도 분석(hazard analysis)
- 환경기준 및 시험 결과
- 진동 및 음향 시험 결과
- 항공기 이력 추적 프로그램(aircraft tracking program)
- 착륙장치 및 항공기 기체 낙하시험 계획 및 결과
- 기계적 안정성 시험 계획 및 결과
- 회전 시험 계획 및 결과(whirl test plans and results)
- 지상계류 시험 계획 및 결과(tie-down test plans and results)
- 구조 기술 보고서
- 전복 안정성 해석
- 외부 장착물 인터페이스 및 투하 데이터
- 지상 또는 항공기 수송 리깅 절차, 인터페이스 하중 및 관련 검사
- 고장유형, 영향 및 치명도 분석(FMECA) 문서
- 지상 및 로터 블레이드 간극 치수 데이터
- 윤활제 손실 시험
- 열 발생/방지 해석(heat generation/rejection analysis)

구조분야의 기준, 표준 그리고 적합성 검증방법은 모든 항공 시스템에 적용되고 감항설계

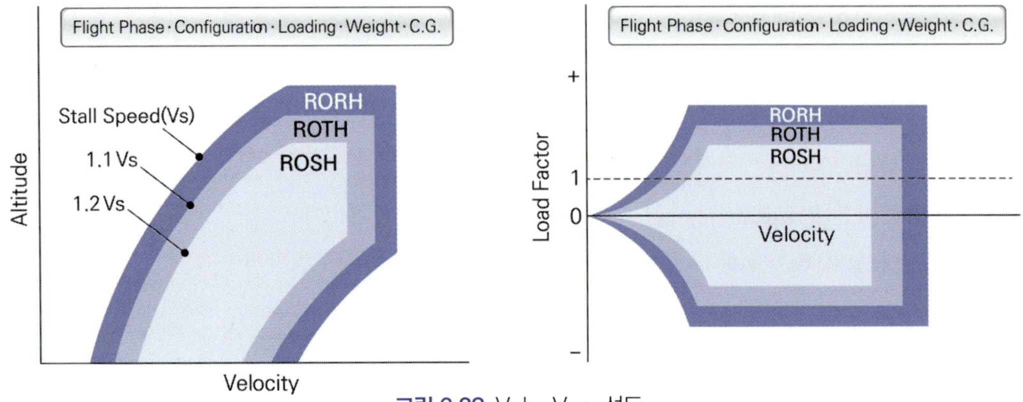

그림 6.23 V-h, V-n 선도

를 수립, 입증하고 그리고 유지하기 위해 필요한 최소 요구도를 기술한다. 여기서 언급된 모든 기준, 표준 그리고/또는 적합성 검증방법 문서들은 적용 가능한 다른 기준을 제공한다. 구조분야는 다양한 FAA의 14 CFR 기준과 감항관련 권고회람서(Airworthiness Circulars)를 참조한다.

구조분야에서는 하중, 구조동력학, 강도, 피로, 질량특성, 비행허가 및 필수 구조관리 등에 대한 34개 상세기준을 나타낸다.

제6장 비행기술(Flight Technology)

비행기술은 조종안정성, 비행성(flying qualities), 항공기제어기능(VCF; Vehicle Control Functions), 외부 항공역학, 내부 항공역학 및 성능으로 구성된 비행장치의 기능적 분야로 이루어져 있다. 항공기 항공역학 및 안정성, 엔진/흡입구/배기구 적합성, 성능 및 통합제어시스템 감항성 기준이 명시된다. MIL-STD-1797B(항공기 비행성) 미확보시 기준분야는 기존에 고시된 표준감항인증기준을 적용하고, 표준 및 적합성 검증방법은 MIL-HDBK-516B Expanded 기술기준을 활용할 수 있다.

비행기술분야의 인증원천 자료는 다음과 같다.

- 설계기준
- 설계 연구 및 분석
- 설계, 장착 및 운용 특성
- 시뮬레이션 시험, 모델링 및 결과(시뮬레이션 검증, 확인 및 인정 데이터를 포함)
- 설계 승인 및 기능/시스템 적합성 시험
- 구성품 및 기능적 수준의 성능 및 인증 시험
- 전자기환경영향(E3; Electromagnetic Environmental Effects)

- 추진계통 장착 적합성 시험
- 시험결과에 대한 수락기준
- 고장유형, 영향 및 치명도(FMECA/FMET) 분석/시험
- 위험요소 분석 및 분류(hazard analysis and classification)
- 안전인증프로그램(safety certification program)
- 전산화된, 이론적 또는 준 경험적인 예측방법
- 형상(항공역학적 설계 및 구성품 배치)
- 풍동시험결과 및 보정 방법
- 시스템 역학의 수학적 표현
- 지상 공진 및 루프 안정성(ground resonance and loop stability) 시험
- 서보공탄성 설계기준 및 분석
- 성능분석
- 비행교범(flight manual)
- 자연환경 민감도
- 필요시 함정에서의 항공기 캐터펄트 및 귀환절차들을 포함한 비행경로유도 분석 및 시뮬레이션(비행제어에 관한 센서 또는 처리장치 고장유형 영향을 포함)
- 인터페이스/통합 통제문서(ICD; Interface/Integration Control Documents)
- 기능, 세부기능 및 구성품 규격서
- 흡입구/엔진 적합성 시범을 위해 제작된 거름망(screens) 선정 기준 및 패턴
- 비행시험 계획
- 상세 비행임무도
- 항공기/엔진 운용 제한사항
- 제어법칙(control laws)
- 비행시험보고서
- 항공역학 및 공력데이터 불확실성에 관한 민감도 연구(uncertainty sensitivity studies)
- 힘과 모멘트 산출 시스템
- 질량 특성: 중량, 무게중심 및 관성

비행기술분야의 기준, 표준과 적합성 검증방법은 모든 항공시스템에 적용하고 감항성 설계를 수립, 검증, 유지하는데 필요한 최소한의 요구도이다. 비행기술분야는 비행성, 항공기 제어기능(VCF; Vehicle Control Function) 및 항공기 공기역학 및 성능의 206개 상세기준

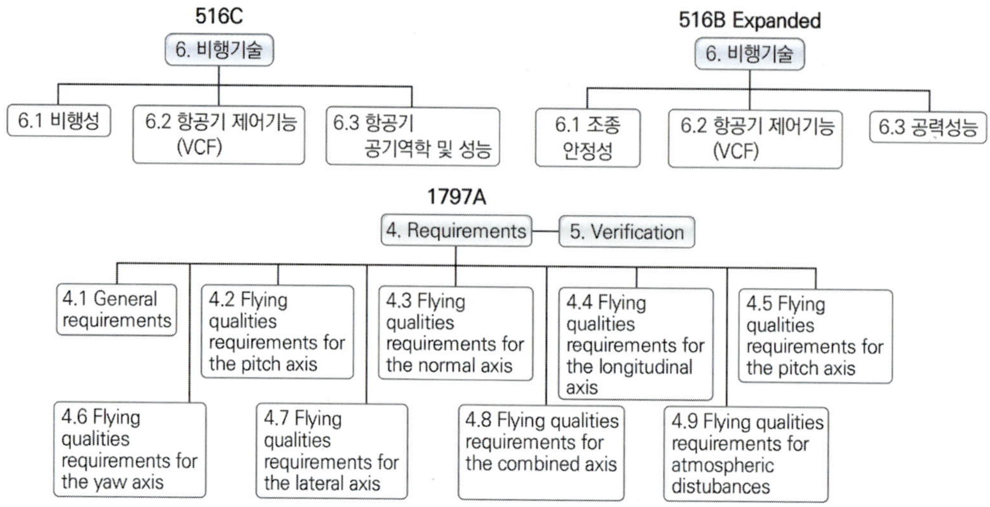

그림 6.24 MIL-HDBK-516C, 516B Expanded 기술기준과 Mil-HDBK-1797A 상관관계

을 나타낸다.

그림 6.24는 MIL-HDBK-516C, 516B Expanded 기술기준과 Mil-HDBK-1797A와의 상관관계를 나타내고 있다.

제7장 추진체 및 추진체 장착(Propulsion and Propulsion Installation)

추진체 및 추진체 장착분야의 인증원천 자료는 다음과 같다.

- 설계 기준(design criteria)
- 설계 연구 및 해석
- 설계, 장착 및 운용 특성
- 엔진 지상 및 모의 고도 시험(simulated altitude tests)
- 엔진 설계 기능/시스템 적합성 시험(engine design function/system compatibility tests)
- 엔진 구성품 및 기능적 수준 품질검증 및 인증 시험
- 전자기환경영향(E3)
- 장착된 추진체 호환성 시험
- 시험결과 수락기준
- 고장유형, 영향 및 치명도 분석/시험(FMECA/FMET; Failure Modes, Effects, and Criticality Analysis/Testing)
- 위험요소 분석 및 분류
- 안전성 인증계획(safety certification program)

- 엔진 내구성 및 가속 임무시험
- 엔진 및 구성품 구조적 및 항공기계(aeromechanical) 시험
- 비행시험 계획 및 결과
- 추진계통 건전성 프로그램(PSIP; Propulsion System Integrity Program) 분석 및 시험
- 엔진 수명관리계획
- 속도 및 온도초과 시험
- 엔진성능 및 구성품 성능분석
- 비행 교범(flight manual)
- 자연환경 민감도(natural environmental sensitivities)
- 흡입구 공기흐름 왜곡/엔진 안정성 평가 및 감사(inlet airflow distortion/engine stability assessments and audits)
- 인터페이스/통합 통제문서(ICD; Interface/Integration Control Documents)
- 기능, 하부기능 및 구성품 규격(function, subfunction, and component specifications)
- 흡입구/엔진 적합성 시범을 위해 제작된 흡입구 망 선정 기준 및 망 패턴
- 엔진 제어시스템 리그 시험(rig tests)
- 엔진 건전성 감시시스템(Engine Health Monitoring System) 설계 보고서 및 시험
- 항공기/엔진 운용 제한
- 엔진 소프트웨어 개발계획 및 제품 규격서
- 엔진 소프트웨어 시험계획, 시험절차 및 시험보고서
- 엔진 소프트웨어 형상통제/관리계획(configuration control/management plan) 및 절차
- 추진체 및 동력비행 인가계획
- 단종 제작원 조치계획(diminishing manufacturing sources plan)
- 단종부품 조치계획(obsolete parts plan)

추진체 및 추진체 장착의 기준, 표준 및 적합성 검증방법은 모든 항공기 체계에 적용하고 감항성을 수립, 검증 및 유지하기 위한 최소 요구사항을 기술한다.

추진체 및 추진체 장착분야는 추진체 위험관리, 가스터빈엔진의 적용 및 기타 추진계통의 99개 상세기준을 나타낸다.

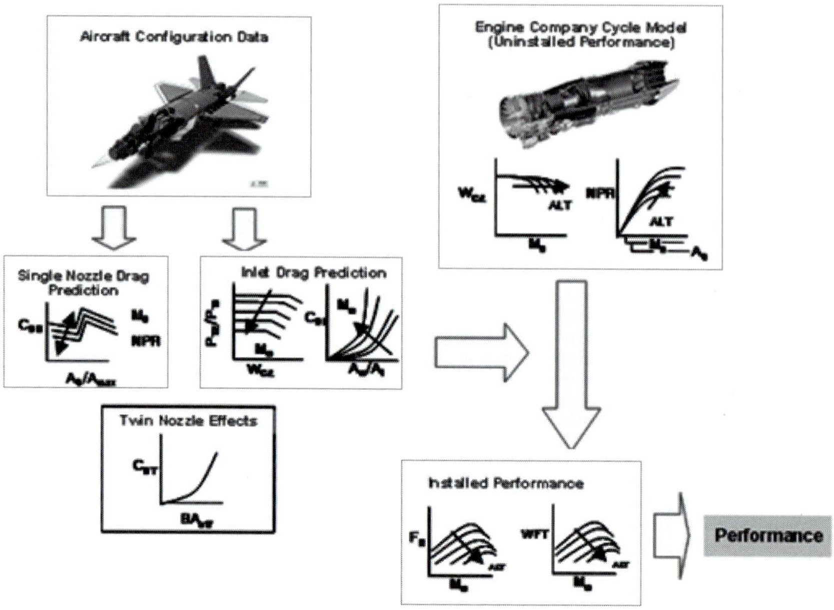

그림 6.25 추진 장착성능 해석/검증

제8장 세부계통(Air Vehicle Subsystems)

세부계통분야의 인증원천 자료는 다음과 같다.

- 설계 기준
- 기능적 운용시험결과
- 성능시험결과
- 고장유형, 영향 및 치명도 분석(FMECA)
- 위험요소 분석
- 구성품 및 시스템 안전비행 인증/품질검증
- 설계연구 및 분석
- 장착 및 운용 특성
- 비행교범 및 제한사항
- 전자기환경영향 분석 및 시험결과
- 단종 제작원 조치계획(diminishing manufacturing sources plan)
- 단종부품 조치계획(obsolete parts plan)

세부계통의 기준, 표준 및 적합성 검증방법은 모든 항공 시스템에 적용되며, 감항 설계를

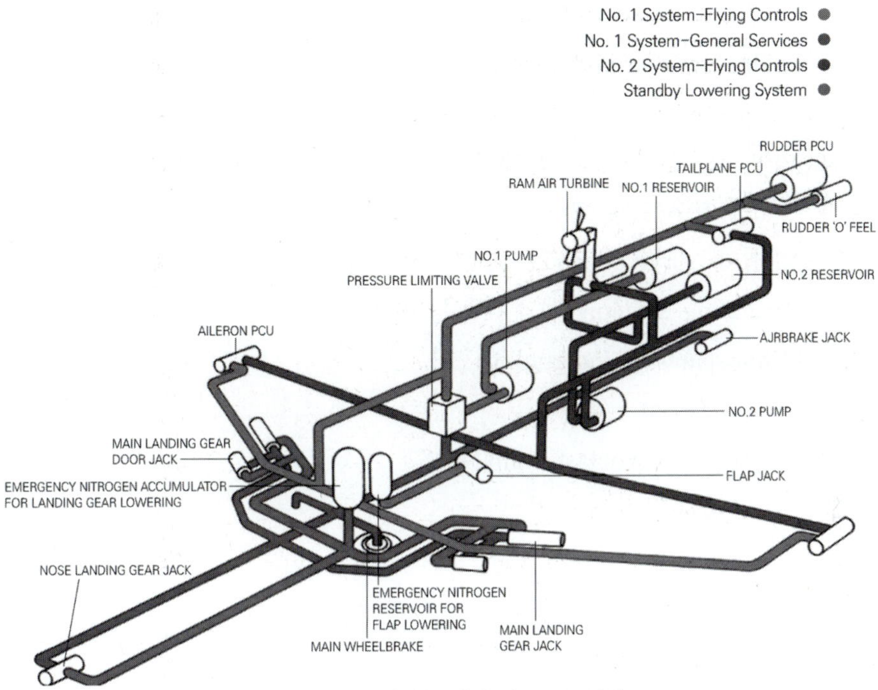

그림 6.26 유압계통 개념도(Hawk 200)

설정, 검증 및 유지하는데 필요한 최소 요구조건을 나타낸다. 컴퓨터 시스템 및 소프트웨어를 사용하는 세부계통에 대한 추가적인 특정 기준, 표준 및 적합성 검증방법은 15장 '컴퓨터 시스템과 소프트웨어'를 참조한다. 또한 세부계통분야에서는 항공기 및 지상통제소 관련 세부계통/구성품에 적용된다.

세부계통분야는 유압 및 공압계통, 환경제어계통, 연료계통, 화재 및 위험 방지, 착륙장치 및 감속계통, 보조/비상 동력계통, 공중급유, 기계장치와 회전익기에 적용되는 기준인 외장 화물고리계통, 구조용 외장 호이스트, 패스트 로프 삽입/전계계통의 총 295개 상세기준을 나타낸다.

제9장 승무원 시스템 (Crew systems)

승무원 시스템은 조종사-항공기 인터페이스, 승무원 공간(수용공간, 조명, 가구 및 장비), 사람-기계 인터페이스, UAS(Unmanned Aircraft System) / ROA(Remotely Operated Aircraft) 통제소(운용자 수용공간, 조명 및 장비), 생명유지계통, 비상 탈출 및 생존계통, 캐노피 투명체 계통 및 추락 생존성의 요소들로 구성되어 있다.

승무원 시스템 분야의 인증원천 자료는 다음과 같다.

- 탈출 시스템(escape system) 요구도 및 확인
- 승무원 공간 배치/기하학적 검토
- 인적 요소(human factors)
- 고장유형, 영향 및 치명도 분석(FMECA)
- 생명유지 시스템 요구도 및 확인
- 추락 생존성(crash survivability) 요구도 및 확인
- 조명 시스템(lighting system) 설계, 분석, 시험보고서
- 투명체 통합(transparency integration)
- 하중해석(load analyses)
- 서보공탄성 해석(aeroservoelastic analyses)
- 시험 계획
- 시험 보고서
- 입증시험 결과
- 모의시험, 모델링 및 결과

승무원 시스템의 인증기준, 표준, 적합성 검증방법은 모든 항공 시스템에 적용되며, 감항 설계를 수립하고 검증하며 유지하기 위한 최소 요구조건을 기술한다. 컴퓨터 시스템과 소프트웨어를 사용하는 세부계통에 대한 인증기준, 표준 및 적합성 검증방법은 15장 '컴퓨터 시스템과 소프트웨어'를 참조한다.

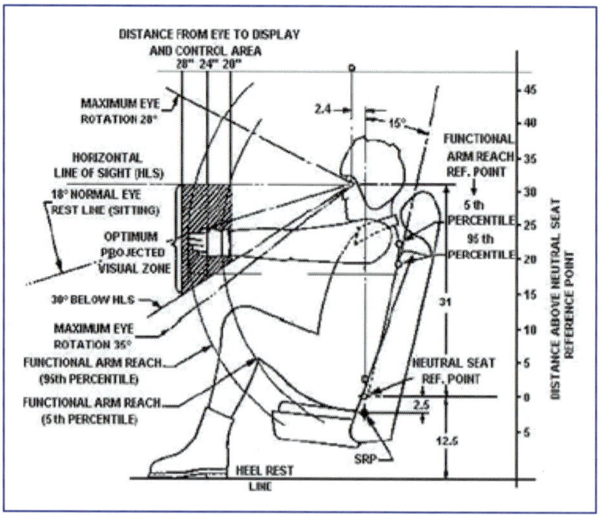

그림 6.27 조종석 설계 요구조건

승무원 시스템분야는 탈출계통, 승무원실, 통제소 및 항공기 내부, 항공시스템 조명 및 인간공학적 성능 및 구명계통의 57개 상세기준을 나타낸다.

제10장 진단계통(Diagnostics Systems)

진단계통 분야의 인증원천 자료는 다음과 같다.

- 고장유형 영향 및 치명도 분석(FMECA; Failure Modes, Effects and Criticality Analysis)
- 수락시험 절차(ATP; Acceptance Test Procedures)
- 비행 전(前) 시험 결과
- 자체고장진단시험(BIT; Built-In-Test) 소프트웨어
- 비행시험 계획(FTP; Flight Test Plan)
- 시험성 분석 보고서
- 자체고장진단시험 시범 보고서(BIT demos reports)
- 시험평가 기본 계획서(TEMP; Test and Evaluation Master Plan)
- 결함보고 및 수정조치체계(FRACAS; Failure Report and Corrective Action System) 데이터
- 시험 보고서
- 시스템 안전분석 보고서
- 비행 및 정비교범
- 고장유형 및 영향성 분석(FMEA; Failure Modes and Effects Analysis)

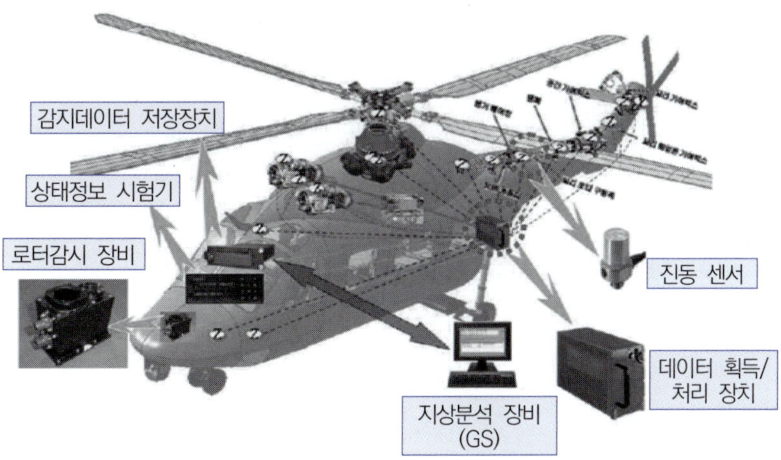

그림 6.28 실시간 안전진단시스템(HUMS; Health and Usage Monitoring System) 적용사례

진단계통의 기준, 표준 및 적합성 검증방법은 모든 항공 시스템에 적용되며, 감항성 설계를 수립, 검증 및 유지하는데 필요한 최소한의 요구도를 나타낸다.

진단계통분야는 고장유형(치명적인 기능고장 유형이 식별되고 탐지 방법이 반영되어 있음을 검증) 및 작동(항공기 및 지상 진단계통의 작동이 모든 안전 비행 파라미터에 적합함을 검증)의 7개 상세기술기준을 나타낸다.

제11장 항공전자(Avionics)

항공전자 인증기준은 유인 항공기뿐만 아니라 무인항공기시스템의 공중 및 지상 항공전자 분야에도 적용된다.

항공전자 분야의 인증원천 자료는 다음과 같다.

- 설계 기준
- 설계 연구 및 해석
- 설계, 장착 및 운용 특성
- 설계 승인 및 시스템 적합성 시험
- 시뮬레이션 시험 및 모델링 결과
- 구성품 및 시스템 수준 품질검증 및 인증시험
- 전자기 환경 영향(E3; Electromagnetic Environmental Effects)
- 위험요소 분석 및 인증
- 고장유형 및 효과 분석(FMEA)
- 비행필수 항공전자 하드웨어 및 소프트웨어
- 항공전자 기본설계검토 및 상세설계검토 잔류 조치항목
- 항공전자 통합시험 및 결과
- 항공전자/전자장치 건전성 계획문서
- 비행시험 시뮬레이션 계획
- 시스템/세부계통 자체진단 설계 및 능력
- 수락시험계획, 절차 및 결과
- 품질검증 시험 계획, 절차 및 결과
- 기능적 형상확인(FCA; Functional Configuration Audit) 및 물리적 형상확인(PCA; Physical Configuration Audit) 데이터
- 시험결과보고서
- 환경 분석 및 시험결과

- 단종 제작원 조치계획
- 노후화 부품 조치계획
- 고장유형, 영향 및 치명도 분석(FMECA)

항공전자의 기준, 표준, 적합성 검증방법들은 모든 항공시스템들에 적용되고, 감항성 설계를 설정, 검증, 유지하는데 필수적인 최소 요구도이다. 컴퓨터 시스템과 소프트웨어를 사용하는 세부계통의 추가적인 세부기준, 표준, 적합성 검증방법은 15장 '컴퓨터 시스템과 소프트웨어' 세부기준을 참조한다.

항공전자분야는 시스템 처리 아키텍처(SPA; System Processing Architecture), 시스템 처리 아키텍처 요소의 설계와 기능적 통합, 하드웨어/전자장비 처리, 소프트웨어 개발 절차, 소프트웨어 아키텍처와 설계 및 소프트웨어 인증 및 설치 기준 등 총 30개 상세기술기준을 나타낸다.

제12장 전기계통 (Electrical Systems)

전기계통 분야의 인증원천 자료는 다음과 같다.

- 설계기준
- 전기부하 해석을 포함한 설계연구 및 해석
- 고장유형, 영향 및 치명성 분석
- 위험요소 분석
- 기능적 운용시험 결과
- 성능시험 결과
- 장착 및 운용 특성
- 구성품 및 시스템 품질검증
- 비행교범, 비행시험 절차 및 제한사항
- 아래 내용에 관련된 정보를 포함하고 있는 배선도
  - 배선 종류, 두께 및 전송 전류/전압, 배선 식별번호, 회로차단기 크기 및 부품번호
  - 개조된 선을 포함한 배선묶음의 직경
  - 커넥터 및 부속류 부품번호 및 식별번호
  - 클램핑(clamping) 및 부품번호
  - 기타 부속품 식별 및 부품 번호-너트, 볼트, 와셔, 단자 처리, 환경적 접속/차폐 말단부
- 3D 조감도(3D routing diagrams) 및 3차원 배선도(그림 포함)

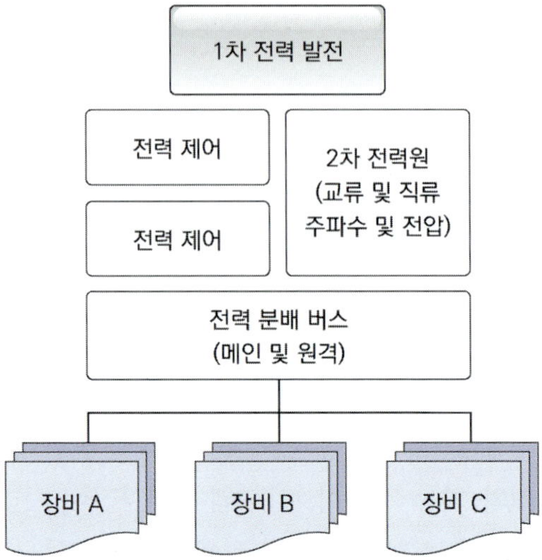

그림 6.29 전기계통의 분류 및 기능

- 설계 적용 및 장착에 대한 육안 평가
- 구성품 및 시스템 품질검증
- 장착된 장비 목록
- 단종 제작원 조치계획
- 단종 부품 조치계획

전기계통의 인증 기준, 표준 및 적합성 검증방법은 모든 항공기계통에 적용되고, 감항성 설계를 수립, 검증 및 유지하기 위한 최소한의 요구사항을 나타낸다. 컴퓨터자원과 소프트웨어를 사용하는 세부계통의 경우, 추가적인 상세 기준, 표준 및 적합성 검증방법은 15장 '컴퓨터 시스템과 소프트웨어'를 참조한다.

전기계통분야는 발전계통 및 전력분배를 포함한 전기배선의 26개 기준을 나타낸다.

그림 6.29는 전기계통의 분류 및 기능을 나타낸다.

제13장 전자기환경영향(E3; Electromagnetic Environmental Effects)

전자기 환경 영향 분야의 인증원천 자료는 다음과 같다.

- E3 설계기준, 해석 및 비교선정연구
- E3 모델링 및 시뮬레이션 결과
- E3 고장유형, 영향 및 치명도 분석
- 전자기 위험요소 분석

- 장비/세부계통 E3 품질검증 보고서
- 장착 및 운용 상세내역
- 시스템 E3 품질검증 시험
- 비행 및 운용 매뉴얼, 비행시험절차와 제한사항
- 안전비행(SOF; Safety of Flight) 인증
- 승인된 무선 주파수 할당

전자기 환경의 기준, 표준 및 적합성 검증방법은 모든 항공시스템에 적용되며 감항성 설계를 설정, 검증 및 유지하는데 필요한 최소한의 요구도이다. 전자기 환경효과의 참고문서는 본 문서의 작성 시점 기준의 문서버전을 기준으로 한다.

전자기 환경분야는 구성품/세부계통 E3 품질검증 및 시스템 수준 E3 품질검증의 12개 상세기준을 나타낸다.

그림 6.30 외부 RF 전자기환경시험

제14장 시스템 안전(System Safety)

시스템 안전 분야의 인증원천 자료는 다음과 같다.

- 시스템 안전 계획서(SSPP; System Safety Program Plan)
- 예비위험요소분석(PHA; Preliminary Hazard Analysis)
- 세부계통 위험요소분석(SSHA; Subsystem Hazard Analysis)(결함위험요소 분석 또는 결함계보 분석)
- 시스템 위험요소 분석(SHA; System Hazard Analysis)(하드웨어, 소프트웨어 및 인적 요소통합 유발요소 포함)
- 운용 및 지원 위험요소 분석(O&SHA; Operating and Support Hazard Analysis)
- 시험 위험요소 분석(THA; Test Hazard Analysis)

- 직업건강 위험요소 평가(Occupational HHA, Health Hazard Assessment)
- 회로 기밀성 분석 및 소프트웨어 위험요소 분석과 같은 특수목적의 분석
- 개조문서(안전 결함사항 수정을 위함)
- 구성품/시스템 시험결과(면제/완화 및 장비 조건부 사용에 관한 문서)
- 시스템 안전 그룹회의록(미해결항목)
- 시스템 안전 검토회의록(미해결항목)
- 기술변경제안서(안전 관련)
- 위험요소 식별, 평가 및 수정 이력에 관한 시스템 파일
- 안전 평가 보고서(SAR; Safety Assessment Reports)
- 시험계획 및 결과
- 시험용 임시 기술 지시서(이전에 어떤 안전 분석에도 미포함된)
- 고장유형, 영향 및 치명도 분석(FMECA)/고장유형, 영향 분석(FMEA)
- 위험요소-위험도 지수(HRI; Hazard Risk Index)
- MIL-STD-882, 시스템 안전계획 요구도(System Safety Program Requirements)
- 시험검토위원회(TRB; Test Review Board) 보고서
- 안전검토심의회(SRB; Safety Review Board) 보고서
- 비행준비태세 검토보고서(Flight Readiness Review Reports)
- 안전 요구도 추적성 매트릭스(하드웨어 및 소프트웨어 포함)
- 소프트웨어 시스템 안전 계획서(SwSSPP; Software System Safety Program Plan)
- 기능위험요소분석 또는 평가(FHA; Functional Hazard Analysis or Assessment)
- 복합체계 위험요소 분석(System of Systems Hazard Analysis)
- 안전 필수 기능(SCF; Safety Critical Functions)/안전필수품목(SCI; Safety Critical Items) 목록
- 시스템엔지니어링(SEP; Systems Engineering) 계획
- 위험도 수용 입증

시스템 안전분야의 기준들과 적합성 검증방법은 모든 항공시스템에 적용되며, 감항성 설계를 설정, 검증 및 유지하는데 필요한 최소한의 요구도이다. 시스템 안전은 운영효과도, 적합성, 시간 및 비용의 제약조건하에서 시스템 전 수명주기에 걸쳐 수용가능 위험도 달성을 위한 공학 및 관리 원칙, 기준 및 기법의 적용에 있다.

시스템 안전분야는 시스템 안전계획, 안전설계 요구도 및 소프트웨어 안전계획의 총 39개

상세기술기준을 나타낸다.

표 6.11은 미 국방부의 8단계의 시스템 안전설계절차를 나타낸다.

표 6.11 시스템 안전 설계절차(MIL-STD-882E)

단계	내용	비고
1	시스템 안전설계 계획 수립	- 안전설계 계획문서 작성
2	시스템 위협요소 식별	- 시스템은 하드웨어, 소프트웨어, 시스템 인터페이스, 사용자 및 환경을 포함
3	심각도 및 발생확률 식별	- 심각도: negligible, marginal, critical, catastrophic 4단계 - 발생확률: eliminated, improbable, remote, occasional, probable, frequent 6 단계
	위험 수준 평가	- 위험 평가 매트릭스와 위험평가표(RAC; Risk Assessment Code)를 이용한 평가
4	위험 식별	- 제거 또는 경감 대상 위협요소 및 위험을 식별 - 위험분석을 실시하여 위험수준 경감여부 확인
5	위험 경감	- 하드웨어, 소프트웨어, 정보 redundancy 등을 활용하는 고장감내장치 식별 및 비용, 구현가능성, 효율성 분석 - 고장 감내장치 탑재 이후 시스템의 위험수준 평가 - 현재 위험수준이 목표수준보다 낮아질 때 까지 반복
6	위험 경감 확인 및 검증	- 변경된 시스템의 위험 수준 분석, 시험, 데모, 조사를 수행하여 확인 및 검증 수행
7	위험 수락 및 문서화	- DoDI 5000.02(Operation of the Adaptive Acquisition Framework) 절차로 수락 - 위험평가표(RAS) 및 소프트웨어위험평가표 (Software Risk Criticality Matrix) 등 문서작성 - 수락시험 및 현장사용 이후 발생하는 새로운 위협요소 및 보고 위험수준 변경사항 발생 시 DoDI 5000.02에 의거하여 개정된 위험수준 수락
8	수명주기 위험 관리	- 현장배치 이후 새로운 위협요소 및 변경된 위험수준은 DoDI 5000.02에 따르는 개정된 위험수준 수락

제15장 컴퓨터 시스템과 소프트웨어(Computer Systems and Software)

컴퓨터 시스템과 소프트웨어 분야의 인증원천 자료는 다음과 같다.

- 안전 필수기능(SCF; Safety Critical Function) 스레드 해석(thread analysis)
- 시스템/세부계통 및 안전 요구도 문서

- 시스템 처리 아키텍처(SPA; System Processing Architecture) 통합 계획
- SPA 아키텍처 도면/다이어그램
- SPA 설계 명세서(SPA design descriptions)
- SPA 인터페이스 통제 문서(ICD; Interface Control Document)
- 하드웨어 요구도 명세서(HRS; Hardware Requirements Specifications)
- 소프트웨어 요구도 명세서(Software Requirements Specifications)
- 하드웨어 및 소프트웨어 ICD 및 버스 ICD
- 하드웨어 개발 프로세스 문서
- 소프트웨어 개발 계획(SDP; Software Development Plans) 및/또는 소프트웨어 개발 무결성 기본 계획(SDIMP; Software Development Integrity Master Plan)
- 형상관리 계획 및 데이터
- 품질검증 계획 및 감사보고서
- 고장유형 및 영향성 분석(FMEA) 및 또는 고장유형, 영향 및 치명도 분석(FMECA) 또는 이와 동등한 문서
- 고장유형 영향시험(FMET) 계획, 절차 및 결과보고서(또는 이와 동등한 문서)
- 여러 기술분석 및 연구(예: 통상 모드 분석, SEU(Single Event Upset) 취약성 분석, 지연시간 분석, 자체고장진단시험(BIT) 범위 분석, 인터페이스 연동분석, 과도현상 분석, 소스 데이터 분석, 안전 인터록 설계 분석, 추적성 분석, 코드 분석 도구로부터 생성된 보고서)
- 하드웨어 다이어그램 및 도면
- 소프트웨어 설계 문서(SDD; Software Design Documents)
- 설계 검토 회의록
- 안전 인터록 설계 스레드 분석(safety interlock design thread analysis)
- 소프트웨어 코딩 표준, 금지된 코딩 기법과 같은 소프트웨어 절차 상세 지침서
- 소프트웨어 통합 계획
- 하드웨어 및 소프트웨어 시험 계획, 절차 및 보고서
- 소프트웨어 및 시스템 수준에서의 소프트웨어 재검증 시험 정책
- 컴퓨터 자원 활용 분석 및 매트릭스(예: 프로세서 처리부하, 데이터 버스 처리 부하, 메모리 활용, 메모리 처리부하)
- 각 소프트웨어 형상항목별 버전 명세서(VDD; Version Description Documents)
- 소프트웨어/비행운용 프로그램(OFP; Operational Flight Program) 빌드 계획

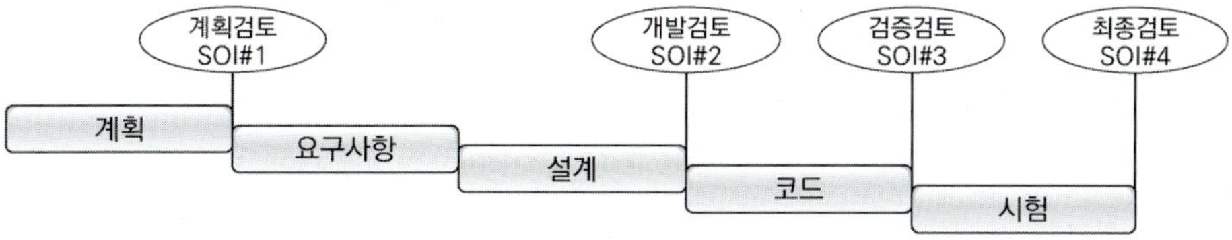

달성목표	A등급: 71개, B등급: 69개, C등급: 62개, D등급: 26개
심사절차	감항당국 권한위임자(DER) 단계별(4단계) 참여 → DER검토결과/입증자료 제출 (신청자 → 감항당국) → 감항당국 검토/승인
산출물	DO-178에 정의된 산출물(SW 개발계획 등 22종)
점검활동	FAA에서 인증업무 보조 활용전 SW검토 수행

그림 6.31 DO-178에 따른 탑재 SW 인증과정

- 소프트웨어 장입 프로세스 및 절차
- 검증 도구 및 모델에 대한 확인증거
- 문제보고 데이터베이스로부터의 보고서(시스템 및 소프트웨어 수준)
- 기술 교범(예: 기술도서, 비행교범, 운영자교범)
- 지상 및 비행시험 계획 및 결과보고서
- 비행허가 절차 문서(flight clearance process documentation)

컴퓨터시스템과 소프트웨어의 인증기준, 표준 및 적합성 검증방법은 모든 항공 시스템에 적용하며, 감항성 있는 설계를 수립하고 검증하고 유지하는데 필요한 최소한의 요구도를 나타낸다.

참고로 VCMS(Vehicle Control Management System)에 부가적으로 JSSG-2008(Vehicle Control Management System) 부록 A는 안전 필수 처리와 관련된 모든 항공 컴퓨터 자원에 대한 유용한 지침을 제공한다. JSSG-2008에 포함된 정보를 참고 하면 안전 필수 처리와 관련된 모든 항공기 시스템을 활용하기 위한 VCMS를 이해하는데 도움이 된다. JSSG-2008 부록 A는 요구도(3.x.y절)를 참조하고, 이에 상응하는 검증 항목(4.x.y)을 참고한다.

컴퓨터 시스템분야는 시스템 처리 아키텍처, 시스템 처리 아키텍처 요소의 설계와 기능적 통합, 하드웨어/전자장비 처리, 소프트웨어 개발 절차, 소프트웨어 아키텍처와 설계 및 소프트웨어 인증 및 설치의 42개 상세기준을 나타낸다.

그림 6.31은 DO-178에 따른 소프트웨어 인증과정을 나타내며 4단계의 관련자 안전(safety of involvement)과정을 거쳐 소프트웨어의 평가가 이루어진다.

제16장 정비 (Maintenance)

정비 분야의 인증원천 자료는 다음과 같다.

- 정비교범/점검목록표(동등 또는 -2계열 T.O(Technical order)에 대한 보충판)
- 검사 요구도(동등 또는 -6계열 T.O에 대한 보충판)
- 수명제한/시한성 교체 계획/목록
- 시스템 안전 위험요소 분석(SSHA; System Safety Hazard Analysis)
- 고장유형, 영향 및 치명도 분석(FMECA)
- 정비기록부(고장보고 및 수정조치시스템(FRACAS; Failure Report and Corrective Action System) 포함)
- 기술도서 00-5-1(T.O. 00-5-1)
- 시험 보고서
- 시험계획
- 미 해군항공사령부지시(COMNAVAIFORINST) 4790.2 계열(series)
- 미 해군운용지시(OPNAVINST 4790.2J)

정비의 기준, 표준, 적합성 검증방법은 모든 항공기 시스템에 적용하고 감항성 설계를 수립, 검증 및 유지하는데 필요한 최소한의 요구조건을 나타낸다. 정비분야는 정비교범/점검목록표 및 검사 요구도의 총 12개 상세기준을 나타낸다.

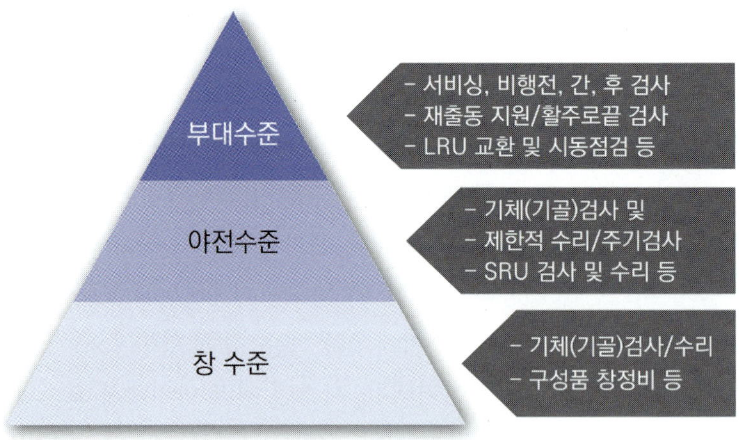

그림 6.32 3단계 정비 및 주요업무

제17장 무장 및 장착물 통합 (Armaments/stores Integration)

장착물이란 항공기로부터 비행 중 분리를 목적으로 하거나 또는 분리목적이 아니더라도 항공기의 내부 또는 외부에 부착되는 장착대 및 투하 장비 모두를 포함한다. 장착물은 다음 사항을 포함한다.

- 미사일
- 로켓
- 폭탄
- 핵무기
- 지뢰
- 연료 및 영구적으로 부착 또는 분리될 수 있는 분무탱크(spray tanks)
- 어뢰
- 자동전파발신 부표
- 살포기(dispensers)
- 포드(공중급유, 추력보강, 기총, 전자전 대응수단 등)
- 표적(targets)
- 기만체(decoys)
- 채프 및 플레어
- 외부 현가장비(suspension equipment)

무장 및 장착물 통합 분야의 인증원천 자료는 다음과 같다.

- 사용자 요구도와 설계요구도 그리고 검증결과
- 설계연구 및 분석
- 설계, 장착 및 운용특성
- 구성품 및 기능 수준의 안전비행, 성능 및 인증시험
- 전자기 환경영향(E3)
- 화염 흡입/추진계통 적합성 시험(plume ingestion/propulsion compatibility test) 및 화염/기총 가스 충돌 시험(plume/gun gas impingement test)
- 고장유형, 영향 및 치명성 분석(FMEC)/시험(FMET)
- 폭발성 대기 분석/시험을 포함한 위험요소 분석 및 분류
- 안전인증 프로그램
- 계산, 이론 또는 반 경험적 예측기법
- 형상(공력설계 및 구성품 위치)
- 풍동실험 결과 및 교정 방법

- 시스템 역학의 수학적 표현
- 하중 분석, 풍동 및 비행시험 결과
- 플러터, 기계적 안정성, 공탄성, 서보공탄성 및 모델분석, 풍동 및 비행시험결과
- 성능분석
- 기총발사 진동분석/시험을 포함한 환경 적합성 분석 및 시험
- 인터페이스 통제문서(ICD)
- 장착물 분리모델, 풍동 및 비행시험 결과
- 비행 교범(flight manual)
- 비행시험 계획 및 시험결과
- 항공기/장착물 적합성(MIL-HDBK-1763): 시스템 엔지니어링 데이터 요구도 및 시험절차
- 항공기/장착물 적합성 지침서(MIL-HDBK-244)
- 항공기/장착물 전기식 연결 시스템(MIL-STD-1760)
- 항공기 장착물, 현가장비 및 항공기-장착물 인터페이스(운송단계)(MIL-STD-8591,
- 미 공군 SEEK EAGLE 엔지니어링 데이터
- 레이저 안전사용을 위한 미국국가표준서(ANSI Z136.1(現 미국 레이저협회 소유))
- 핵 인증영향기술서(NCIS; Nuclear Certification Impact Statement)
- 항공기 감시 및 통제((AMAC; Aircraft Monitor and Control) 및 시험감독
- 핵 안전분석 보고서(NSAR; Nuclear Safety Analysis Report)
- 기계적 적합성 데이터(mechanical compatibility data)
- 전기적 적합성 데이터(electrical compatibility data)
- 인증 요구계획 (CRP; Certification Requirements Plan)
- 비행운용프로그램(OFP; Operational Flight Program) 소스코드
- 시스템통합 실험데이터/결과
- 냉각 분석 및 지상/비행시험 결과
- MIL-STD-1530 항공기 기체구조 건전성 프로그램(ASIP; Aircraft Structural Integrity Program)
- 미 공군 ASC/EN 장착물 통합 연습
- 고려해야 될 인간공학적 요소
- 고려해야 할 승무원 탈출경로
- 항공기 하중 및 평형
- 환경 분석 및 시험결과

- 장착물 질량특성(STAMP; Store Drawings including Store Mass Properties) sheet를 포함한 장착물 도면
- 안전평가보고서
- 감항인증계획((AQP; Airworthiness Qualification Plan)(육군만 해당)
- 감항인증규격(AQS; Airworthiness Qualification Specification)(육군만 해당)

무장 및 장착물통합의 기준, 표준과 적합성 검증방법은 모든 항공 시스템에 적용되며, 감항성 설계를 수립, 검증 및 유지하는데 필요한 최소한의 요구도를 기술하고 있다.

무장 및 장착물통합분야는 기총/로켓 통합 및 인터페이스, 장착물 통합, 레이저 통합 및 안전 잠금장치의 22개 상세기준을 나타낸다.

제18장 승객안전 (Passenger Safety)

승객안전 분야는 승객수송 항공기의 안전과 관련된 기술적 요구도를 다룬다. 이 분야는 좌석벨트, 적재 실(stowage compartment), 비상착수, 비상출구, 비상탈출, 좌석 배열, 비상등, 표식, 소화기, 연기 탐지, 화장실, 화재예방 및 생리학적 요구도를 포함한다. 통상적으로 승무원 및 필수임무요원들이 사용하는 승무원실의 안전 요구도는 9장 '승무원 시스템'에 나와 있다.

승객안전분야는 승객 생존성, 내화성(fire resistance), 탑승자 생리적 요구의 19개 상세기준을 나타낸다.

승객안전 분야의 인증원천 자료는 다음과 같다.

- 연방항공규정
- 연방항공국 감항인증 지침(Airworthiness Directives) 및 권고회람서(Advisory Circulars)
- 합동군사규격지침서(JSSG; Joint Service Specification Guide)
- 객실/승무원실 공간 배치/구성도
- 추락생존성(crash survivability) 요구도 및 입증
- 탈출계통 요구도 및 입증
- 생명유지계통 요구도 및 입증
- 기술자료묶음(TDP; Technical Data Package)

제19장 재료 (Materials)

재료분야는 해군 및 해병대 항공기에만 적용된다. 재료분야는 공군 또는 육군 항공기에는

필요하지 않다. 재료기준, 표준 및 검증방법은 이 문서를 통해 다루어진다. 본 19장이 사용될 경우, 해당 항공기 또는 회전익 항공기 시스템 담당부서는 적용할 수 없는 부분은 나머지 관련문서를 통해 관련 재료 기준을 수정해야 한다. 재료는 항공기 구조, 세부계통, 추진계통, 전기시스템, 임무시스템, 승무원 시스템 및 무장/장착물 시스템을 포함한 항공기 전체를 모두 포함한다.

재료분야는 특성 및 공정, 부식, 비파괴 검사 및 마모 및 침식의 18개 상세기술기준을 나타낸다.

재료 분야의 인증원천 자료는 다음과 같다.

- 설계기준
- 재료 특성 데이터 및 분석
- 환경효과 데이터 및 분석
- 갈바닉 부식 적합성(galvanic compatibility data) 데이터 및 분석
- 결함 영향 데이터 및 분석
- 위험요소 재료 데이터
- 재료 비교선정 연구 결과
- 실험 설계 결과
- 통계적 공정관리 데이터
- 비파괴검사(NDI; Nondestructive Inspection) 기준
- 비파괴검사 계획 및 기록
- 비파괴검사 탐지확률 데이터
- 생산 전 검증시험 데이터
- 초도품 파괴 시험 데이터(first article destructive test data)
- 마모 및 침식 데이터(wear and erosion data)
- 재료 규격서(material specifications)
- 공정 규격서(process specifications)
- 마감재 규격서(finish specifications)
- 금속소재 특성 개발 및 표준서
- SAE CMH-17-2 복합재료 편람 Volume 2-재료 및 특성
- 재료 안전 자료집
- 계약자 정책 및 절차
- 품질 기록

- 결함/고장 데이터
- 파괴 통제 계획(fracture control plan)
- 파괴에 치명적인 부품목록(fracture critical parts list)

제20장 항공 수송능력, 공중투하, 임무/시험장비 및 화물/탑재하중 안전(Air Transportability, Airdrop, Mission/Test Equipment and Cargo/Payload Safety)

항공 수송능력, 공중투하, 임무/시험장비 및 화물/탑재하중 안전 분야의 인증원천 자료는 다음과 같다.

- 설계기준
- 설계연구 및 분석
- 설계, 장착 및 운용특성
- 설계 승인 및 시스템 적합성시험
- 구성품 및 시스템 수준 품질검증 및 인증 시험
- 전자기 환경영향(E3)
- 위험분석 및 인증
- 고장유형 및 영향성 분석(FMEA; Failure Modes and Effects Analysis)
- 항공전자 통합시험 및 결과
- 시스템/세부계통 자체시험 설계 및 능력
- 품질검증 시험 계획, 절차 및 결과
- 지상시험결과
- 기능적 및 물리적 형상 확인 데이터
- 비행 교범
- 소프트웨어 개발계획(SDP; Software Development Plan)
- 소프트웨어 개발 및 제품 규격서
- 소프트웨어 시험계획, 시험절차 및 시험결과보고서
- 소프트웨어 형상통제/관리 계획 및 절차
- 비행시험결과보고서(FTR; Flight Test Reports)
- 환경 분석 및 시험 결과

항공 수송 및 공중투하분야는 어떤 항공기의 주 임무로 화물을 수송 가능하게 하는 능력을 갖는 항공기의 기능이다. 화물은 물건(objects)과 항공수송이 가능한 인원(예, 승객 및 낙하인원)을 포함한다. 이러한 기능에는 1차 및 이차적인 항공기 구조, 화물 운반 격실의 크기와 형상, 화물 질량 및 중량 특히 화물이 비행 중 공중투하 되는 경우에 항공기와의 상호작용이 포함된다.

항공 수송능력 및 공중투하분야는 항공 수송능력 및 공중투하 및 임무/시험장비 운용 및 장착의 18개의 상세기술기준을 나타낸다.

표준감항인증 Part 1 기술기준 6.1.6.1.1 종축 동적저가 등가 시스템, 9.6.2 투명체 시스템 생존성 및 15.1.1 안전필수 기능에 대한 기준, 표준 및 적합성검증방법 예는 표 6.12와 같다

표 6.12 표준 감항인증기준 및 표준 및 적합성검증방법(예)

기술분야	표준감항인증기준 Part 1
6. 비행기술	6.1 비행성 6.1.6.1.1 기준(Criterion) 종축 동적 저차 등가 시스템이 안전함을 검증한다. 표준(Standard) 항공기는 다음의 MIL-STD-1797 기준을 충족해야 한다. 적합성 검증방법(Method of Compliance) 검증 방법은 해석, 시험, 시범, 시뮬레이션 및 프로세스 검사, 요구도, 설계, 시험, 형상문서를 포함한다.
9. 승무원 시스템	9.6 투명체 통합 9.6.2 기준(Criterion) 투명체(캐노피)계통이 조류 충돌영향으로부터의 생존성 요구도를 만족하는 것을 검증한다. 표준(Standard) - 투명체 및 모든 지지구조물이 1100km/h (600KTAS) 또는 2.1km(7,000 ft) 이하 고도와 가장 불리한 온도조건에서의 최대운용속도 중 낮은속도에서 18kg(4 lbs)의 조류 충돌 시 관통되지 않고 견딤 - 규정된 속도와 새의 무게에서 충돌이 승무원의 불구의 상해나 항공기 손실을 야기하는데 충분한 편각이나 소재 결함을 초래하지 않음 적합성 검증방법(Method of Compliance) - 실 규모(Full Scale) 조류 충돌시험으로 어떤 투명체 또는 지지구조물 결함도 항공기 손실이나 승무원 불구를 초래할 만큼 충분하지 않음을 검증함 참고문서 - JSSG-2010-14 - USAF Structures Bulletin EN-SB-12-002, Methodology to establish bird

기술분야	표준감항인증기준 Part 1
	strike design criteria. - ASTM F330 - 14CFR 23.775, 25.775, 27.775, 29.775
15. 컴퓨터 자원	15.1 시스템 처리 아키텍처(SPA) 15.1.1 안전필수기능 기준(Criterion) 시스템 안전필수기능(SCF)이 식별되고 문서화되었음을 검증한다 표준(Standard) 모든 안전필수기능(SCF)이 프로그램 안전 정의와 항공 시스템에 구현된 기능의 치명도를 기반으로 식별된다. 적합성 검증방법(Method of Compliance) 검증 방법은 해석 및 문서검사를 포함한다 참고문서 - JSSG-2008 Appendix A: - MIL-STD-882 - USAFWeapon System Software Management Guidebook

(2) 표준감항인증기준 Part 2

NATO는 1990년대에 유인항공기 감항성에 대한 경험과 지식을 바탕으로 무인항공기 시스템 감항성에 대한 일부 감항인증 기술기준 제정의 필요성을 인식하여 2005년 감항인증 관련 FINAS(Flight in Non-Segregated Airspace) 실무그룹(working group)을 조직하였다.

NATO FINAS는 영국, 미국, 독일, 프랑스, 이탈리아 등 11개의 회원국으로 구성되어 있으며, 고정익, 회전익, 중대형, 소형 무인항공기를 포함하는 무인항공기 시스템 전체를 망라하여 이를 수용할 수 있는 기술기준 제정에 돌입하여 감항인증 기준인 STANAG 4671를 연구하였다.

NATO FINAS 실무그룹은 프랑스 감항인증 기술당국(DGA; Directorate of Armament)의 'USAR(UAV System Airworthiness Requirements)'을 기준으로 2005년 무인항공기 감항인증 기술기준 개발에 착수, 18개월에 걸쳐 수많은 토의와 시행착오를 거쳐 STANAG 4671 초안을 2007년 완성하였으며, 2009년 9월에는 무인항공기 시스템 감항인증과 운영에 관한 기술기준인 STANAG 4671 초판을 발행하였다. 산업체의 의견과 NATO 연합국 간의 경험 및 지식을 종합하여 해군 장군 Max Snow 의장의 지휘하에 제1판 기술기준을 보강한 제2판을 제정하였으며, 2019년 4월에는 제3판이 배포되었다.

STANAG 4671의 감항인증 기술기준 및 관련된 요구도들을 충족하도록 개발된 무인항공기는 해당 국가 감항당국에 의한 확장된 승인과정 없이 STANAG 4671을 비준하는 모든 NATO 연합국에서 비행이 가능함을 상호 인정하며, 비준 국가들은 자국의 국가 규정 범위 내에서 STANAG 4671을 적용할 것에 동의하였다. 또한 무인항공기의 상호 운영을 증가시키고, 비분리 공역에서의 무인항공기 운용을 촉진시켰으며 산업체의 군요구도 수용을 위한 무인항공기 시스템 설계와 군의 비행 승인을 신속하게 받을 수 있는 계기가 되었다.

그림 6.33은 NATO JCGUAV(Joint Capability Group UAV)와 FINAS의 산하 그룹들의 조직도이며, 여기에서는 무인항공기를 중량별로 구분하여 STANAG 4671, 4702, 4703을 제정하였다.

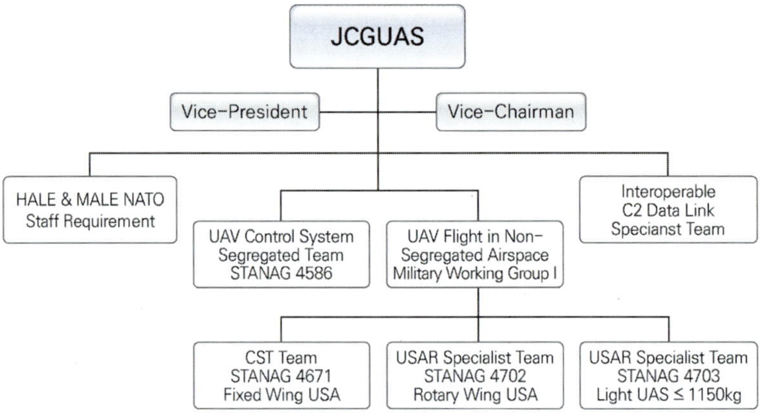

그림 6.33 NATO JCGUAV 및 FINAS의 조직도

표준감항인증 Part 2는 NATO STANAG 4671을 바탕으로 작성되었으며, 150kg~20,000kg 사이의 최대 이륙중량을 갖는 군용 고정익 무인항공기 시스템에 대한 감항인증을 주 목적으로 하는 기술적 감항인증 요구도를 포함하고 있다.

표준감항인증 Part 2는 국제 민간 항공에 관한 ICAO 협약(제3조)에 합의된 바와 같이 민간항공기 감항성을 특별히 준수할 필요는 없지만, 이 기술기준은 고정익 항공기(FAR Part 23, CS-23)에 대한 최소 감항성 수준에 최대한 가깝게 부합되도록 한다. 전체적으로 항공안전 접근방법을 채택하기 위해 아래 사항은 인증당국에 의한 별도의 승인을 받아야 한다. 이러한 형태의 승인이 기술적 평가가 요구되는 경우, 인증당국은 필요에 따른 적합한 조건을 추가함으로써 이러한 요구를 보완할 수 있다.

– 통제소 보안

- 고의적인 간섭으로부터 지휘통제 데이터링크의 보안
- 항공기의 공역 통합 및 격리('감지 및 회피' 포함)
- UAV 시스템 운용요원, 정비요원 및 기타 요원의 기량, 훈련 및 면허권 부여
- 운용, 정비 및 설계 조직 승인
- 운용의 형태
- 비행체 관리 및 항법 요구도
- 주파수 스펙트럼 할당
- 소음, 방사 및 기타 환경적 인증
- 치명 안전사항이 아니며 형식인증 기준의 일부를 구성하고 있지 않은 발진/착륙 장비
- 항공기에 대한 잠재적인 위험요소가 없는 탑재장비 운용
- 정상 운용 기간 동안 투하하도록 설계된 무장, 조명탄 및 기타 기능성 또는 비기능성 장착물의 운반 및 투하
- 무인항공기(UAV) 비행영역선도가 사전 결정되지 않거나 무인항공기(UAV)가 UAV 운용자가 예측 가능하지 않은 비결정론적 비행
- 해양 기지화
- 외부 또는 내장 제어장비로부터의 조종
- 초음속 비행

'감지 및 회피(sense and avoid)'는 무인항공기(UAV) 운용을 가능케 하는 핵심사항이다. '감지 및 회피' 요구도에 대한 유래 및 정의는 우선적으로 운용적인 측면이며 따라서 무인항공기 시스템 기준(USAR)의 범위 밖에 있다. 그러나 일단 이러한 요구가 명확해지면 이러한 목표를 달성하기 위해 설계 및 장착되는 모든 시스템은 무인항공기 시스템 내에 장착된 장비의 한 품목이 되며 따라서 USAR에 대한 감항인증 범주 내에 있게 된다.

표준감항인증 Part 2는 표 6.13과 같이 9개의 서로 연관된 세부분야로 구성되어 있으며 무인항공기시스템의 기술기준을 포함하는 Book 1과, Book 1의 기술기준을 달성하는데 필요한 Book 2의 적합성검증방법으로 구성된다.

표 6.13에서 Subpart A~G분야는 EASA CS-23으로부터 직접 인용되었으며 Subpart H와 Subpart I는 무인항공기시스템기준(USAR)에 고유한 것으로 CS-23의 양식을 따랐다. Subpart A부터 Subpart G까지의 장절 번호는 CS-23과 직접적으로 연계된다. 어떤 무인항공기 시스템에 전체 장절이 적용되지 않는 경우는 해당 장절이 삭제되고 '미적용(N/A)'으로 표기되었다. 어떤 장절이 적용되거나 또는 부분적으로 적용되지만 CS-23의 Subpart A~G

표 6.13 표준감항인증 Part 2 무인항공기 시스템(UAS)과 무인항공기(UAV) 관계

		무인항공기시스템(UAV System)				
		무인항공기 비행체 (UAV)	명령/통제 데이터링크	통신 시스템	무인항공기 통제소	기타 부수 요소
A	일반	x	x	x	x	x
B	무인항공기 비행	x				
C	무인항공기 구조	x				x
D	무인항공기 설계 및 제작	x				x
E	무인항공기 추진체	x				
F	장비	x				
G	운용제한사항 및 정보	x	x	x	x	x
H	명령 및 통제데이터 링크		x	x		
I	무인항공기 통제소				x	

내에서의 위치가 무인항공기 시스템과 일치하지 않는 경우는(예, 무인항공기 시스템의 내용상 논리적인 위치가 Subpart H 또는 Subpart I에 있는 경우) '본 분야에서는 적용되지 않음(not applicable in this Subpart)' 표기와 함께 원래의 위치에는 상호참조(cross-reference)가 포함된다. 본 USAR에만 고유한 장절이 있는 경우는 그 사실이 식별되어야 하며 해당하는 장절 번호 앞에 접두어 'U'자로 표기한다.

표준감항인증 기술기준 Part 2는 가능한 한 CS-23의 구조 및 내용을 가깝게 반영하여 작성되었다. 안전 보증(safety assurance)은 해당 요구도가 14 CFR Part 23/EASA CS-23 항공기의 형식인증과 동일하거나 보편적으로 동등한 단계를 활용한 과정 내에서 사용된다는 것을 가정한다. 인증당국에 의해 사용된 절차가 이들과 상당히 다른 경우, 인증당국은 사용된 과정이 동등한 안전 수준(equivalent level of safety)을 보장하는지를 결정하여야 한다.

따라서 USAR은 통상적으로 관련된 적합성 검증방법(MOC)에 의해 완성된 기준의 적용절들을 사용하여 UAV 시스템 형식인증 기준(또는 등가의 국가 문서)을 정의하는 데 사용된다. 적합성 검증방법(MOC)은 USAR 충족을 시범하기 위한 유일한 수단이 아니며 인증당국은 민간 법률 시스템과 함께 병행하여 정의하거나 타당한 경우 대체적인 등가의 수단을 정의하거나 승인할 수 있다. 인증당국이 추가적인 조건을 부과할 경우 해당 인증당국이 수용 가능한 검증방법을 승인해야 한다.

추가적으로 해당 인증당국은 최소한 다음 사항을 포함한 형식인증 데이터 자료 또는 등가의 국가 인증서와 함께 군 형식인증서 또는 등가의 국가 인증서를 발행한다.

- 시스템 식별

- 시스템 형상 세부내역
- 요구된 운용 주파수
- USAR 충족 문장(적용한 추가적인 조건, 예외사항 및 완화사항 여부 포함)
- 승인된 발간물 목록(운용 및 정비)
- 발행 부서
- 발행 일자

안전수준 감소를 초래하는 특수 군사 운용모드 경우는, 국가 인증당국은 기준(USAR)에 추가하여 추가적인 감항인증 기준(예, 저온 적응 비행)을 부과한다. 통상 민간 감항당국이 부과하는 특수 조건과 유사한 특성을 가지며 민간 또는 군사 적용 모두에 잠재적으로 적용되는 경우 이들은 특수기술기준(SC; Special Condition)으로 알려져 있다.

또한 USAR을 사용하여 인증 또는 평가된 무인항공기 시스템은 요구도의 범위 밖에 있는 기동이나 특수 장비 또는 탑재장비의 사용을 포함하는 전부 또는 일부의 다양한 군사적 역할 또는 모드에 사용된다. 인증당국은 특수 군 감항인증 요구도를 적용하여 이러한 모드를 다루어야 한다. 특수 군 감항인증 요구도는 군사작전의 고유특성으로 인정되며 민간기준의 특수기술기준과 유사한 절차로 적용 및 평가되어야 한다.

안전여유를 USAR 1309(장비, 시스템 및 장착) 및 이에 수반되는 적합성 검증방법(MOC)에 의해 요구되는 수준 이하로 임시 또는 영구적으로 떨어뜨리는 실제 또는 잠재적인 위험 조건을 초래할 수 있는 모든 특수 군 감항인증 요구도는 적합한 운용 제한에 의해 다루어져야 한다. 이것이 불가능할 경우는 해당 조건이 USAR에 의해 요구되는 안전 수준 이하에서 시스템이 운용되는 결과를 초래한다는 점이 형식인증서에 명확하게 식별되어야 한다. 이 특수 군 감항인증 요구도에 수반되는 결과적인 기술적 또는 운용적 위험도는 적절한 인증 절차를 이용하여 평가되고 수용되어야 한다.

군사적인 이유로 무인항공기 시스템이 USAR에 의해 요구되는 안전수준 이하의 결과를 초래하는 특수 군사 운용모드를 포함하는 경우, USAR에 대한 형식인증은 해당 특수 모드들이 비활성화된 경우와 기본 무인항공기 시스템 간의 충분하고 확실한 구분을 제공하도록 수행되어야 한다. 특수 군사모드의 예는 무장 또는 장착물 활성화 및 투하 또는 전자기 스펙트럼 방출기 작동이다.

표준감항인증 기술기준 Part 2는 표 6.14와 같이 9개의 항공기, 헬리콥터 및 무인항공기시스템 설계 및 인증에 필요한 전문분야기술(Subpart)별로 총 399항목의 기준으로 구성된다.

표 6.14 표준감항인증 Part 2 기술기준

항목	주요 기준	기술 기준수
Subpart A 일반	- 무인항공기 감항인증기준 - 설계사용 스펙트럼	5
Subpart B 무인항공기 비행	- 비행일반 - 성능 - 조종성 및 기동성 - 안전성 - 실속 - 스핀 - 지상조종특성 - 기타비행요구도 - 캐터펄트 및 로켓 보조 이륙 - 낙하산착륙시스템	44
Subpart C 무인항공기 구조	- 구조일반 - 비행하중 - 수평꼬리날개 - 에일레론 및 특수장치 - 지상하중 - 피로평가 - 캐터펄트 및 로켓 보조 이륙 무인항공기 - 낙하산 착륙시스템	65
Subpart D 설계 및 제작	- 설계 및 제작 일반 - 조종면 - 조종시스템 - 화재보호 - 전기적 접속 및 낙뢰보호 - 낙하산 착륙시스템	55
Subpart E 무인항공기 추진체	- 무인항공기 추진체 일반 - 연료시스템 - 연료시스템 구성품 - 윤활시스템 - 냉각 - 액체냉각 - 흡입시스템 - 배기시스템 - 추진체제어 및 부가장치 - 추진체 화재보호	74
Subpart F 장비	- 장비 일반 - 측정장치 장착 - 전기시스템 및 장비 - 안전장비 및 비상능력 - 기타장비 - 자동 이·착륙시스템	39
Subpart G 운용제한사항 및 정보	- 운용제한사항 및 정보 일반 - 무인항공기 비행교범	23
Subpart H 명령 및 통제 데이터 링크	- 명령 및 통제 데이터 링크 일반	8
Subpart I 무인항공기 통제소	- 무인항공기 통제소 일반 - 제어기 - 지시계 및 경고 - 기타	70
소계		399

군용무인항공기의 표준감항인증 Part 2 기술기준 USAR 21 충족입증, USAR 50(a) 최소시험속도, USAR 1301(a) 기능및 장착에 대한 적용사례는 표 6.15와 같다.

표 6.15 군용 무인항공기 감항인증기준 및 적합성 검증방법(예)

No.	항목	분야	표준감항인증기준 Part 2	MOC	입증 자료(예)
비행체 0001	USAR 21 충족입증	비행체 종합	투명체(캐노피)계통이 조류 충돌영향으로부터의 생존성 요구도를 만족하는 것을 검증한다.	GT	지상시험 결과
공력 0005	USAR 50(a) 최소시험 속도	공력	만약 실속속도가 비행시험으로 검증될 수 없다면, 최소시험속도가 고려된다. (a) 최소시험속도 VminDEMO는 비행시험에서 수행자에 의해서 시험되는 최소속도이며, 한편으로 USAR.201항에서 명시되는 비행특성을 만족하는 절차에 따라 비행제어 보호 특성을 조절하거나 억제하면서 진행된다. 충분한 편각이나 소재 결함을 초래하지 않음.	A	성능해석 결과 보고서
장비 0001	USAR 1301(a) 기능및 장착	지상체 종합	(a) 요구된 기능에 적합하게 선정되어야 하며 적절히 설계되어야 한다.	GT	지상체 통합시험

(3) 표준감항인증기준 Part 3

표준감항인증기준 Part 3은 NATO의 STANAG 4703(USAR-LIGHT; Light Unmanned Aircraft Systems Airworthiness Requirements)을 편역한 기술기준이다. Part 3은 CS-LURS와 FAR의 감항인증 형식을 직접적으로 따르지 않고 150kg 이하 고정익 소형 무인항공기에 과도한 감항성의 적용을 억제하려는 목적을 가졌으며, 필수 요구도는 크게 시스템 건전성, 감항성 관점에서의 체계운영, 조직 등의 3개 분야로 구분되며, 42개의 필수 요구도(ER; Essential Requirements)와 70개의 상세 기술기준(UL; Detailed Requirements)을 포함한다(표 6.16).

표준감항인증 기술기준 Part 3의 STANAG 4703에서는 기능위해조건 분석(FHA; Functional Hazard Analysis) 및 고장모드 영향 및 치명도 분석(Failure, Effects and Criticality Analysis)과 고장트리 분석(FTA; Fault Tree Analysis) 등의 150kg 이하의 최대 이륙중량을 가진 무인항공기가 비분리 공역(non-segregated airspace)에서 비행하고, 형식인증을 획득하기 위한 최소한의 필수 요구도와 상세증명과 인증당국에 제출하는 증명수단을 제시하고 있다.

표 6.16 표준감항인증 Part 3 기술기준

<table>
<tr><th colspan="2">필수 요구조건(ER)</th><th>필수 요구조건 기술기준 주요 기준</th><th>필수 요구 조건 (EL)</th><th>상세 요구 조건 (UL)</th></tr>
<tr><td rowspan="5">ER 1
시스템
건전성</td><td>ER 1</td><td>시스템 건전성은 해당 무인항공기 운용 수명 동안의 모든 예상 비행 조건과 지상 운영에 대해 보장되어야 함.</td><td>1</td><td>1</td></tr>
<tr><td>ER 1.1
구조 및 재료</td><td>구조 건전성은 완전하게 확보되어야 하며 추진 시스템을 포함하여 UA 운용 영역에 정의된 여유값이 확보되어야 하며 해당 UA의 운용 수명 동안 유지되어야 한다.</td><td>8</td><td>14</td></tr>
<tr><td>ER 1.2
추진체</td><td>추진계통(엔진 및 프로펠러) 건전성은 해당 추진계통의 운용 영역 전반과 정의된 여유값만큼 입증되어야 하며 해당 추진계통의 운용 수명 동안 유지되어야 함</td><td>6</td><td>5</td></tr>
<tr><td>ER 1,3.1
시스템 및 장비</td><td>UAS는 의도한 운용에서 위해한 것으로 경험상 입증된 설계특성이나 상세 내역을 절대로 가져서는 안 됨</td><td>5</td><td>16</td></tr>
<tr><td>ER 1.4.1 무인 항공기 유지감항</td><td>UAS 형식인증된 감항기준이 UAS의 운용 수명 전반에 걸쳐 유지되도록 감항성 유지를 위한 지침이 설정되어 있어야 함</td><td>4</td><td>3</td></tr>
<tr><td rowspan="4">ER. 2
감항성
관점에서의
체계운영</td><td>ER 2</td><td>-</td><td>-</td><td>-</td></tr>
<tr><td>ER 2.1</td><td>시스템 운용 기간 동안 지상에서의 만족스런 안전 수준을 보장하기 위해 아래 조항이 다루어졌음이 입증되어야 함</td><td>7</td><td>20</td></tr>
<tr><td>ER 2.2</td><td>안전한 운용에 필요한 운용 제한치와 기타의 정보들이 운용요원에게 가용하여야 함</td><td>1</td><td>1</td></tr>
<tr><td>ER 2.3</td><td>시스템 운용은 환경적인 조건을 포함하여 내부 및 외부의 나쁜 조건으로부터 초래되는 위험으로부터 보호되어야 함</td><td>4</td><td>1</td></tr>
<tr><td rowspan="3">ER 3
조직</td><td>ER 3</td><td>설계, 제작 또는 정비를 수행하는 일반 요원을 포함함</td><td>1</td><td>-</td></tr>
<tr><td>ER 3.1</td><td>설계(비행시험 수행조직 포함), 생산(제작) 또는 정비 활동과 관련된 조직은 다음 조건을 충족하여야 함</td><td>4</td><td>5</td></tr>
<tr><td>ER 3.2</td><td>조직체 정비 훈련의 경우, ER 3.1.3과 ER 3.1.4항은 적용되지 않음</td><td>1</td><td>4</td></tr>
<tr><td colspan="2">소계</td><td></td><td>42</td><td>70</td></tr>
</table>

STANAG 4703이 지상통제 시스템의 감항규정을 포함하지 아니한 것은 66J(Joule) 이하의 충돌운동에너지를 가진 비행체의 경우 제한된 탑재하중으로 인해 지상국과의 통신을 위한 시스템의 탑재가 어려워 지상통제 시스템에 대한 감항인증 요구도를 반영치 않은 것으로 보인다. 또한 위험에 대비한 안전장치 및 Fail-Safe와 같은 중복 여유도를 갖추고 있지 않다.

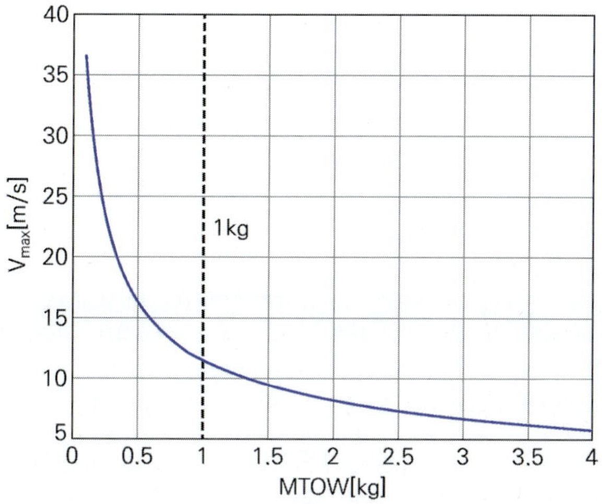

그림 6.34 최대이륙중량 대 속도에 따른 충돌 에너지

이는 소형 무인항공기의 기체에 대한 감항인증 요구도를 상당히 완화함은 물론 개발자에게 융통성을 부여하고 있다. 소형 무인항공기의 비행안전성을 보장하기 위해서는 150kg 이하의 소형 무인항공기에 STANAG 4703에 제시된 군의 감항성 필수요구도와 정성적으로 설정된 기준을 통합하는 하이브리드 접근 방식을 고려할 수 있다.

초소형 무인항공기 감항인증 기준 적용 시 충돌에너지 역시 무게와 비행속도별로 구분하여 고려되어야 하며, 이때 속도는 최대 수평속도를 기준으로 한다. STANAG 4703은 150kg 이하, 66J의 운동에너지를 가지는 소형급 비행체의 감항인증 기준을 제시한다. 비행체 질량 m_{MTO}와 최대 수평비행속도 $V_{\max}$에 따른 운동에너지 KE는 아래식을 따르도록 하며, 이에 대한 결과는 그림 6.33에 도시되어 있다.

$$KE = \frac{1}{2} m_{MTO} V_{\max}^2$$

STANAG 4703에서 제시하는 에너지 충돌기법에서는 66J 이하의 운동에너지를 가져야 된다. 그림 6.34에 나타난 바와 같이 1kg의 초소형 무인항공기의 경우 11.49m/s의 속도를 가져야 하며 10kg의 미니 무인항공기는 3.63m/s, 30kg의 소형 무인항공기는 2.1m/s의 비행속도를 가질 경우에 해당된다.

STANAG 4703에서는 위험요소 평가시스템(HRS; Hazard Reference System)을 심각도 평가 시스템(SRS; Severity Reference System), 누적안전요구도(CSR; Cumulative Safety Requirements), 확률수준평가기준(PLRS; Probability Level Reference System)과 위험수용분석(HAC; Hazard Acceptability Criteria)으로 구분한다.

심각도 평가 시스템 (SRS; Severity Reference System)

심각도는 무인항공기 운용중의 사고의 잠재적인 결과로서, 사망, 부상, 업무병, 장비 또는 재산상의 손실, 환경손상 또는 금전적인 손실을 포함한다. 심각도 평가시스템(SRS)은 표 6.17과 같이 나타낸다.

표 6.17 심각도 평가시스템(SRS)

구분	내용
재난적 (Catastrophic)	- 최소한의 통제불능 비행, 통제불능 추락 - 무인항공기 운용요원, 지상운용요원들의 사망을 초래
위험적 (Hazardous)	- 고장 또는 운용요원 업무부하 증가로 인한 무인항공기 손실을 초래 - 무인항공기 운용요원, 지상운용요원들의 사망은 발생하지 않는 고장조건들
중대 (Major)	- 고장 또는 운용요원 업무부하 증가로 인한 기 계획된 지역에 무인항공기 비상 착륙 초래, 심각한 상해는 발생하지 않음 - 잠재적으로 무인항공기 운용요원, 지상요원들에게 상해를 줄 수 있는 고장 조건들
경미 (Minor)	- 운용요원 능력범위 내의 조치를 포함하는 고장 조건 - 기능적 능력에 약간의 저하와 무인항공기 운용요원 업무부하에 약간의 증가를 포함할 수 있음

누적안전요구도 (Cumulative Safety Requirements)

모든 재난적 손상 환경의 조합으로 나타난 재난적 상황에 대한 누적 확률은 모든 무인항공기와 추진, 항법, 데이터링크, 무인항공기 통제소(UCS; Unmanned Control Station)/무인항공기 조종박스(UCB; Unmanned Control Box) 등을 포함한 무인항공기시스템의 계통들의 영향을 고려한다.

소형 무인항공기의 비행시간당 누적 재난 확률(PCUM-CAT; cumulative probability for catastrophic event)은 표 6.18과 같이 정의되며 그림 6.35에 의한다.

표 6.18 소형무인항공기 최대이륙중량에 따른 비행시간당 누적 재난 확률

최대이륙중량	누적 재난 확률
최대이륙중량(15kg 이하)	$P_{CUM-CAT} = 10^{-4}$
최대이륙중량(15kg 이상 150kg 이하)	$P_{CUM-CAT} = 0.0015/(MTOW)$

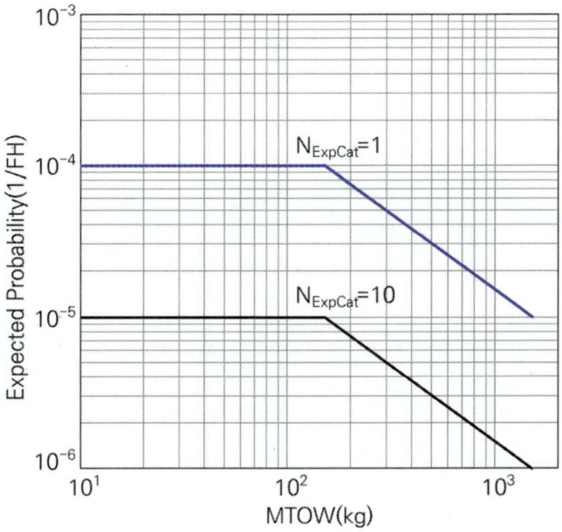

그림 6.35 최대이륙중량대 누적재난 확률(N=1, 10)

확률 수준 평가 시스템(PLRS; Probability Level Reference System)

예비 안전성 평가에 의해 도출된 예상되는 재난적인 고장 조건의 수는 결정되어 감항당국에 의해 동의되어야 한다. 대안으로서는 10개의 예상되는 재난적 고장 상태에 대한 고정값 10이 사용될 수 있다.

표 6.19는 사고발생 확률 수준 평가기준을 나타낸다.

표 6.19 확률수준 평가

발생확률	누적 재난 확률
(E) 극한 불가능 (Extremely Improbable)	$P_{(E)} \le \dfrac{P_{CUM-CAT}}{\text{재난적 고장상황 발생 수}}$
(D) 극한적으로 희박 발생빈도 (Extremely Remote)	$P_{(E)} < P_{(D)} \le 10 \times P_{(E)}$
(C) 희박 수준 발생빈도 (Remote)	$10 \times P_{(E)} < P_{(C)} \le 100 \times P_{(E)}$
(B) 가능 수준 발생빈도 (Probable)	$100 \times P_{(E)} < P_{(B)} \le 1000 \times P_{(E)}$
(A) 빈번 수준 발생빈도 (Frequent)	$P_{(A)} > 1000 \times P_{(E)}$

심각도 허용 기준(HAC; Hazard Acceptability Criteria)

심각도 허용기준(HAC)은 무인항공기 운용중의 고장의 잠재적인 결과인 심각도와 고장 발생 확률에 따라서 결정된다. 고장의 심각도와 발생확률은 가역관계를 이루고 있다. 즉 사고의 위험성이 낮을수록, 해당 사고가 더 자주 발생하는 것을 '허용'할 수 있다. 반대로 사고의 위험성이 클수록 해당 사고가 덜 발생하는 것을 '허용'할 수 있다.

위험요소-위험도 지수(HRI; Hazard Risk Index)의 정의는 표 6.20과 같이 나타낸다.

표 6.20 위험요소-위험도 지수(HRI)

위험요소-위험도 지수 (HRI; Hazard Risk Index)	(1) 재난적 CATASTROPHIC	(2) 위해조건 HAZARDOUS	(3) 중대 MAJOR	(4) 경미 MINOR
(A) 빈번(Frequent)	1A 불허용 (Unacceptable)	2A 불허용 (Unacceptable)	3A 불허용 (Unacceptable)	4A 불허용 (Unacceptable)
(B) 가능(Probable)	1B 불허용 (Unacceptable)	2B 불허용 (Unacceptable)	3B 불허용 (Unacceptable)	4B 허용 (Acceptable)
(C) 희박(Remote)	1C 불허용 (Unacceptable)	2C 불허용 (Unacceptable)	3C Acceptable	4C 허용 (Acceptable)
(D) 극단적으로 희박 (Extremely Remote)	1D 불허용 (Unacceptable)	2D Acceptable	3D Acceptable	4D 허용 (Acceptable)
(E) 극한 불가능 (Extremely Improbable)	1E 허용 (Acceptable)	2E 허용 (Acceptable)	3E 허용 (Acceptable)	4E 허용 (Acceptable)

15kg과 150kg의 최대 이륙중량을 가진 무인항공기가 아래와 같은 10개의 재난적 고장을 가진 경우의 위험요소-위험도 지수(HRI)사례를 분석 하면 표 6.21의 결과를 얻는다.

표 6.21 위험요소-위험도 지수(HRI) 사례

HRI	고장	확률	STANAG 4703(1/FH)	
			MTOW=15kg 이하	MTOW=150kg
-	누적위험	누적확률 (P CUM- CAT)	1×10^{-4}	$P_{CUM-CAT}=1\times10^{-5}$ (0.0015/MTOW)
1 E	재난적 (Catastrophic)	극한적 불가능 (Extremely Improbable)	$P_{(E)}\le1\times10^{-5}$	$P_{(E)}\le1\times10^{-6}$
2 D	위험적 (Hazardous)	극한적 희박 (Extremely Remote)	$1\times10^{-5}<P_{(D)}\le1\times10^{-4}$	$1\times10^{-6}<P_{(D)}\le1\times10^{-5}$
3 C	중대(Major)	희박수준 (Remote)	$1\times10^{-4}<P_{(C)}\le1\times10^{-3}$	$1\times10^{-5}<P_{(C)}\le1\times10^{-4}$
4 B	경미(Minor)	가능수준 (Probable)	$1\times10^{-3}<P_{(B)}\le1\times10^{-2}$	$1\times10^{-4}<P_{(B)}\le1\times10^{-3}$
-	안전영향 없음	빈번함 (Frequent)	$P_{(A)}>1\times10^{-2}$	$P_{(A)}>1\times10^{-3}$

- 예상치 못한 수직돌풍으로 인한 날개 구조 파손
- 구동기 파손으로 인한 제어 불가능 상황
- 공탄성 효과로 인한 날개 구조 파손
- 잘못된 센서 데이터로 인한 소프트웨어 오작동
- 접촉 불량 또는 누전으로 인한 비행제어 하드웨어의 파손
- 비행제어 법칙의 오류나 낮은 배터리 잔량으로 인한 제어 불능
- 데이터 링크 시스템 고장
- 에너지 관리 시스템 오작동으로 인한 전체 시스템 고장
- 배터리 과열이나 태양전지 파손으로 인한 전력 손실
- 모터 과열로 인한 추력 손실

6.5.2 기타감항인증기준(Other ACC; Other Airworthiness Certification Criteria)

방위사업청장이 고시하지 아니하였으나 국제적으로 통용되는 감항인증기준으로 인증위원회에서 군용항공기 사업별로 승인된 기타감항인증기준은 표준감항인증기준과 동일한 효력을 가진다(그림 6.36).

국제적으로 통용되는 감항인증기준은 미 연방항공청의 연방항공규정 14 CFR Part 23, 25,

그림 6.36 기타감항인증기준(미 육군 ADS-51-HDBK, EASA CS 25)

27, 29, 유럽 항공안전청의 CS 23, 25, 27, 29, 미육군 헬리콥터 설계표준인 ADS-51-HDBK, 영국군사규격 DEF-STD 등이며 이에 국한되지 않는다.

국내 군용항공기 개발 사업에서는 사업특성에 따라 기타감항인증기준을 적용한 사업은 표 6.22와 같다.

표 6.22 기타감항인증기준 적용사업

구분	기타 감항인증 기준
수리온 계열	- FAR Part 29(감항분류가 수송인 회전익 항공기 기술기준) - ADS-51-HDBK(로터크래프트 및 항공기 품질 안내서)
KT-1 계열	- FAR Part 23(감항분류가 보통(N), 실용(U), 곡기(A), 커뮤터(C)류인 비행기에 대한 기술기준)
MUAV 사단/ 군단급 무인항공기	- STANAG 4671(Unmanned Aerial Vehicles Systems Airworthiness Requirements; USAR) * 표준감항인증 Part 2 제정 전에 적용

6.5.3 기종별 감항인증기준(TACC; Tailored Airworthiness Certification Criteria)

표준감항인증기준 또는 승인된 기타 감항인증기준을 기초로 해당 군용항공기 사업의 특성에 맞게 작성한 감항인증기준으로 형식인증 후 최종 확정된 기종별 감항인증기준은 군용항공기 수명주기 동안 유지 및 관리되어야 한다(그림 6.37).

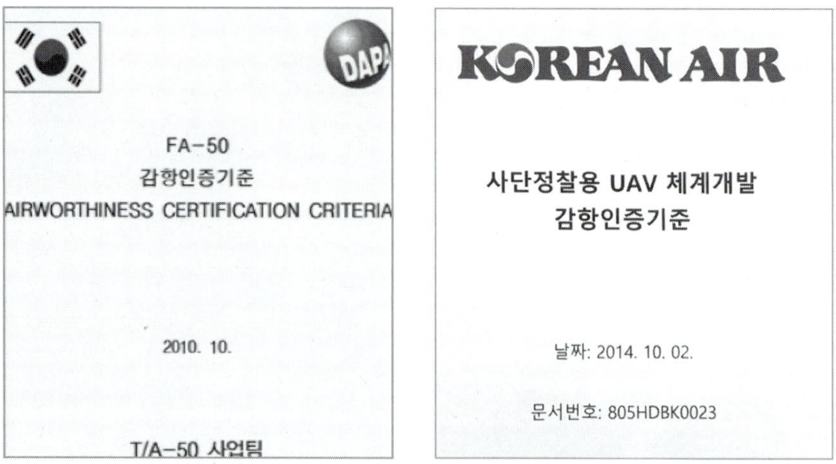

그림 6.37 기종별 감항인증기준(FA-50, 사단급 무인항공기)

군용항공기 사업의 기종별 감항인증기준을 작성할 경우, 표준감항인증기준이 유인항공기, 무인항공기 및 회전익 항공기에 대한 감항인증기준을 모두 포함하고 있으므로, 해당 군용항공기 사업특성에 맞게 기술기준을 선택한다. 해당 군용항공기 사업특성에 맞게 선택된 표준감항인증기준을 토대로 항공기설계적합성에 대해서는 참고문서에 나와 있는 합동운용규격지침서(JSSG; Joint Service Specification Guides), 미 국방규격서, 미 국방표준서, 미연방규정 및 비정부기관의 발행물을 참조하여 상세기준을 작성한다. 상세설계 검토시 기종별 감항인증기준이 확정될 때까지는 기준별 선정사유, 변경이력자료, 감항성 검토자료를 문서화하여 관리·유지 및 최신화하여야 한다.

그림 6.38은 합동운용규격지침서의 구성도를 나타낸다.

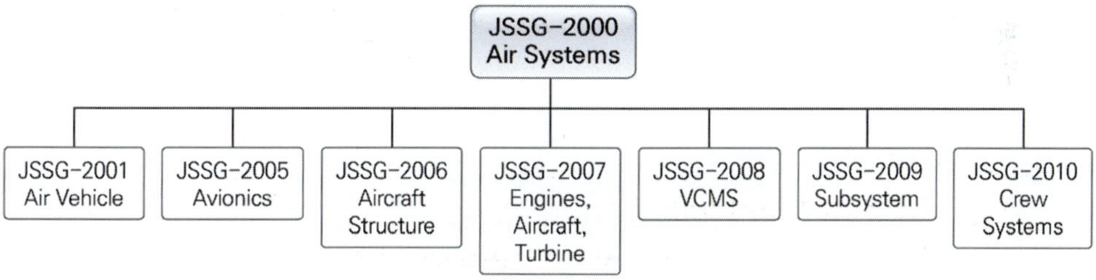

그림 6.38 합동운용규격지침서 구성도

FA-50 감항인증은 표준감항인증기준(MIL-HDBK-516B)의 871개 기술기준을 바탕으로 감항인증당국 및 주관/전문기관의 협의로 총 1,300여 개의 세부항목을 선정하여 세부항목별 입증자료 작성을 위한 적합성 검증방법(MOC; Methods of Compliance)을 확정하였다. 여기에는 최초안전비행(ISOF; Initial Safety of Flight) 평가 기준이 포함된다. 안전비행(SOF; Safety of Flight)이라 함은 인원의 상해/사망 및 장비, 자산, 환경 손상에 대해 사전에 설정되고 승인된 한계 내에서 비행을 안전하게 시작, 유지 및 종료하기 위한 특정 항공 시스템 형상의 특성이다. 최초 안전비행(ISOF) 평가는 초도비행시 항공기 비행안전 확인을 위해 선정된 항목을 검토하는 과정으로 감항인증 과정의 일부이며, 최초 안전비행 평가 범위는 초도비행에서 예상되는 운용영역, 형상 및 조건들에 대하여 안전비행여부를 평가한다.

표 6.23은 군용항공기 기종별 감항인증기준 및 적합성 검증방법 사례를 나타낸다.

표 6.23 군용항공기 기종별 감항인증기준 및 적합성 검증방법(예)

분야	표준감항인증기준 (MIL-HDBK-516B)	군용항공기 감항인증기준	SOF	MOC	입증자료
6. 비행기술	6.1.3.5.1 안전한 위상 여유 및 이득 여유를 검증한다.	6.1.3.5.1 비행제어 시스템은 항공기에 주어진 안정성 여유(stability margin) 요구도를 만족해야 한다.	Y	2	Stability and Control Substantiation Report
				6	Flight Test Report for Basic Stability and Control Test
				8	조종안정성 해석 보고서
7. 추진체 및 추진체 장착	7.1.3 단일엔진 직접 양력발생 시스템이 규정된 안전 요구도를 충족하는지를 검증한다.	N/A (Direct lift systems)	-	-	-
14. 시스템 안전	14.1.1.1 시스템 안전 계획에 시스템 엔지니어링의 모든 안전 측면을 반영하고 있는지를 검증한다.	14.1.1.1 시스템 안전 프로그램은 전체 프로그램에 통합되어야 한다. 시스템 안전 프로그램은 시스템 안전과 항공기 수준의 안전을 유지하기 위해 요구되는 다른 안전 관련 기능들과의 연계성을 반영해야 한다(다른 안전 관련 기능들과의 상세한 체계안전 연계 부분은 Section 14.1.1.4에서 추가 검증함).	N	1	System Safety Program Plan (SSPP)

Aircraft Airworthiness Certification

부록

항공기 인증 용어

가연성(Flammable): 유체 또는 가스의 경우 쉽게 점화되거나 또는 폭발하기 쉬운 성질

감항성이 있는(Airworthy): 항공기, 엔진, 프로펠러 또는 부품이 인가된 설계에 합치하고 안전한 운용 상태에 있음을 말함

개별원인손상(Discrete source damage): 조류 충돌, 통제되지 않은 팬블레이드·엔진 및 고속회전 부품의 이탈 또는 이와 유사한 원인에 의한 비행기의 구조 손상

경미한 개조(Minor alteration): 대 개조가 아닌 개조

경미한 검사 프로그램(Minor repair): 대 검사 프로그램이 아닌 검사 프로그램

계기(Instrument): 항공기 또는 항공기 부품의 자세, 고도, 작동을 시각적 또는 음성적으로 나타내기 위한 내부의 메카니즘을 사용하는 장치로, 비행중 항공기를 자동 조종하기 위한 전기 장치를 포함

계기비행 규칙 조건(IFR conditions): 시계비행 규칙에 따른 비행의 최소 조건 이하의 기상조건

계속감항(Continuing Airworthiness): 항공기, 엔진, 프로펠러 또는 부품이 운용되는 수명기간 동안 적용되는 감항성 요구조건을 충족하고, 안전한 운용상태를 유지하기 위하여 적용하는 일련의 과정

고도 엔진(altitude engine): 해면고도에서부터 지정된 고고도까지 일정한 정격이륙출력을 발생하는 항공기용 왕복엔진

고-어라운드 출력 또는 추력 설정치(Go-around power or thrust setting): 성능 자료에 정의된 최대 허용 비행 출력 또는 추력 설정치

공기보다 가벼운 항공기(Lighter-than-air aircraft): 공기보다 가벼운 기체를 채움으로써 상승 유지가 가능한 항공기

공기보다 무거운 항공기(Heavier-than-air aircraft): 공기 역학적인 힘으로부터 양력을 주로 얻는 항공기

공항(Airport): 항공기의 이착륙에 사용되거나 사용하고자 하는, 해당되는 경우 건물과 시설 등을 포함하는 육지 또는 수면 영역

공회전 추력(Idle thrust): 엔진 출력조절장치를 최소 추력 위치에 두었을 때 얻는 제트 추력

교정대기속도(Calibrated airspeed): 항공기의 지시대기속도를 위치오차 및 계기오차로서 보정한 속도로, 수정대기속도는 해면고도에서 표준 대기 상태의 진대기속도와 동일함

기구(balloon): 엔진에 의해 구동되지 않고 가스의 부양력 또는 탑재된 가열기의 사용을 통하여 비행을 유지하는 공기보다 가벼운 항공기

기외하중물 장착수단(External-load attaching means): 기외하중물 적재함, 장착 지점의 보

조 구조물 및 기외 하중물을 투하할 수 있는 긴급장탈 장치를 포함하여 항공기에 기외하중물을 부착하기 위하여 사용하는 구조적 구성품

기외하중물(External loads): 항공기 기내가 아닌 동체의 외부에 적재하여 운송하는 하중물

기준착륙속도(Reference landing speed): 50ft 높이의 지점에서 규정된 착륙자세로 강하하는 비행기 속도를 말하는 것으로써 착륙거리의 결정에 관한 속도

기체(Airframe): 동체, 붐, 나셀, 카울링, 페어링, 에어포일 면(로터를 포함하며 프로펠러와 엔진의 회전하는 에어포일은 제외함) 및 항공기의 착륙장치와 그 보기류 및 조종 장치

낙하산(Parachute): 공기를 통해서 물체의 낙하 속도를 감소시키는데 사용되는 장치

내연성(Flash resistant): 점화되었을 때 맹렬하게 연소되지 않는 성질

내염성(Flame resistant): 점화원이 제거된 이후 안전 한계를 초과하는 범위까지 화염이 진행되지 않는 연소 성질

내화성(Fire resistant): 다음 각 호의 경우에 대하여 5분 동안 화염으로 인하여 발생하는 열을 견딜 수 있는 성능

(1) 강판 또는 구조부재의 경우에 있어서 사용되는 목적에 따라 최소한 알루미늄 합금 정도의 수준으로 화재로 인한 열을 견딜 수 있는 성질

(2) 유체를 전달하는 관, 유체시스템의 부품, 배선, 공기관, 피팅 및 동력장치 조절장치에 있어서, 설치된 장소의 화재로 인하여 있을 수 있는 열 및 기타 조건하에서 의도한 성능을 발휘할 수 있는 성질

주) 인정할 수 있는 화염의 특성은 ISO 2685에서 찾을 수 있음

당해 감항성 요건(Appropriate airworthiness requirements): 인증 등의 대상이 되는 항공기, 엔진, 또는 프로펠러 등급에 대하여 국토교통부장관이 제정, 채택, 또는 인정한 포괄적이면서 구체적인 감항성 관련 규정

대 개조(Major alteration): 항공기, 항공기용 엔진 또는 프로펠러에 대해서 다음에 열거된 영향을 미치지 않는 개조

(1) 중량, 평형, 구조적 강도, 성능, 동력장치의 작동, 비행특성 또는 기타 강항성에 영향을 미치는 특성 등에 상당한 영향을 미침

(2) 일반적인 관례에 따라 수행될 수 없거나, 기본적인 운용에 의하여 수행될 수 없음

대 검사 프로그램(Major repair): 다음과 같은 검사 프로그램을 의미함

(1) 부적당하게 수행될 경우, 중량, 평형, 구조적 강도, 성능, 동력장치의 작동, 비행특성 또는 기타 감항성에 영향을 미치는 특성 등에 상당한 영향을 미침

(2) 일반적인 관례에 따라 수행될 수 없거나, 기본적인 운용에 의하여 수행될 수 없음

대기속도(Airspeed): 대기속도에는 다음과 같은 약어가 사용됨

- V_A : 설계 기동 속도(design maneuvering speed)
- V_B : 최대 돌풍 강도에서의 설계 속도(design speed for maximum gust intensity)
- V_{BS} : 활공기에 있어서 에어브레이크 또는 스포일러를 조각하는 최대속도
- V_C : 설계 순항속도(design cruising speed)
- V_D : 설계 강하속도(design diving speed)
- V_{DF}/M_{DF} : 실증된 비행 강하속도(demonstrated flight diving speed)
- V_{EF} : 이륙중 임계 엔진이 부작동되었 때를 가정했을 때의 속도
- V_F : 설계 플랩 속도(design flap speed)
- V_H : 최대 연속 출력에서의 최대 수평비행 속도
- V_{FC}/M_{FC} : 안정성 특성에 대한 최대 속도
- V_{MO}/M_{MO}: 최대 운용 제한속도
- V_{LE} : 최대 착륙장치 전개 속도
- V_{LO} : 최대 착륙장치 작동 속도
- V_{LOF} : 항공기가 양력을 받아 활주로 면에서 뜨는 속도(lift-off speed)
- V_{MC} : 임계엔진 부작동 시의 최소 조종 속도
- V_{MU} : 최소 이륙속도
- V_{NE} : 초과금지 속도
- V_{NO} : 최대 구조적 순항 속도
- V_R : 회전속도
- V_S : 항공기가 조종 가능한 상태에서의 실속속도 또는 최소 정상 비행속도
- V_{SF} : 설계착륙중량에 있어서 풀랩을 한 칸 아래로 내렸을 경우 계산된 실속속도
- V_{SO} : 풀랩을 착륙위치로 했을 경우의 실속속도(최소정상비행속도)
- V_{SI} : 정해진 형태에 있어서 실속속도(최소정상비행속도)
- V_T : 설계비행기 예항속도
- V_W : 설계윈치 예항속도(윈치 또는 자동차로 예항하는 속도)
- V_X : 최량 상승각에 대응하는 속도
- V_Y : 최량 상승율에 대응하는 속도
- V_1 : 이륙결정속도
- V_2 : 안전이륙속도
- M : 마하수(진대기속도의 음속에 대한 비)

V_{MCG} : 지면에서의 최소 제어 속도

V_{MCA} : 공중에서의 최소 제어 속도

V_{MBCB} : 최대 브레이크 에너지 속도

대형항공기(Large aircraft): 최대인가 이륙중량이 5,700kg(12,500lbs)를 초과하는 항공기

동력장치(Powerplant): 엔진, 구동계통 구성품, 프로펠러, 보기장치(Accessory), 보조부품(Ancillary Part), 그리고 항공기에 장착된 연료계통 및 오일계통 등으로 구성되는 하나의 시스템으로, 헬리콥터의 로터는 포함하지 않음

등가대기속도(Equivalent airspeed): 항공기의 교정대기속도를 특정 고도에서의 단열 압축류에 대하여 보정한 속도로, 등가대기속도는 해면 고도에서 표준 대기상태의 교정대기속도와 동일함

$$TAS = EAS\sqrt{\frac{\rho_o}{\rho}} = EAS\sqrt{\frac{1}{\sigma}}$$

마하수(Mach number): 음속 대 진대기속도와의 비율

만족스러운 증거(Satisfactory evidence): 감항성 요구조건에 합치함을 보여 주기에 충분하다고 감항당국이 인정하는 문서 또는 행위

민간용 항공기(Civil aircraft): 군·경찰·세관용 항공기를 제외한 항공기

불연성(Fireproof): 다음 각 호의 경우에 대하여 15분 동안 화염으로 인하여 발생하는 열을 견딜 수 있는 성능

(1) 지정방화구역 내에 화재를 가두기 위하여 사용하는 자재 및 부품의 경우에 있어서, 사용되는 목적에 따라 최소 강철과 같은 정도의 수준으로 화재로 인한 열을 견딜 수 있는 성질로서 해당 구역에 생긴 큰 화재가 상당 기간 지속되어도 이로 인하여 발생하는 열을 견딜 수 있어야 함

(2) 기타 자재 및 부품의 경우에 있어서, 사용되는 목적에 따라 최소 강철과 같은 정도의 수준으로 화재로 인한 열을 견딜 수 있는 성질

주) 인정할 수 있는 화염의 특성은 ISO 2685에서 찾을 수 있음

비행 고도(Flight level): 수은주 압력 기준 29.92inHg와 관련된 일정한 대기 압력고도로, 이는 세 자리 수로 표시하는데 첫 자리는 100ft를 의미함. 예를 들면 비행고도 250은 기압고도 25,000ft를 나타내며 비행고도 255는 기압고도 25,500ft를 나타냄

비행 시간(Flight time): 다음을 의미함

(1) 항공기가 비행을 목적으로 자체 출력에 의해 움직이기 시작한 때를 시작으로 하고 착륙 후 항공기가 멈춘 때까지의 조종 시간

(2) 자체 착륙능력이 없는 활공기의 경우, 활공기가 비행을 목적으로 견인된 때를 시작으로 착륙 후 활공기가 멈춘 때까지의 조종 시간

비행기(Aeroplane): 엔진으로 구동되는 공기보다 무거운 고정익 항공기로써 날개에 대한 공기의 반작용에 의하여 비행 중 양력을 얻음

비행선(Airship): 엔진으로 구동하며 공기보다 가벼운 항공기로서 방향 조종이 가능한 것을 말함

설계 지상활주 질량(Design taxiing mass): 이륙출발 이전에 지상에서 항공기를 이용하는 동안 발생할 수 있는 하중을 감당할 수 있도록 구조적인 준비가 된 상태의 항공기 최대 질량

설계단위질량(Design unit mass): 구조설계에 있어 사용하는 단위질량으로 활공기의 경우를 제외하고는 다음과 같음

(1) 연료 0.72kg/l(6lb/gal) 다만, 가솔린 이외의 연료에 있어서는 그 연료에 상응하는 단위중량으로 함

(2) 윤활유 0.9kg/l(7.5lb/gal)

(3) 승무원 및 승객 77kg/인(170lb/인)

설계이륙질량(Design takeoff mass): 구조설계에 있어서 이륙 활주를 시작할 때 계획된 예상 최대항공기 질량

설계착륙질량(Design landing mass): 구조설계에 있어서 착륙할 때 계획된 예상 최대항공기 질량

소형 항공기(Small aircraft): 최대 인가 이륙중량이 5700kg(12,500lbs) 이하인 항공기

수리(Repair): 항공제품을 감항성 요구 조건에서 정의된 감항조건으로 복구하는것

수직추력 이착륙기(Powered-lift): 공기보다 무거운 항공기로서 수직 이착륙이 가능하고 저속비행 시에는 비행시간 동안 양력을 주로 엔진구동 양력장치 또는 엔진 추력에 의존하고 수평비행시 양력을 회전하는 에어포일이 아닌(nonrotating airfoil) 회전익항공기 장치에 의존하여 비행이 가능한 항공기

승무원(Crewmember): 비행 중 항공기 내에서 임무를 수행토록 지정된 자

승인된(Approved): 특정인이 규정되어 있지 않는 한 국토교통부장관에 의해 승인됨을 의미

안전계수(Factor of safety): 상용 운용상태에서 예상되는 하중보다 큰 하중이 발생할 가능성과 재료 및 설계상의 불확실성을 고려하여 사용하는 설계계수

안정성 최대속도(Maximum speed for stability characteristics), V_{FC}/M_{FC}: 최대운항제한속도(V_{MO}/M_{MO})와 실증된 비행강하속도(V_{DF}/M_{DF})의 중간 속도보다 작지 않은 속도로, 마

하수가 제한배수인 고도에 있어서 효율적인 속도 경보가 발생하는 마하수를 초과할 필요가 없는 M_{FC}는 예외임

압력 고도(Pressure altitude): 어떤 대기압을 표준 대기압에 상응하는 고도로 표현한 값

엔진(Engine): 항공기의 추진에 사용하거나 사용하고자 하는 장치로, 여기에는 엔진의 작동과 제어에 필요한 구성품(component) 및 장비(equipment)를 포함하지만, 프로펠러 및 로터는 제외됨

예방정비(Preventive maintenance): 복잡한 조립을 필요로 하지 않는 소형 표준 부품의 교환과 단순 또는 경미한 예방 작업

예상되는 운용 조건(Anticipated operating conditions): 경험으로 알게 된 상태 또는 해당 항공기가 제작 당시 운항이 가능하도록 만들어진 운항 조건을 고려할 때 항공기의 수명기간 내에 일어날 수 있는 것으로 예견될 수 있는 조건으로 대기의 기상상태, 지형의 형태, 항공기의 작동, 종사자의 능력 및 비행안전에 영향을 미치는 모든 요소들을 고려한 조건으로, 예상되는 운용 조건에는 다음과 같은 사항은 포함되지 않음

운항승무원(Flightcrew member): 비행 시간 중 항공기에서 임무를 부여받은 조종사, 운항엔지니어 또는 운항 항법사

인적 업무수행 능력(Human performance): 항공분야 운용상의 안전과 효율에 영향을 주는 인적 업무수행능력 및 한계

인적요소 원칙(Human factors principles): 항공기 설계, 인증, 훈련, 운항, 및 정비 분야에 대하여 적용되는 원칙이며 사람의 능력을 적절하게 고려하여 사람과 다른 시스템 구성요소들 간의 안전한 상호작용을 모색하는 원칙

이륙 출력(Takeoff power):

(1) 왕복엔진에 있어서, 표준해면고도 조건 및 정상 이륙의 경우로 승인을 받은 크랭크샤프트 회전속도와 엔진 다기관 압력이 최대인 조건하에서 결정된 제동마력으로, 승인을 받은 엔진 사양에서 명시된 시간까지 계속 사용하는 것으로 제한됨

(2) 터빈 엔진에 있어서, 지정된 고도와 대기 온도에서의 정적 조건 및 정상 이륙의 경우로 승인을 받은 로터 축 회전속도와 가스 온도가 최대인 상태하에서 결정된 제동마력으로, 승인을 받은 엔진 사양에서 명시된 시간까지 계속 사용하는 것으로 제한됨

임계고도(Critical altitude): 표준 대기상태에서의 규정된 일정한 회전 속도에서 규정된 출력 또는 규정된 다기관 압력을 유지할 수 있는 최대 고도로, 별도로 명시된 사항이 없는 한, 임계고도는 최대연속 회전속도에서 다음 중 하나를 유지할 수 있는 최대 고도

(1) 정격출력이 해면고도 및 정격고도에서와 동일하게 되는 엔진의 경우에는 연속최대

출력

(2) 일정한 다기관 압력에 의하여 연속최대출력이 조절되는 엔진의 경우에는 최대연속 정격다기관압력

임계엔진(Critical Engine): 어느 하나의 엔진이 고장난 경우 항공기의 성능 또는 조종특성에 가장 심각하게 영향을 미치는 엔진

주) 일부 항공기에는 하나 이상의 동일한 임계엔진이 있을 수 있으며, 이 경우 '임계엔진'은 이러한 임계엔진들 중 어느 하나임

자동회전(Autorotation): 회전익항공기가 비행 중에 양력을 발생하는 로터가 엔진의 동력을 받지 않고 전적으로 공기의 작용에 의하여 구동되는 회전익항공기의 작동상태

자이로다인(Gyrodyne): 수직축으로 회전하는 1개 이상의 엔진으로 구동하는 회전익에서 양력을 얻고, 추진력은 프로펠러에서 얻는 공기보다 무거운 항공기

자이로플레인(Gyroplane): 시동 시는 엔진 구동으로, 비행 시에는 공기력의 작용으로 회전하는 1개 이상의 회전익에서 양력을 얻고, 추진력은 프로펠러에서 얻는 회전익항공기

전방날개(Forward wing): 카나드 형태(canard configuration) 또는 직렬형 날개(tandem-wing) 형태 비행기의 앞쪽의 양력 면을 의미함. 날개는 고정식, 움직일 수 있는 방식 또는 가변식 형상이거나 조종면의 유무와는 무관함

정격 2-1/2분 OEI 출력(Rated 2 1/2-minute OEI power): 터빈 회전익항공기에 있어서, 엔진이 Part 33의 규정에 따른 운용한계 내에 있을 때 지정된 고도 및 온도에서 정적 조건으로 결정되고 승인을 받은 제동마력을 말하는 것으로써 다발 회전익항공기의 한 개 엔진이 정지한 후에 2-1/2분 이내로 사용이 제한됨

정격 2분 OEI 출력(Rated 2-minute OEI power): 터빈 회전익항공기에 있어, 다발 회전익항공기의 한 개 엔진이 정지한 후에도 한 번의 비행을 계속하기 위하여 Part 33의 적용을 받은 엔진의 운용한계 내에 있는 특정고도 및 온도의 정적 조건에서 결정되고 승인을 받은 제동마력으로, 어느 한 비행에서 매번 2분 내에 3주기까지의 사용으로 제한되며 이후에는 반드시 검사를 하고 규정된 정비조치를 하여야 함

정격 30분 OEI 출력(Rated 30-minute OEI power): 터빈 회전익항공기에 있어, 엔진이 Part 33의 규정에 따른 운용한계 내에 있을 때 지정된 고도 및 온도에서 정적 조건으로 결정되고 승인을 받은 제동마력을 말하는 것으로써 다발 회전익항공기의 한 개 엔진이 정지한 후에 30분 이내로 사용이 제한됨

정격 30초 OEI 출력(Rated 30-second OEI power): 터빈 회전익항공기에 있어, 다발 회전익항공기의 한 개 엔진이 정지한 후에도 한 번의 비행을 계속하기 위하여 Part 33의 적

용을 받은 엔진의 운용한계 내에 있는 특정고도 및 온도의 정적 조건에서 결정되고 승인을 받은 제동마력으로, 어느 한 비행에서 매번 30초 내에 3주기까지의 사용으로 제한되며 이후에는 반드시 검사를 하고 규정된 정비조치를 하여야 함

정격 연속 OEI 출력(Rated continuous OEI power): 터빈 회전익항공기에 있어, Part 33의 적용을 받은 엔진의 운용한계 내에 있는 특정고도 및 온도의 정적 조건에서 결정되고 승인을 받은 제동마력을 말하는 것으로 다발 회전익항공기의 한 개 엔진이 정지한 후에도 비행을 완료하기 위하여 필요한 시간까지로 사용이 제한됨

정격이륙증가추력(Rated takeoff augmented thrust): 터보제트 엔진의 형식증명에 있어서, 표준 해면고도 조건에서 Part 33에 따라 규정된 엔진 운용한계 내에서 분리된 연소실에서 유체가 분사되고 있거나 또는 연료가 연소하고 있는 상태의 정적 조건하에서 결정되고 승인을 받은 제트 추력을 말하는 것으로 이륙 운항 시 5분 이내의 주기로 사용이 제한됨

정격이륙추력(Rated takeoff thrust): 터보제트 엔진의 형식증명에 있어, 표준 해면고도 조건에서 Part 33에 따라 규정된 엔진 운용한계 내에서 분리된 연소실에서 유체 분사나 연료 연소가 없는 상태의 정적 조건하에서 결정되고 승인을 받은 제트 추력을 말하는 것으로 이륙 운항 시 5분 이내의 주기로 사용이 제한됨

정격이륙출력(Rated takeoff power): 왕복엔진, 터보프롭 엔진 및 터보샤프트 엔진의 형식증명에 있어, 표준 해면고도 조건에서 Part 33에 따라 규정된 엔진 운용한계 내에서 정적 조건하에서 결정되고 승인을 받은 제동마력을 말하는 것으로 이륙 운항 시 5분 이내의 주기로 사용이 제한됨

정격최대연속증가추력(Rated maximum continuous augmented thrust): 터보제트 엔진의 형식증명에 있어, 지정된 고도의 표준 대기조건에서 Part 33에 따라 규정된 엔진 운용한계 내에서 분리된 연소실에서 유체가 분사되고 있거나 또는 연료가 연소하고 있는 상태의 정적 조건 또는 비행 조건하에서 결정되고 승인을 받은 제트 추력을 말하는 것으로 사용상 제한주기가 없는 것으로 승인을 받음

정격최대연속추력(Rated maximum continuous thrust): 터보제트 엔진의 형식증명에 있어, 지정된 고도의 표준 대기조건에서 Part 33에 따라 규정된 엔진 운용한계 내에서 분리된 연소실에서 유체 분사나 연료 연소가 없는 상태의 정적 조건 또는 비행 조건하에서 결정되고 승인을 받은 제트 추력을 말하는 것으로 사용상 제한주기가 없는 것으로 승인을 받음

정격최대연속출력(Rated maximum continuous power): 왕복엔진, 터보프롭엔진 및 터보샤프트 엔진에 있어, 지정된 고도의 표준 대기조건에서 Part 33에 따라 규정된 엔진 운용

한계 내에서 정적 조건 또는 비행 조건하에서 결정되고 승인을 받은 제동마력을 말하는 것으로 사용상 제한주기가 없는 것으로 승인을 받음

정비(Maintenance): 항공기의 지속감항성 확보를 위해 수행되는 검사, 분해검사, 수리, 보호, 부품의 교환 및 결함의 수정을 의미하며, 조종사가 수행할 수 있는 비행전 점검 및 예방 정비는 포함하지 않음

제동마력(Brake horsepower): 항공기 엔진의 프로펠러 축(주 구동축 또는 주 출력축)에서 전달되는 출력

제한하중(Limit loads): 예상되는 운용조건에서 일어날 수 있는 최대의 하중

주 로터(Main rotor): 회전익기의 주 양력을 발생시키는 로터

지시대기속도(Indicated airspeed): 해면 고도에서 표준 대기 단열 압축류를 보정하고 대기속도 계통의 오차는 보정하지 않은 피토 정압식 대기속도계가 지시하는 항공기의 속도

진대기속도(True airspeed): 잔잔한 공기에 상대적인 항공기의 대기속도로, 진대기속도는 등가대기속도에 $\sqrt{\rho_o/\rho}$ 를 곱한 것과 같음

$$TAS^2 \cdot \rho = EAS^2 \cdot \rho_o$$

착륙 표면(Landing surface): 특정 방향으로 착륙하는 항공기의 정상적인 지상활주 또는 수상 활주가 가능한 것으로 지정된 비행장의 표면 부분

착륙장치 내림속도(Landing gear extended speed): 항공기가 착륙장치를 펼친 상태로 안전하게 비행할 수 있는 최대 속도

착륙장치 작동속도(Landing gear operating speed): 착륙장치를 안전하게 펼치거나 접을 수 있는 최대 속도

최소 하강 고도(Minimum descent altitude): 계기접근 장치가 작동하지 않는 상태에서 표준 접근 절차를 위한 선회기동 중 또는 최종 접근이 인가된 하강 시 피트단위의 해발고도로 표현되는 가장 낮은 고도

최종이륙속도(Final takeoff speed): 한 개 엔진이 부작동하는 상태에서 이륙 경로의 마지막 단계에서 순항 자세가 될 때의 비행기 속도

최종접근 및 이륙 지역(Final approach and take-off area; FATO): 호버(hover)를 하기 위한 접근기동의 마지막 단계의 지역 또는 착륙이 완료되는 지역 및 이륙이 시작되는 정해진 지역으로, FATO는 Class A 회전익항공기에 사용되며, 이륙 포기 가능 지역을 포함

카테고리 A(Category A): 감항분류가 수송인 헬리콥터인 경우, Part 29에 따라 엔진과 시스템 격리 기능을 갖추고, 적절한 지정된 표면과 계속적인 안전한 비행 또는 안전한 이륙

단념을 위한 적절한 성능을 보장한다는 임계엔진 고장 개념에 따라 계획된 이륙과 착륙을 할 수 있도록 설계된 다발 엔진 헬리콥터

카테고리 B(Category B): 감항분류가 수송인 회전익항공기의 경우에 있어, 카테고리 A의 모든 기준을 충분히 충족하지 못하는 단발 또는 다발 회전익항공기로, 카테고리 B 회전익항공기는 엔진이 정지하는 경우의 체공능력을 보증하지 못하며 이에 따라 계획되지 않은 착륙을 할 수도 있음

표준대기(Standard atmosphere): 1962년 미국 표준대기에 정의된 대기를 의미하며, 다음과 같은 상태의 대기를 말함

(1) 공기는 완전한 건조 가스임

(2) 물리상수는 다음과 같은 공기;

- 해면고도에서 평균 분자의 질량

  $M_0 = 28.964420 \times 10^{-3} kg\ mol^{-1}$

- 해면고도에서 대기압

  $P_0 = 1013.250 hPa$

- 해면고도에서 온도

  $t_0 = 15℃$

  $T_0 = 288.15K$

- 해면고도에서 공기밀도

  $\rho_0 = 1.2250 kg/m^3$

- 빙점 온도

  $Ti = 273.15K$

- 일반가스 상수

  $R* = 8.31432 JK^{-1}\ mol^{-1}$

(3) 기온 변화도는 다음과 같다.

Geopotential altitude (km)		Temperature gradient (Kelvin per standard geopotential kilometre)
from	To	
−5.0	11.0	−6.5
11.0	20.0	0.0
20.0	32.0	+1.0
32.0	47.0	+2.8
47.0	51.0	0.0
51.0	71.0	−2.8
71.0	80.0	−2.0

주 1) 표준중력가속도는 9.80665m/s^2이다

주 2) 온도, 압력, 밀도, 중력의 대응값 표 및 변수관계는 ICAO Doc 7488 참조

주 3) 무게, 동점성계수, 점성계수 및 고도변화에서의 음속은 ICAO Doc 7488 참조

프로펠러(Propeller): 항공기에 장착된 엔진의 구동축에 장착되어 회전 시 회전면에 수직인 방향으로 공기의 반작용으로 추진력을 발생시키는 장치로, 일반적으로 제작사가 제공한 조종 부품은 포함하나 주로터 및 보조로터 또는 엔진의 회전하는 에어포일(rotating air-foils of engines)은 포함하지 않음

플랩 내린 속도(Flap extended speed): 날개의 플랩을 규정된 펼침 위치로 유지할 수 있는 최대 속도

피치세팅(Pitch setting): 프로펠러 교범에서 규정된 방법에 따라 일정한 반경에서 측정된 블레이드 각에 의하여 결정된 바에 따라 프로펠러 블레이드를 세팅하는 것을 말함

하중배수(Load factor): 항공기의 전체 무게에 대한 특정 하중의 비로, 특정 하중공기 역학적 힘, 관성력 또는 지상 또는 수상 반력이 포함됨

항공기(Aircraft): 지표면의 공기반력이 아닌 공기력에 의해 대기 중에 떠오르는 모든 장치

해면고도 엔진(Sea level engine): 해면 고도에서만 정해진 정격이륙출력을 낼 수 있는 왕복엔진

헬리콥터(Helicopter): 대체로 수직축에 장착된 하나 또는 그 이상의 동력구동 회전익에 의한 공기의 반작용에 의해 부양되는 공기보다 무거운 항공기

헬리포트(Heliport): 헬리콥터의 이착륙에 사용되거나 사용하고자 하는 육상, 수상 또는 건물 지역

형상(Configuration): 항공기의 공기역학적 특성에 영향을 미치는 플랩, 스포일러, 착륙장치 기타 움직이는 부분 위치의 각종 조합

형식설계 책임기관(Organization responsible for the type design): 체약국에서 발행한 항공기, 엔진 또는 프로펠러 형식에 관한 형식증명서 또는 이와 동등한 문서를 소지한 기관

형식증명서(Type certificate): 항공기, 엔진 또는 프로펠러의 설계가 정의되고 이 설계가 당해 감항성 요건에 적합하다고 인증받아 항공당국이 발행하는 문서

주) 일부 국가에서는 엔진 또는 프로펠러에 대하여 형식증명서와 동등한 문서를 발행할 수 있음

호버링(Hovering): 회전익항공기가 대기속도 영의 제자리 비행 상태

호흡보호장치(Protective breathing equipment): 비상시에 항공기 내에 존재하는 유해가스의 흡입을 막을 수 있도록 설계한 장치

활공기(Glider): 주로 엔진을 사용하지 않고 자유 비행을 하며 날개에 작용하는 공기력의 동적 반작용을 이용하여 비행이 유지되는 공기보다 무거운 항공기

회전익항공기(Rotorcraft): 하나 이상의 로터가 발생하는 양력에 주로 의지하여 비행하는 공기보다 무거운 항공기

회전익항공기-하중물 조합(Rotorcraft-load combination): 회전익항공기와 기외하중물 장착장치를 포함한 기외하중물의 조합으로, 회전익항공기-하중물 조합은 Class A, Class B, Class C 및 Class D로 구분함

(1) Class A 회전익항공기-하중물 조합은 기외 하중물을 자유롭게 움직일 수 없으며 투하할 수도 없고 착륙장치 밑으로 펼쳐 내릴 수도 없는것

(2) Class B 회전익항공기-하중물 조합은 기외 하중물을 떼어내 버릴 수 있으며 회전익항공기의 운항 중에 육상이나 수상에서 자유롭게 떠오를 수 있는것

(3) Class C 회전익항공기-하중물 조합은 기외 하중물을 떼어내 버릴 수 있으며 회전익항공기 운항 중에 육상이나 수상과 접촉된 상태를 유지할 수 있는것

(4) Class D 회전익항공기-하중물 조합은 기외 화물이 Class A, B 또는 C 이외의 경우로서 국토교통부장관으로부터 특별히 운항 승인을 받아야 하는 것

흡기관 압력(Manifold pressure): 흡기계통의 적절한 위치에서 측정되는 절대 압력으로서 대개 수은주 inch로 표시함

참고문헌

제1장

1. 고준수, 항공기 인증기술, KOCW, 2016
2. Airbus, A Statistical Analysis of Commercial Aviation Accidents 1958~2018
3. Boeing, Statistical Summary of Commercial Jet Airplane Accidents Worldwide Operations, 1959~2017, 2017
4. Andras Sobester, Stratospheric Flight, Aeronautics at the Limit, Springer, 2011
5. FAA, FAA Order 8040.4B, Safety Risk Management Policy, 2017
6. FAA, System Safety Handbook, 2000
7. Filippo De Florio, Airworthiness: An Introduction to Aircraft Certification and Operations, 3rd Edition, Elsevier, 2016
8. ICAN, Paris Convention 1919 On Aerial Navigation,1919
9. ICAO, Annex 19, Safety Management, 2nd Edition, 2016
10. ICAO, Annex 8, Airworthiness of Aircraft, 11th Edition, 2010
11. ICAO, Doc 9760-Airworthiness Manual, 3rd Edition, 2014
12. James Allen, Signal Corps Specification No.486, US Army, 1907
13. Withney, P.A., Fatigue Failure of the De havilland Comet I, Elsevier, 1997

제2장

1. 국가법령정보센터, 항공안전법, 2019
2. EASA, EASA (EU) No. 1321/2014
3. EASA, Easy Access Rules for Airworthiness and Environmental Certification (Regulation (EU) No 748/2012), 2019
4. EASA, Regulation (EU) 216/2008 of the European Parliament and of the Council, 2008
5. EASA, User Guide for Production Organization, UG.POA.00067-003, 2019
6. FAA, Part 21 – Certification Procedures for Products and Parts, 2020
7. FAA, 14 CFR Part 23 - Airworthiness Standards: Normal Category Airplanes, 2020
8. FAA, 14 CFR Part 25 - Airworthiness Standards: Transport Category Airplanes, 2020
9. FAA, 14 CFR Part 27 - Airworthiness Standards: Normal Category Rotorcraft, 2020
10. FAA, 14 CFR Part 29 - Airworthiness Standards: Transport Category Rotorcraft, 2020

11. FAA, Administrator's Fact Book, 2018
12. FAA, FAA 2019 Methodology Report, 2019
13. FAA, FAA Strategic Plan, FY 2019-2022, 2019.
14. FAA, Implementation Procedures for Airworthiness - US and ROK, 2014
15. FAA, Order 8100.5B Aircraft Certification Service - Mission, Vision, Organizational Service(AIR) and clarifies its functions, 2013
16. FAA, 8110.37F, Designated Engineering Representative(DER) Handbook, 2017
17, FAA, Order 8110.95, Designee Management policy, 2014
18. FAA, Order 8110.4-C, Type Certification, 2007
19. ICAO, Annex 8, Airworthiness of Aircraft, 11th Edition, 2010
20. ICAO, Annex 19, Safety Management, 2nd Edition, 2016
21. ICAO, Doc 9760 - Airworthiness Manual, 3rd Edition, 2014

제3장

1. 국가법령정보센터, 항공안전법, 2019
2. 국가법령정보센터, 국토부 훈령 제932호 항공기 형식증명지침, 2017.11.9.
3. 국토교통부, OD 17-2 항공기등의 부가형식증명 지침, 2018
4. 국토교통부, 항공기기술기준-Part 21-항공기등, 장비품 및 부품 인증절차, 2018
5. 김영태 외, KC-100 비행기 형식증명 사례연구, 2010
6. 윤희권 외, 감항인증 실무, 좋은땅, 2014.
7. 이강이 외, 항공기 부품제작자증명 인증절차에 관한 고찰, 항공우주학회지, 2014
8. 이강이, 고준수, 항공기 설계변경 의 범위 및 영향성에 따른 안전성 인증방법에 관한 고찰, 항공우주학회, 2017
9. FAA, AC 21-40A Guide for Obtaining a Supplemental Type Certificate, 2007
10. FAA, AC 21.101-1B Establishing the Certification Basis of Changed Aeronautical Products, 2016
11. FAA, Order 8110.4C Type Certification, 2007.3.28.
12. FAA, Order 8110.54 ICA Responsibilities, Requirements, and Contents, 2010A Guide for Obtaining a Supplemental Type Certificate, 2007
13. FAA, Order 8150.1D Technical Standard Order program, 2017
14. FAA, The FAA and Industry Guide to Product Certification, 2004
15. FAA, The FAA Type Certification Process, 1996
16. Ian Lucas, FAA PMA Overview, AIR-6C1, 2019

제4장

1. 국가법령정보센터, 항공안전법, 2019
2. 국토교통부, Part 22-활공기에 대한 기술기준, 2017
3. 국토교통부, Part 23-감항분류가 보통(N)인 비행기에 대한 기술기준, 2018
4. 국토교통부, Part 25-감항분류가 수송(T)류인 비행기에 대한 기술기준, 2020
5. 국토교통부, Part 27-감항분류가 보통(N)인 회전익 항공기에 대한 기술기준, 2017
6. 국토교통부, Part 29-감항분류가 수송(TA 또는 TB)인 회전익 항공기에 대한 기술기준, 2018
7. 국토교통부, Part VLR-감항분류가 경회전익 항공기(Very Light Rotorcraft)류인 회전익 항공기에 대한 기술기준, 2013
8. 국토교통부, 경량항공기 비행안전을 위한 기술상의 기준, 국토부 고시 제2017-49호, 2017.1.13
9. 국토교통부, 소형항공기급 인증기 개발 최종보고서, 2013
10. 국토교통부, 초경량 비행안전을 확보하기 위한 기술상의 기준, 국토부 고시 제2019-725호, 2019. 12.6.
11. 국토교통부, 훈령 제40호; 항공기 형식증명지침, 2013
12. 김영태, 김재동, 윤희권, KC-100 비행기 설계 단계별 적합성 입증방법에 관한 사례연구, 한국항공우주학회 추계 학술발표회, 2012
13. 김영태 외, KC-100 항공기 적합성 입증 시험방법에 관한사례연구, 항국항공우주학회 학술발표회, 2012
14. 전나영, 오성, FAR Part 23 개정에 따른 적합성 입증 방법에 관한 연구, 한국항공우주학회 춘계학술대회, 2018
15. FAA, AC No: 23.2010-1 FAA Accepted Means of Compliance Process for 14 CFR Part 23, 2017
16. FAA, CFR Part 23-Airworthiness Standards: Normal Category Airplanes, 2017
17. FAA, FAA-H-8083-13A Glider Handbook, 2013
18. FAA, Order 8130.2J-Airworthiness Certification of Aircraft, 2017
19. FAA, Part 23-Small Airplane Certification Study; Recommendations for General Aviation for the Next 20 years, 2009
20. ICAO, Human Factors Guidelines for Air Traffic Management(ATM) Systems, Doc 9758-AN/966, 2000
21. ICAO, ICAO Doc 9683-Human Factors Training Manual, Doc 9683-AN/950, 1998

제5장

1. 고준수 외, 국내 고정익 무인항공기 감항인증 기술기준분석, 한국군사과학기술학회, 2016
2. 고준수, 경량 고정익 무인항공기 시스템 감항인증기술기준(CS-LUAS), 한국항공대학교, 2017
3. 고준수, 경량 회전익 무인항공기 시스템 감항인증기술기준(CS-LURS), 한국항공대학교, 2016

4. 고준수, 소형무인기 감항인증기술기준 및 에너지 충돌기법 분석연구, 한국운항학회지, 2014
5. 고준수, 회전익 무인항공기 시스템 감항인증기술기준, 한국항공대학교, 2015
6. 고준수, 전술급무인항공기 비행인증 시스템의 감항인증 사례연구, 한국군사과학기술학회지, 2014
7. 고준수외, 장기체공 무인항공기 기술기준 및 안전성 평가 연구, 항공우주시스템 공학회, 2016
8. 이승근외, 무인항공기 관련 국제민간 항공기구의 부속서 8 표준 및 권고(SARPs) 개발 동향에 대한 고찰, 항공우주시스템공학회 추계학술대회, 2018
9. 하상남 외, 무인항공기 시스템의 인증체계 구축 동향에 대한 고찰, 항공우주시스템공학회 춘계학술대회, 2018
10. 방위사업청, 2016년 군용항공기 감항인증 국제회의, 2016
11. ICAO, Cir 328-Unmanned Aircraft Systems (UAS), 2011
12. ICAO, Doc 10019-AN/507-Manual on Remotely Piloted Aircraft Systems(RPAS), 2015
13. FAA, Order 8130.34D-Airworthiness Certification of Unmanned Aircraft Systems and Optionally Piloted Aircraft, 2017
14. FAA, Order 8130.34C Airworthiness Certification of Unmanned Aircraft Systems and Optionally Piloted Aircraft, 2013
15. FAA, 14 CFR Part 107 - Unmanned Aircraft System, 2020
16. EASA, Commission Delegated Regulation (EU) 2019/945; On unmanned Aircraft Systems and On Third-country Operators of Unmanned Aircraft Systems, 2019
17. EASA, Commission Implementation Regulation (EU) 2019/947; On the Rules and Procedures for the Operation of Unmanned Aircraft, 2019
18. EASA, Advance Notice of Proposed Amendment 2015-10; Introduction of a regulatory framework for the operation of drones, 2015
19. EASA, Regulation (EC) No 216/2008 of the European Parliament and of the Council; on common rules in the field of Civil Aviation and establishing a European Aviation Safety Agency, and repealing Council Directive 91/670/EEC, Regulation (EC) No 1592/2002 and Directive 2004/36/EC, 2008
20. EASA, Easy Access Rules for Airworthiness and Environmental Certification (Regulation (EU) No 748/2012)
21. EASA, Special Condition for EASA Type Certification Base-CAMCOPTER S-100c RPAS, 2016
22. JARUS, Joint Authorities for Rulemaking on Unmanned Systems-JARUS Terms of Reference, 2020
23. JARUS, JARUS CS-UAS Recommendations for Certification Specification for Unmanned Aircraft Systems, WG 3, 2019
24. JARUS, JARUS Guidelines on Specific Operations Risk Assessment(SORA), WG 6, 2019
25. JARUS, UAS Operational Categorization, WG 7, 2019

제6장

1. 국가법령정보센터, 항공안전법, 2019
2. 방위사업청, 군용항공기 비행안전성 인증에 관한 법률, 시행령, 시행규칙, 2019
3. 방위사업청, 군용항공기 비행안전성 인증에 관한 업무규정 훈령 제561호, 2019
4. 방위사업청, 군용항공기 표준감항인증기준(Part 1, Part 2, Part 3), 2020
5. 고준수 외, 해외 군당국의 감항인정의제 고찰, 항공우주시스템 공학회, 2016
6. 김성래, 군용항공기 감항인증 제도와 기술기준, 한국항공우주학회 학술발표회, 2017
7. 임준완 고준수 외, 소형무인기 감항인증기술기준 및 에너지 충돌기법 분석연구, 한국항공운항학회지, 2015
8. 이나래 외, STANAG-4671 개정에 따른 표준감항인증기준 Part 2 영향분석, 항공우주시스템 공학회 춘계학술대회, 2018
9. Department of Defense, MIL-HDBK-516C; Airworthiness Certification Criteria, 2014
10. Department of Defense, Airworthiness Certification Criteria Expanded Version of MIL-HDBK-516B, 2005
11. USAF, Air Force Policy Directive 62-6, 2010
12. Anon, Military Specification, MIL-HDBK-1797, Flying Qualities of Piloted Aircraft, 1997
13. DOD, JSSG-2000: Air Systems, 2000
14. DOD, JSSG-2001: Air vehicle, 2002
15. DOD, JSSG-2005: Avionic Subsystem, 2006
16. DOD, JSSG-2006: Aircraft Structures, 1998
17. DOD, JSSG-2007: Engines, Aircraft, Turbine, 2004
18. DOD, JSSG-2008: Vehicle Control Management System, 2003
19. DOD, JSSG-2009: Air vehicle Subsystems, 1998
20. DOD, JSSG-2010: Crew System, Oxygen System, 1998
21. DOD, MIL-STD-882E: Standard Practice for System Safety, 2012.
22. U.S Army, ADS-51-HDBK-Aeronautical Design Standard Handbook, Rotorcraft and Aircraft Qualification(RAQ) Handbook, 1996
23. DoD, Joint Service Specification Guide 2001 Air Vehicle, 2004
24. NSA, STANAG 4671 Edition 3: Unmanned Aircraft Systems Airworthiness Requirements (USAR), 2019
25. NSA, STANAG 4703 Edition 1: Light Unmanned Aircraft Systems Airworthiness Requirements(USAR-LIGHT), Final Draft, 2011.

찾아보기

ㄱ

ㄴ

ㄷ

ㅁ

ㅂ

ㅅ

ㅇ

ㅈ

ㅊ

ㅌ

B

C

D

E

F

G, H, I, J, K, L

M

N, O, P, R

S

T, U, V, W

항공기 감항인증

지은이 고준수 · 권태화
펴낸이 조경희
펴낸곳 경문사
펴낸날 2020년 11월 20일 1판 1쇄
등 록 1979년 11월 9일 제1979-000023호
주 소 04057, 서울특별시 마포구 와우산로 174
전 화 (02)332-2004 팩스 (02)336-5193
이메일 kyungmoon@kyungmoon.com

값 25,000원

ISBN 979-11-6073-410-2
ISBN 979-11-6073-418-8 (세트)